WISSENSCHAFTLICHE GESELLSCHAFT
FÜR LUFTFAHRT E. V.
⟨WGL⟩

TAFELN ZUR FUNKORTUNG

VON

DR. A. WEDEMEYER

MIT 1 ZEICHNUNG

DRUCK UND VERLAG VON R. OLDENBOURG
MÜNCHEN UND BERLIN 1925

Vorwort.

Der Bordfunkpeiler ist von „Telefunken" zu einem brauchbaren Navigations-instrument ausgebaut worden. Da nicht allen Benutzern des Bordfunkpeilers die Rechenmethoden zur Auswertung der Peilungen geläufig sind, glaubte der „Navigierungs-Ausschuß der Wissenschaftlichen Gesellschaft für Luftfahrt" ihnen durch die Tafeln zur Funkortung ein Mittel bieten zu müssen, um ohne Rechnung die Standlinien in die Seekarte eintragen zu können. Die Erforschung der Ablenkung der Peilstrahlen durch atmosphärische Einflüsse zu erleichtern, ist der andere Zweck der Tafeln.

Den Körperschaften, die durch Zuwendung von Mitteln die Herausgabe der Tafeln ermöglichten und förderten, sei auch an dieser Stelle unser Dank aus-gesprochen.

Berlin, im März 1925.

Wissenschaftliche Gesellschaft für Luftfahrt.

Krupp,
Geschäftsführer.

Gebrauchsanweisung.

Die Azimutgleiche ist diejenige Kurve auf der Erdkugel, die alle Örter verbindet, welche eine Funkstation im gleichen Azimut peilen. Auf einer solchen Azimutgleiche muß daher ein Schiff stehen, das mit dem Bordfunkpeiler eine Funkstation gepeilt hat. Der Schiffsführer hat kein Interesse an der ganzen Kurve, sondern nur an einem kleinen Stück derselben in der Nähe seines durch Loggrechnung bekannten gegißten Schiffsortes. Da die Azimutgleichen im allgemeinen Kurven mit geringer Krümmung sind, kann man ein kleines Stück davon mit einer Loxodrome in der Seekarte zusammenfallend annehmen. Diese Loxodrome ist als die Standlinie des Schiffes anzusehen. Um diese Gerade in die Seekarte einzuzeichnen, muß man einen ihrer Punkte, den sogenannten Leitpunkt, und ihre Richtung kennen (Tangenten-Methode). Im „Nautischen Funkdienst 1925" und in der „Telefunken-Zeitung" ist die Bestimmung des Leitpunktes und der Richtung auseinandergesetzt. Diese Methode gilt allgemein für beliebige Funkstationen. Sie hat aber den Nachteil, daß man nicht ohne numerische trigonometrische Rechnung auskommen kann. Außerdem muß man Vorzeichenregeln beachten. Sie hat aber den Vorteil, daß sie von dem Seefahrer nur ihm geläufige Rechnungen fordert, da sie sich eng an die bekannte Bestimmung des Leitpunkts bei Peilungen, die von einer Funkstation aus gemacht sind, anschließt. Methoden, die dem Seefahrer nicht geläufige theoretische Kenntnisse voraussetzen, sind in der „Nautischen Rundschau" Nr. 1, 1925, „Hansa" Nr. 3, 1925, „Werft, Reederei und Hafen" März 1925 und „Jahrbuch für drahtlose Telegraphie usw." 1925 veröffentlicht.

Eine Gerade ist auch durch zwei ihrer Punkte bestimmt (Sehnenmethode). In den Tafeln dieses Buches sind Leitpunkte der Azimutgleichen für bestimmte Funkstationen am Atlantischen Ozean zusammengestellt. Die Azimute laufen von 0⁰, 1⁰, 2⁰ ... bis 180⁰ und werden stets von Nord durch Ost oder West nach Süd gezählt. Die Azimutgleiche N 120⁰ W ist die Fortsetzung der Azimutgleiche N 60⁰ O. Östlich vom Meridian der Funkstation sind die Azimutgleichen Spiegelbilder derjenigen westlich vom Meridian. Daraus folgt, daß man in die Tafeln nur eine Seite vom Meridian aufzunehmen braucht, wodurch ihr Umfang auf die Hälfte eingeschränkt wird. Da vorläufig die Funkpeilungen für den nordatlantischen Ozean erhöhte Bedeutung haben — im Südatlantik ist Mangel an Funkstationen —, sind die Leitpunkte nur für das Gebiet zwischen den Breiten 30⁰ bis 60⁰ N und den Meridianen der Funkstation und 60⁰ W (oder O) davon tabuliert.

Zeichnung der Standlinie. Man entnimmt den Tafeln ein oder zwei oder mehr Punkte der Standlinie. Da die Seekarten meist zu kleinen Maßstab-

I			II	
52°	**53°**		**106°**	**107°**
14°29'O	14°29'O		2° 0'O	2° 0'O
34 W	34 W		21 19 W	20 36 W
{19 31 W	{19 31 W		{19 19 W	{18 36 W
{49 14 N	{49 45 N		{48 0 N	{48 0 N
14°29'O	14°29'O		2° 0'O	2° 0'O
35 W	35 W		23 37 W	22 52 W
{25 31 W	{20 31 W		{21 37 W	{20 52 W
{49 7 N	{49 38 N		{49 0 N	{49 0 N

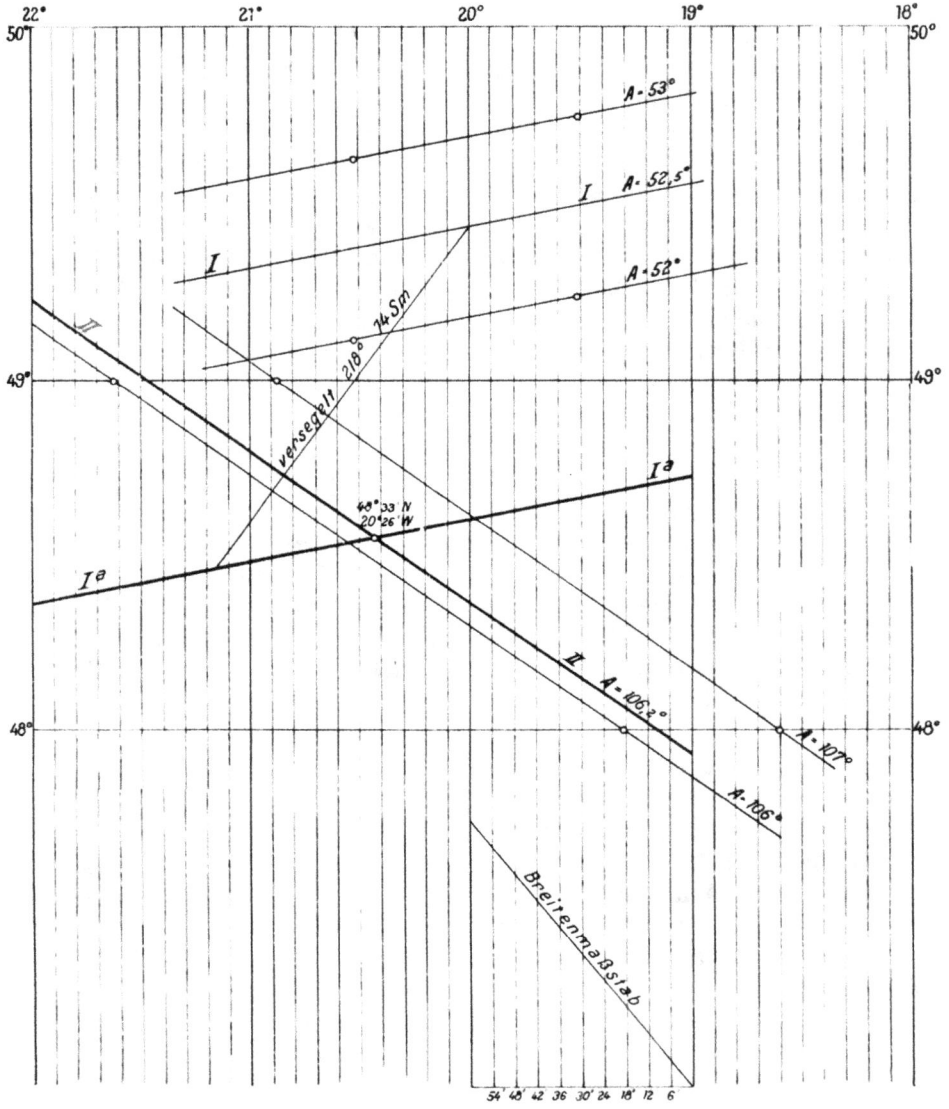

VI

haben, empfiehlt es sich, die Standlinien auf quadriertem Papier (5 mm-☐) ein-zutragen. Als Eingänge für die Tafeln dienen die gemessene, auf wahres Azimut beschickte Peilung am Kopfe der Tafeln und für die Peilungen 0⁰ bis 40⁰ und 90⁰ bis 180⁰ die beiden vollen Breitenparallele, zwischen denen der gegißte Schiffsort liegt, und für die Peilungen 40⁰ bis 90⁰ die beiden vollen Meridiane westlich oder östlich von der Funkstation, zwischen denen der gegißte Schiffsort liegt. Dadurch wird Einschalten nach Breite und Länge vermieden. Einschalten für die Zehntel-grade des Azimuts führt man nicht numerisch, sondern zeichnerisch durch. Da die Peilungen häufig nicht so kurz hintereinander genommen werden können, daß man sie als gleichzeitig bezeichnen kann, so muß die zeitlich erste Stand-linie dem Kurs entsprechend so verschoben werden, daß sie als gleichzeitig mit der späteren Peilung angesehen werden kann. Das Verfahren wird am deut-lichsten an einem Beispiel erläutert.

Beispiel. Etwa auf 49⁰ N und 20⁰ W peilt man Karlsborg N 52,5⁰ O. Dann steuert man rw. 218⁰ 74 Sm und peilt Barcelona N 106,2⁰ O. Wo ist der Schiffsort bei der zweiten Peilung?

Karlsborg (S. 14) liegt auf 14⁰ 29' O. Der Meridian des gegißten Schiffsortes ist 20⁰ W, mithin beträgt der Längenunterschied

$$14^0 \ 29' + 20^0 = 34^0 \ 29'.$$

Der gegißte Ort liegt also zwischen den Meridianen 34⁰ und 35⁰ W von der Funk-station. Man geht nun mit den Azimuten 52⁰ und 53⁰ am Kopfe und Längen-unterschied 34⁰ und 35⁰ am linken Rande in die Tafel (S. 14) ein und ent-nimmt ihr:

·A. = 52⁰	53⁰		A. = 52⁰	53⁰	
Lg.-U. = 34⁰ W	34⁰ W		Lg.-U. = 35⁰ W	35⁰ W	
Karlsborg = 14⁰ 29' O	14⁰ 29' O		Karlsborg = 14⁰ 29' O	14⁰ 29' O	

1. Leitpunkt	$\begin{cases} 19^0 \ 31' \ W & 19^0 \ 31' \ W \\ 49^0 \ 14' \ N & 49^0 \ 45' \ N \end{cases}$	2. Leitpunkt	$\begin{cases} 20^0 \ 31' \ W & 20^0 \ 31' \ W \\ 49^0 \ 7' \ N & 49^0 \ 38' \ N. \end{cases}$

Durch die Mitte des quadrierten Blattes zieht man eine wagrechte Gerade, die den Breitenparallel 49⁰ vorstellt. Da der Schiffsort etwa auf 20⁰ W liegt, wird man den Meridian 20⁰ W in die mittlere senkrechte Linie fallen lassen.

Der Bequemlichkeit halber setzt man die Seite eines Quadrats (5 mm) gleich $^1/_{10}^0$ = 6', so daß man links und rechts vom Meridian 20⁰ W noch die Meridiane 21⁰, 22⁰, 19⁰, 18⁰ W einzeichnen kann. Um die Merkatorkarte herzustellen, muß man noch eine Breitenskala anbringen. Die Mittelbreite des Blattes ist 49⁰. Man ziehe zu der untersten wagrechten Linie von einem Schnittpunkte eines ausgezogenen Meridians (19⁰, s. Figur) aus eine Gerade unter dem Winkel 49⁰, dann ist der andere Winkelschenkel die Breitenskala. Nun trägt man die obigen vier Punkte in die Blattkarte ein und verbindet je zwei zusammengehörige Punkte. Nach dem Augenmaß schaltet man ·die Standlinie für A. = 52,5⁰ ein. Damit ist die Standlinie I für die erste Peilung gefunden.

In einem beliebigen Punkte von I trägt man die Verseglung rw. 218⁰ 74 Sm an und zieht durch den Endpunkt eine Parallele zu I, die verschobene Stand-linie I a.

Der gegißte Schiffsort bei der zweiten Peilung liegt zwischen 48⁰ und 49⁰ N. Man gehe (S. 110) in die Tafel ein mit den Azimuten 106⁰ und 107⁰ am Kopfe und den Breiten 48⁰ und 49⁰ am linken Rande.

Die Rechnung stellt sich folgt:

	A. = 106⁰	107⁰	A. = 106⁰	107⁰
Barcelona auf	2⁰ 0′ O	2⁰ 0′ O	2⁰ 0′ O	2⁰ 0′ O
Lg.-U.	21⁰ 19′ W	20⁰ 36′ W	23⁰ 37′ W	22⁰ 52′ W
1. Leitpunkt {	19⁰ 19′ W	18⁰ 36′ W	21⁰ 37′ W	20⁰ 52′ W
	48⁰ 0′ N	48⁰ 0′ N	49⁰ 0′ N	49⁰ 0′ N.

Man verbinde die entsprechenden Punkte und schalte zeichnerisch die Standlinie II für A. = 106,2⁰ ein.

Die Standlinien I a und II schneiden sich auf 48⁰ 33′ N und 20⁰ 26′ W. Diesen Punkt überträgt man in die Seekarte. Die ganze Arbeit ist nach geringer Übung in wenigen Minuten ausführbar.

———

Breite	Azimut										
	0°	1°	2°	3°	4°	5°	6°	7°	8°	9°	10°
	Längen-Unterschied										
30°	0°0′	0°56′	1°53′	2°49′	3°46′	4°43′	5°41′	6°38′	7°37′	8°36′	9°36′
31	0 0	0 55	1 49	2 44	3 39	4 34	5 30	6 26	7 22	8 19	9 17
32	0 0	0 53	1 46	2 38	3 32	4 25	5 19	6 13	7 8	8 3	8 59
33	0 0	0 51	1 42	2 33	3 24	4 16	5 8	6 0	6 53	7 46	8 40
34	0 0	0 49	1 38	2 27	3 17	4 7	4 57	5 47	6 38	7 29	8 21
35	0 0	0 47	1 35	2 22	3 10	3 57	4 45	5 34	6 23	7 12	8 2
36	0 0	0 46	1 31	2 16	3 2	3 48	4 34	5 21	6 8	6 55	7 43
37	0 0	0 44	1 27	2 11	2 55	3 38	4 23	5 7	5 52	6 38	7 23
38	0 0	0 42	1 23	2 5	2 47	3 29	4 11	4 54	5 37	6 20	7 4
39	0 0	0 40	1 19	1 59	2 39	3 19	4 0	4 41	5 21	6 3	6 45
40	0 0	0 38	1 16	1 53	2 32	3 10	3 48	4 27	5 6	5 45	6 25
41	0 0	0 36	1 12	1 48	2 24	3 0	3 37	4 13	4 50	5 28	6 5
42	0 0	0 34	1 8	1 42	2 16	2 50	3 25	4 0	4 34	5 10	5 45
43	0 0	0 32	1 4	1 36	2 8	2 40	3 13	3 46	4 19	4 52	5 25
44	0 0	0 30	1 0	1 30	2 0	2 31	3 1	3 32	4 3	4 34	5 5
45	0 0	0 28	0 56	1 24	1 52	2 21	2 49	3 18	3 47	4 16	4 45
46	0 0	0 26	0 52	1 18	1 45	2 11	2 37	3 4	3 31	3 58	4 25
47	0 0	0 24	0 48	1 12	1 37	2 1	2 25	2 50	3 15	3 40	4 5
48	0 0	0 22	0 44	1 6	1 29	1 51	2 13	2 36	2 59	3 21	3 44
49	0 0	0 20	0 40	1 0	1 21	1 41	2 1	2 22	2 42	3 3	3 24
50	0 0	0 18	0 36	0 54	1 13	1 31	1 49	2 8	2 26	2 45	3 3
51	0 0	0 16	0 32	0 48	1 5	1 21	1 37	1 53	2 10	2 26	2 43
52	0 0	0 14	0 28	0 42	0 56	1 10	1 25	1 39	1 54	2 8	2 23
53	0 0	0 12	0 24	0 36	0 48	1 0	1 13	1 25	1 37	1 50	2 2
54	0 0	0 10	0 20	0 30	0 40	0 50	1 1	1 11	1 21	1 31	1 42
55	0 0	0 8	0 16	0 24	0 32	0 40	0 48	0 57	1 5	1 13	1 21
56	0 0	0 6	0 12	0 18	0 24	0 30	0 36	0 42	0 48	0 55	1 1

Breite	Azimut										
	10°	11°	12°	13°	14°	15°	16°	17°	18°	19°	20°
	Längen-Unterschied										
30°	9°36′	10°37′	11°38′	12°41′	13°44′	14°50′	15°56′	17°5′	18°15′	19°27′	20°41′
31	9 17	10 16	11 16	12 16	13 18	14 21	15 25	16 31	17 39	18 48	20 0
32	8 59	9 56	10 53	11 51	12 51	13 52	14 54	15 57	17 2	18 9	19 19
33	8 40	9 35	10 30	11 26	12 24	13 22	14 22	15 23	16 26	17 30	18 37
34	8 21	9 14	10 7	11 1	11 57	12 53	13 50	14 49	15 49	16 51	17 54
35	8 2	8 53	9 44	10 36	11 29	12 23	13 18	14 14	15 12	16 11	17 12
36	7 43	8 32	9 21	10 11	11 1	11 53	12 46	13 40	14 35	15 32	16 30
37	7 23	8 10	8 57	9 45	10 33	11 23	12 13	13 5	13 58	14 52	15 47
38	7 4	7 49	8 33	9 19	10 5	10 53	11 41	12 30	13 20	14 12	15 4
39	6 45	7 27	8 10	8 53	9 37	10 22	11 8	11 55	12 43	13 31	14 21
40	6 25	7 5	7 46	8 27	9 9	9 52	10 35	11 19	12 5	12 51	13 38
41	6 5	6 43	7 22	8 1	8 40	9 21	10 2	10 44	11 26	12 10	12 55
42	5 45	6 21	6 58	7 35	8 12	8 50	9 29	10 8	10 48	11 29	12 12
43	5 25	5 59	6 33	7 8	7 43	8 19	8 55	9 33	10 10	10 49	11 28
44	5 5	5 37	6 9	6 42	7 15	7 48	8 22	8 57	9 32	10 8	10 45
45	4 45	5 15	5 45	6 15	6 46	7 17	7 49	8 21	8 54	9 27	10 1
46	4 25	4 52	5 20	5 48	6 17	6 46	7 15	7 45	8 15	8 46	9 18
47	4 5	4 30	4 56	5 22	5 48	6 14	6 42	7 9	7 37	8 5	8 34
48	3 44	4 8	4 31	4 55	5 19	5 43	6 8	6 33	6 59	7 24	7 51
49	3 24	3 45	4 6	4 28	4 50	5 12	5 34	5 57	6 20	6 43	7 8
50	3 3	3 23	3 42	4 1	4 21	4 40	5 1	5 21	5 42	6 3	6 24
51	2 43	3 0	3 17	3 34	3 51	4 8	4 27	4 45	5 3	5 22	5 41
52	2 23	2 37	2 52	3 7	3 22	3 37	3 53	4 9	4 25	4 41	4 58
53	2 2	2 15	2 27	2 40	2 53	3 6	3 20	3 33	3 47	4 0	4 14
54	1 42	1 52	2 3	2 13	2 24	2 35	2 46	2 57	3 8	3 20	3 31
55	1 21	1 30	1 38	1 46	1 55	2 3	2 12	2 21	2 30	2 39	2 48
56	1 1	1 7	1 13	1 20	1 26	1 32	1 39	1 45	1 52	1 59	2 5

Breite	Azimut										
	20°	**21°**	**22°**	**23°**	**24°**	**25°**	**26°**	**27°**	**28°**	**29°**	**30°**
	Längen-Unterschied										
30	20°41′	21°58′	23°18′	24°41′	26° 8′	27°40′	29°16′	30°58′	32°46′	34°43′	36°50′
31	20 0	21 14	22 31	23 51	25 14	26 42	28 14	29 51	31 35	33 26	35 26
32	19 19	20 30	21 44	23 0	24 20	25 44	27 12	28 45	30 23	32 9	34 2
33	18 37	19 45	20 56	22 9	23 26	24 46	26 10	27 38	29 12	30 52	32 39
34	17 54	19 0	20 8	21 18	22 31	23 48	25 8	26 32	28 1	29 35	31 16
35	17 12	18 15	19 20	20 27	21 37	22 49	24 5	25 25	26 49	28 19	29 54
36	16 30	17 30	18 31	19 35	20 42	21 51	23 3	24 19	25 38	27 3	28 32
37	15 47	16 44	17 43	18 44	19 47	20 53	22 1	23 12	24 27	25 47	27 11
38	15 4	15 58	16 54	17 52	18 52	19 54	20 59	22 6	23 17	24 31	25 50
39	14 21	15 13	16 6	17 0	17 57	18 55	19 56	21 0	22 6	23 16	24 30
40	13 38	14 27	15 17	16 9	17 2	17 57	18 54	19 54	20 56	22 1	23 10
41	12 55	13 41	14 28	15 17	16 7	16 58	17 52	18 48	19 46	20 47	21 51
42	12 12	12 55	13 39	14 25	15 11	16 0	16 50	17 42	18 36	19 33	20 32
43	11 28	12 9	12 50	13 33	14 16	15 2	15 48	16 37	17 27	18 20	19 14
44	10 45	11 22	12 1	12 41	13 21	14 3	14 47	15 32	16 18	17 7	17 57
45	10 1	10 36	11 12	11 49	12 27	13 5	13 45	14 27	15 10	15 54	16 41
46	9 18	9 50	10 23	10 57	11 32	12 8	12 44	13 22	14 2	14 42	15 25
47	8 34	9 4	9 34	10 5	10 37	11 10	11 43	12 18	12 54	13 31	14 9
48	7 51	8 18	8 46	9 14	9 42	10 12	10 43	11 14	11 47	12 20	12 55
49	7 8	7 32	7 57	8 22	8 48	9 15	9 42	10 11	10 40	11 10	11 41
50	6 24	6 46	7 8	7 31	7 54	8 18	8 42	9 8	9 33	10 0	10 27
51	5 41	6 0	6 20	6 40	7 0	7 21	7 43	8 5	8 27	8 51	9 15
52	4 58	5 14	5 31	5 49	6 7	6 25	6 43	7 2	7 22	7 42	8 3
53	4 14	4 29	4 43	4 58	5 13	5 29	5 44	6 0	6 17	6 34	6 51
54	3 31	3 43	3 55	4 7	4 20	4 33	4 45	4.59	5 12	5 26	5 40
55	2 48	2 58	3 7	3 17	3 27	3 37	3 47	3 58	4 8	4 19	4 30
56	2 5	2 13	2 20	2 27	2 34	2 42	2 49	2 57	3 5	3 13	3 21

Breite	Azimut										
	30°	**31°**	**32°**	**33°**	**34°**	**35°**	**36°**	**37°**	**38°**	**39°**	**40°**
	Längen-Unterschied										
30	36°50′	39° 9′	41°44′	44°41′	48°12′	52°44′	59°13′				
31	35 26	37 37	40 2	42 46	45 57	49 57	55 7				
32	34 2	36 5	38 21	40 53	43 48	47 21	51 42	58 32			
33	33 39	34 35	36 42	39 3	41 42	44 54	48 38	53 52			
34	31 16	33 5	35 3	37 14	39 41	42 34	45 50	50 8	56°44′		
35	29 54	31 36	33 26	35 28	37 42	40 19	43 13	46 52	51 48		
36	28 32	30 8	31 51	33 43	35 47	38 8	40 45	43 54	47 53	53°48′	
37	27 11	28 40	30 16	32 0	33 54	36 1	38 23	41 9	44 31	48 57	
38	25 50	27 13	28 43	30 19	32 4	33 59	36 8	38 35	41 27	45 2	50° 2′
39	24 30	25 47	27 11	28 40	30 16	32 1	33 57	36 8	38 38	41 38	45 27
40	23 10	24 22	25 39	27 2	28 30	30 6	31 51	33 48	36 0	38 33	41 39
41	21 51	22 58	24 9	25 25	26 46	28 14	29 49	31 33	33 30	35 43	38 18
42	20 32	21 35	22 40	23 50	25 4	26 24	27 50	29 12	31 7	33 3	35 15
43	19 14	20 12	21 12	22 16	23 24	24 36	25 54	27 18	28 50	30 31	32 25
44	17 57	18 50	19 45	20 44	21 46	22 51	24 1	25 16	26 38	28 7	29 46
45	16 41	17 29	18 20	19 13	20 9	21 8	22 11	23 18	24 31	25 48	27 16
46	15 25	16 9	16 55	17 43	18 33	19 27	20 23	21 23	22 28	23 37	24 52
47	14 9	14 49	15 31	16 14	17 0	17 47	18 38	19 31	20 28	21 29	22 34
48	12 55	13 31	14 8	14 47	15 27	16 10	16 55	17 42	18 32	19 25	20 22
49	11 41	12 13	12 46	13 20	13 56	14 34	15 13	15 55	16 39	17 25	18 14
50	10 27	10 56	11 25	11 55	12 27	13 0	13 34	14 10	14 48	15 28	16 10
51	9 15	9 39	10 5	10 31	10 59	11 27	11 57	12 28	13 0	13 34	14 10
52	8 3	8 24	8 46	9 8	9 32	9 56	10 21	10 48	11 15	11 44	12 14
53	6 51	7 9	7 27	7 46	8 6	8 26	8 47	9 9	9 32	9 56	10 20
54	5 40	5 55	6 10	6 25	6 41	6 58	7 15	7 32	7 51	8 10	8 30
55	4 30	4 42	4 54	5 6	5 18	5 31	5 44	5 58	6 12	6 27	6 42
56	3 21	3 30	3 39	3 47	3 57	4 6	4 16	4 26	4 36	4 47	4 58

Längen-Unterschied	Azimut										
	40°	**41°**	**42°**	**43°**	**44°**	**45°**	**46°**	**47°**	**48°**	**49°**	**50°**
	Breite										
2°	57°44′	57°47′	57°49′	57°52′	57°54′	57°56′	57°58′	58° 0′	58° 2′	58° 4′	58° 6′
4	56 33	56 38	56 43	56 48	56 52	56 57	57 1	57 5	57 9	57 13	57 17
6	55 24	55 31	55 39	55 46	55 53	56 0	56 6	56 12	56 18.	56 24	56 29
8	54 17	54 26	54 37	54 46	54 55	55 4	55 13	55 21	55 29	55 36	55 44
10	53 11	53 24	53 36	53 48	53 59	54 10	54 21	54 31	54 41	54 51	55 0
11	52 39	52 53	53 7	53 20	53 32	53 44	53 56	54 7	54 18	54 29	54 39
12	52 7	52 23	52 38	52 52	53 5	53 19	53 32	53 44	53 56	54 7	54 19
13	51 36	51 53	52 9	52 24	52 39	52 54	53 8	53 21	53 34	53 46	53 59
14	51 5	51 23	51 41	51 57	52 13	52 29	52 44	52 58	53 12	53 26	53 39
15	50 35	50 54	51 13	51 31	51 48	52 5	52 21	52 36	52 51	53 6	53 20
16	50 5	50 26	50 46	51 5	51 23	51 41	51 58	52 14	52 30	52 46	53 1
17	49 36	49 58	50 19	50 39	50 59	51 18	51 36	51 53	52 10	52 27	52 43
18	49 7	49 30	49 52	50 14	50 35	50 55	51 14	51 33	51 50	52 8	52 25
19	48 38	49 3	49 26	49 49	50 11	50 32	50 53	51 13	51 31	51 50	52 8
20	48 10	48 36	49 1	49 25	49 48	50 10	50 32	50 53	51 13.	51 32	51 51
21	47 42	48 10	48 36	49 1	49 26	49 49	50 12	50 34	50 55	51 15	51 35
22	47 15	47 44	48 12	48 38	49 4	49 28	49 52	50 15	50 37	50 58	51 19
23	46 48	47 18	47 48	48 15	48 42	49 8	49 33	49 57	50 20	50 42	51 4
24	46 22	46 54	47 24	47 53	48 21	48 48	49 14	49 39	50 3	50 26	50 49
25	45 56	46 30	47 1	47 31	48 0	48 28	48 55	49 21	49 47	50 11	50 35
26	45 31	46 6	46 38	47 10	47 40	48 9	48 37	49 5	49 31	49 56	50 21
27	45 6	45 42	46 16	46 49	47 21	47 51	48 20	48 49	49 16	49 42	50 8
28	44 42	45 19	45 55	46 29	47 2	47 33	48 3	48 33	49 1	49 28	49 55
29	44 18	44 57	45 34	46 9	46 43	47 16	47 47	48 18	48 47	49 15	49 43
30	43 55	44 35	45 13	45 50	46 25	46 59	47 31	48 3	48 33	49 3	49 31
31	43 32	44 13	44 53	45 31	46 7	46 43	47 16	47 49	48 20	48 51	49 20
32	43 9	43 52	44 33	45 13	45 50	46 27	47 1	47 35	48 8	48 39	49 9
33	42 47	43 32	44 14	44 55	45 34	46 11	46 47	47 22	47 56	48 28	48 59
34	42 26	43 12	43 56	44 38	45 18	45 56	46 34	47 10	47 44	48 18	48 50
35	42 5	42 53	43 38	44 21	45 2	45 42	46 21	46 58	47 33	48 8	48 41
36	41 45	42 34	43 20	44 5	44 47	45 29	46 8	46 46	47 23	47 59	48 33
37	41 25	42 15	43 3	43 49	44 33	45 16	45 56	46 35	47 13	47 50	48 25
38	41 6	41 57	42 47	43 34	44 19	45 3	45 45	46 25	47 4	47 42	48 18
39	40 47	41 40	42 31	43 20	44 6	44 51	45 34	46 16	46 56	47 34	48 11
40	40 29	41 24	42 16	43 6	43 54	44 40	45 24	46 7	46 48	47 27	48 5
41	40 11	41 8	42 1	42 53	43 42	44 29	45 15	45 58	46 40	47 21	48 0
42	39 54	40 52	41 47	42 40	43 31	44 19	45 6	45 50	46 33	47 15	47 55
43	39 38	40 37	41 34	42 28	43 20	44 10	44 57	45 43	46 27	47 10	47 51
44	39 22	40 23	41 21	42 17	43 10	44 1	44 49	45 36	46 22	47 5	47 48
45	39 6	40 9	41 9	42 7	43 1	43 53	44 42	45 30	46 17	47 2	47 45
46	38 52	39 56	40 58	41 57	42 52	43 45	44 36	45 25	46 13	46 59	47 43
47	38 38	39 44	40 47	41 47	42 44	43 38	44 31	45 21	46 10	46 57	47 41
48	38 25	39 33	40 37	41 38	42 36	43 32	44 26	45 17	46 7	46 55	47 41
49	38 12	39 22	40 27	41 29	42 30	43 27	44 22	45 14	46 4	46 53	47 41
50	38 0	39 12	40 18	41 22	42 24	43 23	44 18	45 12	46 3	46 53	47 41
51	37 49	39 2	40 10	41 15	42 18	43 19	44 15	45 10	46 3	46 54	47 43
52	37 39	38 53	40 3	41 10	42 14	43 15	44 13	45 9	46 3	46 55	47 45
53	37 29	38 45	39 57	41 5	42 10	43 12	44 12	45 9	46 4	46 57	47 47
54	37 20	38 37	39 51	41 0	42 7	43 10	44 11	45 9	46 5	46 59	47 51
55	37 12	38 31	39 46	40 57	42 5	43 10	44 12	45 11	46 8	47 2	47 55
56	37 5	38 26	39 42	40 55	42 4	43 10	44 13	45 13	46 11	47 7	48 0
57	36 58	38 22	39 39	40 53	42 3	43 11	44 15	45 16	46 15	47 12	48 6
58	36 52	38 18	39 36	40 52	42 4	43 12	44 17	45 20	46 20	47 18	48 13
59	36 48	38 15	39 35	40 52	42 5	43 15	44 21	45 25	46 25	47 24	48 20
60	36 44	38 12	39 34	40 52	42 7	43 18	44 25	45 30	46 32	47 31	48 29

1*

Längen-Unter-schied	Azimut										
	50°	51°	52°	53°	54°	55°	56°	57°	58°	59°	60°
	Breite										
2°	58° 6'	58° 8'	58° 9'	58°11'	58°13'	58°14'	58°16'	58°18'	58°19'	58°21'	58°22
4	57 17	57 20	57 24	57 27	57 31	57 34	57 37	57 40	57 43	57 46	57 49
6	56 29	56 35	56 40	56 45	56 50	56 55	57 0	57 5	57 9	57 14	57 18
8	55 44	55 51	55 58	56 5	56 12	56 18	56 25	56 31	56 37	56 43	56 49
10	55 0	55 9	55 18	55 27	55 35	55 43	55 51	55 59	56 7	56 14	56 22
11	54 39	54 49	54 59	55 8	55 18	55 27	55 35	55 44	55 52	56 0	56 9
12	54 19	54 30	54 40	54 50	55 1	55 11	55 20	55 29	55 38	55 47	55 56
13	53 59	54 10	54 22	54 33	54 44	54 55	55 5	55 15	55 25	55 34	55 44
14	53 39	53 52	54 4	54 16	54 28	54 39	54 50	55 1	55 12	55 22	55 33
15	53 20	53 34	53 47	54 0	54 12	54 24	54 36	54 48	55 0	55 10	55 22
16	53 1	53 16	53 30	53 44	53 57	54 10	54 23	54 35	54 48	54 59	55 11
17	52 43	52 58	53 13	53 28	53 42	53 56	54 10	54 23	54 36	54 48	55 1
18	52 25	52 41	52 57	53 13	53 28	53 43	53 57	54 11	54 25	54 38	54 51
19	52 8	52 25	52 42	52 58	53 14	53 30	53 45	54 0	54 14	54 28	54 42
20	51 51	52 9	52 27	52 44	53 1	53 18	53 33	53 49	54 4	54 19	54 34
21	51 35	51 54	52 13	52 31	52 48	53 6	53 22	53 39	53 55	54 10	54 26
22	51 19	51 39	51 59	52 18	52 36	52 54	53 12	53 29	53 46	54 2	54 18
23	51 4	51 25	51 45	52 5	52 24	52 43	53 2	53 20	53 37	53 54	54 11
24	50 49	51 11	51 32	51 53	52 13	52 33	52 52	53 11	53 29	53 47	54 4
25	50 35	50 58	51 20	51 41	52 2	52 23	52 43	53 2	53 21	53 40	53 58
26	50 21	50 45	51 8	51 30	51 52	52 14	52 34	52 54	53 14	53 34	53 53
27	50 8	50 33	50 57	51 20	51 43	52 5	52 26	52 47	53 8	53 28	53 48
28	49 55	50 21	50 46	51 10	51 33	51 56	52 19	52 41	53 2	53 23	53 43
29	49 43	50 9	50 35	51 0	51 25	51 48	52 12	52 35	52 57	53 18	53 39
30	49 31	49 59	50 25	50 51	51 17	51 41	52 5	52 29	52 52	53 14	53 36
31	49 20	49 49	50 16	50 43	51 9	51 35	51 59	52 24	52 47	53 10	53 33
32	49 9	49 39	50 7	50 35	51 2	51 29	51 54	52 19	52 43	53 7	53 31
33	48 59	49 30	49 59	50 28	50 56	51 23	51 49	52 15	52 40	53 5	53 29
34	48 50	49 21	49 52	50 21	50 50	51 18	51 45	52 12	52 37	53 3	53 28
35	48 41	49 13	49 45	50 15	50 45	51 13	51 41	52 9	52 35	53 1	53 27
36	48 33	49 6	49 38	50 9	50 40	51 9	51 38	52 6	52 34	53 0	53 27
37	48 25	48 59	49 32	50 4	50 36	51 6	51 36	52 4	52 33	53 0	53 27
38	48 18	48 53	49 27	50 0	50 32	51 3	51 34	52 3	52 32	53 1	53 28
39	48 11	48 47	49 22	49 56	50 29	51 1	51 32	52 3	52 32	53 2	53 30
40	48 5	48 42	49 18	49 53	50 27	51 0	51 32	52 3	52 33	53 3	53 32
41	48 0	48 38	49 15	49 50	50 25	50 59	51 32	52 3	52 35	53 5	53 35
42	47 55	48 34	49 12	49 48	50 24	50 58	51 32	52 5	52 37	53 8	53 38
43	47 51	48 31	49 10	49 47	50 23	50 59	51 33	52 7	52 39	53 11	53 42
44	47 48	48 28	49 8	49 46	50 23	51 0	51 35	52 9	52 42	53 15	53 47
45	47 45	48 27	49 7	49 46	50 24	51 1	51 37	52 12	52 46	53 19	53 52
46	47 43	48 26	49 7	49 47	50 26	51 3	51 40	52 16	52 51	53 25	53 58
47	47 41	48 25	49 7	49 48	50 28	51 6	51 44	52 20	52 56	53 31	54 4
48	47 41	48 25	49 8	49 50	50 30	51 10	51 48	52 25	53 2	53 37	54 11
49	47 41	48 26	49 10	49 53	50 34	51 14	51 53	52 31	53 8	53 44	54 19
50	47 41	48 28	49 12	49 56	50 38	51 19	51 59	52 37	53 15	53 52	54 28
51	47 43	48 30	49 15	50 0	50 43	51 25	52 5	52 44	53 23	54 0	54 37
52	47 45	48 33	49 19	50 5	50 48	51 31	52 12	52 52	53 31	54 9	54 47
53	47 47	48 37	49 24	50 10	50 54	51 38	52 20	53 1	53 40	54 19	54 57
54	47 51	48 41	49 29	50 16	51 1	51 45	52 28	53 10	53 50	54 30	55 8
55	47 55	48 46	49 35	50 23	51 9	51 54	52 37	53 20	54 1	54 41	55 20
56	48 0	48 52	49 42	50 31	51 18	52 3	52 47	53 30	54 12	54 53	55 33
57	48 6	48 59	49 50	50 39	51 27	52 13	52 58	53 41	54 24	55 5	55 46
58	48 13	49 7	49 58	50 48	51 37	52 24	53 9	53 53	54 37	55 19	56 0
59	48 20	49 15	50 7	50 58	51 47	52 35	53 21	54 6	54 50	55 33	56 14
60	48 29	49 24	50 17	51 9	51 59	52 47	53 34	54 20	55 4	55 47	56 30

Stavanger.   Breite 58° 56' 53" N   Länge 5° 40' 39" O

Längen-Unter-schied	Azimut										
	60°	61°	62°	63°	64°	65°	66°	67°	68°	69°	70°
	Breite										
2°	58°22'	58°24'	58°25'	58°26'	58°28'	58°29'	58°30'	58°32'	58°33'	58°34'	58°35'
4	57 49	57 52	57 55	57 58	58 0	58 3	58 6	58 8	58 11	58 13	58 16
6	57 18	57 22	57 27	57 31	57 35	57 39	57 43	57 46	57 50	57 54	57 58
8	56 49	56 55	57 0	57 6	57 11	57 16	57 22	57 27	57 32	57 37	57 42
10	56 22	56 29	56 36	56 43	56 49	56 56	57 2	57 9	57 15	57 22	57 28
11	56 9	56 16	56 24	56 32	56 39	56 46	56 53	57 1	57 7	57 14	57 21
12	55 56	56 5	56 13	56 21	56 29	56 37	56 45	56 53	57 0	57 8	57 15
13	55 44	55 53	56 2	56 11	56 20	56 29	56 37	56 46	56 54	57 2	57 10
14	55 33	55 42	55 52	56 2	56 11	56 21	56 30	56 39	56 48	56 56	57 5
15	55 22	55 32	55 43	55 53	56 3	56 13	56 23	56 33	56 42	56 51	57 1
16	55 11	55 22	55 34	55 45	55 55	56 6	56 16	56 27	56 37	56 47	56 57
17	55 1	55 13	55 25	55 37	55 48	55 59	56 10	56 21	56 32	56 43	56 53
18	54 51	55 4	55 17	55 29	55 41	55 53	56 5	56 16	56 28	56 39	56 50
19	54 42	54 56	55 9	55 22	55 35	55 47	56 0	56 12	56 24	56 36	56 48
20	54 34	54 48	55 2	55 16	55 29	55 42	55 55	56 8	56 21	56 33	56 46
21	54 26	54 41	54 55	55 10	55 24	55 38	55 51	56 5	56 18	56 31	56 44
22	54 18	54 34	54 49	55 4	55 19	55 34	55 48	56 2	56 16	56 30	56 43
23	54 11	54 27	54 43	54 59	55 15	55 30	55 45	56 0	56 14	56 28	56 43
24	54 4	54 21	54 38	54 55	55 11	55 27	55 42	55 58	56 13	56 27	56 43
25	53 58	54 16	54 33	54 51	55 8	55 24	55 40	55 56	56 12	56 28	56 43
26	53 53	54 11	54 29	54 47	55 5	55 22	55 39	55 56	56 12	56 28	56 44
27	53 48	54 7	54 26	54 44	55 2	55 20	55 38	55 55	56 12	56 29	56 46
28	53 43	54 3	54 23	54 42	55 1	55 19	55 38	55 55	56 13	56 30	56 48
29	53 39	54 0	54 20	54 40	55 0	55 19	55 38	55 56	56 14	56 32	56 50
30	53 36	53 57	54 18	54 39	54 59	55 19	55 38	55 57	56 16	56 35	56 53
31	53 33	53 55	54 17	54 38	54 59	55 19	55 39	55 59	56 19	56 38	56 57
32	53 31	53 53	54 16	54 38	54 59	55 20	55 41	56 1	56 22	56 42	57 1
33	53 29	53 52	54 15	54 38	55 0	55 22	55 43	56 4	56 25	56 46	57 6
34	53 28	53 52	54 15	54 39	55 2	55 24	55 46	56 8	56 29	56 50	57 11
35	53 27	53 52	54 16	54 40	55 4	55 27	55 49	56 12	56 34	56 55	57 17
36	53 27	53 52	54 17	54 42	55 6	55 30	55 53	56 16	56 39	57 1	57 23
37	53 27	53 53	54 19	54 45	55 9	55 34	55 58	56 21	56 44	57 7	57 30
38	53 28	53 55	54 22	54 48	55 13	55 38	56 3	56 27	56 50	57 14	57 37
39	53 30	53 57	54 25	54 51	55 17	55 43	56 8	56 33	56 57	57 21	57 45
40	53 32	54 0	54 28	54 55	55 22	55 49	56 14	56 40	57 5	57 29	57 54
41	53 35	54 4	54 32	55 0	55 28	55 55	56 21	56 47	57 13	57 38	58 3
42	53 38	54 8	54 37	55 6	55 34	56 1	56 28	56 55	57 21	57 47	58 12
43	53 42	54 13	54 42	55 12	55 41	56 8	56 36	57 3	57 30	57 56	58 22
44	53 47	54 18	54 48	55 18	55 48	56 16	56 45	57 12	57 40	58 6	58 33
45	53 52	54 24	54 55	55 25	55 55	56 25	56 54	57 22	57 50	58 17	58 45
46	53 58	54 30	55 2	55 33	56 4	56 34	57 3	57 32	58 1	58 29	58 57
47	54 4	54 37	55 10	55 42	56 13	56 44	57 14	57 43	58 12	58 41	59 9
48	54 11	54 45	55 19	55 51	56 23	56 54	57 25	57 55	58 24	58 53	59 22
49	54 19	54 54	55 28	56 1	56 33	57 5	57 36	58 7	58 37	59 6	59 36
50	54 28	55 3	55 37	56 11	56 44	57 16	57 48	58 19	58 50	59 20	59 50
51	54 37	55 13	55 48	56 22	56 56	57 28	58 1	58 33	59 4	59 35	60 5
52	54 47	55 23	55 59	56 34	57 8	57 41	58 14	58 47	59 18	59 50	60 21
53	54 57	55 34	56 11	56 46	57 21	57 55	58 28	59 1	59 33	60 5	60 37
54	55 8	55 46	56 23	56 59	57 34	58 9	58 43	59 16	59 49	60 21	60 54
55	55 20	55 59	56 36	57 12	57 48	58 24	58 58	59 32	60 6	60 38	61 11
56	55 33	56 12	56 50	57 27	58 3	58 39	59 14	59 49	60 23	60 56	61 29
57	55 46	56 25	57 4	57 42	58 19	58 55	59 31	60 6	60 40	61 14	61 47
58	56 0	56 40	57 19	57 57	58 35	59 12	59 48	60 23	60 58	61 33	62 6
59	56 14	56 55	57 35	58 14	58 52	59 29	60 6	60 42	61 17	61 52	62 26
60	56 30	57 11	57 51	58 31	59 9	59 47	60 24	61 1	61 37	62 12	62 47

Längen-Unter-schied	Azimut										
	70°	**71°**	**72°**	**73°**	**74°**	**75°**	**76°**	**77°**	**78°**	**79°**	**80°**
	Breite										
2°	58°35′	58°37′	58°38′	58°39′	58°40′	58°41′	58°42′	58°44′	58°45′	58°46′	58°47′
4	58 16	58 18	58 20	58 23	58 25	58 27	58 30	58 32	58 34	58 37	58 39
6	57 58	58 1	58 5	58 8	58 12	58 15	58 19	58 22	58 26	58 29	58 33
8	57 42	57 47	57 51	57 56	58 1	58 5	58 10	58 15	58 19	58 24	58 28
10	57 28	57 34	57 40	57 46	57 51	57 57	58 3	58 9	58 14	58 20	58 26
11	57 21	57 28	57 34	57 41	57 47	57 54	58 0	58 6	58 13	58 19	58 25
12	57 15	57 23	57 30	57 37	57 44	57 51	57 58	58 4	58 12	58 18	58 25
13	57 10	57 18	57 26	57 33	57 41	57 48	57 56	58 3	58 11	58 18	58 25
14	57 5	57 14	57 22	57 30	57 38	57 46	57 55	58 3	58 11	58 18	58 26
15	57 1	57 10	57 19	57 27	57 36	57 45	57 54	58 2	58 11	58 19	58 27
16	56 57	57 6	57 16	57 25	57 35	57 44	57 53	58 2	58 11	58 20	58 29
17	56 53	57 3	57 14	57 24	57 34	57 44	57 53	58 3	58 13	58 22	58 32
18	56 50	57 1	57 12	57 23	57 33	57 43	57 54	58 4	58 14	58 24	58 34
19	56 48	56 59	57 11	57 22	57 33	57 44	57 55	58 6	58 16	58 27	58 38
20	56 46	56 58	57 10	57 22	57 33	57 45	57 56	58 8	58 19	58 30	58 41
21	56 44	56 57	57 9	57 22	57 34	57 46	57 58	58 10	58 22	58 34	58 45
22	56 43	56 56	57 10	57 23	57 35	57 48	58 1	58 13	58 26	58 38	58 50
23	56 43	56 56	57 10	57 24	57 37	57 51	58 4	58 17	58 30	58 43	58 55
24	56 43	56 57	57 11	57 26	57 40	57 54	58 7	58 21	58 35	58 48	59 1
25	56 43	56 58	57 13	57 28	57 43	57 57	58 11	58 26	58 40	58 54	59 7
26	56 44	57 0	57 15	57 31	57 46	58 1	58 16	58 31	58 45	59 0	59 14
27	56 46	57 2	57 18	57 34	57 50	58 5	58 21	58 36	58 51	59 6	59 21
28	56 48	57 5	57 21	57 38	57 54	58 10	58 26	58 42	58 58	59 13	59 29
29	56 50	57 8	57 25	57 42	57 59	58 16	58 32	58 49	59 5	59 21	59 37
30	56 53	57 11	57 29	57 47	58 4	58 22	58 39	58 56	59 13	59 29	59 46
31	56 57	57 15	57 34	57 52	58 10	58 28	58 46	59 3	59 21	59 38	59 55
32	57 1	57 20	57 39	57 58	58 17	58 35	58 53	59 11	59 29	59 47	60 5
33	57 6	57 25	57 45	58 4	58 24	58 43	59 1	59 20	59 38	59 57	60 15
34	57 11	57 31	57 51	58 11	58 31	58 51	59 10	59 29	59 48	60 7	60 26
35	57 17	57 38	57 58	58 19	58 39	58 59	59 19	59 39	59 58	60 18	60 37
36	57 23	57 45	58 6	58 27	58 48	59 8	59 29	59 49	60 9	60 29	60 49
37	57 30	57 52	58 14	58 35	58 57	59 18	59 39	60 0	60 20	60 41	61 1
38	57 37	58 0	58 22	58 45	59 7	59 28	59 50	60 11	60 32	60 53	61 14
39	57 45	58 8	58 31	58 54	59 17	59 39	60 1	60 23	60 44	61 6	61 27
40	57 54	58 17	58 41	59 4	59 27	59 50	60 13	60 35	60 57	61 19	61 41
41	58 3	58 27	58 51	59 15	59 39	60 2	60 25	60 48	61 11	61 33	61 56
42	58 12	58 37	59 2	59 26	59 51	60 14	60 38	61 1	61 25	61 48	62 11
43	58 22	58 48	59 13	59 38	60 3	60 27	60 51	61 15	61 39	62 3	62 26
44	58 33	58 59	59 25	59 51	60 16	60 41	61 5	61 30	61 54	62 18	62 42
45	58 45	59 11	59 38	60 4	60 29	60 55	61 20	61 45	62 10	62 34	62 59
46	58 57	59 24	59 51	60 17	60 43	61 10	61 35	62 1	62 26	62 51	63 16
47	59 9	59 37	60 4	60 31	60 58	61 25	61 51	62 17	62 43	63 8	63 33
48	59 22	59 51	60 18	60 46	61 13	61 40	62 7	62 34	63 0	63 26	63 52
49	59 36	60 5	60 33	61 1	61 29	61 57	62 24	62 51	63 18	63 44	64 10
50	59 50	60 20	60 49	61 17	61 46	62 14	62 41	63 9	63 36	64 3	64 30
51	60 5	60 35	61 5	61 34	62 3	62 31	62 59	63 27	63 55	64 22	64 49
52	60 21	60 51	61 21	61 51	62 20	62 49	63 18	63 46	64 14	64 42	65 10
53	60 37	61 8	61 38	62 8	62 38	63 8	63 37	64 6	64 34	65 3	65 31
54	60 53	61 25	61 56	62 27	62 57	63 27	63 56	64 26	64 55	65 24	65 52
55	61 11	61 43	62 14	62 45	63 16	63 46	64 16	64 46	65 16	65 45	66 14
56	61 29	62 1	62 33	63 5	63 36	64 7	64 37	65 7	65 37	66 7	66 37
57	61 47	62 20	62 53	63 25	63 56	64 28	64 58	65 29	65 59	66 30	67 0
58	62 6	62 40	63 13	63 45	64 17	64 49	65 20	65 51	66 22	66 53	67 23
59	62 26	63 0	63 33	64 6	64 39	65 11	65 43	66 14	66 45	67 16	67 47
60	62 47	63 21	63 55	64 28	65 1	65 33	66 6	66 38	67 9	67 41	68 12

Stavanger. Breite 58° 56′ 53″ N   Länge 5° 40′ 39″ O

Längen-Unter-schied	Azimut										
	80°	81°	82°	83°	84°	85°	86°	87°	88°	89°	90°
	Breite										
2°	58 47	58 48	58 49	58 50	58 51	58 52	58 54	58 55	58 56	58 57	58 58
4	58 39	58 41	58 43	58 45	58 48	58 50	58 52	58 54	58 56	58 59	59 1
6	58 33	58 36	58 39	58 42	58 46	58 49	58 52	58 56	58 59	59 2	59 5
8	58 28	58 33	58 37	58 41	58 46	58 50	58 54	58 59	59 3	59 7	59 12
10	58 26	58 31	58 37	58 42	58 48	58 53	58 59	59 4	59 9	59 15	59 20
11	58 25	58 31	58 37	58 43	58 49	58 55	59 1	59 7	59 13	59 19	59 25
12	58 25	58 32	58 38	58 45	58 51	58 58	59 4	59 11	59 17	59 24	59 30
13	58 25	58 32	58 40	58 47	58 54	59 1	59 8	59 15	59 22	59 29	59 36
14	58 26	58 34	58 42	58 49	58 57	59 5	59 12	59 20	59 27	59 35	59 42
15	58 27	58 36	58 44	58 52	59 1	59 9	59 17	59 25	59 33	59 41	59 49
16	58 29	58 38	58 47	58 56	59 5	59 13	59 22	59 31	59 39	59 48	59 56
17	58 32	58 41	58 50	59 0	59 9	59 18	59 27	59 37	59 46	59 55	60 4
18	58 34	58 44	58 54	59 4	59 14	59 24	59 33	59 43	59 53	60 3	60 12
19	58 38	58 48	58 58	59 9	59 19	59 30	59 40	59 50	60 1	60 11	60 21
20	58 41	58 52	59 3	59 14	59 25	59 36	59 47	59 58	60 9	60 19	60 30
21	58 45	58 57	59 9	59 20	59 32	59 43	59 54	60 6	60 17	60 28	60 40
22	58 50	59 2	59 15	59 26	59 38	59 50	60 2	60 14	60 26	60 38	60 50
23	58 55	59 8	59 21	59 33	59 46	59 58	60 11	60 23	60 36	60 48	61 0
24	59 1	59 14	59 28	59 41	59 54	60 7	60 20	60 33	60 46	60 58	61 11
25	59 7	59 21	59 35	59 49	60 2	60 16	60 29	60 43	60 56	61 9	61 23
26	59 14	59 28	59 43	59 57	60 11	60 25	60 39	60 53	61 7	61 21	61 35
27	59 21	59 36	59 51	60 5	60 20	60 35	60 49	61 4	61 18	61 33	61 47
28	59 29	59 44	60 0	60 15	60 30	60 45	61 0	61 15	61 30	61 45	62 0
29	59 37	59 53	60 9	60 25	60 41	60 56	61 12	61 27	61 43	61 58	62 14
30	59 46	60 2	60 19	60 35	60 51	61 7	61 24	61 40	61 56	62 12	62 28
31	59 55	60 12	60 29	60 46	61 2	61 19	61 36	61 53	62 9	62 26	62 42
32	60 5	60 22	60 40	60 57	61 14	61 32	61 49	62 6	62 23	62 40	62 57
33	60 15	60 33	60 51	61 9	61 27	61 45	62 2	62 20	62 37	62 55	63 12
34	60 26	60 44	61 3	61 21	61 40	61 58	62 16	62 34	62 52	63 10	63 28
35	60 37	60 56	61 15	61 34	61 53	62 12	62 30	62 49	63 8	63 26	63 45
36	60 49	61 8	61 28	61 48	62 7	62 26	62 45	63 4	63 24	63 43	64 2
37	61 1	61 21	61 41	62 2	62 21	62 41	63 1	63 20	63 40	64 0	64 19
38	61 14	61 35	61 55	62 16	62 36	62 56	63 17	63 37	63 57	64 17	64 37
39	61 27	61 49	62 10	62 31	62 52	63 12	63 33	63 54	64 14	64 35	64 55
40	61 41	62 3	62 25	62 46	63 7	63 29	63 50	64 11	64 32	64 53	65 14
41	61 56	62 18	62 40	63 2	63 24	63 46	64 7	64 29	64 51	65 12	65 34
42	62 11	62 33	62 56	63 18	63 41	64 3	64 25	64 48	65 10	65 32	65 54
43	62 26	62 49	63 12	63 35	63 58	64 21	64 44	65 6	65 29	65 52	66 14
44	62 42	63 6	63 29	63 53	64 16	64 40	65 3	65 26	65 49	66 12	66 35
45	62 59	63 23	63 47	64 11	64 35	64 59	65 22	65 46	66 9	66 33	66 55
46	63 16	63 41	64 5	64 30	64 54	65 18	65 42	66 6	66 30	66 54	67 18
47	63 33	63 59	64 24	64 49	65 13	65 38	66 3	66 27	66 52	67 16	67 41
48	63 52	64 17	64 43	65 8	65 33	65 59	66 24	66 49	67 14	67 38	68 4
49	64 10	64 36	65 2	65 28	65 54	66 20	66 45	67 11	67 36	68 1	68 27
50	64 30	64 56	65 23	65 49	66 15	66 41	67 7	67 33	67 59	68 25	68 51
51	64 49	65 17	65 43	66 10	66 37	67 3	67 30	67 56	68 22	68 49	69 15
52	65 10	65 37	66 4	66 32	66 59	67 26	67 53	68 20	68 46	69 13	69 40
53	65 31	65 59	66 26	66 54	67 22	67 49	68 16	68 44	69 11	69 38	70 5
54	65 52	66 21	66 49	67 17	67 45	68 13	68 40	69 8	69 36	70 3	
55	66 14	66 43	67 12	67 40	68 8	68 37	69 5	69 33	70 1		
56	66 37	67 6	67 35	68 4	68 32	69 1	69 30	69 58			
57	67 0	67 29	67 59	68 28	68 57	69 26	69 55	70 23			
58	67 23	67 53	68 23	68 53	69 22	69 52	70 21				
59	67 47	67 18	68 48	69 18	69 48	70 17					
60	68 12	68 43	69 13	69 44	70 14						

Stavanger. Breite 58° 56' 53" N Länge 5° 40' 39" O

Breite	Azimut										
	90°	91°	92°	93°	94°	95°	96°	97°	98°	99°	100°
	Längen-Unterschied										
60°	16°29'	15°22'	14°20'	13°22'	12°29'	11°40'	10°55'	10°14'	9°36'	9° 2'	8°30'
61	22 59	21 52	20 48	19 48	18 50	17 56	17 4	16 16	15 31	14 47	14 7
62	27 59	26 52	25 48	24 46	23 47	22 51	21 56	21 4	20 15	19 28	18 42
63	32 12	31 5	30 1	28 59	27 59	27 1	26 5	25 11	24 19	23 30	22 41
64	35 54	34 48	33 44	32 42	31 41	30 43	29 46	28 51	27 57	27 5	26 15
65	39 15	38 9	37 5	36 3	35 2	34 3	33 6	32 10	31 15	30 22	29 30
66	42 19	41 14	40 10	39 8	38 7	37 8	36 10	35 13	34 18	33 24	32 31
67	45 10	44 6	43 2	42 0	40 59	40 0	39 1	38 4	37 8	36 14	35 20
68	47 51	46 47	45 44	44 42	43 41	42 42	41 43	40 45	39 49	38 54	38 0
69	50 23	49 20	48 17	47 15	46 14	45 15	44 16	43 18	42 21	41 26	40 31
70	52 48	51 45	50 43	49 41	48 40	47 41	46 42	45 44	44 47	43 51	42 55

Breite	Azimut										
	100°	101°	102°	103°	104°	105°	106°	107°	108°	109°	110°
	Längen-Unterschied										
60°	8°30'	8° 1'	7°35'	7°10'	6°48'	6°27'	6° 8'	5°50'	5°34'	5°19'	5° 4'
61	14 7	13 29	12 53	12 19	11 48	11 18	10 49	10 23	9 58	9 34	9 12
62	18 42	17 59	17 18	16 39	16 2	15 26	14 53	14 20	13 49	13 20	12 52
63	22 41	21 55	21 11	20 28	19 47	19 8	18 30	17 53	17 18	16 45	16 12
64	26 15	25 27	24 40	23 55	23 11	22 29	21 48	21 8	20 30	19 53	19 18
65	29 30	28 40	27 52	27 5	26 19	25 34	24 51	24 9	23 28	22 49	22 10
66	32 31	31 40	30 50	30 1	29 14	28 27	27 42	26 58	26 16	25 34	24 53
67	35 20	34 28	33 37	32 47	31 58	31 10	30 24	29 38	28 54	28 10	27 28
68	38 0	37 6	36 14	35 23	34 33	33 45	32 57	32 10	31 24	30 38	29 55
69	40 31	39 37	38 44	37 52	37 1	36 12	35 23	34 34	33 47	33 1	32 16
70	42 55	42 1	41 8	40 15	39 23	38 32	37 42	36 53	36 5	35 18	34 31

Breite	Azimut										
	110°	111°	112°	113°	114°	115°	116°	117°	118°	119°	120°
	Längen-Unterschied										
60°	5° 4'	4°51'	4°39'	4°27'	4°16'	4° 6'	3°57'	3°48'	3°39'	3°31'	3°23'
61	9 12	8 51	8 31	8 12	7 54	7 36	7 20	7 5	6 50	6 36	6 22
62	12 52	12 25	11 59	11 35	11 12	10 49	10 28	10 7	9 47	9 28	9 10
63	16 12	15 41	15 11	14 42	14 15	13 48	13 22	12 58	12 34	12 11	11 48
64	19 18	18 43	18 10	17 37	17 6	16 36	16 7	15 39	15 11	14 45	14 19
65	22 10	21 33	20 57	20 22	19 48	19 15	18 43	18 12	17 41	17 12	16 43
66	24 53	24 14	23 35	22 58	22 21	21 46	21 11	20 37	20 4	19 32	19 1
67	27 28	26 46	26 6	25 26	24 48	24 10	23 33	22 57	22 22	21 48	21 14
68	29 55	28 12	28 29	27 48	27 8	26 28	25 49	25 11	24 34	23 58	23 22
69	32 16	31 31	30 47	30 4	29 22	28 41	28 1	27 21	26 42	26 3	25 26
70	34 31	33 45	33 0	32 16	31 32	30 49	30 7	29 26	28 45	28 5	27 26

Breite	Azimut										
	120°	121°	122°	123°	124°	125°	126°	127°	128°	129°	130°
	Längen-Unterschied										
60°	3°23'	3°16'	3° 9'	3° 2'	2°56'	2°50'	2°44'	2°38'	2°33'	2°28'	2°23'
61	6 22	6 9	5 57	5 45	5 33	5 22	5 12	5 2	4 52	4 42	4 33
62	9 10	8 52	8 35	8 19	8 3	7 48	7 33	7 19	7 6	6 52	6 39
63	11 48	11 27	11 6	10 46	10 26	10 7	9 49	9 31	9 14	8 58	8 41
64	14 19	13 54	13 30	13 7	12 44	12 22	12 0	11 39	11 19	10 59	10 40
65	16 43	16 15	15 48	15 22	14 56	14 31	14 7	13 43	13 19	12 57	12 34
66	19 1	18 31	18 1	17 32	17 3	16 36	16 9	15 42	15 16	14 51	14 26
67	21 14	20 41	20 9	19 37	19 7	18 36	18 7	17 38	17 10	16 42	16 15
68	23 22	22 47	22 13	21 39	21 6	20 34	20 2	19 31	19 1	18 31	18 1
69	25 26	24 49	24 13	23 37	23 2	22 28	21 54	21 21	20 49	20 16	19 45
70	27 26	26 47	26 9	25 31	24 55	24 19	23 43	23 8	22 34	22 0	21 26

Breite	Azimut										
	130°	131°	132°	133°	134°	135°	136°	137°	138°	139°	140°
	Längen-Unterschied										
60°	2°23′	2°18′	2°13′	2° 9′	2° 5′	2° 1′	1°57′	1°53′	1°49′	1°45′	1°42′
61	4 33	4 25	4 16	4 8	4 0	3 52	3 45	3 37	3 30	3 23	3 16
62	6 39	6 27	6 15	6 3	5 52	5 41	5 30	5 19	5 9	4 59	4 49
63	8 41	8 26	8 10	7 55	7 41	7 26	7 13	6 59	6 46	6 33	6 20
64	10 40	10 21	10 2	9 44	9 27	9 10	8 53	8 37	8 21	8 5	7 50
65	12 34	12 13	11 52	11 31	11 11	10 51	10 31	10 12	9 54	9 36	9 18
66	14 26	14 2	13 38	13 15	12 52	12 30	12 8	11 46	11 25	11 5	10 44
67	16 15	15 48	15 22	14 57	14 31	14 7	13 42	13 19	12 55	12 32	12 10
68	18 1	17 32	17 4	16 36	16 9	15 42	15 15	14 49	14 23	13 58	13 33
69	19 45	19 14	18 43	18 13	17 44	17 15	16 46	16 18	15 50	15 23	14 56
70	21 26	20 53	20 21	19 49	19 17	18 46	18 15	17 45	17 15	16 46	16 17

Breite	Azimut										
	140°	141°	142°	143°	144°	145°	146°	147°	148°	149°	150°
	Längen-Unterschied										
60°	1°42′	1°38′	1°35′	1°31′	1°28′	1°25′	1°22′	1°19′	1°16′	1°13′	1°10′
61	3 16	3 9	3 3	2 57	2 51	2 45	2 39	2 33	2 27	2 22	2 17
62	4 49	4 39	4 30	4 21	4 12	4 3	3 55	3 46	3 38	3 30	3 22
63	6 20	6 8	5 56	5 44	5 32	5 21	5 10	4 59	4 48	4 37	4 27
64	7 50	7 35	7 20	7 6	6 51	6 37	6 24	6 10	5 57	5 44	5 31
65	9 18	9 0	8 43	8 26	8 9	7 53	7 37	7 21	7 5	6 50	6 35
66	10 44	10 24	10 5	9 46	9 27	9 8	8 49	8 31	8 13	7 55	7 38
67	12 10	11 47	11 25	11 3	10 42	10 21	10 0	9 40	9 20	9 0	8 40
68	13 33	13 8	12 44	12 20	11 57	11 34	11 11	10 48	10 26	10 4	9 42
69	14 56	14 29	14 3	13 37	13 11	12 46	12 21	11 56	11 32	11 7	10 43
70	16 17	15 48	15 19	14 51	14 24	13 56	13 29	13 3	12 36	12 10	11 43

Breite	Azimut										
	150°	151°	152°	153°	154°	155°	156°	157°	158°	159°	160°
	Längen-Unterschied										
60°	1°10′	1° 8′	1° 5′	1° 2′	0°59′	0°57′	0°54′	0°52′	0°49′	0°47′	0°44′
61	2 17	2 11	2 6	2 1	1 56	1 51	1 46	1 41	1 36	1 31	1 26
62	3 22	3 14	3 6	2 59	2 51	2 44	2 37	2 29	2 22	2 15	2 8
63	4 27	4 17	4 6	3 56	3 47	3 37	3 27	3 18	3 8	2 59	2 50
64	5 31	5 19	5 6	4 53	4 42	4 30	4 18	4 6	3 54	3 43	3 32
65	6 35	6 20	6 5	5 50	5 36	5 22	5 8	4 54	4 40	4 26	4 13
66	7 38	7 20	7 3	6 47	6 30	6 14	5 57	5 41	5 25	5 10	4 54
67	8 40	8 21	8 1	7 43	7 24	7 5	6 47	6 28	6 10	5 53	5 35
68	9 42	9 20	8 59	8 38	8 17	7 56	7 36	7 15	6 55	6 35	6 16
69	10 43	10 19	9 56	9 33	9 10	8 47	8 24	8 2	7 40	7 18	6 56
70	11 43	11 18	10 52	10 27	10 2	9 37	9 13	8 48	8 24	8 0	7 36

Breite	Azimut										
	160°	161°	162°	163°	164°	165°	166°	167°	268°	169°	170°
	Längen-Unterschied										
60°	0°44′	0°42′	0°40′	0°37′	0°35′	0°33′	0°31′	0°28′	0°26′	0°24′	0°22′
61	1 26	1 22	1 17	1 13	1 8	1 4	0 59	0 55	0 51	0 46	0 42
62	2 8	2 2	1 55	1 48	1 41	1 35	1 28	1 22	1 15	1 9	1 2
63	2 50	2 41	2 32	2 23	2 14	2 6	1 57	1 48	1 40	1 31	1 23
64	3 32	3 20	3 9	2 58	2 47	2 37	2 26	2 15	2 4	1 54	1 43
65	4 13	4 0	3 46	3 33	3 20	3 7	2 54	2 42	2 29	2 16	2 4
66	4 54	4 39	4 23	4 8	3 53	3 38	3 23	3 8	2 53	2 38	2 24
67	5 35	5 17	5 0	4 43	4 25	4 8	3 51	3 34	3 17	3 1	2 44
68	6 16	5 56	5 36	5 17	4 58	4 39	4 19	4 1	3 42	3 23	3 4
69	6 56	6 34	6 13	5 51	5 30	5 9	4 48	4 27	4 6	3 45	3 24
70	7 36	7 12	6 49	6 25	6 2	5 39	5 16	4 53	4 30	4 7	3 44

Stavanger.   Breite 58° 56' 53" N   Länge 5° 40' 39" O

Breite	Azimut										
	170°	171°	172°	173°	174°	175°	176°	177°	178°	179°	180°
	Längen-Unterschied										
60°	0°22'	0°19'	0°17'	0°15'	0°13'	0°11'	0° 9'	0° 6'	0° 4'	0° 2'	0° 0'
61	0 42	0 38	0 34	0 29	0 25	0 21	0 17	0 13	0 8	0 4	0 0
62	1 2	0 56	0 50	0 44	0 37	0 31	0 25	0 19	0 12	0 6	0 0
63	1 23	1 14	1 6	0 58	0 50	0 41	0 33	0 25	0 17	0 8	0 0
64	1 43	1 33	1 22	1 12	1 2	0 51	0 41	0 31	0 21	0 10	0 0
65	2 4	1 51	1 39	1 26	1 14	1 1	0 49	0 37	0 25	0 12	0 0
66	2 24	2 9	1 55	1 40	1 26	1 12	0 57	0 43	0 29	0 14	0 0
67	2 44	2 28	2 11	1 54	1 38	1 22	1 5	0 49	0 33	0 16	0 0
68	3 4	2 46	2 27	2 9	1 50	1 32	1 13	0 55	0 37	0 18	0 0
69	3 24	3 4	2 43	2 23	2 2	1 42	1 21	1 1	0 41	0 20	0 0
70	3 44	3 22	2 59	2 37	2 14	1 52	1 29	1 7	0 45	0 22	0 0

10

Karlsborg. Breite 58° 29′ 18″ N Länge 14° 28′ 44″ O

Azimut

Breite	0°	1°	2°	3°	4°	5°	6°	7°	8°	9°	10°
					Längen-Unterschied						
30°	0° 0′	0°55′	1°50′	2°45′	3°40′	4°35′	5°31′	6°27′	7°24′	8°22′	9°20′
31	0 0	0 53	1 46	2 39	3 33	4 26	5 20	6 15	7 10	8 5	9 1
32	0 0	0 51	1 42	2 34	3 26	4 17	5 10	6 2	6 55	7 49	8 43
33	0 0	0 49	1 39	2 28	3 18	4 8	4 59	5 49	6 40	7 32	8 24
34	0 0	0 47	1 35	2 23	3 11	3 59	4 48	5 37	6 26	7 16	8 6
35	0 0	0 46	1 32	2 18	3 4	3 50	4 37	5 24	6 11	6 59	7 47
36	0 0	0 44	1 28	2 12	2 56	3 40	4 25	5 10	5 56	6 42	7 28
37	0 0	0 42	1 24	2 6	2 49	3 31	4 14	4 57	5 41	6 25	7 9
38	0 0	0 40	1 20	2 0	2 41	3 22	4 3	4 44	5 25	6 7	6 50
39	0 0	0 38	1 17	1 55	2 34	3 12	3 51	4 30	5 10	5 50	6 30
40	0 0	0 36	1 13	1 49	2 26	3 3	3 40	4 17	4 55	5 33	6 11
41	0 0	0 34	1 9	1 43	2 18	2 53	3 28	4 3	4 39	5 15	5 51
42	0 0	0 32	1 5	1 38	2 11	2 44	3 17	3 50	4 24	4 58	5 32
43	0 0	0 30	1 1	1 32	2 3	2 34	3 5	3 36	4 8	4 40	5 12
44	0 0	0 28	0 57	1 26	1 55	2 24	2 53	3 22	3 52	4 22	4 52
45	0 0	0 27	0 54	1 20	1 47	2 14	2 42	3 9	3 36	4 4	4 32
46	0 0	0 25	0 50	1 15	1 40	2 5	2 30	2 55	3 21	3 46	4 12
47	0 0	0 23	0 46	1 9	1 32	1 55	2 18	2 41	3 5	3 28	3 52
48	0 0	0 21	0 42	1 3	1 24	1 45	2 6	2 27	2 49	3 10	3 32
49	0 0	0 19	0 38	0 57	1 16	1 35	1 54	2 13	2 33	2 52	3 12
50	0 0	0 17	0 34	0 51	1 8	1 25	1 42	1 59	2 17	2 34	2 52
51	0 0	0 15	0 30	0 45	1 0	1 15	1 30	1 45	2 1	2 16	2 32
52	0 0	0 13	0 26	0 39	0 52	1 5	1 18	1 31	1 45	1 58	2 11
53	0 0	0 11	0 22	0 33	0 44	0 55	1 6	1 17	1 29	1 40	1 51
54	0 0	0 9	0 18	0 27	0 36	0 45	0 54	1 3	1 12	1 21	1 31
55	0 0	0 7	0 14	0 21	0 28	0 35	0 42	0 49	0 56	1 3	1 11
56	0 0	0 5	0 10	0 15	0 20	0 25	0 30	0 35	0 40	0 45	0 50

Azimut

Breite	10°	11°	12°	13°	14°	15°	16°	17°	18°	19°	20°
					Längen-Unterschied						
30°	9°20′	10°19′	11°18′	12°19′	13°21′	14°24′	15°29′	16°35′	17°43′	18°53′	20° 4′
31	9 1	9 59	10 56	11 55	12 55	13 56	14 58	16 2	17 7	18 14	19 24
32	8 43	9 38	10 34	11 31	12 28	13 27	14 27	15 28	16 31	17 36	18 43
33	8 24	9 17	10 11	11 6	12 1	12 58	13 56	14 55	15 55	16 57	18 1
34	8 6	8 56	9 48	10 41	11 34	12 28	13 24	14 21	15 19	16 19	17 20
35	7 47	8 36	9 25	10 15	11 7	11 59	12 52	13 47	14 43	15 40	16 38
36	7 28	8 15	9 2	9 50	10 40	11 30	12 20	13 13	14 6	15 0	15 56
37	7 9	7 54	8 39	9 25	10 12	11 0	11 48	12 38	13 29	14 21	15 14
38	6 50	7 33	8 16	9 0	9 44	10 30	11 16	12 4	12 52	13 41	14 32
39	6 30	7 11	7 52	8 34	9 17	10 0	10 44	11 29	12 15	13 2	13 50
40	6 11	6 50	7 29	8 9	8 49	9 30	10 11	10 54	11 37	12 22	13 7
41	5 51	6 28	7 5	7 43	8 21	9 0	9 39	10 19	11 0	11 42	12 24
42	5 32	6 6	6 41	7 16	7 52	8 29	9 6	9 44	10 22	11 2	11 42
43	5 12	5 44	6 17	6 50	7 24	7 58	8 33	9 9	9 45	10 22	10 59
44	4 52	5 22	5 53	6 24	6 56	7 28	8 0	8 33	9 7	9 41	10 16
45	4 32	5 0	5 29	5 58	6 27	6 57	7 27	7 58	8 29	9 1	9 33
46	4 12	4 38	5 5	5 32	5 59	6 26	6 54	7 22	7 51	8 20	8 50
47	3 52	4 16	4 41	5 5	5 30	5 55	6 21	6 47	7 13	7 40	8 8
48	3 32	3 54	4 16	4 38	5 1	5 24	5 48	6 11	6 35	7 0	7 25
49	3 12	3 32	3 52	4 12	4 33	4 54	5 15	5 36	5 58	6 20	6 42
50	2 52	3 10	3 28	3 46	4 4	4 22	4 41	5 0	5 20	5 39	5 59
51	2 32	2 47	3 3	3 19	3 35	3 51	4 8	4 25	4 42	4 59	5 17
52	2 11	2 25	2 39	2 52	3 6	3 20	3 35	3 49	4 4	4 19	4 34
53	1 51	2 2	2 14	2 26	2 38	2 49	3 2	3 14	3 26	3 38	3 51
54	1 31	1 40	1 50	1 59	2 9	2 18	2 28	2 38	2 48	2 58	3 9
55	1 11	1 18	1 25	1 32	1 40	1 47	1 55	2 3	2 11	2 19	2 27
56	0 50	0 55	1 1	1 6	1 11	1 16	1 22	1 27	1 33	1 39	1 45

Breite	Azimut										
	20°	21°	22°	23°	24°	25°	26°	27°	28°	29°	30°
	Längen-Unterschied										
30	20°4′	21°19′	22°36′	23°56′	25°19′	26°47′	28°19′	29°56′	31°39′	33°30′	35°30′
31	19 24	20 35	21 49	23 6	24 26	25 50	27 18	28 51	30 30	32 15	34 8
32	18 43	19 51	21 2	22 16	23 33	24 53	26 18	27 46	29 20	31 0	32 47
33	18 1	19 7	20 15	21 26	22 40	23 56	25 17	26 41	28 10	29 45	31 26
34	17 20	18 23	19 28	20 36	21 46	22 59	24 16	25 36	27 0	28 30	30 5
35	16 38	17 38	18 41	19 45	20 52	22 2	23 15	24 31	25 51	27 15	28 45
36	15 56	16 54	17 53	18 55	19 58	21 4	22 13	23 26	24 41	26 1	27 26
37	15 14	16 9	17 6	18 4	19 4	20 7	21 12	22 21	23 32	24 47	26 7
38	14 32	15 24	16 18	17 13	18 10	19 10	20 11	21 16	22 23	23 33	24 48
39	13 50	14 39	15 30	16 22	17 16	18 12	19 10	20 11	21 14	22 20	23 30
40	13 7	13 54	14 42	15 31	16 22	17 14	18 9	19 6	20 5	21 7	22 12
41	12 24	13 8	13 53	14 40	15 28	16 17	17 8	18 1	18 56	19 54	20 55
42	11 42	12 23	13 5	13 49	14 33	15 19	16 7	16 57	17 48	18 42	19 38
43	10 59	11 37	12 17	12 58	13 39	14 22	15 7	15 53	16 40	17 30	18 22
44	10 16	10 52	11 29	12 6	12 45	13 25	14 6	14 49	15 33	16 19	17 6
45	9 33	10 7	10 41	11 15	11 51	12 28	13 6	13 45	14 26	15 8	15 51
46	8 50	9 21	9 52	10 25	10 57	11 31	12 6	12 42	13 19	13 57	14 37
47	8 8	8 36	9 4	9 34	10 3	10 34	11 6	11 39	12 12	12 47	13 23
48	7 25	7 50	8 16	8 43	9 10	9 38	10 6	10 36	11 6	11 38	12 10
49	6 42	7 5	7 28	7 52	8 16	8 42	9 8	9 34	10 1	10 29	10 57
50	5 59	6 20	6 40	7 2	7 23	7 46	8 8	8 32	8 56	9 20	9 46
51	5 17	5 34	5 53	6 11	6 30	6 50	7 9	7 30	7 51	8 12	8 34
52	4 34	4 49	5 5	5 21	5 37	5 54	6 11	6 28	6 46	7 4	7 23
53	3 51	4 4	4 18	4 31	4 45	4 59	5 13	5 27	5 42	5 57	6 13
54	3 9	3 20	3 30	3 41	3 52	4 4	4 15	4 27	4 39	4 51	5 4
55	2 27	2 35	2 43	2 52	3 0	3 9	3 18	3 27	3 36	3 46	3 55
56	1 45	1 50	1 56	2 2	2 9	2 15	2 21	2 27	2 34	2 41	2 47

Breite	Azimut										
	30°	31°	32°	33°	34°	35°	36°	37°	38°	39°	40°
	Längen-Unterschied										
30	35°30′	37°40′	40°3′	42°46′	45°53′	49°42′	54°45′				
31	34 8	36 11	38 26	40 57	43 49	47 14	51 33				
32	32 47	34 42	36 49	39 9	41 48	44 53	48 39	53°42′			
33	31 26	33 15	35 13	37 24	39 50	42 38	45 57	50 10			
34	30 5	31 48	33 39	35 40	37 55	40 28	43 25	47 3	51°54′		
35	28 45	30 22	32 5	33 58	36 3	38 21	41 1	44 10	48 9		
36	27 26	28 56	30 33	32 18	34 13	36 20	38 43	41 30	44 52	49°19′	
37	26 7	27 31	29 1	30 39	32 25	34 21	36 31	38 59	41 54	45 31	
38	24 48	26 7	27 31	29 1	30 39	32 25	34 23	36 35	39 8	42 10	46° 3′
39	23 30	24 43	26 1	27 25	28 55	30 32	32 19	34 17	36 32	39 8	42 18
40	22 12	23 20	24 33	25 50	27 12	28 41	30 18	32 5	34 4	36 20	39 0
41	20 55	21 58	23 5	24 16	25 32	26 53	28 21	29 57	31 43	33 42	35 59
42	19 38	20 37	21 38	22 44	23 53	25 7	26 27	27 53	29 28	31 12	33 10
43	18 22	19 16	20 13	21 13	22 16	23 23	24 36	25 53	27 17	28 49	30 31
44	17 6	17 56	18 48	19 43	20 40	21 42	22 47	23 56	25 11	26 33	28 2
45	15 51	16 37	17 24	18 14	19 6	20 1	21 0	22 2	23 9	24 20	25 39
46	14 37	15 19	16 1	16 46	17 33	18 23	19 15	20 11	21 10	22 14	23 22
47	13 23	14 1	14 39	15 20	16 2	16 46	17 33	18 23	19 15	20 11	21 10
48	12 10	12 44	13 18	13 54	14 32	15 12	15 53	16 36	17 22	18 11	19 3
49	10 57	11 27	11 58	12 30	13 3	13 38	14 14	14 53	15 33	16 15	17 0
50	9 46	10 12	10 39	11 7	11 36	12 6	12 38	13 11	13 46	14 22	15 0
51	8 34	8 57	9 20	9 44	10 10	10 36	11 3	11 31	12 1	12 32	13 4
52	7 23	7 43	8 3	8 23	8 45	9 7	9 30	9 53	10 18	10 44	11 11
53	6 13	6 29	6 46	7 3	7 21	7 39	7 58	8 18	8 38	8 59	9 21
54	5 4	5 17	5 30	5 44	5 58	6 13	6 28	6 44	6 59	7 17	7 34
55	3 55	4 5	4 15	4 26	4 36	4 48	4 59	5 11	5 23	5 35	5 49
56	2 47	2 54	3 2	3 9	3 17	3 24	3 32	3 40	3 49	3 58	4 7

Längen-Unterschied	Azimut										
	40°	41°	42°	43°	44°	45°	46°	47°	48°	49°	50°
	Breite										
2°	57°15′	57°18′	57°21′	57°23′	57°25′	57°27′	57°30′	57°32′	57°34′	57°36′	57°38′
4	56 4	56 9	56 14	56 19	56 23	56 28	56 32	56 36	56 40	56 44	56 48
6	54 53	55 1	55 9	55 16	55 23	55 30	55 36	55 42	55 48	55 54	56 0
8	53 45	53 55	54 6	54 16	54 24	54 33	54 42	54 50	54 58	55 6	55 14
10	52 38	52 51	53 4	53 16	53 28	53 39	53 50	54 0	54 10	54 20	54 29
11	52 6	52 20	52 34	52 47	53 0	53 12	53 24	53 36	53 47	53 58	54 8
12	51 34	51 50	52 5	52 19	52 33	52 46	52 59	53 12	53 24	53 36	53 47
13	51 2	51 19	51 36	51 51	52 6	52 21	52 35	52 49	53 2	53 14	53 27
14	50 31	50 49	51 7	51 24	51 40	51 56	52 11	52 26	52 40	52 54	53 7
15	50 0	50 20	50 39	50 57	51 14	51 31	51 47	52 3	52 18	52 33	52 47
16	49 30	49 51	50 11	50 30	50 49	51 7	51 24	51 41	51 57	52 13	52 28
17	49 0	49 22	49 44	50 4	50 24	50 43	51 2	51 20	51 37	51 54	52 10
18	48 31	48 54	49 17	49 39	50 0	50 20	50 40	50 59	51 17	51 35	51 52
19	48 2	48 27	48 51	49 14	49 36	49 57	50 18	50 38	50 57	51 16	51 34
20	47 33	47 59	48 25	48 49	49 13	49 35	49 57	50 18	50 38	50 58	51 17
21	47 5	47 33	48 0	48 25	48 50	49 13	49 36	49 58	50 20	50 40	51 0
22	46 37	47 7	47 35	48 1	48 27	48 52	49 16	49 39	50 2	50 23	50 44
23	46 10	46 41	47 10	47 38	48 5	48 31	48 56	49 21	49 44	50 7	50 29
24	45 43	46 15	46 46	47 15	47 44	48 11	48 37	49 3	49 27	49 51	50 14
25	45 17	45 50	46 22	46 53	47 23	47 51	48 18	48 45	49 10	49 35	49 59
26	44 51	45 26	45 59	46 31	47 2	47 32	48 0	48 28	48 54	49 20	49 45
27	44 26	45 2	45 37	46 10	46 42	47 13	47 43	48 11	48 39	49 6	49 32
28	44 1	44 39	45 15	45 49	46 23	46 55	47 26	47 55	48 24	48 52	49 19
29	43 37	44 16	44 53	45 29	46 4	46 37	47 9	47 40	48 10	48 38	49 6
30	43 13	43 53	44 32	45 9	45 45	46 20	46 53	47 25	47 56	48 25	48 54
31	42 49	43 31	44 11	44 50	45 27	46 3	46 37	47 10	47 42	48 13	48 43
32	42 26	43 10	43 51	44 31	45 10	45 47	46 22	46 56	47 29	48 1	48 32
33	42 4	42 49	43 32	44 13	44 53	45 31	46 7	46 43	47 17	47 50	48 22
34	41 42	42 28	43 13	43 56	44 36	45 16	45 53	46 30	47 5	47 39	48 12
35	41 20	42 9	42 55	43 38	44 20	45 1	45 40	46 18	46 54	47 29	48 3
36	40 59	41 49	42 37	43 22	44 5	44 47	45 27	46 6	46 43	47 19	47 54
37	40 39	41 30	42 19	43 6	43 50	44 34	45 15	45 55	46 33	47 10	47 46
38	40 19	41 12	42 2	42 50	43 36	44 21	45 3	45 44	46 24	47 2	47 39
39	40 0	40 54	41 46	42 36	43 23	44 8	44 52	45 34	46 15	46 54	47 32
40	39 41	40 37	41 30	42 21	43 10	43 57	44 42	45 25	46 7	46 47	47 26
41	39 23	40 21	41 15	42 8	42 58	43 46	44 32	45 16	45 59	46 40	47 20
42	39 5	40 4	41 1	41 54	42 46	43 35	44 22	45 8	45 52	46 34	47 15
43	38 48	39 49	40 47	41 42	42 35	43 25	44 14	45 0	45 45	46 29	47 11
44	38 32	39 34	40 34	41 30	42 24	43 16	44 6	44 54	45 40	46 24	47 7
45	38 16	39 20	40 21	41 19	42 14	43 8	43 58	44 48	45 35	46 20	47 4
46	38 1	39 7	40 9	41 8	42 5	43 0	43 52	44 42	45 30	46 17	47 2
47	37 46	38 54	39 58	40 59	41 57	42 52	43 46	44 37	45 27	46 14	47 0
48	37 32	38 41	39 47	40 49	41 49	42 46	43 41	44 33	45 24	46 12	46 59
49	37 19	38 30	39 37	40 41	41 42	42 40	43 36	44 30	45 21	46 11	46 59
50	37 7	38 19	39 28	40 33	41 35	42 35	43 32	44 27	45 19	46 10	46 59
51	36 55	38 9	39 19	40 26	41 30	42 31	43 29	44 25	45 18	46 10	47 0
52	36 44	38 0	39 12	40 20	41 25	42 27	43 27	44 24	45 18	46 11	47 2
53	36 34	37 51	39 5	40 14	41 21	42 24	43 25	44 23	45 19	46 13	47 5
54	36 24	37 43	38 58	40 9	41 17	42 22	43 24	44 23	45 20	46 15	47 8
55	36 15	37 36	38 53	40 5	41 15	42 21	43 24	44 24	45 22	46 18	47 12
56	36 7	37 30	38 48	40 2	41 13	42 20	43 25	44 26	45 25	46 22	47 17
57	36 0	37 24	38 44	40 0	41 12	42 21	43 26	44 29	45 29	46 27	47 23
58	35 54	37 20	38 42	39 59	41 12	42 22	43 29	44 33	45 34	46 33	47 29
59	35 48	37 16	38 40	39 58	41 13	42 24	43 32	44 37	45 39	46 39	47 37
60	35 44	37 14	38 38	39 59	41 16	42 27	43 36	44 42	45 46	46 46	47 45

Karlsborg. Breite 58° 29′ 18″ N Länge 14° 28′ 44″ O

Längen-Unter-schied	Azimut										
	50°	51°	52°	53°	54°	55°	56°	57°	58°	59°	60°
	Breite										
2	57°38′	57°39′	57°41′	57°43′	57°45′	57°46′	57°48′	57°50′	57°51′	57°53′	57°54′
4	56 48	56 51	56 55	56 59	57 2	57 5	57 8	57 12	57 15	57 18	57 21
6	56 0	56 5	56 11	56 16	56 21	56 26	56 31	56 36	56 40	56 45	56 49
8	55 14	55 21	55 28	55 35	55 42	55 49	55 55	56 2	56 8	56 14	56 20
10	54 29	54 39	54 48	54 56	55 5	55 13	55 21	55 29	55 37	55 44	55 52
11	54 8	54 18	54 28	54 37	54 47	54 56	55 5	55 14	55 22	55 30	55 39
12	53 47	53 58	54 9	54 19	54 30	54 40	54 49	54 59	55 8	55 17	55 26
13	53 27	53 39	53 50	54 2	54 13	54 24	54 34	54 44	54 54	55 4	55 14
14	53 7	53 20	53 32	53 44	53 56	54 8	54 19	54 30	54 41	54 52	55 2
15	52 47	53 1	53 15	53 28	53 40	53 53	54 5	54 17	54 28	54 40	54 51
16	52 28	52 43	52 57	53 11	53 25	53 38	53 51	54 4	54 16	54 28	54 40
17	52 10	52 26	52 41	52 55	53 10	53 24	53 38	53 51	54 4	54 17	54 30
18	51 52	52 9	52 25	52 40	52 56	53 10	53 25	53 39	53 53	54 7	54 20
19	51 34	51 52	52 9	52 25	52 42	52 57	53 13	53 28	53 42	53 57	54 11
20	51 17	51 36	51 54	52 11	52 28	52 45	53 1	53 17	53 32	53 47	54 2
21	51 0	51 20	51 39	51 57	52 15	52 33	52 50	53 6	53 22	53 38	53 54
22	50 44	51 5	51 25	51 44	52 3	52 21	52 39	52 56	53 13	53 30	53 46
23	50 29	50 50	51 11	51 31	51 51	52 10	52 28	52 47	53 4	53 22	53 39
24	50 14	50 36	50 58	51 19	51 39	51 59	52 18	52 38	52 56	53 14	53 32
25	49 59	50 23	50 45	51 7	51 28	51 49	52 9	52 29	52 48	53 7	53 26
26	49 45	50 9	50 33	50 56	51 18	51 39	52 0	52 21	52 41	53 1	53 20
27	49 32	49 57	50 21	50 45	51 8	51 30	51 52	52 14	52 34	52 55	53 15
28	49 19	49 45	50 10	50 35	50 59	51 22	51 45	52 7	52 28	52 50	53 10
29	49 6	49 33	49 59	50 25	50 50	51 14	51 38	52 0	52 23	52 45	53 6
30	48 54	49 22	49 49	50 16	50 41	51 6	51 31	51 54	52 18	52 40	53 2
31	48 43	49 12	49 40	50 7	50 33	50 59	51 25	51 49	52 13	52 36	52 59
32	48 32	49 2	49 31	49 59	50 26	50 53	51 19	51 44	52 9	52 33	52 57
33	48 22	48 53	49 22	49 52	50 20	50 47	51 14	51 40	52 3	52 29	52 55
34	48 12	48 44	49 14	49 45	50 14	50 42	51 10	51 37	52 3	52 29	52 54
35	48 3	48 36	49 7	49 38	50 8	50 37	51 6	51 34	52 1	52 27	52 53
36	47 54	48 28	49 1	49 32	50 3	50 33	51 3	51 31	51 59	52 26	52 53
37	47 46	48 21	48 55	49 27	49 59	50 30	51 0	51 29	51 58	52 26	52 53
38	47 39	48 14	48 49	49 23	49 55	50 27	50 58	51 28	51 57	52 26	52 54
39	47 32	48 8	48 44	49 19	49 52	50 25	50 56	51 27	51 57	52 26	52 56
40	47 26	48 3	48 40	49 15	49 49	50 23	50 55	51 27	51 58	52 27	52 58
41	47 20	47 59	48 36	49 12	49 47	50 22	50 55	51 27	51 59	52 29	53 1
42	47 15	47 55	48 33	49 10	49 46	50 21	50 55	51 28	52 1	52 32	53 4
43	47 11	47 51	48 30	49 9	49 45	50 21	50 56	51 30	52 3	52 36	53 8
44	47 7	47 48	48 29	49 8	49 45	50 22	50 58	51 33	52 6	52 40	53 12
45	47 4	47 46	48 28	49 7	49 46	50 24	51 0	51 36	52 10	52 44	53 17
46	47 2	47 45	48 27	49 8	49 47	50 26	51 3	51 39	52 15	52 49	53 23
47	47 0	47 44	48 27	49 9	49 49	50 28	51 6	51 44	52 20	52 55	53 30
48	46 59	47 44	48 28	49 11	49 52	50 32	51 11	51 49	52 25	53 1	53 37
49	46 59	47 45	48 30	49 13	49 55	50 36	51 16	51 54	52 32	53 8	53 44
50	46 59	47 46	48 32	49 16	49 59	50 41	51 21	52 1	52 39	53 16	53 53
51	47 0	47 48	48 35	49 20	50 4	50 46	51 27	52 8	52 47	53 25	54 2
52	47 2	47 51	48 39	49 25	50 9	50 52	51 34	52 15	52 55	53 34	54 12
53	47 5	47 55	48 43	49 30	50 15	50 59	51 42	52 24	53 4	53 44	54 22
54	47 8	47 59	48 48	49 36	50 22	51 7	51 50	52 33	53 14	53 54	54 33
55	47 12	48 4	48 54	49 43	50 30	51 15	51 59	52 42	53 24	54 5	54 45
56	47 17	48 10	49 1	49 50	50 38	51 24	52 9	52 53	53 36	54 17	54 58
57	47 23	48 16	49 8	49 58	50 47	51 34	52 20	53 4	53 48	54 30	55 11
58	47 29	48 24	49 17	50 7	50 57	51 45	52 31	53 16	54 0	54 43	55 25
59	47 37	48 32	49 26	50 17	51 7	51 56	52 43	53 29	54 14	54 57	55 40
60	47 45	48 41	49 35	50 28	51 19	52 8	52 56	53 43	54 28	55 12	55 55

Längen-Unter-schied	Azimut										
	60°	61°	62°	63°	64°	65°	66°	67°	68°	69°	70°
	Breite										
2°	57°54′	57°56′	57°57′	57°58′	58° 0′	58° 1′	58° 2′	58° 4′	58° 5′	58° 6′	58° 7′
4	57 21	57 24	57 26	57 29	57 32	57 35	57 37	57 40	57 42	57 45	57 47
6	56 49	56 54	56 58	57 2	57 6	57 10	57 14	57 18	57 22	57 26	57 29
8	56 20	56 25	56 31	56 37	56 42	56 47	56 53	56 58	57 3	57 8	57 13
10	55 52	55 59	56 6	56 13	56 20	56 27	56 33	56 40	56 46	56 52	56 59
11	55 39	55 47	55 54	56 2	56 10	56 17	56 24	56 31	56 38	56 45	56 52
12	55 26	55 35	55 43	55 51	56 0	56 8	56 16	56 23	56 31	56 39	56 46
13	55 14	55 23	55 32	55 41	55 50	55 59	56 8	56 16	56 24	56 33	56 41
14	55 2	55 12	55 22	55 32	55 41	55 51	56 0	56 9	56 18	56 27	56 36
15	54 51	55 2	55 12	55 23	55 33	55 43	55 53	56 3	56 12	56 22	56 31
16	54 40	54 52	55 3	55 14	55 25	55 36	55 46	55 57	56 7	56 17	56 27
17	54 30	54 42	54 54	55 6	55 18	55 29	55 40	55 51	56 2	56 13	56 23
18	54 20	54 33	54 46	54 58	55 11	55 23	55 35	55 46	55 58	56 9	56 20
19	54 11	54 24	54 38	54 51	55 4	55 17	55 30	55 42	55 54	56 6	56 18
20	54 2	54 16	54 31	54 44	54 58	55 12	55 25	55 38	55 51	56 3	56 16
21	53 54	54 9	54 24	54 38	54 53	55 7	55 21	55 34	55 48	56 1	56 14
22	53 46	54 2	54 17	54 33	54 48	55 3	55 17	55 31	55 45	55 59	56 13
23	53 39	53 55	54 11	54 28	54 43	54 59	55 14	55 29	55 43	55 58	56 12
24	53 32	53 49	54 6	54 23	54 39	54 56	55 11	55 27	55 42	55 57	56 12
25	53 26	53 44	54 1	54 19	54 36	54 53	55 9	55 26	55 42	55 57	56 13
26	53 20	53 39	53 57	54 15	54 33	54 51	55 8	55 25	55 41	55 58	56 14
27	53 15	53 34	53 53	54 12	54 31	54 49	55 7	55 24	55 41	55 59	56 15
28	53 10	53 30	53 50	54 10	54 29	54 48	55 6	55 24	55 42	56 0	56 17
29	53 6	53 27	53 48	54 8	54 28	54 47	55 6	55 25	55 43	56 2	56 20
30	53 2	53 24	53 46	54 6	54 27	54 47	55 7	55 26	55 45	56 4	56 23
31	52 59	53 22	53 44	54 5	54 27	54 47	55 8	55 28	55 47	56 7	56 26
32	52 57	53 20	53 43	54 5	54 27	54 48	55 9	55 30	55 50	56 10	56 30
33	52 55	53 19	53 42	54 5	54 28	54 50	55 12	55 33	55 54	56 14	56 35
34	52 54	53 18	53 42	54 6	54 29	54 52	55 14	55 36	55 58	56 19	56 40
35	52 53	53 18	53 43	54 7	54 31	54 54	55 17	55 40	56 2	56 24	56 46
36	52 53	53 19	53 44	54 9	54 34	54 58	55 21	55 45	56 7	56 30	56 52
37	52 53	53 20	53 46	54 11	54 37	55 1	55 26	55 50	56 13	56 36	56 59
38	52 54	53 21	53 48	54 14	54 40	55 6	55 31	55 55	56 19	56 43	57 6
39	52 56	53 24	53 51	54 18	54 45	55 11	55 36	56 1	56 26	56 50	57 14
40	52 58	53 26	53 55	54 22	54 50	55 16	55 42	56 8	56 33	56 58	57 23
41	53 1	53 30	53 59	54 27	54 55	55 22	55 49	56 15	56 41	57 7	57 32
42	53 4	53 34	54 3	54 32	55 1	55 29	55 56	56 23	56 50	57 16	57 42
43	53 8	53 38	54 9	54 38	55 8	55 36	56 4	56 32	56 59	57 26	57 52
44	53 12	53 44	54 15	54 45	55 15	55 44	56 13	56 41	57 9	57 36	58 3
45	53 17	53 49	54 21	54 52	55 23	55 53	56 23	56 51	57 19	57 47	58 14
46	53 23	53 56	54 28	55 0	55 31	56 2	56 32	57 1	57 30	57 58	58 26
47	53 30	54 3	54 36	55 9	55 40	56 11	56 42	57 12	57 41	58 10	58 39
48	53 37	54 11	54 45	55 18	55 50	56 22	56 53	57 23	57 53	58 23	58 52
49	53 44	54 19	54 54	55 27	56 0	56 33	57 4	57 35	58 6	58 36	59 6
50	53 53	54 29	55 4	55 38	56 11	56 44	57 16	57 48	58 19	58 50	59 20
51	54 2	54 38	55 14	55 49	56 23	56 56	57 29	58 2	58 33	59 5	59 35
52	54 12	54 49	55 25	56 0	56 35	57 9	57 43	58 16	58 48	59 20	59 51
53	54 22	55 0	55 37	56 13	56 48	57 23	57 57	58 30	59 3	59 35	60 8
54	54 33	55 12	55 49	56 26	57 2	57 37	58 12	58 46	59 19	59 51	60 24
55	54 45	55 24	56 2	56 39	57 16	57 52	58 27	59 2	59 35	60 8	60 42
56	54 58	55 37	56 16	56 54	57 31	58 7	58 43	59 18	59 52	60 26	61 0
57	55 11	55 51	56 30	57 9	57 47	58 23	59 0	59 35	60 10	60 45	61 19
58	55 25	56 6	56 46	57 25	58 3	58 40	59 17	59 53	60 29	61 4	61 38
59	55 40	56 21	57 1	57 41	58 20	58 58	59 35	60 12	60 48	61 23	61 58
60	55 55	56 37	57 18	57 58	58 37	59 16	59 54	60 31	61 7	61 43	62 19

Längen-Unter-schied	Azimut										
	70°	**71°**	**72°**	**73°**	**74°**	**75°**	**76°**	**77°**	**78°**	**79°**	**80°**
	Breite										
2°	58° 7'	58° 9'	58°10'	58°11'	58°12'	58°13'	58°15'	58°16'	58°17'	58°18'	58°19'
4	57 47	57 50	57 52	57 55	57 57	57 59	58 2	58 4	58 6	58 9	58 11
6	57 29	57 33	57 37	57 40	57 44	57 47	57 51	57 54	57 58	58 1	58 5
8	57 13	57 18	57 23	57 28	57 32	57 37	57 42	57 46	57 51	57 56	58 0
10	56 59	57 5	57 11	57 17	57 23	57 29	57 35	57 40	57 46	57 52	57 58
11	56 52	56 59	57 6	57 12	57 19	57 25	57 32	57 38	57 44	57 51	57 57
12	56 46	56 54	57 1	57 8	57 15	57 22	57 29	57 36	57 43	57 50	57 57
13	56 41	56 49	56 57	57 4	57 12	57 20	57 27	57 35	57 42	57 50	57 57
14	56 36	56 44	56 53	57 1	57 9	57 18	57 26	57 34	57 42	57 50	57 58
15	56 31	56 40	56 50	56 58	57 7	57 16	57 25	57 34	57 42	57 51	57 59
16	56 27	56 37	56 47	56 56	57 6	57 15	57 25	57 34	57 43	57 52	58 1
17	56 23	56 34	56 44	56 54	57 5	57 15	57 25	57 34	57 44	57 54	58 3
18	56 20	56 32	56 42	56 53	57 4	57 15	57 25	57 35	57 46	57 56	58 6
19	56 18	56 30	56 41	56 52	57 4	57 15	57 26	57 37	57 48	57 59	58 9
20	56 16	56 28	56 40	56 52	57 4	57 16	57 27	57 39	57 50	58 2	58 13
21	56 14	56 27	56 40	56 52	57 5	57 17	57 29	57 41	57 53	58 5	58 17
22	56 13	56 27	56 40	56 53	57 6	57 19	57 32	57 44	57 57	58 9	58 22
23	56 12	56 27	56 41	56 54	57 8	57 21	57 35	57 48	58 1	58 14	58 27
24	56 12	56 27	56 42	56 56	57 10	57 24	57 38	57 52	58 6	58 19	58 33
25	56 13	56 28	56 43	56 58	57 13	57 28	57 42	57 57	58 11	58 25	58 39
26	56 14	56 30	56 45	57 1	57 16	57 32	57 47	58 2	58 17	58 31	58 46
27	56 15	56 32	56 48	57 4	57 20	57 36	57 52	58 7	58 23	58 38	58 53
28	56 17	56 34	56 51	57 8	57 25	57 41	57 57	58 13	58 29	58 45	59 1
29	56 20	56 37	56 55	57 12	57 30	57 47	58 3	58 20	58 36	58 53	59 9
30	56 23	56 41	56 59	57 17	57 35	57 53	58 10	58 27	58 44	59 1	59 18
31	56 26	56 45	57 4	57 22	57 41	57 59	58 17	58 35	58 52	59 10	59 27
32	56 30	56 50	57 9	57 28	57 47	58 6	58 24	58 43	59 1	59 19	59 37
33	56 35	56 55	57 15	57 35	57 54	58 14	58 32	58 51	59 10	59 29	59 47
34	56 40	57 1	57 21	57 42	58 2	58 22	58 41	59 0	59 20	59 39	59 58
35	56 46	57 7	57 28	57 49	58 10	58 30	58 50	59 10	59 30	59 50	60 9
36	56 52	57 14	57 36	57 57	58 18	58 39	59 0	59 20	59 41	60 1	60 21
37	56 59	57 22	57 44	58 6	58 27	58 49	59 10	59 31	59 52	60 13	60 34
38	57 6	57 30	57 53	58 15	58 37	58 59	59 21	59 43	60 4	60 26	60 47
39	57 14	57 38	58 2	58 25	58 47	59 10	59 33	59 55	60 17	60 39	61 0
40	57 23	57 47	58 11	58 35	58 58	59 22	59 45	60 7	60 30	60 52	61 14
41	57 32	57 57	58 21	58 46	59 10	59 34	59 57	60 20	60 43	61 6	61 29
42	57 42	58 7	58 32	58 57	59 22	59 46	60 10	60 34	60 57	61 21	61 44
43	57 52	58 18	58 44	59 9	59 34	59 59	60 24	60 48	61 12	61 36	62 0
44	58 3	58 30	58 56	59 22	59 47	60 13	60 38	61 2	61 27	61 52	62 16
45	58 14	58 42	59 8	59 35	60 1	60 27	60 52	61 17	61 43	62 8	62 32
46	58 26	58 54	59 21	59 48	60 15	60 41	61 7	61 33	61 59	62 25	62 50
47	58 39	59 7	59 35	60 3	60 30	60 57	61 23	61 50	62 16	62 42	63 8
48	58 52	59 21	59 49	60 18	60 45	61 13	61 40	62 7	62 33	63 0	63 26
49	59 6	59 35	60 4	60 33	61 1	61 29	61 56	62 24	62 51	63 18	63 45
50	59 20	59 50	60 20	60 49	61 18	61 46	62 14	62 42	63 10	63 37	64 4
51	59 35	60 6	60 36	61 6	61 35	62 4	62 32	63 1	63 29	63 57	64 24
52	59 51	60 22	60 53	61 23	61 53	62 22	62 51	63 20	63 49	64 17	64 45
53	60 8	60 39	61 10	61 41	62 11	62 41	63 10	63 40	64 9	64 38	65 6
54	60 24	60 56	61 28	61 59	62 30	63 0	63 30	64 0	64 30	64 59	65 28
55	60 42	61 14	61 46	62 18	62 49	63 20	63 51	64 21	64 51	65 21	65 50
56	61 0	61 33	62 5	62 38	63 9	63 41	64 12	64 42	65 13	65 43	66 13
57	61 19	61 52	62 25	62 58	63 30	64 2	64 33	65 4	65 35	66 6	66 36
58	61 38	62 12	62 45	63 18	63 51	64 23	64 55	65 27	65 58	66 29	67 0
59	61 58	62 32	63 6	63 40	64 13	64 46	65 18	65 50	66 22	66 53	67 24
60	62 19	62 53	63 28	64 2	64 35	65 8	65 41	66 14	66 46	67 18	67 49

Längen-Unter-schied	Azimut										
	80°	81°	82°	83°	84°	85°	86°	87°	88°	89°	90°
	Breite										
2	58°19′	58°20′	58°21′	58°23′	58°24′	58°25′	58°26′	58°27′	58°28′	58°29′	58°30′
4	58 11	58 13	58 15	58 18	58 20	58 22	58 24	58 26	58 29	58 31	58 33
6	58 5	58 8	58 11	58 15	58 18	58 21	58 25	58 28	58 31	58 34	58 38
8	58 0	58 5	58 9	58 14	58 18	58 22	58 27	58 31	58 35	58 40	58 44
10	57 58	58 3	58 9	58 14	58 20	58 25	58 31	58 36	58 42	58 47	58 53
11	57 57	58 3	58 9	58 15	58 22	58 27	58 34	58 39	58 46	58 52	58 58
12	57 57	58 3	58 10	58 17	58 24	58 30	58 37	58 43	58 50	58 57	59 3
13	57 57	58 4	58 12	58 19	58 26	58 33	58 40	58 47	58 55	59 2	59 9
14	57 58	58 6	58 14	58 21	58 29	58 37	58 44	58 52	59 0	59 8	59 15
15	57 59	58 8	58 16	58 24	58 33	58 41	58 49	58 57	59 6	59 14	59 22
16	58 1	58 10	58 19	58 28	58 37	58 46	58 54	59 3	59 12	59 21	59 29
17	58 3	58 13	58 22	58 32	58 41	58 51	59 0	59 9	59 19	59 28	59 37
18	58 6	58 16	58 26	58 36	58 46	58 56	59 6	59 16	59 26	59 36	59 45
19	58 9	58 20	58 30	58 41	58 52	59 2	59 13	59 23	59 33	59 44	59 54
20	58 13	58 24	58 35	58 46	58 58	59 9	59 20	59 31	59 41	59 52	60 3
21	58 17	58 29	58 41	58 52	59 4	59 16	59 27	59 39	59 50	60 1	60 13
22	58 22	58 34	58 47	58 59	59 11	59 23	59 35	59 47	59 59	60 11	60 23
23	58 27	58 40	58 53	59 6	59 18	59 31	59 44	59 56	60 9	60 21	60 34
24	58 33	58 46	59 0	59 13	59 26	59 39	59 53	60 6	60 19	60 32	60 45
25	58 39	58 53	59 7	59 21	59 35	59 48	60 2	60 16	60 29	60 43	60 57
26	58 46	59 0	59 15	59 29	59 44	59 58	60 12	60 26	60 40	60 55	61 9
27	58 53	59 8	59 23	59 38	59 53	60 8	60 23	60 37	60 52	61 7	61 21
28	59 1	59 16	59 32	59 48	60 3	60 18	60 34	60 49	61 4	61 19	61 34
29	59 9	59 25	59 41	59 57	60 13	60 29	60 45	61 1	61 17	61 32	61 48
30	59 18	59 35	59 51	60 8	60 24	60 41	60 57	61 13	61 30	61 46	62 2
31	59 27	59 45	60 2	60 19	60 36	60 53	61 9	61 26	61 43	62 0	62 17
32	59 37	59 55	60 12	60 30	60 48	61 5	61 22	61 40	61 57	62 14	62 32
33	59 47	60 6	60 24	60 42	61 0	61 18	61 36	61 54	62 12	62 29	62 47
34	59 58	60 17	60 36	60 54	61 13	61 31	61 50	62 8	62 27	62 45	63 3
35	60 9	60 29	60 48	61 7	61 26	61 45	62 4	62 23	62 42	63 1	63 20
36	60 21	60 41	61 1	61 21	61 40	62 0	62 19	62 39	62 58	63 18	63 37
37	60 34	60 54	61 15	61 35	61 55	62 15	62 35	62 55	63 15	63 35	63 55
38	60 47	61 8	61 29	61 49	62 10	62 31	62 51	63 12	63 32	63 53	64 13
39	61 0	61 22	61 43	62 4	62 26	62 47	63 8	63 29	63 50	64 11	64 32
40	61 14	61 36	61 58	62 20	62 42	63 3	63 25	63 46	64 8	64 29	64 51
41	61 29	61 51	62 14	62 36	62 58	63 20	63 42	64 4	64 26	64 48	65 10
42	61 44	62 7	62 30	62 53	63 15	63 38	64 0	64 23	64 45	65 8	65 30
43	62 0	62 23	62 47	63 10	63 33	63 56	64 19	64 42	65 5	65 28	65 51
44	62 16	62 40	63 4	63 28	63 51	64 15	64 38	65 2	65 25	65 49	66 12
45	62 32	62 57	63 21	63 46	64 10	64 34	64 58	65 22	65 46	66 10	66 34
46	62 50	63 15	63 40	64 5	64 29	64 54	65 18	65 43	66 7	66 32	66 56
47	63 8	63 33	63 59	64 24	64 49	65 14	65 39	66 4	66 29	66 54	67 19
48	63 26	63 52	64 18	64 44	65 9	65 35	66 0	66 26	66 51	67 16	67 42
49	63 45	64 11	64 38	65 4	65 30	65 56	66 22	66 48	67 14	67 39	68 5
50	64 4	64 31	64 58	65 25	65 52	66 18	66 44	67 11	67 37	68 3	68 29
51	64 24	64 52	65 19	65 46	66 14	66 40	67 7	67 34	68 1	68 27	68 54
52	64 45	65 13	65 41	66 8	66 36	67 3	67 30	67 58	68 25	68 52	69 19
53	65 6	65 35	66 3	66 31	66 59	67 27	67 54	68 22	68 50	69 17	69 45
54	65 28	65 57	66 25	66 54	67 22	67 51	68 19	68 47	69 15	69 43	70 11
55	65 50	66 19	66 48	67 17	67 46	68 15	68 44	69 12	69 41	70 9	
56	66 13	66 42	67 12	67 41	68 11	68 40	69 9	69 38	70 7		
57	66 36	67 6	67 36	68 6	68 36	69 5	69 35	70 4			
58	67 0	67 30	68 1	68 31	69 1	69 31	70 1				
59	67 24	67 55	68 26	68 57	69 27	69 58					
60	67 49	68 21	68 52	69 23	69 54	70 25					

Breite	Azimut										
	90°	**91°**	**92°**	**93°**	**94°**	**95°**	**96°**	**97°**	**98°**	**99°**	**100°**
	Längen-Unterschied										
60°	19°40'	18°32'	17°29'	16°29'	15°33'	14°41'	13°53'	13° 7'	12°25'	11°46'	11° 9'
61	25 18	24 11	23 6	22 5	21 6	20 11	19 18	18 27	17 40	16 54	16 11
62	29 52	28 44	27 40	26 38	25 38	24 41	23 46	22 53	22 2	21 13	20 27
63	33 47	32 41	31 37	30 34	29 34	28 35	27 39	26 44	25 52	25 1	24 12
64	37 18	36 12	35 8	34 5	33 4	32 5	31 8	30 12	29 18	28 26	27 35
65	40 29	39 24	38 20	37 17	36 16	35 17	34 19	33 22	32 27	31 34	30 42
66	43 26	42 21	41 17	40 15	39 14	38 14	37 16	36 19	35 23	34 29	33 36
67	46 10	45 6	44 3	43 1	42 0	41 0	40 1	39 4	38 8	37 13	36 19
68	48 47	47 42	46 39	45 37	44 36	43 37	42 38	41 40	40 43	39 48	38 53
69	51 14	50 10	49 8	48 6	47 5	46 5	45 6	44 8	43 11	42 15	41 20
70	53 35	52 32	51 29	50 27	49 27	48 27	47 28	46 30	45 32	44 36	43 41

Breite	Azimut										
	100°	**101°**	**102°**	**103°**	**104°**	**105°**	**106°**	**107°**	**108°**	**109°**	**110°**
	Längen-Unterschied										
60°	11° 9'	10°35'	10° 4'	9°35'	9° 7'	8°42'	8°18'	7°56'	7°35'	7°16'	6°58'
61	16 11	15 31	14 52	14 16	13 41	13 9	12 38	12 8	11 41	11 14	10 49
62	20 27	19 42	18 59	18 18	17 39	17 2	16 26	15 52	15 19	14 48	14 18
63	24 12	23 24	22 39	21 55	21 12	20 32	19 52	19 14	18 38	18 3	17 29
64	27 35	26 46	25 58	25 12	24 27	23 44	23 2	22 21	21 42	21 4	20 27
65	30 42	29 51	29 2	28 14	27 27	26 42	25 58	25 15	24 33	23 53	23 14
66	33 36	32 44	31 53	31 4	30 16	29 29	28 43	27 58	27 15	26 32	25 51
67	36 19	35 26	34 35	33 44	32 55	32 6	31 19	30 33	29 48	29 4	28 21
68	38 53	38 0	37 7	36 16	35 26	34 36	33 48	33 0	32 14	31 28	30 44
69	41 20	40 26	39 33	38 40	37 49	36 59	36 10	35 21	34 34	33 47	33 1
70	43 41	42 46	41 52	41 0	40 7	39 16	38 26	37 37	36 48	36 0	35 13

Breite	Azimut										
	110°	**111°**	**112°**	**113°**	**114°**	**115°**	**116°**	**117°**	**118°**	**119°**	**120°**
	Längen-Unterschied										
60°	6°58'	6°40'	6°24'	6° 9'	5°55'	5°42'	5°29'	5°16'	5° 5'	4°54'	4°43'
61	10 49	10 25	10 3	9 41	9 21	9 1	8 42	8 24	8 7	7 51	7 36
62	14 18	13 49	13 21	12 55	12 29	12 5	11 42	11 19	10 58	10 37	10 17
63	17 29	16 56	16 25	15 55	15 26	14 57	14 30	14 4	13 39	13 14	12 50
64	20 27	19 51	19 17	18 43	18 11	17 39	17 9	16 39	16 11	15 43	15 16
65	23 14	22 35	21 58	21 22	20 47	20 13	19 40	19 8	18 37	18 6	17 36
66	25 51	25 11	24 31	23 53	23 16	22 39	22 4	21 29	20 55	20 22	19 50
67	28 21	27 39	26 58	26 18	25 39	25 0	24 22	23 45	23 9	22 34	22 0
68	30 44	30 0	29 17	28 35	27 54	27 14	26 35	25 56	25 18	24 41	24 4
69	33 1	32 16	31 32	30 48	30 6	29 24	28 43	28 2	27 22	26 44	26 6
70	35 13	34 27	33 41	32 56	32 12	31 29	30 46	30 5	29 23	28 43	28 3

Breite	Azimut										
	120°	**121°**	**122°**	**123°**	**124°**	**125°**	**126°**	**127°**	**128°**	**129°**	**130°**
	Längen-Unterschied										
60°	4°43'	4°33'	4°24'	4°15'	4° 6'	3°58'	3°50'	3°42'	3°35'	3°28'	3°21'
61	7 36	7 20	7 6	6 52	6 39	6 26	6 13	6 1	5 50	5 39	5 28
62	10 17	9 57	9 39	9 21	9 3	8 47	8 30	8 15	8 0	7 45	7 30
63	12 50	12 27	12 5	11 43	11 22	11 2	10 42	10 23	10 4	9 46	9 29
64	15 16	14 50	14 25	14 0	13 36	13 13	12 50	12 28	12 6	11 45	11 25
65	17 36	17 7	16 39	16 11	15 44	15 18	14 52	14 27	14 3	13 40	13 17
66	19 50	19 19	18 48	18 18	17 49	17 20	16 52	16 25	15 58	15 32	15 6
67	22 0	21 27	20 54	20 22	19 50	19 19	18 48	18 18	17 49	17 20	16 52
68	24 4	23 29	22 54	22 20	21 46	21 13	20 40	20 8	19 37	19 7	18 36
69	26 6	25 29	24 52	24 16	23 40	23 5	22 31	21 57	21 23	20 50	20 18
70	28 3	27 24	26 45	26 7	25 30	24 53	24 17	23 41	23 6	22 31	21 57

Karlsborg. Breite 58° 29' 18" N   Länge 14° 28' 44" O

Breite	**Azimut**										
	130°	131°	132°	133°	134°	135°	136°	137°	138°	139°	140°
	Längen-Unterschied										
60°	3°21'	3°14'	3° 8'	3° 2'	2°56'	2°50'	2°44'	2°39'	2°34'	2°29'	2°24'
61	5 28	5 17	5 7	4 57	4 47	4 38	4 29	4 20	4 12	4 4	3 56
62	7 30	7 17	7 3	6 50	6 37	6 25	6 13	6 1	5 49	5 38	5 27
63	9 29	9 12	8 56	8 40	8 24	8 9	7 54	7 39	7 24	7 10	6 56
64	11 25	11 5	10 45	10 26	10 8	9 49	9 32	9 14	8 57	8 40	8 24
65	13 17	12 54	12 32	12 10	11 49	11 28	11 8	10 48	10 28	10 9	9 50
66	15 6	14 41	14 16	13 52	13 28	13 5	12 42	12 20	11 58	11 36	11 15
67	16 52	16 25	15 58	15 31	15 5	14 39	14 14	13 50	13 26	13 2	12 38
68	18 36	18 7	17 38	17 9	16 41	16 13	15 46	15 19	14 53	14 27	14 1
69	20 18	19 47	19 16	18 45	18 15	17 45	17 16	16 47	16 18	15 50	15 22
70	21 57	21 24	20 51	20 18	19 46	19 14	18 43	18 12	17 41	17 11	16 41

Breite	**Azimut**										
	140°	141°	142°	143°	144°	145°	146°	147°	148°	149°	150°
	Längen-Unterschied										
60°	2°24'	2°19'	2°14'	2° 9'	2° 5'	2° 0'	1°56'	1°52'	1°48'	1°44'	1°40'
61	3 56	3 48	3 40	3 32	3 25	3 18	3 11	3 4	2 57	2 51	2 45
62	5 27	5 16	5 6	4 55	4 45	4 36	4 26	4 16	4 7	3 58	3 49
63	6 56	6 42	6 29	6 16	6 4	5 52	5 40	5 28	5 16	5 4	4 53
64	8 24	8 8	7 52	7 37	7 22	7 7	6 52	6 38	6 24	6 10	5 56
65	9 50	9 31	9 13	8 56	8 39	8 21	8 4	7 48	7 31	7 15	6 59
66	11 15	10 54	10 34	10 14	9 54	9 34	9 15	8 56	8 37	8 19	8 1
67	12 38	12 15	11 53	11 30	11 8	10 46	10 25	10 4	9 43	9 22	9 2
68	14 1	13 35	13 10	12 46	12 22	11 58	11 34	11 11	10 48	10 25	10 3
69	15 22	14 54	14 27	14 0	13 34	13 8	12 42	12 17	11 52	11 27	11 3
70	16 41	16 12	15 43	15 14	14 46	14 18	13 50	13 23	12 56	12 29	12 2

Breite	**Azimut**										
	150°	151°	152°	153°	154°	155°	156°	157°	158°	159°	160°
	Längen-Unterschied										
60°	1°40'	1°36'	1°32'	1°28'	1°24'	1°21'	1°17'	1°13'	1°10'	1° 6'	1° 3'
61	2 45	2 38	2 32	2 26	2 19	2 14	2 7	2 2	1 56	1 50	1 45
62	3 49	3 40	3 31	3 23	3 14	3 6	2 58	2 50	2 42	2 34	2 26
63	4 53	4 41	4 30	4 19	4 9	3 58	3 48	3 38	3 27	3 17	3 7
64	5 56	5 42	5 29	5 15	5 3	4 50	4 37	4 25	4 12	4 0	3 48
65	6 59	6 43	6 27	6 11	5 57	5 41	5 26	5 12	4 57	4 43	4 29
66	8 1	7 42	7 25	7 7	6 50	6 32	6 15	5 58	5 42	5 25	5 9
67	9 2	8 41	8 22	8 2	7 42	7 23	7 4	6 45	6 26	6 8	5 49
68	10 3	9 40	9 18	8 56	8 35	8 13	7 52	7 31	7 10	6 50	6 29
69	11 3	10 38	10 14	9 50	9 27	9 3	8 40	8 17	7 54	7 31	7 9
70	12 2	11 36	11 10	10 44	10 18	9 53	9 28	9 2	8 38	8 13	7 48

Breite	**Azimut**										
	160°	161°	162°	163°	164°	165°	166°	167°	168°	169°	170°
	Längen-Unterschied										
60°	1° 3'	0°59'	0°56'	0°53'	0°50'	0°46'	0°43'	0°40'	0°37'	0°34'	0°31'
61	1 45	1 39	1 33	1 28	1 23	1 17	1 11	1 7	1 2	0 56	0 51
62	2 26	2 18	2 10	2 3	1 55	1 47	1 40	1 33	1 26	1 18	1 11
63	3 7	2 57	2 47	2 38	2 28	2 17	2 9	1 59	1 50	1 40	1 31
64	3 48	3 36	3 24	3 12	3 0	2 48	2 37	2 25	2 14	2 2	1 51
65	4 29	4 14	4 0	3 46	3 32	3 18	3 5	2 51	2 38	2 24	2 11
66	5 9	4 52	4 36	4 20	4 4	3 48	3 33	3 17	3 2	2 46	2 31
67	5 49	5 30	5 12	4 54	4 36	4 18	4 1	3 43	3 26	3 8	2 51
68	6 29	6 8	5 48	5 28	5 8	4 48	4 29	4 9	3 50	3 30	3 11
69	7 9	6 46	6 24	6 2	5 40	5 18	4 57	4 35	4 14	3 52	3 31
70	7 48	7 24	7 0	6 36	6 12	5 48	5 24	5 0	4 37	4 13	3 50

2*

Karlsborg. Breite 58° 29' 18" N Länge 14° 28' 44" O

Breite	Azimut										
	170°	171°	172°	173°	174°	175°	176°	177°	178°	179°	180°
	Längen-Unterschied										
60°	0°31'	0°27'	0°24'	0°21'	0°18'	0°15'	0°12'	0° 9'	0° 6'	0° 3'	0° 0'
61	0 51	0 46	0 41	0 36	0 30	0 25	0 20	0 15	0 10	0 5	0 0
62	1 11	1 4	0 57	0 50	0 42	0 35	0 28	0 21	0 14	0 7	0 0
63	1 31	1 22	1 13	1 4	0 54	0 45	0 36	0 27	0 18	0 9	0 0
64	1 51	1 40	1 29	1 18	1 6	0 55	0 44	0 33	0 22	0 11	0 0
65	2 11	1 58	1 45	1 32	1 18	1 5	0 52	0 39	0 26	0 13	0 0
66	2 31	2 16	2 1	1 46	1 30	1 15	1 0	0 45	0 30	0 15	0 0
67	2 51	2 34	2 17	1 59	1 42	1 25	1 8	0 51	0 34	0 17	0 0
68	3 11	2 52	2 33	2 13	1 54	1 35	1 16	0 57	0 38	0 19	0 0
69	3 31	3 9	2 49	2 27	2 6	1 45	1 24	1 3	0 42	0 21	0 0
70	3 50	3 27	3 4	2 41	2 18	1 55	1 32	1 9	0 46	0 23	0 0

Norddeich. Breite 53° 36' 26" N   Länge 7° 8' 32" O

Azimut

Breite	0°	1°	2°	3°	4°	5°	6°	7°	8°	9°	10°
	Längen-Unterschied										
30	0° 0'	0°40'	1°21'	2° 2'	2°43'	3°24'	4° 5'	4°46'	5°28'	6°10'	6°52'
31	0 0	0 39	1 19	1 57	2 36	3 15	3 55	4 35	5 15	5 55	6 36
32	0 0	0 37	1 15	1 52	2 29	3 7	3 45	4 23	5 1	5 40	6 19
33	0 0	0 35	1 11	1 47	2 23	2 59	3 35	4 11	4 48	5 25	6 2
34	0 0	0 34	1 8	1 42	2 16	2 50	3 25	3 59	4 34	5 9	5 45
35	0 0	0 32	1 5	1 37	2 9	2 42	3 15	3 48	4 21	4 54	5 28
36	0 0	0 30	1 1	1 32	2 3	2 34	3 5	3 36	4 7	4 39	5 11
37	0 0	0 29	0 58	1 27	1 56	2 25	2 54	3 24	3 54	4 24	4 54
38	0 0	0 27	0 54	1 21	1 49	2 16	2 44	3 12	3 40	4 8	4 36
39	0 0	0 25	0 51	1 16	1 42	2 8	2 34	3 0	3 26	3 52	4 19
40	0 0	0 24	0 48	1 11	1 35	1 59	2 24	2 48	3 12	3 37	4 2
41	0 0	0 22	0 44	1 6	1 29	1 51	2 13	2 35	2 58	3 21	3 44
42	0 0	0 20	0 41	1 1	1 22	1 42	2 3	2 23	2 44	3 5	3 26
43	0 0	0 19	0 37	0 56	1 15	1 33	1 52	2 11	2 30	2 49	3 9
44	0 0	0 17	0 34	0 51	1 8	1 25	1 42	1 59	2 16	2 33	2 51
45	0 0	0 15	0 30	0 46	1 1	1 16	1 31	1 46	2 2	2 17	2 33
46	0 0	0 14	0 27	0 41	0 54	1 8	1 21	1 34	1 48	2 2	2 16
47	0 0	0 12	0 23	0 35	0 47	0 59	1 10	1 22	1 34	1 46	1 58
48	0 0	0 10	0 20	0 30	0 40	0 50	1 0	1 10	1 20	1 30	1 40
49	0 0	0 8	0 16	0 24	0 33	0 41	0 49	0 57	1 5	1 14	1 22
50	0 0	0 6	0 13	0 19	0 26	0 32	0 38	0 44	0 51	0 58	1 4
51	0 0	0 4	0 9	0 14	0 19	0 23	0 28	0 32	0 37	0 42	0 47
52	0 0	0 3	0 6	0 9	0 11	0 14	0 17	0 20	0 23	0 26	0 29

Azimut

Breite	10°	11°	12°	13°	14°	15°	16°	17°	18°	19°	20°
	Längen-Unterschied										
30	6°52'	7°35'	8°19'	9° 3'	9°48'	10°33'	11°19'	12° 7'	12°55'	13°44'	14°34'
31	6 36	7 17	7 59	8 41	9 24	10 7	10 52	11 37	12 23	13 10	13 58
32	6 19	6 58	7 38	8 19	9 0	9 41	10 24	11 7	11 51	12 36	13 22
33	6 2	6 40	7 18	7 57	8 36	9 15	9 56	10 37	11 19	12 2	12 45
34	5 45	6 21	6 57	7 34	8 11	8 49	9 28	10 7	10 47	11 27	12 9
35	5 28	6 2	6 37	7 12	7 47	8 23	8 59	9 36	10 14	10 53	11 32
36	5 11	5 43	6 16	6 49	7 22	7 56	8 31	9 6	9 42	10 18	10 55
37	4 54	5 24	5 55	6 26	6 58	7 30	8 2	8 35	9 9	9 43	10 18
38	4 36	5 5	5 34	6 3	6 33	7 3	7 34	8 5	8 36	9 8	9 41
39	4 19	4 46	5 13	5 40	6 8	6 36	7 5	7 34	8 3	8 33	9 4
40	4 2	4 27	4 52	5 17	5 43	6 10	6 36	7 3	7 30	7 58	8 27
41	3 44	4 7	4 31	4 54	5 18	5 42	6 7	6 32	6 57	7 23	7 49
42	3 26	3 48	4 9	4 31	4 53	5 15	5 38	6 1	6 24	6 48	7 12
43	3 9	3 28	3 48	4 8	4 28	4 48	5 9	5 30	5 51	6 13	6 35
44	2 51	3 9	3 27	3 45	4 3	4 21	4 40	4 59	5 18	5 38	5 57
45	2 33	2 49	3 5	3 21	3 38	3 54	4 11	4 28	4 45	5 2	5 20
46	2 16	2 30	2 44	2 58	3 12	3 27	3 42	3 57	4 12	4 27	4 43
47	1 58	2 10	2 22	2 35	2 47	3 0	3 12	3 25	3 38	3 52	4 5
48	1 40	1 50	2 1	2 11	2 22	2 33	2 43	2 54	3 5	3 16	3 28
49	1 22	1 31	1 39	1 48	1 57	2 5	2 14	2 23	2 32	2 41	2 51
50	1 4	1 11	1 18	1 24	1 31	1 38	1 45	1 52	1 59	2 6	2 13
51	0 47	0 51	0 56	1 1	1 6	1 11	1 16	1 21	1 26	1 31	1 36
52	0 29	0 32	0 35	0 38	0 41	0 44	0 47	0 50	0 53	0 56	0 59

Norddeich. Breite 53° 36' 26" N Länge 7° 8' 32" O

Breite	Azimut										
	20°	21°	22°	23°	24°	25°	26°	27°	28°	29°	30°
	Längen-Unterschied										
30°	14°34'	15°26'	16°19'	17°13'	18° 9'	19° 7'	20° 8'	21°10'	22°15'	23°23'	24°34'
31	13 58	14 47	15 38	16 30	17 24	18 19	19 16	20 16	21 18	22 22	23 30
32	13 22	14 9	14 57	15 47	16 38	17 31	18 25	19 22	20 20	21 22	22 26
33	12 45	13 30	14 16	15 3	15 52	16 42	17 34	18 28	19 23	20 21	21 21
34	12 9	12 51	13 35	14 20	15 6	15 53	16 42	17 33	18 25	19 20	20 17
35	11 32	12 12	12 54	13 36	14 19	15 4	15 50	16 38	17 27	18 19	19 12
36	10 55	11 33	12 12	12 52	13 33	14 15	14 59	15 43	16 30	17 18	18 8
37	10 18	10 54	11 31	12 8	12 46	13 26	14 7	14 49	15 32	16 17	17 4
38	9 41	10 15	10 49	11 24	12 0	12 37	13 15	13 54	14 35	15 16	16 0
39	9 4	9 35	10 7	10 40	11 13	11 48	12 23	13 0	13 37	14 16	14 56
40	8 27	8 56	9 25	9 56	10 27	10 59	11 31	12 5	12 39	13 15	13 52
41	7 49	8 16	8 43	9 11	9 40	10 9	10 39	11 10	11 42	12 15	12 49
42	7 12	7 37	8 2	8 27	8 53	9 20	9 48	10 16	10 45	11 15	11 46
43	6 35	6 57	7 20	7 43	8 7	8 31	8 56	9 22	9 48	10 15	10 43
44	5 57	6 18	6 38	6 59	7 21	7 42	8 5	8 28	8 51	9 16	9 41
45	5 20	5 38	5 56	6 15	6 34	6 54	7 13	7 34	7 55	8 17	8 39
46	4 43	4 58	5 15	5 31	5 48	6 5	6 22	6 40	6 59	7 18	7 37
47	4 5	4 19	4 33	4 47	5 2	5 17	5 32	5 47	6 3	6 19	6 35
48	3 28	3 40	3 51	4 3	4 16	4 28	4 41	4 54	5 7	5 21	5 34
49	2 51	3 0	3 10	3 20	3 30	3 40	3 50	4 1	4 11	4 23	4 34
50	2 13	2 21	2 28	2 36	2 44	2 52	3 0	3 8	3 16	3 25	3 34
51	1 36	1 42	1 47	1 53	1 58	2 4	2 10	2 15	2 21	2 28	2 34
52	0 59	1 3	1 6	1 9	1 13	1 16	1 20	1 23	1 27	1 31	1 34

Breite	Azimut										
	30°	31°	32°	33°	34°	35°	36°	37°	38°	39°	40°
	Längen-Unterschied										
30°	24°34'	25°49'	27° 9'	28°33'	30° 2'	31°39'	33°23'	35°18'	37°26'	39°50'	42°37'
31	23 30	24 41	25 56	27 15	28 39	30 10	31 48	33 34	35 32	37 44	40 14
32	22 26	23 33	24 43	25 58	27 17	28 42	30 13	31 52	33 40	35 40	37 56
33	21 21	22 24	23 31	24 41	25 55	27 14	28 39	30 11	31 50	33 40	35 42
34	20 17	21 16	22 18	23 24	24 34	25 47	27 6	28 31	30 2	31 43	33 33
35	19 12	20 8	21 6	22 8	23 13	24 21	25 34	26 52	28 16	29 48	31 28
36	18 8	19 0	19 55	20 52	21 52	22 55	24 3	25 15	26 32	27 55	29 26
37	17 4	17 52	18 43	19 36	20 32	21 31	22 33	23 39	24 49	26 5	27 27
38	16 0	16 45	17 32	18 21	19 13	20 7	21 4	22 4	23 8	24 17	25 31
39	14 56	15 38	16 21	17 6	17 54	18 43	19 35	20 30	21 29	22 31	23 38
40	13 52	14 31	15 11	15 52	16 35	17 21	18 8	18 58	19 51	20 48	21 48
41	12 49	13 24	14 0	14 38	15 18	15 59	16 42	17 27	18 15	19 6	19 59
42	11 46	12 18	12 51	13 25	14 1	14 38	15 17	15 58	16 40	17 26	18 13
43	10 43	11 12	11 42	12 13	12 45	13 18	13 53	14 29	15 7	15 47	16 30
44	9 41	10 7	10 33	11 1	11 29	11 59	12 30	13 2	13 35	14 11	14 48
45	8 39	9 2	9 25	9 49	10 14	10 40	11 7	11 35	12 5	12 36	13 8
46	7 37	7 57	8 17	8 38	9 0	9 23	9 46	10 10	10 36	11 2	11 30
47	6 35	6 52	7 10	7 28	7 47	8 6	8 26	8 47	9 8	9 30	9 54
48	5 34	5 48	6 3	6 19	6 34	6 50	7 7	7 24	7 42	8 0	8 19
49	4 34	4 45	4 57	5 10	5 22	5 35	5 49	6 2	6 17	6 31	6 47
50	3 34	3 43	3 52	4 1	4 11	4 21	4 31	4 42	4 53	5 4	5 16
51	2 34	2 40	2 47	2 54	3 0	3 8	3 15	3 22	3 30	3 38	3 46
52	1 34	1 38	1 42	1 47	1 51	1 55	1 59	2 4	2 9	2 13	2 18

Norddeich. Breite 53° 36′ 26″ N Länge 7° 8′ 32″ O

Längen-Unterschied	Azimut										
	40°	41°	42°	43°	44°	45°	46°	47°	48°	49°	50°
	Breite										
2°	52°13′	52°16′	52°18′	52°21′	52°24′	52°26′	52°29′	52°31′	52°33′	52°36′	52°38′
4	50 51	50 57	51 2	51 8	51 13	51 18	51 23	51 28	51 32	51 37	51 41
6	49 31	49 39	49 48	49 56	50 4	50 12	50 19	50 26	50 33	50 40	50 46
8	48 13	48 24	48 36	48 47	48 57	49 7	49 17	49 27	49 36	49 45	49 53
10	46 56	47 11	47 25	47 39	47 52	48 5	48 17	48 29	48 40	48 52	49 2
11	46 18	46 35	46 51	47 6	47 20	47 34	47 48	48 1	48 13	48 26	48 38
12	45 41	45 59	46 17	46 33	46 49	47 4	47 19	47 33	47 47	48 0	48 13
13	45 5	45 24	45 43	46 1	46 18	46 34	46 51	47 6	47 21	47 35	47 49
14	44 29	44 49	45 10	45 29	45 47	46 5	46 23	46 39	46 55	47 11	47 26
15	43 53	44 15	44 37	44 58	45 17	45 37	45 55	46 13	46 30	46 47	47 3
16	43 17	43 41	44 4	44 27	44 48	45 8	45 28	45 47	46 6	46 24	46 41
17	42 42	43 8	43 32	43 56	44 19	44 41	45 2	45 22	45 42	46 1	46 19
18	42 8	42 35	43 1	43 26	43 50	44 13	44 36	44 57	45 18	45 38	45 58
19	41 34	42 2	42 30	42 56	43 22	43 46	44 10	44 33	44 55	45 16	45 37
20	41 0	41 30	41 59	42 27	42 54	43 20	43 45	44 9	44 32	44 55	45 17
21	40 26	40 58	41 29	41 58	42 27	42 54	43 20	43 46	44 10	44 34	44 57
22	39 53	40 27	40 59	41 30	42 0	42 28	42 56	43 23	43 48	44 13	44 37
23	39 20	39 56	40 30	41 2	41 33	42 3	42 32	43 0	43 27	43 53	44 18
24	38 48	39 25	40 1	40 35	41 7	41 39	42 9	42 38	43 6	43 34	44 0
25	38 17	38 55	39 32	40 8	40 42	41 15	41 46	42 17	42 46	43 15	43 42
26	37 45	38 26	39 4	39 41	40 17	40 51	41 24	41 56	42 27	42 56	43 25
27	37 14	37 56	38 36	39 15	39 52	40 28	41 2	41 35	42 7	42 38	43 8
28	36 43	37 27	38 9	38 49	39 28	40 5	40 41	41 15	41 48	42 21	42 52
29	36 13	36 59	37 42	38 24	39 4	39 43	40 20	40 55	41 30	42 4	42 36
30	35 43	36 31	37 16	37 59	38 41	39 21	39 59	40 36	41 12	41 47	42 20
31	35 14	36 3	36 50	37 35	38 18	39 0	39 39	40 18	40 55	41 31	42 5
32	34 45	35 36	36 25	37 11	37 56	38 39	39 20	40 0	40 38	41 16	41 51
33	34 16	35 9	36 0	36 48	37 34	38 19	39 1	39 43	40 22	41 1	41 38
34	33 48	34 43	35 35	36 25	37 13	37 59	38 43	39 26	40 7	40 46	41 25
35	33 20	34 17	35 11	36 3	36 52	37 40	38 25	39 9	39 52	40 32	41 12
36	32 52	33 51	34 47	35 41	36 32	37 21	38 8	38 53	39 37	40 19	41 0
37	32 25	33 26	34 24	35 19	36 12	37 3	37 51	38 38	39 23	40 7	40 49
38	31 58	33 1	34 1	34 58	35 53	36 45	37 35	38 23	39 10	39 55	40 38
39	31 32	32 37	33 39	34 38	35 34	36 28	37 19	38 9	38 57	39 43	40 27
40	31 6	32 13	33 17	34 18	35 16	36 11	37 4	37 56	38 45	39 32	40 18
41	30 40	31 50	32 55	33 58	34 58	35 55	36 50	37 43	38 33	39 22	40 9
42	30 15	31 27	32 35	33 39	34 41	35 40	36 36	37 30	38 22	39 12	40 0
43	29 51	31 4	32 14	33 21	34 24	35 25	36 23	37 18	38 12	39 3	39 53
44	29 27	30 43	31 54	33 3	34 8	35 10	36 10	37 7	38 2	38 55	39 46
45			31 35	32 46	33 53	34 57	35 58	36 56	37 53	38 47	39 39
46			31 17	32 29	33 38	34 44	35 46	36 47	37 44	38 40	39 34
47			30 59	32 13	33 24	34 31	35 36	36 38	37 37	38 34	39 29
48			30 41	31 58	33 10	34 20	35 26	36 29	37 30	38 28	39 24
49			30 24	31 43	32 57	34 9	35 16	36 21	37 24	38 23	39 21
50			30 8	31 29	32 45	33 58	35 8	36 14	37 18	38 19	39 18
51			29 52	31 15	32 34	33 48	35 0	36 8	37 13	38 16	39 16
52			29 37	31 2	32 23	33 40	34 53	36 2	37 9	38 13	39 15
53			29 23	30 50	32 13	33 32	34 46	35 58	37 6	38 11	39 14
54			29 9	30 39	32 4	33 24	34 41	35 54	37 4	38 10	39 15
55					31 55	33 18	34 36	35 51	37 2	38 11	39 16
56					31 48	33 12	34 32	35 49	37 1	38 11	39 18
57					31 41	33 7	34 29	35 47	37 2	38 13	39 21
58					31 35	33 4	34 27	35 47	37 3	38 16	39 25
59					31 30	33 1	34 26	35 47	37 5	38 19	39 30
60					31 26	32 59	34 26	35 49	37 8	38 24	39 36

Längen-Unter-schied	Azimut										
	50°	**51°**	**52°**	**53°**	**54°**	**55°**	**56°**	**57°**	**58°**	**59°**	**60°**
	Breite										
2	52°38′	52°40′	52°42′	52°44′	52°46′	52°48′	52°49′	52°51′	52°53′	52°55′	52°56′
4	51 41	51 45	51 49	51 53	51 57	52 1	52 4	52 8	52 11	52 15	52 18
6	50 46	50 52	50 58	51 4	51 10	51 16	51 21	51 27	51 32	51 37	51 42
8	49 53	50 2	50 10	50 18	50 25	50 33	50 40	50 48	50 54	51 1	51 8
10	49 2	49 13	49 23	49 33	49 43	49 52	50 1	50 10	50 19	50 27	50 36
11	48 38	48 49	49 0	49 11	49 22	49 32	49 42	49 52	50 2	50 11	50 21
12	48 13	48 26	48 38	48 50	49 2	49 13	49 24	49 35	49 45	49 56	50 6
13	47 49	48 3	48 17	48 29	48 42	48 54	49 6	49 18	49 29	49 41	49 51
14	47 26	47 41	47 55	48 9	48 23	48 36	48 49	49 1	49 14	49 26	49 37
15	47 3	47 19	47 35	47 50	48 4	48 18	48 32	48 45	48 59	49 12	49 24
16	46 41	46 58	47 14	47 30	47 46	48 1	48 16	48 30	48 44	48 58	49 11
17	46 19	46 37	46 55	47 12	47 28	47 44	48 0	48 15	48 30	48 45	48 59
18	45 58	46 17	46 36	46 54	47 11	47 28	47 45	48 1	48 17	48 32	48 47
19	45 37	45 57	46 17	46 36	46 54	47 12	47 30	47 47	48 4	48 20	48 36
20	45 17	45 38	45 58	46 18	46 38	46 57	47 15	47 34	47 51	48 8	48 25
21	44 57	45 19	45 41	46 2	46 22	46 42	47 1	47 21	47 39	47 57	48 15
22	44 37	45 1	45 24	45 46	46 7	46 28	46 48	47 8	47 28	47 47	48 5
23	44 18	44 43	45 7	45 30	45 52	46 14	46 36	46 56	47 17	47 37	47 56
24	44 0	44 26	44 51	45 15	45 38	46 1	46 24	46 45	47 6	47 27	47 48
25	43 42	44 9	44 35	45 0	45 25	45 49	46 12	46 34	46 56	47 18	47 40
26	43 25	43 53	44 20	44 46	45 12	45 37	46 1	46 24	46 47	47 10	47 32
27	43 8	43 37	44 5	44 33	44 59	45 25	45 50	46 14	46 38	47 2	47 25
28	42 52	43 22	43 51	44 19	44 47	45 14	45 40	46 5	46 30	46 55	47 18
29	42 36	43 7	43 37	44 7	44 35	45 3	45 30	45 57	46 22	46 48	47 12
30	42 20	42 53	43 24	43 55	44 24	44 53	45 21	45 49	46 15	46 41	47 7
31	42 5	42 39	43 12	43 43	44 14	44 44	45 13	45 41	46 9	46 36	47 2
32	41 51	42 26	43 0	43 32	44 4	44 35	45 5	45 34	46 3	46 31	46 58
33	41 38	42 14	42 48	43 22	43 55	44 27	44 58	45 28	45 57	46 26	46 54
34	41 25	42 2	42 38	43 12	43 46	44 19	44 51	45 22	45 53	46 22	46 51
35	41 12	41 50	42 27	43 3	43 38	44 12	44 45	45 17	45 49	46 19	46 49
36	41 0	41 39	42 17	42 54	43 30	44 5	44 39	45 13	45 45	46 16	46 47
37	40 49	41 29	42 8	42 46	43 23	43 59	44 34	45 9	45 42	46 14	46 45
38	40 38	41 19	42 0	42 39	43 17	43 54	44 30	45 5	45 39	46 13	46 45
39	40 27	41 10	41 52	42 32	43 12	43 50	44 27	45 2	45 38	46 12	46 45
40	40 18	41 2	41 45	42 26	43 7	43 46	44 24	45 0	45 37	46 12	46 46
41	40 9	40 54	41 38	42 21	43 2	43 42	44 21	44 59	45 36	46 12	46 48
42	40 0	40 47	41 32	42 16	42 58	43 39	44 19	44 58	45 36	46 13	46 50
43	39 53	40 41	41 27	42 12	42 55	43 37	44 18	44 58	45 37	46 15	46 52
44	39 46	40 35	41 22	42 8	42 53	43 36	44 18	44 59	45 39	46 18	46 56
45	39 39	40 30	41 18	42 5	42 51	43 35	44 19	45 0	45 41	46 21	47 0
46	39 34	40 25	41 15	42 3	42 50	43 35	44 20	45 2	45 44	46 25	47 5
47	39 29	40 21	41 13	42 2	42 50	43 36	44 21	45 5	45 48	46 29	47 10
48	39 24	40 18	41 11	42 1	42 50	43 38	44 24	45 9	45 52	46 35	47 16
49	39 21	40 16	41 10	42 1	42 51	43 40	44 27	45 13	45 57	46 41	47 23
50	39 18	40 15	41 9	42 2	42 53	43 43	44 31	45 18	46 3	46 48	47 31
51	39 16	40 14	41 10	42 4	42 56	43 47	44 36	45 24	46 10	46 55	47 40
52	39 15	40 14	41 11	42 6	43 0	43 51	44 41	45 30	46 18	47 4	47 49
53	39 14	40 15	41 13	42 9	43 4	43 57	44 48	45 38	46 26	47 13	47 59
54	39 15	40 16	41 16	42 13	43 9	44 3	44 55	45 46	46 35	47 23	48 10
55	39 16	40 19	41 20	42 18	43 15	44 10	45 3	45 55	46 45	47 34	48 21
56	39 18	40 23	41 25	42 24	43 22	44 18	45 12	46 5	46 56	47 45	48 34
57	39 21	40 28	41 30	42 31	43 30	44 27	45 22	46 15	47 7	47 58	48 47
58	39 25	40 33	41 36	42 39	43 38	44 36	45 32	46 27	47 20	48 11	49 1
59	39 30	40 38	41 44	42 47	43 48	44 47	45 44	46 39	47 33	48 25	49 16
60	39 36	40 45	41 52	42 56	43 59	44 59	45 57	46 53	47 48	48 41	49 32

Längen-Unter-schied	Azimut										
	60°	**61°**	**62°**	**63°**	**64°**	**65°**	**66°**	**67°**	**68°**	**69°**	**70°**
	Breite										
2°	52°56′	52°58′	53° 0′	53° 1′	53° 3′	53° 4′	53° 6′	53° 7′	53° 9′	53°10′	53°12′
4	52 18	52 22	52 25	52 28	52 31	52 34	52 37	52 40	52 43	52 46	52 49
6	51 42	51 47	51 52	51 57	52 1	52 6	52 10	52 15	52 19	52 24	52 28
8	51 8	51 15	51 21	51 27	51 34	51 40	51 46	51 52	51 57	52 3	52 9
10	50 36	50 44	50 52	51 0	51 8	51 15	51 23	51 30	51 38	51 45	51 52
11	50 21	50 30	50 38	50 47	50 56	51 4	51 12	51 20	51 29	51 36	51 44
12	50 6	50 16	50 25	50 35	50 44	50 53	51 2	51 11	51 20	51 28	51 37
13	49 51	50 2	50 12	50 23	50 33	50 43	50 53	51 2	51 12	51 21	51 30
14	49 37	49 49	50 0	50 11	50 22	50 33	50 44	50 54	51 4	51 14	51 24
15	49 24	49 37	49 49	50 0	50 12	50 24	50 35	50 46	50 57	51 8	51 18
16	49 11	49 25	49 38	49 50	50 3	50 15	50 27	50 39	50 51	51 2	51 13
17	48 59	49 13	49 27	49 40	49 54	50 7	50 19	50 32	50 45	50 57	51 9
18	48 47	49 2	49 17	49 31	49 45	49 59	50 12	50 26	50 39	50 52	51 5
19	48 36	48 52	49 7	49 22	49 37	49 52	50 6	50 20	50 34	50 48	51 1
20	48 25	48 42	48 58	49 14	49 30	49 45	50 0	50 15	50 29	50 44	50 58
21	48 15	48 33	48 49	49 6	49 23	49 39	49 55	50 10	50 25	50 41	50 56
22	48 5	48 24	48 41	48 59	49 16	49 33	49 50	50 6	50 22	50 38	50 54
23	47 56	48 15	48 34	48 52	49 10	49 28	49 45	50 2	50 19	50 36	50 52
24	47 48	48 7	48 27	48 46	49 5	49 23	49 41	49 59	50 17	50 34	50 51
25	47 40	48 0	48 21	48 40	49 0	49 19	49 38	49 57	50 15	50 33	50 51
26	47 32	47 53	48 15	48 35	48 56	49 16	49 35	49 55	50 14	50 33	50 51
27	47 25	47 47	48 9	48 31	48 52	49 13	49 33	49 53	50 13	50 33	50 52
28	47 18	47 42	48 4	48 27	48 49	49 10	49 31	49 52	50 13	50 33	50 53
29	47 12	47 37	48 0	48 23	48 46	49 8	49 30	49 52	50 13	50 34	50 55
30	47 7	47 32	47 57	48 20	48 44	49 7	49 30	49 52	50 14	50 36	50 57
31	47 2	47 28	47 54	48 18	48 43	49 6	49 30	49 53	50 16	50 38	51 0
32	46 58	47 25	47 51	48 16	48 42	49 6	49 31	49 55	50 18	50 41	51 4
33	46 54	47 22	47 49	48 15	48 42	49 7	49 32	49 57	50 21	50 45	51 8
34	46 51	47 20	47 48	48 15	48 42	49 8	49 34	49 59	50 24	50 49	51 13
35	46 49	47 18	47 47	48 15	48 43	49 10	49 36	50 2	50 28	50 54	51 19
36	46 47	47 17	47 47	48 16	48 44	49 12	49 39	50 6	50 33	50 59	51 25
37	46 45	47 17	47 47	48 17	48 46	49 15	49 43	50 11	50 38	51 5	51 31
38	46 45	47 17	47 48	48 19	48 49	49 18	49 47	50 16	50 44	51 11	51 38
39	46 45	47 18	47 50	48 22	48 52	49 23	49 52	50 21	50 50	51 18	51 46
40	46 46	47 20	47 53	48 25	48 57	49 28	49 58	50 28	50 57	51 26	51 55
41	46 48	47 22	47 56	48 29	49 2	49 33	50 4	50 35	51 5	51 35	52 4
42	46 50	47 25	48 0	48 33	49 7	49 39	50 11	50 43	51 13	51 44	52 14
43	46 52	47 29	48 4	48 39	49 12	49 46	50 19	50 51	51 22	51 54	52 24
44	46 56	47 33	48 9	48 45	49 19	49 53	50 27	51 0	51 32	52 4	52 35
45	47 0	47 38	48 15	48 51	49 27	50 1	50 36	51 9	51 43	52 15	52 47
46	47 5	47 43	48 21	48 58	49 35	50 10	50 45	51 20	51 54	52 27	53 0
47	47 10	47 50	48 28	49 6	49 44	50 20	50 56	51 31	52 6	52 40	53 13
48	47 16	47 57	48 36	49 15	49 53	50 30	51 7	51 43	52 18	52 53	53 27
49	47 23	48 5	48 45	49 25	50 3	50 41	51 19	51 55	52 31	53 7	53 42
50	47 31	48 13	48 55	49 35	50 14	50 53	51 31	52 8	52 45	53 21	53 57
51	47 40	48 23	49 5	49 46	50 26	51 6	51 44	52 22	53 0	53 37	54 13
52	47 49	48 33	49 16	49 57	50 39	51 19	51 58	52 37	53 15	53 53	54 30
53	47 59	48 43	49 27	50 10	50 52	51 33	52 13	52 53	53 31	54 9	54 47
54	48 10	48 55	49 40	50 23	51 6	51 48	52 29	53 9	53 48	54 27	55 5
55	48 21	49 7	49 53	50 37	51 21	52 3	52 45	53 26	54 6	54 46	55 24
56	48 34	49 21	50 7	50 52	51 36	52 20	53 2	53 43	54 24	55 5	55 44
57	48 47	49 35	50 22	51 8	51 53	52 37	53 20	54 2	54 44	55 24	56 4
58	49 1	49 50	50 38	51 25	52 10	52 55	53 38	54 21	55 4	55 45	56 25
59	49 16	50 6	50 55	51 42	52 28	53 13	53 58	54 42	55 24	56 6	56 47
60	49 32	50 23	51 12	52 0	52 47	53 33	54 18	55 3	55 46	56 29	57 11

Längen-Unter-schied	Azimut										
	70°	71°	72°	73°	74°	75°	76°	77°	78°	79°	80°
	Breite										
2	53°12′	53°13′	53°14′	53°16′	53°17′	53°18′	53°20′	53°21′	53°22′	53°24′	53°25′
4	52 49	52 51	52 54	52 57	53 0	53 2	53 5	53 8	53 10	53 13	53 15
6	52 28	52 32	52 36	52 40	52 44	52 48	52 52	52 56	53 0	53 4	53 8
8	52 9	52 14	52 20	52 25	52 31	52 36	52 42	52 47	52 52	52 57	53 2
10	51 52	51 59	52 6	52 13	52 19	52 26	52 33	52 39	52 46	52 52	52 59
11	51 44	51 52	52 0	52 7	52 14	52 22	52 29	52 36	52 44	52 51	52 58
12	51 37	51 45	51 54	52 2	52 10	52 18	52 26	52 34	52 42	52 50	52 57
13	51 30	51 39	51 48	51 57	52 6	52 15	52 23	52 32	52 41	52 49	52 57
14	51 24	51 34	51 43	51 53	52 3	52 12	52 21	52 31	52 40	52 49	52 58
15	51 18	51 29	51 39	51 50	52 0	52 10	52 20	52 30	52 39	52 49	52 59
16	51 13	51 25	51 36	51 47	51 57	52 8	52 19	52 29	52 40	52 50	53 0
17	51 9	51 21	51 33	51 44	51 55	52 7	52 18	52 29	52 41	52 52	53 2
18	51 5	51 17	51 30	51 42	51 54	52 6	52 18	52 30	52 42	52 54	53 5
19	51 1	51 14	51 28	51 41	51 54	52 6	52 19	52 31	52 44	52 56	53 8
20	50 58	51 12	51 26	51 40	51 53	52 7	52 20	52 33	52 46	52 59	53 12
21	50 56	51 10	51 25	51 39	51 53	52 8	52 22	52 35	52 49	53 3	53 16
22	50 54	51 9	51 24	51 39	51 54	52 9	52 24	52 38	52 53	53 7	53 21
23	50 52	51 8	51 24	51 40	51 56	52 11	52 26	52 41	52 57	53 11	53 26
24	50 51	51 8	51 25	51 41	51 58	52 14	52 29	52 45	53 1	53 16	53 32
25	50 51	51 9	51 26	51 43	52 0	52 17	52 33	52 50	53 6	53 22	53 38
26	50 51	51 9	51 27	51 45	52 3	52 20	52 38	52 55	53 12	53 28	53 45
27	50 52	51 11	51 29	51 48	52 6	52 24	52 43	53 0	53 18	53 35	53 53
28	50 53	51 13	51 32	51 51	52 10	52 29	52 48	53 6	53 25	53 43	54 1
29	50 55	51 15	51 35	51 55	52 15	52 35	52 54	53 13	53 32	53 51	54 9
30	50 57	51 18	51 39	52 0	52 20	52 41	53 0	53 20	53 40	53 59	54 18
31	51 0	51 22	51 44	52 5	52 26	52 47	53 7	53 28	53 48	54 8	54 28
32	51 4	51 27	51 49	52 11	52 33	52 54	53 15	53 36	53 57	54 18	54 39
33	51 8	51 32	51 55	52 17	52 40	53 2	53 24	53 45	54 7	54 28	54 50
34	51 13	51 37	52 1	52 24	52 47	53 10	53 33	53 55	54 17	54 39	55 1
35	51 19	51 43	52 8	52 32	52 55	53 19	53 42	54 5	54 28	54 51	55 13
36	51 25	51 50	52 15	52 40	53 4	53 28	53 52	54 16	54 39	55 3	55 26
37	51 31	51 57	52 23	52 48	53 13	53 38	54 3	54 27	54 51	55 15	55 39
38	51 38	52 5	52 32	52 58	53 23	53 49	54 14	54 39	55 4	55 29	55 53
39	51 46	52 14	52 41	53 8	53 34	54 0	54 26	54 52	55 17	55 43	56 8
40	51 55	52 23	52 51	53 18	53 45	54 12	54 39	55 5	55 31	55 57	56 23
41	52 4	52 33	53 2	53 29	53 57	54 25	54 52	55 19	55 46	56 12	56 39
42	52 14	52 43	53 13	53 41	54 10	54 38	55 6	55 33	56 1	56 28	56 55
43	52 24	52 54	53 24	53 54	54 23	54 52	55 20	55 48	56 17	56 44	57 12
44	52 35	53 6	53 37	54 7	54 37	55 6	55 35	56 4	56 33	57 1	57 30
45	52 47	53 19	53 50	54 21	54 51	55 22	55 51	56 21	56 50	57 19	57 48
46	53 0	53 32	54 4	54 36	55 7	55 37	56 8	56 38	57 8	57 37	58 7
47	53 13	53 46	54 19	54 51	55 23	55 54	56 25	56 56	57 26	57 56	58 26
48	53 27	54 1	54 34	55 7	55 39	56 11	56 43	57 14	57 45	58 16	58 47
49	53 42	54 16	54 50	55 23	55 56	56 29	57 1	57 33	58 5	58 36	59 8
50	53 57	54 32	55 6	55 40	56 14	56 47	57 20	57 53	58 25	58 57	59 29
51	54 13	54 48	55 24	55 58	56 33	57 7	57 40	58 13	58 46	59 19	59 51
52	54 30	55 6	55 42	56 17	56 52	57 27	58 1	58 35	59 8	59 41	60 14
53	54 47	55 24	56 1	56 37	57 12	57 47	58 22	58 57	59 31	60 4	60 38
54	55 5	55 43	56 20	56 57	57 33	58 9	58 44	59 19	59 54	60 28	61 2
55	55 24	56 3	56 40	57 18	57 55	58 31	59 7	59 42	60 18	60 53	61 27
56	55 44	56 23	57 1	57 40	58 17	58 54	59 30	60 6	60 42	61 18	61 53
57	56 4	56 44	57 23	58 2	58 40	59 17	59 54	60 31	61 7	61 44	62 19
58	56 25	57 6	57 46	58 25	59 3	59 41	60 19	60 56	61 33	62 10	62 46
59	56 47	57 29	58 9	58 49	59 27	60 6	60 45	61 22	62 0	62 37	63 14
60	57 11	57 52	58 33	59 13	59 53	60 32	61 11	61 49	62 27	63 5	63 42

Norddeich. Breite 53° 36′ 26″ N   Länge 7° 8′ 32″ O

Längen-Unter-schied	Azimut										
	80°	81°	82°	83°	84°	85°	86°	87°	88°	89°	90°
	Breite										
2°	53°25′	53°26′	53°28′	53°29′	53°30′	53°31′	53°33′	53°34′	53°35′	53°36′	53°36′
4	53 15	53 18	53 20	53 23	53 25	53 28	53 30	53 33	53 35	53 38	53 40
6	53 8	53 12	53 16	53 19	53 23	53 27	53 31	53 34	53 38	53 42	53 46
8	53 2	53 7	53 13	53 18	53 23	53 28	53 33	53 38	53 43	53 48	53 53
10	52 59	53 5	53 12	53 18	53 24	53 30	53 37	53 43	53 49	53 55	54 2
11	52 58	53 5	53 12	53 19	53 26	53 32	53 39	53 46	53 53	54 0	54 7
12	52 57	53 5	53 13	53 20	53 28	53 35	53 43	53 50	53 58	54 5	54 13
13	52 57	53 6	53 14	53 22	53 30	53 38	53 47	53 55	54 3	54 11	54 19
14	52 58	53 7	53 16	53 24	53 33	53 42	53 51	54 0	54 8	54 17	54 26
15	52 59	53 8	53 18	53 27	53 37	53 46	53 56	54 5	54 14	54 24	54 33
16	53 0	53 10	53 21	53 31	53 41	53 51	54 1	54 11	54 21	54 31	54 41
17	53 2	53 13	53 24	53 35	53 46	53 56	54 7	54 18	54 28	54 39	54 49
18	53 5	53 16	53 28	53 40	53 51	54 2	54 13	54 25	54 36	54 47	54 58
19	53 8	53 20	53 33	53 45	53 57	54 8	54 20	54 32	54 44	54 56	55 8
20	53 12	53 25	53 38	53 50	54 3	54 15	54 28	54 40	54 53	55 5	55 18
21	53 16	53 30	53 43	53 56	54 9	54 23	54 36	54 49	55 2	55 15	55 28
22	53 21	53 35	53 49	54 3	54 17	54 31	54 44	54 58	55 12	55 25	55 39
23	53 26	53 41	53 56	54 10	54 25	54 39	54 53	55 8	55 22	55 36	55 51
24	53 32	53 47	54 3	54 18	54 33	54 48	55 3	55 18	55 33	55 48	56 3
25	53 38	53 54	54 10	54 26	54 42	54 58	55 13	55 29	55 44	56 0	56 15
26	53 45	54 2	54 18	54 35	54 51	55 8	55 24	55 40	55 56	56 13	56 28
27	53 53	54 10	54 27	54 44	55 1	55 18	55 35	55 52	56 9	56 26	56 42
28	54 1	54 19	54 37	54 54	55 12	55 29	55 47	56 5	56 22	56 39	56 57
29	54 9	54 28	54 47	55 5	55 23	55 41	55 59	56 18	56 36	56 53	57 12
30	54 18	54 38	54 57	55 16	55 35	55 53	56 12	56 31	56 50	57 8	57 27
31	54 28	54 48	55 8	55 27	55 47	56 6	56 26	56 45	57 4	57 24	57 43
32	54 39	54 59	55 20	55 40	56 0	56 20	56 40	57 0	57 20	57 40	58 0
33	54 50	55 11	55 32	55 53	56 13	56 34	56 55	57 15	57 36	57 56	58 17
34	55 1	55 23	55 44	56 6	56 27	56 49	57 10	57 31	57 52	58 13	58 34
35	55 13	55 36	55 58	56 20	56 42	57 4	57 26	57 47	58 9	58 31	58 53
36	55 26	55 49	56 12	56 34	56 57	57 20	57 42	58 4	58 27	58 49	59 12
37	55 39	56 3	56 26	56 49	57 13	57 36	57 59	58 22	58 45	59 8	59 31
38	55 53	56 17	56 41	57 5	57 29	57 53	58 17	58 40	59 4	59 28	59 51
39	56 8	56 32	56 57	57 22	57 46	58 11	58 35	58 59	59 24	59 48	60 12
40	56 23	56 48	57 14	57 39	58 4	58 29	58 54	59 19	59 44	60 8	60 33
41	56 39	57 5	57 31	57 56	58 22	58 48	59 13	59 39	60 4	60 29	60 55
42	56 55	57 22	57 48	58 15	58 41	59 7	59 33	59 59	60 25	60 51	61 17
43	57 12	57 39	58 6	58 34	59 1	59 27	59 54	60 21	60 47	61 14	61 40
44	57 30	57 57	58 25	58 53	59 21	59 48	60 15	60 43	61 10	61 37	62 4
45	57 48	58 16	58 45	59 13	59 41	60 9	60 37	61 5	61 33	62 1	62 28
46	58 7	58 36	59 5	59 34	60 3	60 31	61 0	61 28	61 57	62 25	62 53
47	58 26	58 56	59 26	59 55	60 25	60 54	61 23	61 52	62 21	62 50	63 19
48	58 47	59 17	59 47	60 17	60 47	61 17	61 47	62 16	62 46	63 15	63 45
49	59 8	59 39	60 9	60 40	61 10	61 41	62 11	62 41	63 11	63 41	64 12
50	59 29	60 1	60 32	61 4	61 34	62 5	62 36	63 7	63 38	64 8	64 39
51	59 51	60 24	60 56	61 28	61 59	62 30	63 2	63 33	64 5	64 36	65 7
52	60 14	60 47	61 20	61 52	62 24	62 56	63 28	64 0	64 32	65 4	65 36
53	60 38	61 11	61 45	62 17	62 50	63 23	63 55	64 28	65 0	65 33	66 5
54	61 2	61 36	62 10	62 43	63 17	63 50	64 23	64 56	65 29	66 2	66 35
55	61 27	62 2	62 36	63 10	63 44	64 18	64 51	65 25	65 58	66 32	67 5
56	61 53	62 28	63 3	63 37	64 12	64 46	65 20	65 54	66 28	67 2	67 36
57	62 19	62 55	63 30	64 5	64 40	65 15	65 50	66 24	66 59	67 33	68 8
58	62 46	63 22	63 58	64 34	65 9	65 45	66 20	66 55	67 30	68 5	68 40
59	63 14	63 51	64 27	65 3	65 39	66 15	66 51	67 26	68 2	68 37	69 13
60	63 42	64 20	64 57	65 33	66 10	66 46	67 22	67 58	68 34	69 10	69 46

Norddeich. Breite 53° 36′ 26″ N Länge 7° 8′ 32″ O

Breite	Azimut										
	90°	91°	92°	93°	94°	95°	96°	97°	98°	99°	100°
	Längen-Unterschied										
54°	9°42′	8°32′	7°32′	6°41′	5°57′	5°19′	4°47′	4°20′	3°56′	3°36′	3°19′
55	18 12	17 1	15 55	14 53	13 57	13 4	12 15	11 30	10 50	10 12	9 37
56	23 47	22 36	21 29	20 25	19 25	18 28	17 34	16 43	15 55	15 10	14 28
57	28 14	27 4	25 56	24 52	23 50	22 51	21 54	21 0	20 9	19 20	18 34
58	32 2	30 52	29 45	28 40	27 38	26 37	25 39	24 43	23 50	22 59	22 9
59	35 24	34 15	33 8	32 3	31 0	29 59	29 0	28 3	27 8	26 15	25 24
60	38 26	37 18	36 11	35 6	34 3	33 2	32 2	31 3	30 8	29 14	28 21
61	41 14	40 6	39 0	37 55	36 52	35 51	34 51	33 52	32 56	32 0	31 7
62	43 50	42 43	41 37	40 32	39 29	38 28	37 28	36 29	35 32	34 36	33 41
63	46 16	45 9	44 4	43 0	41 57	40 55	39 55	38 56	37 58	37 2	36 6
64	48 34	47 29	46 23	45 19	44 16	43 15	42 14	41 15	40 17	39 20	38 25
65	50 45	49 40	48 35	47 31	46 29	45 27	44 27	43 28	42 29	41 32	40 36
66	52 50	51 45	50 41	49 38	48 35	47 34	46 34	45 34	44 36	43 38	42 42
67	54 50	53 46	52 42	51 39	50 37	49 35	48 35	47 36	46 37	45 40	44 43
68	56 46	55 41	54 38	53 35	52 33	51 32	50 32	49 33	48 34	47 36	46 39
69	58 37	57 33	56 30	55 27	54 26	53 25	52 25	51 25	50 27	49 29	48 32
70	60 25	59 21	58 18	57 16	56 15	55 14	54 14	53 14	52 16	51 18	50 20

Breite	Azimut										
	100°	101°	102°	103°	104°	105°	106°	107°	108°	109°	110°
	Längen-Unterschied										
54°	3°19′	3°4′	2°51′	2°39′	2°29′	2°20′	2°12′	2°4′	1°57′	1°51′	1°46′
55	9 37	9 5	8 36	8 9	7 44	7 21	6 59	6 40	6 21	6 4	5 48
56	14 28	13 49	13 11	12 36	12 3	11 33	11 3	10 36	10 10	9 46	9 23
57	18 34	17 49	17 7	16 27	15 49	15 13	14 39	14 6	13 35	13 5	12 37
58	22 9	21 22	20 37	19 53	19 12	18 32	17 53	17 17	16 42	16 8	15 36
59	25 24	24 34	23 46	23 0	22 16	21 34	20 53	20 13	19 35	18 58	18 22
60	28 21	27 30	26 41	25 53	25 7	24 22	23 38	22 56	22 16	21 37	20 58
61	31 7	30 14	29 23	28 34	27 46	26 59	26 14	25 30	24 48	24 6	23 26
62	33 41	32 48	31 56	31 5	30 16	29 28	28 41	27 56	27 11	26 28	25 46
63	36 6	35 13	34 20	33 28	32 38	31 49	31 1	30 14	29 28	28 43	28 0
64	38 25	37 30	36 37	35 44	34 53	34 3	33 14	32 25	31 38	30 52	30 7
65	40 36	39 41	38 47	37 54	37 2	36 11	35 21	34 32	33 44	32 56	32 10
66	42 42	41 46	40 52	39 58	39 6	38 14	37 23	36 33	35 44	34 56	34 9
67	44 43	43 47	42 52	41 58	41 5	40 12	39 20	38 30	37 40	36 51	36 3
68	46 39	45 43	44 48	43 53	42 59	42 6	41 14	40 22	39 32	38 42	37 53
69	48 32	47 35	46 39	45 45	44 50	43 57	43 4	42 12	41 21	40 30	39 40
70	50 20	49 24	48 28	47 33	46 38	45 44	44 51	43 58	43 6	42 15	41 25

Breite	Azimut										
	110°	111°	112°	113°	114°	115°	116°	117°	118°	119°	120°
	Längen-Unterschied										
54°	1°46′	1°40′	1°36′	1°31′	1°27′	1°24′	1°20′	1°17′	1°14′	1°11′	1°8′
55	5 48	5 33	5 19	5 6	4 54	4 42	4 31	4 21	4 11	4 2	3 54
56	9 23	9 1	8 40	8 21	8 2	7 44	7 28	7 12	6 57	6 42	6 29
57	12 37	12 10	11 44	11 20	10 57	10 34	10 13	9 52	9 32	9 14	8 56
58	15 36	15 5	14 35	14 7	13 39	13 13	12 48	12 24	12 0	11 38	11 16
59	18 22	17 48	17 15	16 43	16 12	15 43	15 14	14 47	14 21	13 55	13 30
60	20 58	20 22	19 46	19 12	18 38	18 6	17 34	17 4	16 35	16 6	15 38
61	23 26	22 47	22 9	21 32	20 56	20 21	19 47	19 15	18 43	18 12	17 42
62	25 46	25 5	24 25	23 46	23 8	22 32	21 56	21 21	20 46	20 13	19 41
63	28 0	27 17	26 35	25 55	25 15	24 36	23 59	23 22	22 46	22 10	21 36
64	30 7	29 23	28 40	27 58	27 17	26 37	25 57	25 18	24 41	24 4	23 27
65	32 10	31 25	30 41	29 57	29 15	28 33	27 52	27 11	26 31	25 53	25 15
66	34 9	33 22	32 37	31 52	31 8	30 25	29 42	29 1	28 20	27 40	27 0
67	36 3	35 15	34 29	33 43	32 58	32 13	31 30	30 47	30 5	29 23	28 42
68	38 53	37 5	36 17	35 30	34 44	33 59	33 14	32 30	31 47	31 4	30 22
69	39 40	38 51	38 3	37 15	36 28	35 41	34 55	34 10	33 26	32 42	31 59
70	41 25	40 35	39 45	38 57	38 9	37 21	36 34	35 48	35 3	34 18	33 33

Norddeich. Breite 53° 36′ 26″ N   Länge 7° 8′ 32″ O

Breite	Azimut										
	120°	121°	122°	123°	124°	125°	126°	127°	128°	129°	130°
	Längen-Unterschied										
54°	1°8′	1°5′	1°3′	1°1′	0°58′	0°56′	0°54′	0°52′	0°50′	0°49′	0°47′
55	3 54	3 44	3 36	3 29	3 22	3 15	3 8	3 1	2 55	2 50	2 45
56	6 29	6 15	6 2	5 50	5 39	5 28	5 17	5 6	4 56	4 47	4 39
57	8 56	8 38	8 21	8 5	7 50	7 35	7 21	7 7	6 54	6 41	6 29
58	11 16	10 55	10 35	10 15	9 56	9 38	9 20	9 3	8 46	8 30	8 15
59	13 30	13 6	12 43	12 20	11 58	11 37	11 16	10 55	10 35	10 16	9 58
60	15 38	15 11	14 45	14 20	13 55	13 31	13 8	12 45	12 23	12 1	11 40
61	17 42	17 12	16 44	16 16	15 49	15 22	14 57	14 32	14 7	13 43	13 19
62	19 41	19 9	18 38	18 8	17 39	17 10	16 42	16 15	15 48	15 22	14 56
63	21 36	21 3	20 30	19 57	19 26	18 55	18 25	17 55	17 26	16 58	16 31
64	23 27	22 52	22 17	21 43	21 10	20 37	20 5	19 33	19 2	18 32	18 3
65	25 15	24 38	24 2	23 26	22 51	22 16	21 42	21 8	20 35	20 3	19 33
66	27 0	26 21	25 43	25 6	24 29	23 53	23 17	22 42	22 8	21 34	21 1
67	28 42	28 2	27 23	26 44	26 6	25 28	24 50	24 13	23 37	23 2	22 27
68	30 22	29 40	28 59	28 19	27 39	27 0	26 21	25 43	25 6	24 29	23 52
69	31 59	31 16	30 34	29 52	29 11	28 30	27 50	27 11	26 32	25 54	25 16
70	33 33	32 49	32 6	31 23	30 41	29 59	29 18	28 37	27 56	27 17	26 38

Breite	Azimut										
	130°	131°	132°	133°	134°	135°	136°	137°	138°	139°	140°
	Längen-Unterschied										
54°	0°47′	0°46′	0°44′	0°42′	0°41′	0°40′	0°38′	0°37′	0°36′	0°34′	0°32′
55	2 45	2 39	2 34	2 28	2 23	2 18	2 14	2 9	2 5	2 0	1 56
56	4 39	4 29	4 20	4 12	4 3	3 55	3 48	3 40	3 33	3 26	3 19
57	6 29	6 16	6 4	5 52	5 41	5 30	5 20	5 9	4 59	4 49	4 40
58	8 15	7 59	7 45	7 30	7 16	7 3	6 50	6 37	6 24	6 12	6 0
59	9 58	9 40	9 24	9 7	8 50	8 34	8 18	8 2	7 47	7 32	7 18
60	11 40	11 20	11 0	10 40	10 21	10 3	9 44	9 26	9 9	8 52	8 35
61	13 19	12 56	12 34	12 12	11 51	11 30	11 9	10 49	10 30	10 10	9 51
62	14 56	14 31	14 6	13 42	13 19	12 55	12 33	12 11	11 49	11 27	11 6
63	16 31	16 4	15 37	15 11	14 45	14 20	13 55	13 30	13 6	12 43	12 20
64	18 3	17 33	17 5	16 37	16 9	15 42	15 15	14 49	14 23	13 58	13 33
65	19 33	19 2	18 31	18 1	17 32	17 3	16 34	16 6	15 39	15 11	14 44
66	21 1	20 28	19 56	19 24	18 53	18 22	17 52	17 22	16 52	16 23	15 55
67	22 27	21 53	21 19	20 46	20 13	19 41	19 9	18 37	18 5	17 35	17 5
68	23 52	23 16	22 41	22 6	21 31	20 57	20 24	19 50	19 17	18 45	18 13
69	25 16	24 38	24 1	23 25	22 49	22 13	21 38	21 3	20 28	19 54	19 20
70	26 38	25 59	25 20	24 42	24 5	23 27	22 50	22 14	21 38	21 2	20 27

Breite	Azimut										
	140°	141°	142°	143°	144°	145°	146°	147°	148°	149°	150°
	Längen-Unterschied										
54°	0°32′	0°32′	0°31′	0°30′	0°29′	0°28′	0°27′	0°26′	0°25′	0°24′	0°23′
55	1 56	1 52	1 49	1 45	1 41	1 37	1 34	1 31	1 28	1 24	1 21
56	3 19	3 12	3 6	2 59	2 53	2 47	2 41	2 35	2 30	2 24	2 18
57	4 40	4 30	4 21	4 12	4 4	3 55	3 47	3 39	3 31	3 23	3 15
58	6 0	5 48	5 36	5 25	5 14	5 3	4 53	4 42	4 32	4 22	4 12
59	7 18	7 4	6 50	6 36	6 23	6 10	5 57	5 44	5 32	5 20	5 8
60	8 35	8 19	8 3	7 47	7 31	7 16	7 1	6 46	6 32	6 18	6 4
61	9 51	9 32	9 14	8 56	8 38	8 21	8 4	7 47	7 31	7 15	6 59
62	11 6	10 45	10 25	10 5	9 45	9 26	9 7	8 48	8 30	8 11	7 53
63	12 20	11 57	11 35	11 13	10 51	10 29	10 8	9 48	9 28	9 7	8 47
64	13 33	13 8	12 44	12 20	11 56	11 33	11 10	10 47	10 25	10 3	9 41
65	14 44	14 17	13 51	13 25	13 0	12 35	12 10	11 46	11 22	10 58	10 34
66	15 55	15 26	14 58	14 31	14 4	13 37	13 10	12 44	12 18	11 52	11 26
67	17 5	16 35	16 5	15 35	15 6	14 37	14 9	13 41	13 13	12 46	12 19
68	18 13	17 41	17 10	16 38	16 8	15 38	15 8	14 38	14 8	13 39	13 10
69	19 20	18 47	18 14	17 41	17 9	16 37	16 6	15 34	15 3	14 32	14 1
70	20 27	19 52	19 18	18 43	18 9	17 36	17 2	16 29	15 57	15 24	14 52

Breite	Azimut										
	150°	**151°**	**152°**	**153°**	**154°**	**155°**	**156°**	**157°**	**158°**	**159°**	**160°**
	Längen-Unterschied										
54	0°23′	0°22′	0°21′	0°20′	0°19′	0°18′	0°18′	0°17′	0°16′	0°15′	0°15′
55	1 21	1 18	1 14	1 11	1 8	1 5	1 2	0 59	0 57	0 54	0 51
56	2 18	2 13	2 8	2 2	1 57	1 52	1 47	1 42	1 37	1 32	1 28
57	3 15	3 8	3 0	2 53	2 46	2 39	2 31	2 24	2 18	2 11	2 4
58	4 12	4 2	3 53	3 43	3 34	3 25	3 16	3 7	2 58	2 49	2 41
59	5 8	4 56	4 44	4 33	4 22	4 10	3 59	3 48	3 38	3 27	3 17
60	6 4	5 50	5 36	5 23	5 9	4 56	4 43	4 30	4 17	4 5	3 53
61	6 59	6 43	6 27	6 11	5 56	5 41	5 26	5 11	4 57	4 42	4 28
62	7 53	7 35	7 18	7 0	6 43	6 26	6 9	5 52	5 36	5 20	5 4
63	8 47	8 27	8 8	7 49	7 30	7 11	6 52	6 34	6 16	5 57	5 39
64	9 41	9 19	8 58	8 37	8 16	7 55	7 35	7 14	6 54	6 34	6 14
65	10 34	10 10	9 47	9 24	9 2	8 39	8 17	7 55	7 33	7 11	6 49
66	11 26	11 1	10 36	10 11	9 47	9 23	8 59	8 35	8 11	7 47	7 24
67	12 19	11 52	11 25	10 58	10 32	10 6	9 40	9 14	8 49	8 24	7 59
68	13 10	12 41	12 13	11 45	11 17	10 49	10 22	9 54	9 27	9 0	8 33
69	14 1	13 31	13 1	12 31	12 1	11 31	11 2	10 33	10 5	9 36	9 7
70	14 52	14 20	13 48	13 16	12 45	12 14	11 43	11 12	10 42	10 11	9 41

Breite	Azimut										
	160°	**161°**	**162°**	**163°**	**164°**	**165°**	**166°**	**167°**	**168°**	**169°**	**170°**
	Längen-Unterschied										
54	0°15′	0°14′	0°13′	0°12′	0°11′	0°11′	0°10′	0° 9′	0° 8′	0° 8′	0° 7′
55	0 51	0 48	0 46	0 43	0 40	0 37	0 35	0 32	0 30	0 27	0 25
56	1 28	1 23	1 18	1 13	1 9	1 4	1 0	0 55	0 51	0 47	0 43
57	2 4	1 57	1 51	1 44	1 38	1 31	1 25	1 19	1 13	1 6	1 0
58	2 41	2 32	2 23	2 15	2 7	1 58	1 50	1 42	1 34	1 26	1 18
59	3 17	3 6	2 56	2 45	2 35	2 25	2 15	2 5	1 55	1 45	1 36
60	3 53	3 40	3 28	3 16	3 4	2 52	2 40	2 28	2 17	2 5	1 54
61	4 28	4 14	4 0	3 46	3 32	3 18	3 5	2 51	2 38	2 24	2 11
62	5 4	4 48	4 32	4 16	4 1	3 45	3 30	3 14	2 59	2 44	2 29
63	5 39	5 21	5 4	4 46	4 29	4 11	3 54	3 37	3 20	3 3	2 46
64	6 14	5 54	5 35	5 16	4 57	4 38	4 19	4 0	3 41	3 22	3 4
65	6 49	6 28	6 7	5 46	5 25	5 4	4 43	4 22	4 2	3 41	3 21
66	7 24	7 1	6 38	6 15	5 52	5 29	5 7	4 45	4 23	4 0	3 38
67	7 59	7 34	7 9	6 44	6 20	5 55	5 31	5 7	4 43	4 19	3 56
68	8 33	8 6	7 40	7 14	6 48	6 22	5 56	5 30	5 4	4 38	4 13
69	9 7	8 39	8 11	7 43	7 15	6 47	6 19	5 51	5 24	4 57	4 30
70	9 41	9 11	8 41	8 11	7 42	7 12	6 43	6 14	5 45	5 16	4 47

Breite	Azimut										
	170°	**171°**	**172°**	**173°**	**174°**	**175°**	**176°**	**177°**	**178°**	**179°**	**180°**
	Längen-Unterschied										
54	0° 7′	0° 6′	0° 6′	0° 5′	0° 4′	0° 4′	0° 3′	0° 2′	0° 1′	0° 1′	0° 0′
55	0 25	0 22	0 20	0 17	0 15	0 12	0 10	0 8	0 5	0 2	0 0
56	0 43	0 38	0 34	0 30	0 25	0 21	0 17	0 13	0 8	0 4	0 0
57	1 0	0 54	0 48	0 42	0 36	0 30	0 24	0 18	0 12	0 6	0 0
58	1 18	1 10	1 2	0 55	0 47	0 39	0 31	0 23	0 16	0 8	0 0
59	1 36	1 26	1 16	1 7	0 57	0 48	0 38	0 28	0 19	0 10	0 0
60	1 54	1 42	1 31	1 19	1 8	0 56	0 45	0 34	0 23	0 12	0 0
61	2 11	1 58	1 45	1 31	1 18	1 5	0 52	0 39	0 26	0 13	0 0
62	2 29	2 14	1 59	1 44	1 29	1 14	0 59	0 44	0 30	0 15	0 0
63	2 46	2 29	2 13	1 56	1 39	1 22	1 6	0 49	0 33	0 16	0 0
64	3 4	2 45	2 27	2 8	1 50	1 31	1 13	0 55	0 37	0 18	0 0
65	3 21	3 0	2 40	2 20	2 0	1 40	1 20	1 0	0 40	0 20	0 0
66	3 38	3 16	2 54	2 32	2 11	1 49	1 27	1 5	0 43	0 22	0 0
67	3 56	3 32	3 8	2 44	2 21	1 57	1 34	1 10	0 47	0 23	0 0
68	4 13	3 47	3 22	2 56	2 31	2 6	1 41	1 16	0 50	0 25	0 0
69	4 30	4 2	3 35	3 8	2 41	2 14	1 48	1 21	0 54	0 27	0 0
70	4 47	4 18	3 49	3 20	2 51	2 23	1 54	1 26	0 57	0 29	0 0

30

Breite	Azimut										
	0°	1°	2°	3°	4°	5°	6°	7°	8°	9°	10°
	Längen-Unterschied										
30°	0° 0′	0°38′	1°16′	1°54′	2°33′	3°11′	3°50′	4°29′	5° 8′	5°48′	6°28′
31	0 0	0 36	1 13	1 49	2 26	3 3	3 40	4 17	4 55	5 33	6 11
32	0 0	0 35	1 10	1 45	2 20	2 55	3 31	4 6	4 42	5 18	5 55
33	0 0	0 33	1 7	1 40	2 13	2 47	3 21	3 55	4 29	5 3	5 38
34	0 0	0 31	1 3	1 35	2 7	2 39	3 11	3 43	4 16	4 48	5 21
35	0 0	0 30	1 0	1 30	2 0	2 30	3 1	3 31	4 2	4 33	5 5
36	0 0	0 28	0 57	1 25	1 54	2 22	2 51	3 20	3 49	4 18	4 48
37	0 0	0 26	0 53	1 20	1 47	2 14	2 41	3 8	3 36	4 3	4 31
38	0 0	0 25	0 50	1 15	1 40	2 5	2 31	2 56	3 22	3 48	4 14
39	0 0	0 23	0 47	1 10	1 34	1 57	2 21	2 45	3 9	3 33	3 57
40	0 0	0 21	0 43	1 5	1 27	1 49	2 11	2 33	2 55	3 17	3 40
41	0 0	0 20	0 40	1 0	1 20	1 40	2 0	2 21	2 41	3 2	3 23
42	0 0	0 18	0 37	0 55	1 13	1 31	1 50	2 9	2 28	2 46	3 5
43	0 0	0 16	0 33	0 50	1 7	1 23	1 40	1 57	2 14	2 31	2 48
44	0 0	0 15	0 30	0 45	1 0	1 15	1 30	1 45	2 0	2 15	2 31
45	0 0	0 13	0 26	0 39	0 53	1 6	1 19	1 33	1 46	1 59	2 13
46	0 0	0 11	0 23	0 34	0 46	0 57	1 9	1 20	1 32	1 44	1 56
47	0 0	0 10	0 20	0 29	0 39	0 49	0 59	1 9	1 19	1 29	1 39
48	0 0	0 8	0 16	0 24	0 32	0 40	0 48	0 56	1 5	1 13	1 21
49	0 0	0 6	0 13	0 19	0 25	0 31	0 38	0 44	0 51	0 57	1 4
50	0 0	0 4	0 9	0 14	0 18	0 23	0 28	0 32	0 37	0 41	0 46
51	0 0	0 3	0 6	0 8	0 11	0 14	0 17	0 20	0 23	0 26	0 29
52	0 0	0 1	0 2	0 3	0 5	0 6	0 7	0 8	0 9	0 10	0 11

Breite	Azimut										
	10°	11°	12°	13°	14°	15°	16°	17°	18°	19°	20°
	Längen-Unterschied										
30°	6°28′	7° 8′	7°49′	8°30′	9°12′	9°54′	10°38′	11°22′	12° 7′	12°53′	13°40′
31	6 11	6 50	7 29	8 8	8 48	9 29	10 11	10 53	11 36	12 20	13 5
32	5 55	6 32	7 9	7 47	8 25	9 4	9 44	10 24	11 5	11 46	12 29
33	5 38	6 13	6 49	7 25	8 1	8 38	9 16	9 54	10 33	11 13	11 53
34	5 21	5 55	6 29	7 3	7 37	8 12	8 48	9 24	10 1	10 39	11 17
35	5 5	5 36	6 8	6 41	7 13	7 47	8 21	8 55	9 30	10 5	10 42
36	4 48	5 18	5 48	6 18	6 49	7 21	7 53	8 25	8 58	9 31	10 6
37	4 31	4 59	5 27	5 56	6 25	6 55	7 25	7 55	8 26	8 57	9 29
38	4 14	4 40	5 7	5 34	6 1	6 28	6 56	7 25	7 54	8 23	8 53
39	3 57	4 21	4 46	5 11	5 36	6 2	6 28	6 55	7 22	7 49	8 17
40	3 40	4 2	4 25	4 49	5 12	5 36	6 0	6 24	6 49	7 15	7 40
41	3 23	3 44	4 5	4 26	4 48	5 10	5 32	5 54	6 17	6 40	7 4
42	3 5	3 25	3 44	4 3	4 23	4 43	5 3	5 24	5 45	6 6	6 27
43	2 48	3 5	3 23	3 41	3 58	4 16	4 35	4 53	5 12	5 31	5 51
44	2 31	2 46	3 2	3 18	3 34	3 50	4 6	4 23	4 40	4 57	5 14
45	2 13	2 27	2 41	2 55	3 9	3 23	3 38	3 53	4 7	4 22	4 38
46	1 56	2 8	2 20	2 32	2 44	2 57	3 9	3 22	3 35	3 48	4 1
47	1 39	1 49	1 59	2 9	2 20	2 30	2 41	2 52	3 3	3 14	3 25
48	1 21	1 30	1 38	1 46	1 55	2 4	2 12	2 21	2 30	2 39	2 48
49	1 4	1 10	1 17	1 24	1 30	1 37	1 44	1 51	1 58	2 5	2 12
50	0 46	0 51	0 56	1 1	1 5	1 10	1 15	1 20	1 25	1 31	1 36
51	0 29	0 32	0 35	0 38	0 41	0 44	0 47	0 50	0 53	0 56	0 59
52	0 11	0 13	0 14	0 15	0 16	0 17	0 18	0 20	0 21	0 22	0 23

Breite	Azimut										
	20°	21°	22°	23°	24°	25°	26°	27°	28°	29°	30°
	Längen-Unterschied										
30°	13°40′	14°28′	15°17′	16° 8′	17° 0′	17°54′	18°49′	19°47′	20°47′	21°50′	22°55′
31	13 5	13 50	14 37	15 26	16 15	17 7	18 0	18 54	19 51	20 51	21 52
32	12 29	13 13	13 57	14 43	15 31	16 19	17 10	18 2	18 56	19 52	20 50
33	11 53	12 35	13 17	14 1	14 46	15 32	16 19	17 9	18 0	18 53	19 48
34	11 17	11 57	12 37	13 18	14 1	14 44	15 29	16 16	17 4	17 53	18 45
35	10 42	11 19	11 57	12 35	13 15	13 57	14 39	15 22	16 8	16 54	17 43
36	10 6	10 40	11 16	11 53	12 30	13 9	13 48	14 29	15 12	15 55	16 41
37	9 29	10 2	10 35	11 10	11 45	12 21	12 58	13 36	14 16	14 56	15 38
38	8 53	9 24	9 55	10 27	10 59	11 33	12 8	12 43	13 20	13 57	14 36
39	8 17	8 45	9 14	9 44	10 14	10 45	11 17	11 50	12 24	12 58	13 35
40	7 40	8 6	8 33	9 1	9 29	9 57	10 27	10 57	11 28	12 0	12 33
41	7 4	7 28	7 52	8 17	8 43	9 9	9 36	10 4	10 32	11 1	11 32
42	6 27	6 49	7 11	7 34	7 58	8 22	8 46	9 11	9 37	10 3	10 30
43	5 51	6 11	6 31	6 51	7 12	7 34	7 56	8 18	8 41	9 5	9 30
44	5 14	5 32	5 50	6 8	6 27	6 46	7 6	7 26	7 46	8 7	8 29
45	4 38	4 53	5 9	5 25	5 42	5 59	6 16	6 33	6 51	7 10	7 29
46	4 1	4 15	4 28	4 42	4 57	5 11	5 26	5 41	5 57	6 13	6 29
47	3 25	3 36	3 48	4 0	4 12	4 24	4 36	4 49	5 2	5 16	5 29
48	2 48	2 58	3 7	3 17	3 27	3 37	3 47	3 57	4 8	4 19	4 30
49	2 12	2 19	2 27	2 34	2 42	2 50	2 58	3 6	3 14	3 23	3 31
50	1 36	1 41	1 47	1 52	1 57	2 3	2 9	2 15	2 21	2 27	2 33
51	0 59	1 3	1 6	1 10	1 13	1 17	1 20	1 24	1 27	1 31	1 35
52	0 23	0 25	0 26	0 27	0 29	0 30	0 31	0 33	0 34	0 36	0 37

Breite	Azimut										
	30°	31°	32°	33°	34°	35°	36°	37°	38°	39°	40°
	Längen-Unterschied										
30°	22°55′	24° 3′	25°15′	26°31′	27°51′	29°18′	30°50′	32°30′	34°20′	36°22′	38°39′
31	21 52	22 57	24 5	25 16	26 32	27 53	29 20	30 53	32 35	34 27	36 31
32	20 50	21 51	22 55	24 2	25 14	26 29	27 50	29 17	30 51	32 34	34 27
33	19 48	20 45	21 45	22 49	23 55	25 6	26 21	27 41	29 8	30 43	32 26
34	18 45	19 39	20 36	21 35	22 37	23 43	24 52	26 7	27 27	28 54	30 28
35	17 43	18 33	19 26	20 21	21 19	22 20	23 25	24 34	25 48	27 7	28 33
36	16 41	17 28	18 17	19 8	20 2	20 58	21 58	23 2	24 9	25 22	26 40
37	15 38	16 22	17 8	17 55	18 45	19 37	20 32	21 31	22 32	23 38	24 49
38	14 36	15 17	15 59	16 43	17 29	18 17	19 7	20 1	20 57	21 57	23 1
39	13 35	14 12	14 51	15 31	16 13	16 57	17 43	18 31	19 22	20 17	21 15
40	12 33	13 7	13 43	14 20	14 58	15 38	16 20	17 3	17 50	18 38	19 30
41	11 32	12 3	12 35	13 8	13 43	14 19	14 57	15 37	16 18	17 1	17 48
42	10 30	10 59	11 28	11 58	12 29	13 2	13 35	14 11	14 48	15 26	16 7
43	9 30	9 55	10 21	10 48	11 16	11 45	12 15	12 46	13 19	13 53	14 29
44	8 29	8 51	9 14	9 38	10 3	10 28	10 55	11 22	11 51	12 21	12 52
45	7 29	7 48	8 8	8 29	8 50	9 12	9 35	9 59	10 24	10 50	11 17
46	6 29	6 46	7 3	7 21	7 39	7 58	8 17	8 38	8 59	9 21	9 43
47	5 29	5 43	5 58	6 13	6 28	6 44	7 0	7 17	7 34	7 53	8 11
48	4 30	4 41	4 53	5 5	5 18	5 31	5 44	5 57	6 11	6 26	6 41
49	3 31	3 40	3 49	3 58	4 8	4 18	4 28	4 39	4 50	5 1	5 12
50	2 33	2 39	2 46	2 52	2 59	3 6	3 14	3 21	3 29	3 37	3 45
51	1 35	1 39	1 43	1 47	1 51	1 55	2 0	2 4	2 9	2 14	2 19
52	0 37	0 39	0 40	0 42	0 44	0 45	0 47	0 49	0 51	0 52	0 54

Längen-Unter-schied	40°	41°	42°	43°	44°	45°	46°	47°	48°	49°	50°
					Breite						
2	51°13′	51°16′	51°19′	51°22′	51°25′	51°27′	51°30′	51°32′	51°34′	51°37′	51°39′
4	49 50	49 56	50 1	50 7	50 12	50 17	50 22	50 27	50 32	50 37	50 41
6	48 28	48 37	48 45	48 54	49 2	49 10	49 17	49 24	49 31	49 38	49 45
8	47 7	47 20	47 31	47 42	47 53	48 4	48 14	48 23	48 33	48 42	48 51
10	45 49	46 4	46 19	46 33	46 47	47 0	47 12	47 24	47 36	47 47	47 58
11	45 11	45 27	45 44	45 59	46 14	46 28	46 42	46 55	47 8	47 21	47 33
12	44 33	44 51	45 9	45 25	45 42	45 57	46 12	46 27	46 41	46 55	47 8
13	43 55	44 15	44 34	44 52	45 10	45 27	45 43	45 59	46 14	46 29	46 44
14	43 18	43 39	44 0	44 19	44 39	44 57	45 14	45 32	45 48	46 4	46 20
15	42 41	43 4	43 26	43 47	44 8	44 27	44 46	45 5	45 22	45 39	45 56
16	42 4	42 29	42 53	43 15	43 37	43 58	44 19	44 38	44 57	45 15	45 33
17	41 28	41 55	42 20	42 44	43 7	43 30	43 51	44 12	44 32	44 52	45 11
18	40 53	41 21	41 47	42 13	42 38	43 2	43 24	43 46	44 8	44 29	44 49
19	40 18	40 47	41 15	41 42	42 9	42 34	42 58	43 21	43 44	44 6	44 27
20	39 43	40 14	40 44	41 12	41 40	42 6	42 32	42 57	43 21	43 44	44 6
21	39 8	39 41	40 13	40 43	41 12	41 39	42 7	42 33	42 58	43 22	43 46
22	38 34	39 9	39 42	40 14	40 44	41 13	41 42	42 9	42 35	43 1	43 25
23	38 1	38 37	39 11	39 45	40 17	40 47	41 17	41 46	42 13	42 40	43 6
24	37 28	38 5	38 41	39 16	39 50	40 22	40 53	41 23	41 52	42 20	42 47
25	36 54	37 34	38 12	38 48	39 23	39 57	40 29	41 1	41 31	42 0	42 28
26	36 21	37 3	37 43	38 21	38 57	39 32	40 6	40 39	41 10	41 41	42 10
27	35 49	36 32	37 14	37 54	38 32	39 8	39 43	40 17	40 50	41 22	41 52
28	35 17	36 2	36 46	37 27	38 7	38 44	39 21	39 56	40 31	41 4	41 35
29	34 46	35 33	36 19	37 1	37 42	38 21	38 59	39 36	40 12	40 46	41 19
30	34 15	35 3	35 50	36 35	37 18	37 58	38 38	39 16	39 53	40 28	41 3
31	33 44	34 34	35 23	36 9	36 54	37 36	38 17	38 57	39 35	40 11	40 47
32	33 13	34 6	34 56	35 44	36 30	37 14	37 57	38 38	39 17	39 55	40 32
33	32 43	33 38	34 30	35 20	36 7	36 53	37 37	38 19	39 0	39 40	40 18
34	32 13	33 10	34 4	34 56	35 45	36 32	37 18	38 1	38 44	39 25	40 4
35	31 44	32 43	33 39	34 32	35 23	36 12	36 59	37 44	38 28	39 10	39 51
36	31 15	32 16	33 14	34 9	35 2	35 52	36 41	37 27	38 12	38 56	39 38
37	30 46	31 49	32 49	33 46	34 41	35 33	36 23	37 11	37 57	38 42	39 26
38	30 18	31 23	32 25	33 24	34 20	35 14	36 6	36 55	37 43	38 29	39 14
39	29 50	30 57	32 1	33 2	34 0	34 56	35 49	36 40	37 30	38 17	39 3
40	29 23	30 32	31 38	32 41	33 41	34 38	35 33	36 26	37 17	38 5	38 52
41	28 55	30 7	31 15	32 20	33 22	34 20	35 17	36 12	37 4	37 54	38 42
42	28 29	29 43	30 53	32 0	33 3	34 4	35 2	35 58	36 52	37 44	38 33
43	28 2	29 19	30 31	31 40	32 45	33 48	34 48	35 45	36 41	37 34	38 25
44	27 36	28 55	30 10	31 21	32 28	33 33	34 34	35 33	36 30	37 25	38 17
45		29 49		31 2	32 11	33 18	34 21	35 22	36 20	37 16	38 10
46				30 44	31 55	33 3	34 8	35 11	36 11	37 8	38 3
47				30 26	31 40	32 50	33 57	35 0	36 2	37 1	37 57
48				30 9	31 25	32 37	33 45	34 51	35 54	36 54	37 52
49					31 10	32 24	33 35	34 42	35 47	36 48	37 48
50					30 57	32 13	33 25	34 34	35 40	36 43	37 44
51					30 44	32 2	33 16	34 27	35 34	36 39	37 42
52					30 32	31 52	33 7	34 20	35 29	36 36	37 40
53					30 20	31 42	33 0	34 14	35 25	36 33	37 38
54					30 9	31 33	32 53	34 9	35 22	36 31	37 38
55					29 59	31 25	32 47	34 5	35 19	36 30	37 38
56					29 50	31 18	32 42	34 2	35 18	36 30	37 40
57						31 12	32 38	33 59	35 17	36 31	37 42
58						31 7	32 34	33 58	35 17	36 33	37 45
59						31 2	32 32	33 57	35 18	36 35	37 49
60						30 59	32 30	33 57	35 20	36 39	37 54

Längen-Unter-schied	Azimut										
	50°	**51°**	**52°**	**53°**	**54°**	**55°**	**56°**	**57°**	**58°**	**59°**	**60°**
						Breite					
2°	51°39′	51°41′	51°43′	51°45′	51°47′	51°49′	51°51′	51°53′	51°55′	51°56′	51°58′
4	50 41	50 45	50 49	50 53	50 57	51 1	51 5	51 9	51 12	51 16	51 19
6	49 45	49 51	49 57	50 3	50 9	50 15	50 21	50 26	50 32	50 37	50 42
8	48 51	48 59	49 7	49 15	49 23	49 31	49 39	49 46	49 53	50 0	50 7
10	47 58	48 9	48 20	48 30	48 40	48 49	48 59	49 8	49 17	49 26	49 34
11	47 33	47 45	47 56	48 7	48 18	48 29	48 39	48 49	48 59	49 9	49 18
12	47 8	47 21	47 33	47 46	47 57	48 9	48 20	48 31	48 42	48 53	49 3
13	46 44	46 58	47 11	47 25	47 37	47 50	48 2	48 14	48 26	48 37	48 48
14	46 20	46 35	46 49	47 4	47 17	47 31	47 44	47 57	48 10	48 22	48 34
15	45 56	46 13	46 28	46 43	46 58	47 13	47 27	47 41	47 54	48 7	48 20
16	45 33	45 51	46 7	46 23	46 39	46 55	47 10	47 25	47 39	47 53	48 7
17	45 11	45 29	45 47	46 4	46 21	46 38	46 54	47 9	47 25	47 40	47 54
18	44 49	45 8	45 27	45 45	46 3	46 21	46 38	46 54	47 11	47 27	47 42
19	44 27	44 48	45 8	45 27	45 46	46 5	46 23	46 40	46 57	47 14	47 30
20	44 6	44 28	44 49	45 9	45 29	45 49	46 8	46 26	46 44	47 2	47 19
21	43 46	44 8	44 31	44 52	45 13	45 34	45 53	46 13	46 32	46 50	47 8
22	43 25	43 49	44 13	44 35	44 57	45 19	45 39	46 0	46 20	46 39	46 58
23	43 6	43 31	43 55	44 19	44 42	45 5	45 26	45 48	46 9	46 29	46 49
24	42 47	43 13	43 38	44 3	44 27	44 51	45 14	45 36	45 58	46 19	46 40
25	42 28	42 56	43 22	43 48	44 13	44 38	45 1	45 25	45 48	46 10	46 31
26	42 10	42 39	43 6	43 33	43 59	44 25	44 50	45 14	45 38	46 1	46 23
27	41 52	42 22	42 51	43 19	43 46	44 13	44 39	45 4	45 28	45 52	46 16
28	41 35	42 6	42 36	43 5	43 34	44 1	44 28	44 54	45 20	45 44	46 9
29	41 19	41 51	42 22	42 52	43 22	43 50	44 18	44 45	45 12	45 37	46 3
30	41 3	41 36	42 8	42 39	43 10	43 40	44 8	44 36	45 4	45 31	45 57
31	40 47	41 22	41 55	42 27	42 59	43 30	43 59	44 28	44 57	45 25	45 52
32	40 32	41 8	41 42	42 16	42 49	43 20	43 51	44 21	44 51	45 19	45 47
33	40 18	40 55	41 30	42 5	42 39	43 11	43 43	44 14	44 45	45 14	45 43
34	40 4	40 42	41 19	41 55	42 29	43 3	43 36	44 8	44 39	45 10	45 40
35	39 51	40 30	41 8	41 45	42 21	42 55	43 29	44 2	44 35	45 6	45 37
36	39 38	40 18	40 58	41 36	42 13	42 48	43 23	43 57	44 31	45 3	45 35
37	39 26	40 7	40 48	41 27	42 5	42 42	43 18	43 53	44 27	45 1	45 33
38	39 14	39 57	40 39	41 19	41 58	42 36	43 13	43 49	44 24	44 59	45 32
39	39 3	39 47	40 30	41 12	41 52	42 31	43 9	43 46	44 22	44 57	45 32
40	38 52	39 38	40 22	41 5	41 46	42 26	43 5	43 44	44 21	44 57	45 32
41	38 42	39 30	40 15	40 59	41 41	42 22	43 2	43 42	44 20	44 57	45 33
42	38 33	39 22	40 8	40 53	41 37	42 19	43 0	43 40	44 20	44 58	45 35
43	38 25	39 14	40 2	40 48	41 33	42 17	42 59	43 40	44 20	44 59	45 37
44	38 17	39 8	39 57	40 44	41 30	42 15	42 58	43 40	44 21	45 1	45 40
45	38 10	39 2	39 52	40 41	41 28	42 14	42 58	43 41	44 23	45 4	45 44
46	38 3	38 57	39 48	40 38	41 26	42 13	42 58	43 43	44 26	45 8	45 49
47	37 57	38 52	39 45	40 36	41 25	42 13	43 0	43 45	44 29	45 12	45 54
48	37 52	38 48	39 42	40 35	41 25	42 14	43 2	43 48	44 33	45 17	46 0
49	37 48	38 45	39 41	40 34	41 26	42 16	43 5	43 52	44 38	45 23	46 6
50	37 44	38 43	39 40	40 34	41 27	42 19	43 8	43 57	44 43	45 29	46 14
51	37 42	38 42	39 39	40 35	41 29	42 22	43 13	44 2	44 50	45 37	46 22
52	37 40	38 41	39 40	40 37	41 32	42 26	43 18	44 8	44 57	45 45	46 31
53	37 38	38 41	39 41	40 40	41 36	42 31	43 24	44 15	45 5	45 54	46 41
54	37 38	38 42	39 44	40 43	41 41	42 37	43 31	44 23	45 14	46 3	46 52
55	37 38	38 44	39 47	40 48	41 46	42 43	43 38	44 32	45 24	46 14	47 3
56	37 40	38 47	39 51	40 53	41 53	42 51	43 47	44 41	45 34	46 25	47 16
57	37 42	38 50	39 56	40 59	42 0	42 59	43 56	44 52	45 45	46 38	47 29
58	37 45	38 55	40 2	41 6	42 8	43 8	44 6	45 3	45 58	46 51	47 43
59	37 49	39 0	40 8	41 14	42 17	43 19	44 18	45 15	46 11	47 5	47 58
60	37 54	39 7	40 16	41 23	42 27	43 30	44 30	45 28	46 25	47 20	48 14

Nauen.   Breite 52° 39' 1'' N   Länge 12° 54' 33'' O

Längen-Unter-schied	Azimut										
	60°	**61°**	**62°**	**63°**	**64°**	**65°**	**66°**	**67°**	**68°**	**69°**	**70°**
	Breite										
2°	51°58'	52° 0'	52° 1'	52° 3'	52° 5'	52° 6'	52° 8'	52° 9'	52°11'	52°12'	52°14'
4	51 19	51 22	51 26	51 29	51 32	51 35	51 38	51 41	51 44	51 47	51 50
6	50 42	50 47	50 52	50 57	51 2	51 6	51 11	51 15	51 20	51 24	51 29
8	50 7	50 14	50 20	50 27	50 33	50 39	50 46	50 52	50 58	51 3	51 9
10	49 34	49 42	49 51	49 59	50 7	50 15	50 22	50 30	50 37	50 45	50 52
11	49 18	49 27	49 37	49 45	49 54	50 3	50 11	50 20	50 28	50 36	50 44
12	49 3	49 13	49 23	49 33	49 42	49 52	50 1	50 10	50 19	50 28	50 36
13	48 48	48 59	49 10	49 21	49 31	49 41	49 51	50 1	50 11	50 20	50 29
14	48 34	48 46	48 57	49 9	49 20	49 31	49 42	49 52	50 3	50 13	50 23
15	48 20	48 33	48 45	48 57	49 9	49 21	49 33	49 44	49 55	50 6	50 17
16	48 7	48 21	48 34	48 47	48 59	49 12	49 24	49 36	49 48	50 0	50 12
17	47 54	48 9	48 23	48 36	48 50	49 3	49 16	49 29	49 42	49 55	50 7
18	47 42	47 57	48 12	48 27	48 41	48 55	49 9	49 23	49 36	49 50	50 3
19	47 30	47 46	48 2	48 18	48 33	48 48	49 2	49 17	49 31	49 45	49 59
20	47 19	47 36	47 53	48 9	48 25	48 41	48 56	49 11	49 26	49 41	49 56
21	47 8	47 26	47 44	48 1	48 18	48 34	48 50	49 6	49 22	49 38	49 53
22	46 58	47 17	47 35	47 53	48 11	48 28	48 45	49 2	49 18	49 35	49 51
23	46 49	47 8	47 27	47 46	48 5	48 23	48 40	48 58	49 15	49 32	49 49
24	46 40	47 0	47 20	47 40	47 59	48 18	48 36	48 55	49 13	49 30	49 48
25	46 31	46 52	47 13	47 34	47 54	48 14	48 33	48 52	49 11	49 29	49 47
26	46 23	46 45	47 7	47 28	47 49	48 10	48 30	48 50	49 9	49 28	49 47
27	46 16	46 39	47 1	47 23	47 45	48 7	48 28	48 48	49 8	49 28	49 48
28	46 9	46 33	46 56	47 19	47 42	48 4	48 26	48 47	49 8	49 29	49 49
29	46 3	46 27	46 52	47 15	47 39	48 2	48 24	48 46	49 8	49 30	49 51
30	45 57	46 22	46 48	47 12	47 36	48 0	48 23	48 46	49 9	49 31	49 53
31	45 52	46 18	46 44	47 10	47 35	47 59	48 23	48 47	49 10	49 33	49 56
32	45 47	46 14	46 41	47 8	47 34	47 59	48 24	48 48	49 12	49 36	49 59
33	45 43	46 11	46 39	47 6	47 33	47 59	48 25	48 50	49 15	49 39	50 3
34	45 40	46 9	46 37	47 5	47 33	48 0	48 26	48 52	49 18	49 43	50 8
35	45 37	46 7	46 36	47 5	47 34	48 1	48 28	48 55	49 22	49 48	50 13
36	45 35	46 6	46 36	47 6	47 35	48 3	48 31	48 59	49 26	49 53	50 19
37	45 33	46 5	46 36	47 7	47 37	48 6	48 35	49 3	49 31	49 59	50 26
38	45 32	46 5	46 37	47 8	47 39	48 9	48 39	49 8	49 37	50 5	50 33
39	45 32	46 6	46 39	47 11	47 42	48 13	48 44	49 14	49 43	50 12	50 41
40	45 32	46 7	46 41	47 14	47 46	48 18	48 49	49 20	49 50	50 20	50 49
41	45 33	46 9	46 43	47 17	47 51	48 23	48 55	49 27	49 58	50 28	50 59
42	45 35	46 11	46 47	47 21	47 56	48 29	49 2	49 34	50 6	50 37	51 8
43	45 37	46 15	46 51	47 26	48 2	48 36	49 10	49 42	50 15	50 47	51 19
44	45 40	46 19	46 56	47 32	48 8	48 43	49 18	49 51	50 25	50 58	51 30
45	45 44	46 23	47 1	47 39	48 15	48 51	49 26	50 1	50 35	51 9	51 42
46	45 49	46 28	47 7	47 46	48 23	49 0	49 36	50 11	50 46	51 20	51 54
47	45 54	46 34	47 14	47 54	48 32	49 9	49 46	50 22	50 58	51 33	52 7
48	46 0	46 41	47 22	48 2	48 41	49 20	49 57	50 34	51 10	51 46	52 21
49	46 6	46 49	47 31	48 11	48 51	49 31	50 9	50 47	51 24	52 0	52 36
50	46 14	46 57	47 40	48 21	49 2	49 42	50 21	51 0	51 38	52 15	52 51
51	46 22	47 6	47 50	48 32	49 14	49 55	50 35	51 14	51 52	52 30	53 7
52	46 31	47 16	48 1	48 44	49 26	50 8	50 49	51 29	52 8	52 46	53 24
53	46 41	47 27	48 12	48 56	49 40	50 22	51 3	51 44	52 24	53 3	53 42
54	46 52	47 39	48 25	49 10	49 54	50 37	51 19	52 0	52 41	53 21	54 1
55	47 3	47 51	48 38	49 24	50 8	50 52	51 35	52 18	52 59	53 40	54 20
56	47 16	48 4	48 52	49 39	50 24	51 9	51 53	52 36	53 18	53 59	54 40
57	47 29	48 18	49 7	49 54	50 41	51 26	52 11	52 54	53 37	54 19	55 1
58	47 43	48 33	49 23	50 11	50 58	51 44	52 29	53 14	53 57	54 40	55 22
59	47 58	48 49	49 39	50 28	51 16	52 3	52 49	53 34	54 18	55 2	55 44
60	48 14	49 6	49 57	50 47	51 35	52 23	53 9	53 55	54 40	55 24	56 8

Nauen. Breite 52° 39′ 1″ N   Länge 12° 54′ 33″ O

Längen-Unter-schied	Azimut										
	70°	71°	72°	73°	74°	75°	76°	77°	78°	79°	80°
	Breite										
2°	52°14′	52°15′	52°16′	52°18′	52°19′	52°21′	52°22′	52°23′	52°25′	52°26′	52°27′
4	51 50	51 53	51 56	51 59	52 2	52 5	52 7	52 10	52 12	52 15	52 17
6	51 29	51 33	51 37	51 41	51 46	51 50	51 54	51 58	52 2	52 6	52 10
8	51 9	51 15	51 21	51 26	51 32	51 37	51 43	51 48	51 53	51 59	52 4
10	50 52	50 59	51 6	51 13	51 20	51 27	51 34	51 40	51 47	51 54	52 0
11	50 44	50 52	51 0	51 7	51 15	51 22	51 30	51 37	51 45	51 52	51 59
12	50 36	50 45	50 54	51 2	51 10	51 18	51 27	51 35	51 43	51 51	51 58
13	50 29	50 39	50 48	50 57	51 6	51 15	51 24	51 33	51 41	51 50	51 58
14	50 23	50 33	50 43	50 53	51 2	51 12	51 22	51 31	51 40	51 50	51 59
15	50 17	50 28	50 39	50 49	50 59	51 10	51 20	51 30	51 40	51 50	52 0
16	50 12	50 23	50 35	50 46	50 57	51 8	51 19	51 30	51 40	51 51	52 1
17	50 7	50 19	50 31	50 43	50 55	51 7	51 18	51 30	51 41	51 52	52 3
18	50 3	50 15	50 28	50 41	50 53	51 6	51 18	51 30	51 42	51 54	52 6
19	49 59	50 12	50 26	50 39	50 52	51 5	51 18	51 31	51 44	51 56	52 9
20	49 56	50 10	50 24	50 38	50 52	51 6	51 19	51 33	51 46	51 59	52 13
21	49 53	50 8	50 23	50 38	50 52	51 7	51 21	51 35	51 49	52 3	52 17
22	49 51	50 7	50 22	50 38	50 53	51 8	51 23	51 38	51 52	52 7	52 22
23	49 49	50 6	50 22	50 38	50 54	51 10	51 26	51 41	51 56	52 12	52 27
24	49 48	50 5	50 22	50 39	50 56	51 12	51 29	51 45	52 1	52 17	52 33
25	49 47	50 5	50 23	50 41	50 58	51 15	51 32	51 49	52 6	52 23	52 39
26	49 47	50 6	50 25	50 43	51 1	51 19	51 36	51 54	52 12	52 29	52 46
27	49 48	50 7	50 27	50 46	51 4	51 23	51 41	52 0	52 18	52 36	52 53
28	49 49	50 9	50 29	50 49	51 8	51 28	51 47	52 6	52 24	52 43	53 1
29	49 51	50 12	50 32	50 53	51 13	51 33	51 53	52 12	52 32	52 51	53 10
30	49 53	50 15	50 36	50 57	51 18	51 39	51 59	52 19	52 40	52 59	53 19
31	49 56	50 18	50 40	51 2	51 24	51 45	52 6	52 27	52 48	53 8	53 29
32	49 59	50 22	50 45	51 8	51 30	51 52	52 14	52 36	52 57	53 18	53 39
33	50 3	50 27	50 51	51 14	51 37	52 0	52 22	52 45	53 7	53 29	53 50
34	50 8	50 33	50 57	51 21	51 45	52 8	52 31	52 54	53 17	53 40	54 2
35	50 13	50 39	51 4	51 28	51 53	52 17	52 41	53 4	53 28	53 51	54 14
36	50 19	50 45	51 11	51 36	52 2	52 26	52 51	53 15	53 39	54 3	54 27
37	50 26	50 53	51 19	51 45	52 11	52 36	53 2	53 27	53 51	54 16	54 40
38	50 33	51 1	51 28	51 54	52 21	52 47	53 13	53 39	54 4	54 29	54 54
39	50 41	51 9	51 37	52 4	52 32	52 58	53 25	53 51	54 17	54 43	55 9
40	50 49	51 18	51 47	52 15	52 43	53 10	53 38	54 5	54 31	54 58	55 24
41	50 59	51 28	51 57	52 26	52 55	53 23	53 51	54 19	54 46	55 13	55 40
42	51 8	51 39	52 9	52 38	53 7	53 36	54 5	54 33	55 1	55 29	55 57
43	51 19	51 50	52 20	52 51	53 21	53 50	54 20	54 49	55 17	55 46	56 14
44	51 30	52 2	52 33	53 4	53 35	54 5	54 35	55 4	55 34	56 3	56 32
45	51 42	52 14	52 46	53 18	53 49	54 20	54 51	55 21	55 51	56 21	56 51
46	51 54	52 27	53 0	53 33	54 5	54 36	55 7	55 38	56 9	56 40	57 10
47	52 7	52 41	53 15	53 48	54 21	54 53	55 25	55 56	56 28	56 59	57 30
48	52 21	52 56	53 30	54 4	54 37	55 10	55 43	56 15	56 47	57 19	57 50
49	52 36	53 11	53 46	54 21	54 55	55 28	56 2	56 35	57 7	57 40	58 12
50	52 51	53 27	54 3	54 38	55 13	55 47	56 21	56 55	57 28	58 1	58 34
51	53 7	53 44	54 21	54 56	55 32	56 7	56 41	57 15	57 49	58 23	58 56
52	53 24	54 2	54 39	55 15	55 51	56 27	57 2	57 37	58 11	58 46	59 20
53	53 42	54 20	54 58	55 35	56 12	56 48	57 24	57 59	58 34	59 9	59 44
54	54 1	54 39	55 18	55 55	56 33	57 10	57 46	58 22	58 58	59 33	60 8
55	54 20	54 59	55 38	56 17	56 54	57 32	58 9	58 46	59 22	59 58	60 34
56	54 40	55 20	56 0	56 39	57 17	57 55	58 33	59 10	59 47	60 24	61 0
57	55 1	55 41	56 22	57 1	57 40	58 19	58 57	59 35	60 13	60 50	61 27
58	55 22	56 3	56 44	57 25	58 4	58 44	59 23	60 1	60 39	61 17	61 55
59	55 44	56 26	57 8	57 49	58 29	59 9	59 49	60 28	61 6	61 45	62 23
60	56 8	56 50	57 32	58 14	58 55	59 35	60 15	60 55	61 34	62 13	62 52

Längen-Unter-schied	80°	81°	82°	83°	84°	85°	86°	87°	88°	89°	90°
						Azimut					
						Breite					
2°	52°27′	52°29′	52°30′	52°31′	52°32′	52°34′	52°35′	52°36′	52°38′	52°39′	52°40′
4	52 17	52 20	52 23	52 25	52 28	52 30	52 33	52 36	52 38	52 41	52 43
6	52 10	52 14	52 17	52 21	52 25	52 29	52 33	52 37	52 41	52 44	52 48
8	52 4	52 9	52 14	52 20	52 25	52 30	52 35	52 40	52 45	52 50	52 55
10	52 0	52 7	52 13	52 20	52 26	52 33	52 39	52 45	52 52	52 58	53 4
11	51 59	52 6	52 14	52 21	52 28	52 35	52 42	52 49	52 56	53 3	53 10
12	51 58	52 6	52 14	52 22	52 30	52 37	52 45	52 53	53 0	53 8	53 16
13	51 58	52 7	52 15	52 24	52 32	52 40	52 49	52 57	53 5	53 14	53 22
14	51 59	52 8	52 17	52 26	52 35	52 44	52 53	53 2	53 11	53 20	53 29
15	52 0	52 10	52 19	52 29	52 39	52 48	52 58	53 8	53 17	53 27	53 36
16	52 1	52 12	52 22	52 33	52 43	52 53	53 3	53 14	53 24	53 34	53 44
17	52 3	52 15	52 25	52 37	52 48	52 58	53 9	53 20	53 31	53 42	53 53
18	52 6	52 18	52 29	52 41	52 53	53 4	53 16	53 27	53 39	53 50	54 2
19	52 9	52 21	52 34	52 46	52 58	53 10	53 23	53 35	53 47	53 59	54 11
20	52 13	52 26	52 39	52 52	53 4	53 17	53 30	53 43	53 56	54 9	54 21
21	52 17	52 31	52 44	52 58	53 11	53 25	53 38	53 52	54 5	54 19	54 32
22	52 22	52 36	52 50	53 5	53 19	53 33	53 47	54 1	54 15	54 29	54 43
23	52 27	52 42	52 57	53 12	53 27	53 41	53 56	54 11	54 25	54 40	54 55
24	52 33	52 48	53 4	53 20	53 35	53 50	54 6	54 21	54 36	54 52	55 7
25	52 39	52 55	53 12	53 28	53 44	54 0	54 16	54 32	54 48	55 4	55 20
26	52 46	53 3	53 20	53 37	53 54	54 10	54 27	54 44	55 0	55 17	55 33
27	52 53	53 11	53 29	53 46	54 4	54 21	54 38	54 56	55 13	55 30	55 47
28	53 1	53 20	53 38	53 56	54 14	54 32	54 50	55 8	55 26	55 44	56 2
29	53 10	53 29	53 48	54 7	54 25	54 44	55 3	55 21	55 40	55 58	56 17
30	53 19	53 39	53 58	54 18	54 37	54 57	55 16	55 35	55 54	56 13	56 32
31	53 29	53 49	54 9	54 30	54 50	55 10	55 30	55 49	56 9	56 29	56 48
32	53 39	54 0	54 21	54 42	55 3	55 23	55 44	56 4	56 25	56 45	57 5
33	53 50	54 12	54 33	54 55	55 16	55 37	55 59	56 20	56 41	57 2	57 23
34	54 2	54 24	54 46	55 9	55 30	55 52	56 14	56 36	56 57	57 19	57 41
35	54 14	54 37	55 0	55 23	55 45	56 8	56 30	56 52	57 15	57 37	57 59
36	54 27	54 51	55 14	55 37	56 1	56 24	56 47	57 10	57 33	57 56	58 18
37	54 40	55 5	55 29	55 53	56 17	56 40	57 4	57 28	57 51	58 15	58 38
38	54 54	55 19	55 44	56 9	56 33	56 57	57 22	57 46	58 10	58 35	58 59
39	55 9	55 35	56 0	56 25	56 50	57 15	57 40	58 5	58 30	58 55	59 20
40	55 24	55 51	56 17	56 42	57 8	57 34	57 59	58 25	58 51	59 16	59 41
41	55 40	56 7	56 34	57 0	57 27	57 53	58 19	58 45	59 12	59 37	60 3
42	55 57	56 24	56 52	57 19	57 46	58 13	58 40	59 6	59 33	60 0	60 26
43	56 14	56 42	57 10	57 38	58 6	58 33	59 1	59 28	59 55	60 23	60 50
44	56 32	57 1	57 29	57 58	58 26	58 54	59 22	59 50	60 18	60 46	61 14
45	56 51	57 20	57 49	58 18	58 47	59 16	59 45	60 13	60 42	61 10	61 39
46	57 10	57 40	58 10	58 39	59 9	59 38	60 8	60 37	61 6	61 35	62 4
47	57 30	58 0	58 31	59 1	59 31	60 1	60 31	61 1	61 31	62 1	62 30
48	57 50	58 22	58 53	59 24	59 54	60 25	60 55	61 26	61 56	62 27	62 57
49	58 12	58 44	59 15	59 47	60 18	60 49	61 20	61 52	62 22	62 53	63 24
50	58 34	59 6	59 38	60 11	60 43	61 14	61 46	62 18	62 49	63 21	63 52
51	58 56	59 29	60 2	60 35	61 8	61 40	62 12	62 44	63 17	63 49	64 21
52	59 20	59 53	60 27	61 0	61 33	62 6	62 39	63 12	63 45	64 17	64 50
53	59 44	60 18	60 52	61 26	62 0	62 33	63 7	63 40	64 13	64 47	65 20
54	60 8	60 43	61 18	61 52	62 27	63 1	63 35	64 9	64 43	65 17	65 50
55	60 34	61 9	61 45	62 20	62 55	63 29	64 4	64 38	65 13	65 47	66 21
56	61 0	61 36	62 12	62 48	63 23	63 58	64 34	65 8	65 44	66 18	66 53
57	61 27	62 4	62 40	63 16	63 52	64 28	65 4	65 39	66 15	66 50	67 26
58	61 55	62 32	63 9	63 45	64 22	64 58	65 35	66 11	66 47	67 23	67 59
59	62 23	63 1	63 38	64 15	64 53	65 29	66 6	66 43	67 19	67 56	68 32
60	62 52	63 30	64 8	64 46	65 24	66 1	66 38	67 16	67 53	68 30	69 7

Breite	Azimut										
	90°	91°	92°	93°	94°	95°	96°	97°	98°	99°	100°
	Längen-Unterschied										
54°	17°49′	16°38′	15°32′	14°30′	13°33′	12°40′	11°51′	11° 7′	10°26′	9°49′	9°15′
55	23 26	22 15	21 7	20 3	19 2	18 5	17 11	16 20	15 32	14 47	14 5
56	27 54	26 43	25 35	24 30	23 27	22 28	21 31	20 37	19 45	18 56	18 10
57	31 41	30 31	29 23	28 18	27 14	26 13	25 15	24 20	23 26	22 34	21 45
58	35 2	33 53	32 45	31 39	30 36	29 35	28 35	27 38	26 43	25 50	24 58
59	38 4	36 55	35 48	34 42	33 39	32 37	31 37	30 39	29 42	28 48	27 55
60	40 51	39 42	38 35	37 30	36 26	35 24	34 24	33 25	32 28	31 33	30 39
61	43 25	42 17	41 11	40 6	39 3	38 1	37 0	36 1	35 3	34 7	33 12
62	45 50	44 43	43 37	42 32	41 29	40 27	39 26	38 27	37 29	36 32	35 37
63	48 7	47 0	45 55	44 50	43 47	42 45	41 44	40 45	39 46	38 49	37 53
64	50 17	49 10	48 5	47 1	45 58	44 57	43 56	42 56	41 58	41 0	40 4
65	52 20	51 15	50 10	49 6	48 3	47 2	46 1	45 1	44 3	43 5	42 8
66	54 19	53 13	52 9	51 6	50 3	49 2	48 1	47 1	46 3	45 5	44 8
67	56 12	55 8	54 4	53 1	51 58	50 57	49 56	48 57	47 58	47 0	46 3
68	58 2	56 58	55 54	54 51	53 49	52 48	51 48	50 48	49 49	48 51	47 54
69	59 48	58 44	57 41	56 38	55 37	54 36	53 35	52 36	51 37	50 39	49 41
70	60 31	60 28	59 25	58 22	57 21	56 20	55 20	54 20	53 21	52 23	51 25

Breite	Azimut										
	100°	101°	102°	103°	104°	105°	106°	107°	108°	109°	110°
	Längen-Unterschied										
54°	9°15′	8°44′	8°15′	7°48′	7°24′	7° 1′	6°41′	6°22′	6° 4′	5°47′	5°32′
55	14 5	13 26	12 49	12 15	11 42	11 11	10 43	10 16	9 50	9 26	9 4
56	18 10	17 26	16 44	16 4	15 26	14 51	14 17	13 44	13 13	12 44	12 16
57	21 45	20 58	20 12	19 29	18 47	18 8	17 30	16 53	16 18	15 45	15 14
58	24 58	24 9	23 21	22 35	21 51	21 8	20 27	19 48	19 10	18 34	17 58
59	27 55	27 4	26 14	25 26	24 40	23 56	23 12	22 30	21 50	21 11	20 33
60	30 39	29 47	28 56	28 6	27 18	26 32	25 47	25 3	24 20	23 39	22 59
61	33 12	32 19	31 27	30 36	29 47	28 59	28 12	27 27	26 43	26 0	25 18
62	35 37	34 43	33 50	32 58	32 8	31 18	30 30	29 44	28 58	28 13	27 30
63	37 53	36 59	36 5	35 13	34 21	33 31	32 42	31 54	31 7	30 21	29 36
64	40 4	39 9	38 14	37 21	36 29	35 38	34 48	33 59	33 11	32 24	31 38
65	42 8	41 13	40 18	39 24	38 31	37 40	36 49	35 59	35 10	34 22	33 35
66	44 8	43 12	42 17	41 22	40 29	39 37	38 45	37 54	37 5	36 16	35 28
67	46 3	45 6	44 11	43 16	42 23	41 30	40 37	39 46	38 56	38 6	37 17
68	47 54	46 57	46 1	45 6	44 12	43 19	42 26	41 34	40 43	39 52	39 2
69	49 41	48 44	47 48	46 53	45 58	45 4	44 11	43 19	42 27	41 36	40 45
70	51 25	50 28	49 32	48 36	47 41	46 47	45 54	45 1	44 8	43 17	42 26

Breite	Azimut										
	110°	111°	112°	113°	114°	115°	116°	117°	118°	119°	120°
	Längen-Unterschied										
54°	5°32′	5°17′	5° 4′	4°51′	4°39′	4°28′	4°18′	4° 8′	3°59′	3°50′	3°41′
55	9 4	8 43	8 22	8 3	7 45	7 28	7 11	6 56	6 42	6 28	6 14
56	12 16	11 50	11 25	11 1	10 38	10 16	9 55	9 35	9 15	8 57	8 39
57	15 14	14 43	14 13	13 45	13 19	12 53	12 28	12 4	11 41	11 19	10 57
58	17 58	17 24	16 52	16 20	15 50	15 21	14 53	14 26	13 59	13 34	13 10
59	20 33	19 57	19 21	18 47	18 14	17 42	17 11	16 41	16 12	15 44	15 17
60	22 59	22 20	21 43	21 6	20 31	19 56	19 23	18 50	18 19	17 48	17 18
61	25 18	24 37	23 57	23 19	22 42	22 5	21 29	20 54	20 20	19 48	19 16
62	27 30	26 47	26 6	25 26	24 46	24 8	23 30	22 54	22 18	21 43	21 9
63	29 36	28 52	28 10	27 28	26 47	26 7	25 28	24 49	24 12	23 35	22 59
64	31 38	30 53	30 8	29 25	28 43	28 1	27 20	26 40	26 1	25 23	24 45
65	33 35	32 48	32 3	31 19	30 35	29 52	29 10	28 28	27 47	27 8	26 29
66	35 28	34 40	33 54	33 8	32 23	31 39	30 56	30 13	29 31	28 50	28 10
67	37 17	36 29	35 41	34 54	34 8	33 23	32 39	31 55	31 12	30 29	29 47
68	39 3	38 14	37 25	36 38	35 51	35 5	34 19	33 34	32 50	32 6	31 23
69	40 45	39 55	39 6	38 18	37 30	36 43	35 57	35 11	34 25	33 40	32 55
70	42 26	41 35	40 45	39 56	39 7	38 19	37 32	36 45	35 58	35 13	34 28

Nauen. Breite 52° 39′ 1″ N Länge 12° 54′ 33″ O

Azimut

Breite	120°	121°	122°	123°	124°	125°	126°	127°	128°	129°	130°
	Längen-Unterschied										
54°	3°41′	3°33′	3°26′	3°19′	3°12′	3° 5′	2°59′	2°53′	2°47′	2°41′	2°36′
55	6 14	6 0	5 48	5 37	5 26	5 15	5 5	4 55	4 45	4 36	4 27
56	8 39	8 22	8 6	7 50	7 35	7 21	7 7	6 53	6 40	6 27	6 15
57	10 57	10 37	10 18	9 59	9 40	9 22	9 5	8 48	8 31	8 15	8 0
58	13 10	12 46	12 23	12 1	11 39	11 18	10 58	10 38	10 19	10 1	9 43
59	15 17	14 50	14 24	13 59	13 35	13 11	12 48	12 26	12 4	11 43	11 23
60	17 18	16 49	16 21	15 53	15 27	15 1	14 35	14 10	13 46	13 23	13 0
61	19 16	18 45	18 14	17 44	17 15	16 47	16 19	15 52	15 26	15 0	14 35
62	21 9	20 36	20 3	19 31	19 0	18 30	18 0	17 31	17 3	16 35	16 8
63	22 59	22 24	21 50	21 16	20 43	20 11	19 39	19 8	18 37	18 7	17 38
64	24 45	24 9	23 33	22 57	22 22	21 48	21 15	20 42	20 10	19 38	19 7
65	26 29	25 51	25 13	24 36	23 59	23 24	22 49	22 15	21 41	21 7	20 34
66	28 10	27 30	26 51	26 12	25 34	24 57	24 20	23 44	23 9	22 34	21 59
67	29 47	29 6	28 26	27 46	27 7	26 28	25 50	25 12	24 35	23 59	23 23
68	31 23	30 41	29 59	29 18	28 37	27 57	27 18	26 39	26 0	25 22	24 45
69	32 55	32 12	31 29	30 47	30 5	29 24	28 43	28 3	27 23	26 44	26 5
70	34 28	33 43	32 59	32 15	31 32	30 50	30 8	29 26	28 45	28 4	27 24

Azimut

Breite	130°	131°	132°	133°	134°	135°	136°	137°	138°	139°	140°
	Längen-Unterschied										
54°	2°36′	2°31′	2°26′	2 21′	2°16′	2°11′	2° 7′	2° 3′	1°59′	1°55′	1°51′
55	4 27	4 18	4 10	4 2	3 54	3 46	3 39	3 32	3 25	3 18	3 12
56	6 15	6 3	5 52	5 41	5 30	5 19	5 9	4 59	4 49	4 40	4 31
57	8 0	7 45	7 31	7 17	7 3	6 50	6 37	6 24	6 12	6 0	5 48
58	9 43	9 25	9 8	8 51	8 35	8 19	8 4	7 49	7 34	7 20	7 6
59	11 23	11 2	10 42	10 23	10 5	9 47	9 29	9 11	8 54	8 37	8 21
60	13 0	12 37	12 15	11 54	11 33	11 12	10 52	10 32	10 13	9 54	9 36
61	14 35	14 10	13 46	13 22	12 59	12 36	12 14	11 52	11 31	11 10	10 50
62	16 8	15 41	15 15	14 49	14 24	13 59	13 35	13 11	12 47	12 24	12 2
63	17 38	17 10	16 42	16 14	15 47	15 20	14 54	14 28	14 2	13 37	13 13
64	19 7	18 37	18 7	17 37	17 8	16 40	16 12	15 44	15 16	14 49	14 23
65	20 34	20 2	19 30	18 59	18 28	17 58	17 28	16 58	16 29	16 0	15 32
66	21 59	21 25	20 52	20 19	19 47	19 15	18 43	18 12	17 41	17 11	16 41
67	23 23	22 47	22 12	21 38	21 4	20 30	19 57	19 24	18 51	18 20	17 49
68	24 45	24 8	23 31	22 55	22 20	21 45	21 10	20 35	20 1	19 28	18 55
69	26 5	25 27	24 49	24 12	23 35	22 58	22 22	21 46	21 10	20 35	20 0
70	27 24	26 44	26 5	25 26	24 48	24 10	23 32	22 55	22 18	21 41	21 5

Azimut

Breite	140°	141°	142°	143°	144°	145°	146°	147°	148°	149°	150°
	Längen-Unterschied										
54°	1°51′	1°47′	1°43′	1°39′	1°36′	1°32′	1°29′	1°26′	1°23′	1°20′	1°17′
55	3 12	3 5	2 59	2 53	2 47	2 41	2 35	2 29	2 24	2 18	2 13
56	4 31	4 22	4 13	4 4	3 56	3 48	3 40	3 32	3 24	3 16	3 9
57	5 48	5 37	5 26	5 15	5 4	4 54	4 44	4 34	4 24	4 14	4 4
58	7 6	6 52	6 38	6 25	6 12	5 59	5 47	5 35	5 23	5 11	4 59
59	8 21	8 5	7 49	7 34	7 19	7 4	6 50	6 35	6 21	6 7	5 53
60	9 36	9 18	9 0	8 42	8 25	8 8	7 52	7 35	7 19	7 3	6 47
61	10 50	10 30	10 10	9 50	9 30	9 11	8 53	8 34	8 16	7 58	7 41
62	12 2	11 40	11 18	10 56	10 35	10 14	9 54	9 33	9 13	8 53	8 34
63	13 13	12 49	12 25	12 2	11 39	11 16	10 54	10 31	10 9	9 47	9 26
64	14 23	13 57	13 32	13 7	12 42	12 17	11 53	11 29	11 5	10 41	10 18
65	15 32	15 4	14 37	14 10	13 44	13 17	12 51	12 25	12 0	11 35	11 10
66	16 41	16 11	15 42	15 13	14 45	14 17	13 49	13 22	12 55	12 28	12 1
67	17 49	17 17	16 46	16 16	15 46	15 16	14 46	14 17	13 49	13 20	12 52
68	18 55	18 22	17 50	17 18	16 46	16 14	15 43	15 12	14 42	14 12	13 42
69	20 0	19 26	18 52	18 18	17 45	17 12	16 39	16 7	15 35	15 3	14 31
70	21 5	20 29	19 54	19 18	18 43	18 9	17 35	17 1	16 27	15 53	15 20

Nauen. Breite 52° 39' 1" N Länge 12° 54' 33" O

Breite	Azimut										
	150°	151°	152°	153°	154°	155°	156°	157°	158°	159°	160°
	Längen-Unterschied										
54°	1°17'	1°14'	1°11'	1° 8'	1° 5'	1° 2'	0°59'	0°56'	0°54'	0°51'	0°49'
55	2 13	2 8	2 3	1 58	1 53	1 48	1 43	1 38	1 34	1 29	1 25
56	3 9	3 1	2 54	2 47	2 40	2 33	2 26	2 19	2 13	2 6	2 0
57	4 4	3 54	3 45	3 36	3 27	3 18	3 9	3 0	2 52	2 44	2 36
58	4 59	4 47	4 36	4 25	4 14	4 3	3 52	3 41	3 31	3 21	3 11
59	5 53	5 40	5 27	5 14	5 1	4 48	4 35	4 22	4 10	3 58	3 46
60	6 47	6 32	6 17	6 2	5 47	5 32	5 18	5 3	4 49	4 35	4 21
61	7 41	7 24	7 7	6 50	6 33	6 16	6 0	5 44	5 28	5 12	4 56
62	8 34	8 15	7 56	7 37	7 18	7 0	6 42	6 24	6 6	5 48	5 30
63	9 26	9 5	8 45	8 24	8 3	7 43	7 23	7 3	6 44	6 24	6 5
64	10 18	9 55	9 33	9 10	8 48	8 26	8 4	7 43	7 22	7 0	6 39
65	11 10	10 45	10 21	9 57	9 33	9 9	8 45	8 22	7 59	7 36	7 13
66	12 1	11 34	11 8	10 42	10 17	9 51	9 26	9 1	8 36	8 11	7 47
67	12 52	12 23	11 55	11 28	11 1	10 34	10 7	9 40	9 13	8 47	8 21
68	13 42	13 12	12 42	12 13	11 44	11 15	10 47	10 18	9 50	9 22	8 54
69	14 31	13 59	13 28	12 57	12 27	11 57	11 27	10 57	10 27	9 57	9 27
70	15 20	14 47	14 14	13 42	13 10	12 38	12 6	11 34	11 3	10 31	10 0

Breite	Azimut										
	160°	161°	162°	163°	164°	165°	166°	167°	168°	169°	170°
	Längen-Unterschied										
54°	0°49'	0°46'	0°43'	0°40'	0°38'	0°35'	0°33'	0°30'	0°28'	0°26'	0°24'
55	1 25	1 20	1 15	1 11	1 7	1 2	0 58	0 53	0 49	0 45	0 41
56	2 0	1 53	1 47	1 41	1 35	1 28	1 22	1 16	1 10	1 4	0 58
57	2 36	2 27	2 19	2 11	2 3	1 55	1 47	1 39	1 31	1 23	1 16
58	3 11	3 1	2 51	2 41	2 31	2 21	2 11	2 1	1 52	1 42	1 33
59	3 46	3 34	3 23	3 11	2 59	2 47	2 36	2 24	2 13	2 2	1 51
60	4 21	4 7	3 54	3 40	3 27	3 13	3 0	2 47	2 34	2 21	2 8
61	4 56	4 40	4 25	4 10	3 55	3 39	3 24	3 9	2 55	2 40	2 25
62	5 30	5 13	4 56	4 39	4 22	4 5	3 48	3 31	3 15	2 58	2 42
63	6 5	5 46	5 27	5 8	4 49	4 30	4 12	3 54	3 36	3 17	2 59
64	6 39	6 18	5 58	5 37	5 16	4 56	4 36	4 16	3 56	3 36	3 16
65	7 13	6 51	6 29	6 6	5 44	5 22	5 0	4 38	4 16	3 55	3 33
66	7 47	7 23	6 59	6 34	6 10	5 46	5 23	4 59	4 36	4 13	3 50
67	8 21	7 55	7 29	7 3	6 37	6 12	5 47	5 21	4 56	4 31	4 7
68	8 54	8 26	7 59	7 31	7 4	6 37	6 10	5 43	5 16	4 49	4 23
69	9 27	8 58	8 29	8 0	7 31	7 2	6 34	6 5	5 36	5 8	4 40
70	10 0	9 29	8 59	8 28	7 57	7 27	6 57	6 26	5 56	5 26	4 56

Breite	Azimut										
	170°	171°	172°	173°	174°	175°	176°	177°	178°	179°	190°
	Längen-Unterschied										
54°	0°24'	0°21'	0°19'	0°16'	0°14'	0°12'	0° 9'	0° 7'	0° 5'	0° 2'	0° 0'
55	0 41	0 37	0 33	0 28	0 24	0 20	0 16	0 12	0 8	0 4	0 0
56	0 58	0 52	0 47	0 40	0 35	0 29	0 23	0 18	0 12	0 6	0 0
57	1 16	1 8	1 0	0 52	0 45	0 37	0 30	0 23	0 15	0 7	0 0
58	1 33	1 23	1 14	1 5	0 56	0 46	0 37	0 28	0 19	0 9	0 0
59	1 51	1 39	1 28	1 17	1 6	0 55	0 44	0 33	0 22	0 11	0 0
60	2 8	1 55	1 42	1 29	1 16	1 3	0 51	0 38	0 25	0 12	0 0
61	2 25	2 10	1 55	1 40	1 26	1 12	0 58	0 43	0 29	0 14	0 0
62	2 42	2 25	2 9	1 53	1 37	1 20	1 4	0 48	0 32	0 16	0 0
63	2 59	2 40	2 22	2 4	1 47	1 29	1 11	0 53	0 36	0 18	0 0
64	3 16	2 56	2 36	2 16	1 57	1 37	1 18	0 58	0 39	0 19	0 0
65	3 33	3 11	2 49	2 28	2 7	1 46	1 25	1 3	0 42	0 21	0 0
66	3 50	3 26	3 3	2 40	2 17	1 54	1 31	1 8	0 46	0 23	0 0
67	4 7	3 41	3 16	2 51	2 27	2 2	1 38	1 13	0 49	0 24	0 0
68	4 23	3 56	3 30	3 3	2 37	2 11	1 45	1 18	0 52	0 26	0 0
69	4 40	4 12	3 44	3 15	2 47	2 19	1 52	1 24	0 56	0 28	0 0
70	4 56	4 26	3 57	3 27	2 57	2 27	1 58	1 28	0 59	0 29	0 0

Breite	Azimut										
	0°	**1°**	**2°**	**3°**	**4°**	**5°**	**6°**	**7°**	**8°**	**9°**	**10°**
	Längen-Unterschied										
30°	0° 0′	0°38′	1°16′	1°54′	2°32′	3°10′	3°48′	4°27′	5° 6′	5°45′	6°25′
31	0 0	0 36	1 12	1 49	2 25	3 2	3 39	4 16	4 53	5 30	6 8
32	0 0	0 34	1 9	1 44	2 19	2 54	3 29	4 4	4 40	5 16	5 52
33	0 0	0 33	1 6	1 39	2 12	2 45	3 19	3 53	4 27	5 1	5 35
34	0 0	0 31	1 3	1 34	2 6	2 37	3 9	3 41	4 13	4 46	5 19
35	0 0	0 30	1 0	1 29	1 59	2 29	2 59	3 29	4 0	4 31	5 2
36	0 0	0 28	0 56	1 24	1 52	2 20	2 49	3 18	3 47	4 16	4 45
37	0 0	0 26	0 53	1 19	1 46	2 12	2 39	3 6	3 33	4 16	4 28
38	0 0	0 25	0 50	1 14	1 39	2 4	2 29	2 54	3 20	3 45	4 11
39	0 0	0 23	0 46	1 9	1 33	1 56	2 19	2 42	3 6	3 30	3 54
40	0 0	0 21	0 43	1 4	1 26	1 47	2 9	2 31	2 53	3 15	3 37
41	0 0	0 20	0 40	0 59	1 19	1 39	1 59	2 19	2 39	2 59	3 20
42	0 0	0 18	0 36	0 54	1 12	1 30	1 49	2 7	2 26	2 44	3 3
43	0 0	0 16	0 33	0 49	1 6	1 22	1 39	1 55	2 12	2 29	2 46
44	0 0	0 14	0 29	0 44	0 59	1 13	1 28	1 43	1 58	2 13	2 28
45	0 0	0 13	0 26	0 39	0 52	1 5	1 18	1 31	1 44	1 57	2 11
46	0 0	0 11	0 23	0 34	0 45	0 56	1 8	1 19	1 31	1 42	1 54
47	0 0	0 9	0 19	0 28	0 38	0 47	0 57	1 7	1 17	1 26	1 36
48	0 0	0 8	0 16	0 23	0 31	0 39	0 47	0 55	1 3	1 11	1 19
49	0 0	0 6	0 12	0 18	0 24	0 30	0 37	0 43	0 49	0 55	1 2
50	0 0	0 4	0 9	0 13	0 17	0 21	0 26	0 30	0 35	0 39	0 44
51	0 0	0 2	0 5	0 8	0 11	0 13	0 16	0 18	0 21	0 24	0 27
52	0 0	0 1	0 2	0 3	0 4	0 5	0 6	0 6	0 7	0 8	0 9

Breite	Azimut										
	10°	**11°**	**12°**	**13°**	**14°**	**15°**	**16°**	**17°**	**18°**	**19°**	**20°**
	Längen-Unterschied										
30°	6°25′	7° 5′	7°45′	8°26′	9° 8′	9°50′	10°33′	11°17′	12° 1′	12°47′	13°33′
31	6 8	6 47	7 25	8 5	8 44	9 25	10 6	10 48	11 30	12 13	12 58
32	5 52	6 28	7 5	7 43	8 21	8 59	9 39	10 19	10 59	11 40	12 23
33	5 35	6 10	6 45	7 21	7 57	8 34	9 11	9 49	10 28	11 7	11 47
34	5 19	5 52	6 25	6 59	7 33	8 8	8 44	9 20	9 56	10 33	11 11
35	5 2	5 33	6 5	6 37	7 10	7 42	8 16	8 50	9 24	10 0	10 36
36	4 45	5 15	5 45	6 15	6 46	7 16	7 48	8 20	8 53	9 26	10 0
37	4 28	4 56	5 24	5 53	6 21	6 50	7 20	7 50	8 21	8 52	9 24
38	4 11	4 37	5 4	5 30	5 57	6 24	6 52	7 20	7 49	8 18	8 47
39	3 54	4 19	4 43	5 8	5 33	5 58	6 24	6 50	7 17	7 44	8 11
40	3 37	4 0	4 22	4 45	5 8	5 32	5 56	6 20	6 45	7 9	7 35
41	3 20	3 41	4 2	4 23	4 44	5 6	5 27	5 50	6 12	6 35	6 58
42	3 3	3 22	3 41	4 0	4 19	4 39	4 59	5 19	5 40	6 1	6 22
43	2 46	3 3	3 20	3 37	3 55	4 13	4 31	4 49	5 8	5 26	5 46
44	2 28	2 44	2 59	3 15	3 30	3 46	4 2	4 19	4 35	4 52	5 9
45	2 11	2 25	2 38	2 52	3 6	3 20	3 34	3 48	4 3	4 18	4 33
46	1 54	2 5	2 17	2 29	2 41	2 53	3 6	3 18	3 31	3 43	3 56
47	1 36	1 46	1 56	2 6	2 16	2 27	2 37	2 48	2 58	3 9	3 20
48	1 19	1 27	1 35	1 43	1 52	2 0	2 9	2 17	2 26	2 35	2 44
49	1 2	1 8	1 14	1 21	1 27	1 34	1 40	1 47	1 54	2 1	2 8
50	0 44	0 49	0 53	0 58	1 2	1 7	1 12	1 17	1 21	1 26	1 31
51	0 27	0 29	0 32	0 35	0 38	0 41	0 43	0 46	0 49	0 52	0 55
52	0 9	0 10	0 11	0 12	0 13	0 14	0 15	0 16	0 17	0 18	0 19

Breite	Azimut										
	20°	21°	22°	23°	24°	25°	26°	27°	28°	29°	30°
	Längen-Unterschied										
30°	13°33′	14°21′	15°10′	16° 0′	16°52′	17°45′	18°40′	19°37′	20°37′	21°38′	22°43′
31	12 58	13 44	14 30	15 18	16 7	16 58	17 50	18 45	19 41	20 40	21 41
32	12 23	13 6	13 50	14 36	15 23	16 11	17 1	17 52	18 45	19 41	20 39
33	11 47	12 28	13 10	13 53	14 38	15 24	16 11	16 59	17 50	18 42	19 37
34	11 11	11 50	12 30	13 11	13 53	14 36	15 21	16 6	16 54	17 43	18 34
35	10 36	11 12	11 50	12 28	13 8	13 49	14 30	15 14	15 58	16 44	17 32
36	10 0	10 34	11 9	11 46	12 23	13 1	13 40	14 21	15 2	15 45	16 30
37	9 24	9 56	10 29	11 3	11 37	12 13	12 50	13 28	14 6	14 47	15 28
38	8 47	9 18	9 48	10 20	10 52	11 26	12 0	12 35	13 11	13 48	14 27
39	8 11	8 39	9 8	9 37	10 7	10 38	11 9	11 42	12 15	12 49	13 25
40	7 35	8 1	8 27	8 54	9 22	9 50	10 19	10 49	11 19	11 51	12 24
41	6 58	7 23	7 46	8 11	8 36	9 2	9 29	9 56	10 24	10 53	11 22
42	6 22	6 44	7 6	7 28	7 51	8 15	8 39	9 3	9 29	9 55	10 21
43	5 46	6 5	6 25	6 45	7 6	7 27	7 49	8 11	8 34	8 57	9 21
44	5 9	5 26	5 44	6 2	6 21	6 40	6 59	7 18	7 39	7 59	8 21
45	4 33	4 48	5 4	5 19	5 36	5 52	6 9	6 26	6 44	7 2	7 21
46	3 56	4 10	4 23	4 37	4 51	5 5	5 19	5 34	5 49	6 5	6 21
47	3 20	3 31	3 43	3 54	4 6	4 17	4 30	4 42	4 55	5 8	5 22
48	2 44	2 53	3 2	3 11	3 21	3 30	3 40	3 51	4 1	4 12	4 23
49	2 8	2 15	2 22	2 29	2 37	2 44	2 51	2 59	3 7	3 16	3 24
50	1 31	1 36	1 42	1 47	1 52	1 57	2 3	2 8	2 14	2 20	2 26
51	0 55	0 58	1 1	1 5	1 8	1 11	1 14	1 18	1 21	1 24	1 28
52	0 19	0 20	0 21	0 22	0 23	0 25	0 26	0 27	0 28	0 29	0 30

Breite	Azimut										
	30°	31°	32°	33°	34°	35°	36°	37°	38°	39°	40°
	Längen-Unterschied										
30°	22°43′	23°50′	25° 2′	26°17′	27°36′	29° 1′	30°32′	32°11′	33°59′	35°58′	38°12′
31	21 41	22 45	23 52	25 3	26 18	27 37	29 2	30 34	32 14	34 4	36 7
32	20 39	21 39	22 42	23 49	24 59	26 14	27 33	28 59	30 31	32 12	34 4
33	19 37	20 33	21 33	22 35	23 41	24 51	26 5	27 24	28 50	30 22	32 4
34	18 34	19 28	20 23	21 22	22 23	23 28	24 37	25 51	27 9	28 34	30 7
35	17 32	18 22	19 14	20 9	21 6	22 6	23 10	24 18	25 30	26 48	28 13
36	16 30	17 17	18 5	18 56	19 49	20 45	21 44	22 46	23 53	25 4	26 21
37	15 28	16 12	16 57	17 43	18 33	19 24	20 18	21 16	22 16	23 21	24 31
38	14 27	15 7	15 48	16 31	17 17	18 4	18 54	19 46	20 41	21 40	22 43
39	13 25	14 2	14 40	15 20	16 1	16 45	17 30	18 17	19 8	20 1	20 58
40	12 24	12 57	13 32	14 9	14 46	15 26	16 7	16 50	17 35	18 23	19 14
41	11 22	11 53	12 25	12 58	13 32	14 8	14 45	15 23	16 4	16 47	17 32
42	10 21	10 49	11 18	11 48	12 18	12 50	13 23	13 58	14 34	15 12	15 53
43	9 21	9 46	10 11	10 38	11 5	11 33	12 3	12 34	13 6	13 39	14 15
44	8 21	8 42	9 5	9 28	9 52	10 17	10 43	11 10	11 38	12 8	12 38
45	7 21	7 39	7 59	8 19	8 40	9 2	9 25	9 48	10 12	10 37	11 4
46	6 21	6 37	6 54	7 11	7 29	7 48	8 7	8 27	8 47	9 9	9 31
47	5 22	5 35	5 49	6 4	6 19	6 34	6 50	7 6	7 23	7 41	7 59
48	4 23	4 34	4 45	4 57	5 9	5 21	5 34	5 47	6 1	6 15	6 29
49	3 24	3 33	3 41	3 50	3 59	4 9	4 19	4 29	4 39	4 50	5 1
50	2 26	2 32	2 38	2 44	2 51	2 58	3 4	3 11	3 19	3 26	3 34
51	1 28	1 32	1 35	1 39	1 43	1 47	1 51	1 55	1 59	2 4	2 9
52	0 30	0 32	0 33	0 34	0 36	0 37	0 38	0 40	0 41	0 43	0 44

Längen-Unter-schied	Azimut										
	40°	**41°**	**42°**	**43°**	**44°**	**45°**	**46°**	**47°**	**48°**	**49°**	**50°**
					Breite						
2°	51° 6'	51° 9'	51°12'	51°15'	51°17'	51°20'	51°23'	51°25'	51°27'	51°30'	51°32'
4	49 42	49 48	49 54	49 59	50 5	50 10	50 15	50 20	50 25	50 29	50 34
6	48 20	48 29	48 38	48 46	48 54	49 2	49 9	49 17	49 24	49 31	49 37
8	47 0	47 12	47 23	47 35	47 45	47 56	48 6	48 16	48 25	48 34	48 43
10	45 41	45 56	46 11	46 25	46 38	46 51	47 4	47 16	47 28	47 40	47 51
11	45 2	45 19	45 35	45 51	46 6	46 19	46 34	46 47	47 0	47 13	47 25
12	44 24	44 42	45 0	45 17	45 33	45 49	46 4	46 19	46 33	46 47	47 0
13	43 46	44 6	44 26	44 44	45 1	45 19	45 35	45 51	46 6	46 21	46 36
14	43 9	43 31	43 51	44 11	44 30	44 49	45 6	45 23	45 40	45 56	46 12
15	42 32	42 55	43 17	43 39	43 59	44 19	44 38	44 56	45 14	45 31	45 48
16	41 55	42 20	42 44	43 7	43 29	43 50	44 10	44 30	44 49	45 7	45 25
17	41 19	41 46	42 11	42 35	42 59	43 21	43 43	44 4	44 24	44 43	45 2
18	40 44	41 12	41 38	42 4	42 29	42 53	43 16	43 38	43 59	44 20	44 40
19	40 8	40 38	41 6	41 33	42 0	42 25	42 49	43 13	43 35	43 57	44 18
20	39 33	40 5	40 34	41 3	41 31	41 58	42 23	42 48	43 12	43 35	43 57
21	38 59	39 32	40 3	40 33	41 3	41 31	41 57	42 24	42 49	43 13	43 37
22	38 24	38 59	39 32	40 4	40 35	41 4	41 32	42 0	42 26	42 52	43 17
23	37 50	38 27	39 2	39 35	40 7	40 38	41 8	41 37	42 4	42 31	42 57
24	37 17	37 55	38 32	39 6	39 40	40 12	40 44	41 14	41 43	42 11	42 38
25	36 44	37 24	38 2	38 38	39 14	39 47	40 20	40 51	41 21	41 51	42 19
26	36 11	36 53	37 33	38 11	38 48	39 23	39 57	40 29	41 1	41 31	42 1
27	35 39	36 22	37 4	37 44	38 22	38 59	39 34	40 8	40 41	41 12	41 43
28	35 7	35 52	36 35	37 17	37 57	38 35	39 12	39 47	40 21	40 54	41 26
29	34 35	35 22	36 7	36 50	37 32	38 11	38 50	39 26	40 2	40 36	41 9
30	34 4	34 53	35 40	36 24	37 7	37 48	38 28	39 6	39 43	40 19	40 53
31	33 33	34 24	35 12	35 59	36 43	37 26	38 7	38 47	39 25	40 2	40 38
32	33 2	33 55	34 45	35 34	36 20	37 4	37 47	38 28	39 7	39 46	40 23
33	32 32	33 27	34 19	35 9	35 57	36 43	37 27	38 9	38 50	39 30	40 8
34	32 2	32 59	33 53	34 45	35 34	36 22	37 7	37 51	38 34	39 14	39 54
35	31 32	32 31	33 27	34 21	35 12	36 1	36 48	37 34	38 18	39 0	39 41
36	31 3	32 4	33 2	33 58	34 51	35 41	36 30	37 17	38 2	38 46	39 28
37	30 34	31 38	32 38	33 35	34 30	35 22	36 12	37 1	37 47	38 32	39 15
38	30 6	31 11	32 13	33 12	34 9	35 3	35 55	36 45	37 33	38 19	39 4
39	29 38	30 45	31 49	32 50	33 49	34 45	35 38	36 29	37 19	38 7	38 53
40	29 10	30 20	31 26	32 29	33 29	34 27	35 22	36 15	37 6	37 55	38 42
41	28 43	29 55	31 3	32 8	33 10	34 9	35 6	36 1	36 53	37 44	38 32
42	28 16	29 30	30 40	31 48	32 51	33 52	34 51	35 47	36 41	37 33	38 23
43			30 18	31 28	32 33	33 36	34 36	35 34	36 30	37 23	38 14
44			29 57	31 8	32 16	33 21	34 22	35 22	36 19	37 13	38 6
45				30 49	31 59	33 6	34 9	35 10	36 8	37 5	37 59
46				30 31	31 43	32 51	33 56	34 59	35 59	36 57	37 52
47				30 13	31 27	32 37	33 44	34 49	35 50	36 49	37 46
48				29 56	31 12	32 24	33 33	34 39	35 42	36 43	37 41
49					30 57	32 11	33 22	34 30	35 35	36 37	37 37
50					30 43	31 59	33 12	34 22	35 28	36 32	37 33
51					30 30	31 48	33 3	34 14	35 22	36 27	37 30
52					30 18	31 38	32 54	34 7	35 17	26 24	37 28
53					30 6	31 28	32 47	34 1	35 13	36 21	37 26
54					29 55	31 19	32 40	33 56	35 9	36 19	37 26
55					29 45	31 11	32 34	33 52	35 6	36 18	37 26
56					29 36	31 4	32 28	33 48	35 5	36 18	37 28
57					29 27	30 58	32 24	33 46	35 4	36 18	37 30
58					29 19	30 52	32 20	33 44	35 4	36 20	37 33
59					29 12	30 48	32 18	33 43	35 5	36 22	37 37
60					29 6	30 44	32 16	33 44	35 7	36 26	37 42

Längen-Unter-schied	Azimut										
	50°	51°	52°	53°	54°	55°	56°	57°	58°	59°	60°
	Breite										
2°	51°32′	51°34′	51°36′	51°38′	51°40′	51°42′	51°44′	51°46′	51°47′	51°49′	51°51′
4	50 34	50 38	50 42	50 46	50 50	50 54	50 58	51 1	51 5	51 8	51 12
6	49 37	49 44	49 50	49 56	50 2	50 8	50 13	50 19	50 24	50 30	50 35
8	48 43	48 52	49 0	49 8	49 16	49 24	49 31	49 38	49 46	49 53	50 0
10	47 51	48 1	48 12	48 22	48 32	48 41	48 51	49 0	49 9	49 18	49 26
11	47 25	47 37	47 49	48 0	48 11	48 21	48 31	48 42	48 51	49 1	49 10
12	47 0	47 13	47 26	47 38	47 50	48 1	48 12	48 24	48 34	48 45	48 55
13	46 36	46 50	47 3	47 17	47 29	47 42	47 54	48 6	48 18	48 29	48 40
14	46 12	46 27	46 41	46 56	47 10	47 23	47 36	47 49	48 2	48 14	48 26
15	45 48	46 4	46 20	46 35	46 50	47 5	47 19	47 33	47 46	47 59	48 12
16	45 25	45 42	45 59	46 15	46 31	46 47	47 2	47 17	47 31	47 45	47 59
17	45 2	45 21	45 39	45 56	46 13	46 29	46 46	47 1	47 17	47 32	47 46
18	44 40	45 0	45 19	45 37	45 55	46 12	46 30	46 46	47 3	47 19	47 34
19	44 18	44 39	44 59	45 19	45 38	45 56	46 14	46 32	46 49	47 6	47 22
20	43 57	44 19	44 40	45 1	45 21	45 40	45 59	46 18	46 36	46 54	47 11
21	43 37	44 0	44 22	44 44	45 5	45 25	45 45	46 5	46 24	46 42	47 0
22	43 17	43 41	44 4	44 27	44 49	45 10	45 31	45 52	46 12	46 31	46 50
23	42 57	43 22	43 47	44 10	44 33	44 56	45 18	45 39	46 0	46 21	46 40
24	42 38	43 4	43 30	43 54	44 18	44 42	45 5	45 27	45 49	46 11	46 31
25	42 19	42 47	43 13	43 39	44 4	44 29	44 53	45 16	45 39	46 1	46 23
26	42 1	42 30	42 57	43 24	43 50	44 16	44 41	45 5	45 29	45 52	46 15
27	41 43	42 13	42 42	43 10	43 37	44 4	44 30	44 55	45 20	45 44	46 8
28	41 26	41 57	42 27	42 56	43 25	43 52	44 19	44 45	45 11	45 36	46 1
29	41 9	41 42	42 13	42 43	43 13	43 41	44 9	44 36	45 3	45 29	45 54
30	40 53	41 27	41 59	42 30	43 1	43 31	43 59	44 28	44 55	45 22	45 48
31	40 38	41 12	41 46	42 18	42 50	43 21	43 50	44 20	44 48	45 16	45 43
32	40 23	40 58	41 33	42 7	42 39	43 11	43 42	44 12	44 42	45 10	45 38
33	40 8	40 45	41 21	41 56	42 29	43 2	43 34	44 5	44 36	45 5	45 34
34	39 54	40 32	41 9	41 45	42 20	42 54	43 27	43 59	44 30	45 1	45 31
35	39 41	40 20	40 58	41 35	42 11	42 46	43 20	43 53	44 26	44 57	45 28
36	39 28	40 8	40 48	41 26	42 3	42 39	43 14	43 48	44 22	44 54	45 26
37	39 15	39 57	40 38	41 17	41 55	42 33	43 9	43 44	44 18	44 52	45 24
38	39 4	39 47	40 29	41 9	41 48	42 27	43 4	43 40	44 15	44 50	45 23
39	38 53	39 37	40 20	41 2	41 42	42 21	43 0	43 37	44 13	44 48	45 23
40	38 42	39 28	40 12	40 55	41 36	42 17	42 56	43 34	44 11	44 48	45 23
41	38 32	39 19	40 4	40 49	41 31	42 13	42 53	43 32	44 10	44 48	45 24
42	38 23	39 11	39 58	40 43	41 27	42 9	42 51	43 31	44 10	44 48	45 26
43	38 14	39 4	39 52	40 38	41 23	42 7	42 49	43 30	44 11	44 50	45 28
44	38 6	38 57	39 46	40 34	41 20	42 5	42 48	43 30	44 12	44 52	45 31
45	37 59	38 51	39 41	40 30	41 18	42 3	42 48	43 31	44 13	44 55	45 35
46	37 52	38 46	39 37	40 27	41 16	42 3	42 49	43 33	44 16	44 58	45 39
47	37 46	38 41	39 34	40 25	41 15	42 3	42 50	43 35	44 19	45 2	45 44
48	37 41	38 37	39 32	40 24	41 15	42 4	42 52	43 38	44 23	45 7	45 50
49	37 37	38 34	39 30	40 23	41 15	42 6	42 54	43 42	44 28	45 13	45 56
50	37 33	38 32	39 29	40 23	41 17	42 8	42 58	43 46	44 34	45 20	46 4
51	37 30	38 30	39 28	40 24	41 19	42 11	43 2	43 52	44 40	45 27	46 13
52	37 28	38 29	39 29	40 26	41 22	42 15	43 7	43 58	44 47	45 35	46 22
53	37 26	38 29	39 30	40 29	41 25	42 20	43 13	44 5	44 55	45 44	46 31
54	37 26	38 30	39 32	40 32	41 30	42 26	43 20	44 13	45 4	45 53	46 42
55	37 26	38 32	39 35	40 36	41 35	42 32	43 28	44 21	45 13	46 4	46 53
56	37 28	38 35	39 39	40 42	41 42	42 40	43 36	44 31	45 24	46 16	47 6
57	37 30	38 38	39 44	40 48	41 49	42 48	43 46	44 41	45 35	46 28	47 19
58	37 33	38 43	39 50	40 55	41 57	42 57	43 56	44 53	45 48	46 41	47 33
59	37 37	38 48	39 57	41 3	42 6	43 8	44 7	45 5	46 1	46 55	47 48
60	37 42	38 55	40 4	41 12	42 16	43 19	44 19	45 18	46 15	47 10	48 4

Eilvese. Breite 52° 32' 0" N   Länge 9° 25' 0" O

Längen-Unter-schied	Azimut										
	60°	61°	62°	63°	64°	65°	66°	67°	68°	69°	70°
	Breite										
2°	51°51'	51°53'	51°54'	51°56'	51°57'	51°59'	52° 1'	52° 2'	52° 4'	52° 5'	52° 6'
4	51 12	51 15	51 18	51 22	51 25	51 28	51 31	51 34	51 37	51 40	51 43
6	50 35	50 40	50 45	50 50	50 54	50 59	51 4	51 8	51 13	51 17	51 21
8	50 0	50 6	50 13	50 19	50 26	50 32	50 38	50 44	50 50	50 56	51 2
10	49 26	49 35	49 43	49 51	49 59	50 7	50 15	50 22	50 30	50 37	50 44
11	49 10	49 20	49 29	49 38	49 47	49 55	50 4	50 12	50 20	50 28	50 36
12	48 55	49 6	49 15	49 25	49 35	49 44	49 53	50 2	50 11	50 20	50 29
13	48 40	48 52	49 2	49 13	49 23	49 33	49 43	49 53	50 3	50 12	50 22
14	48 26	48 38	48 50	49 1	49 12	49 23	49 34	49 45	49 55	50 5	50 16
15	48 12	48 25	48 38	48 50	49 2	49 13	49 25	49 37	49 48	49 59	50 10
16	47 59	48 13	48 26	48 39	48 52	49 4	49 17	49 29	49 41	49 53	50 4
17	47 46	48 1	48 15	48 29	48 42	48 56	49 9	49 22	49 34	49 47	49 59
18	47 34	47 49	48 4	48 19	48 33	48 48	49 2	49 15	49 28	49 42	49 55
19	47 22	47 38	47 54	48 10	48 25	48 40	48 55	49 9	49 23	49 37	49 51
20	47 11	47 28	47 45	48 1	48 17	48 33	48 48	49 4	49 18	49 33	49 48
21	47 0	47 18	47 36	47 53	48 10	48 26	48 42	48 59	49 14	49 30	49 45
22	46 50	47 9	47 27	47 45	48 3	48 20	48 37	48 54	49 10	49 27	49 43
23	46 40	47 0	47 19	47 38	47 57	48 15	48 32	48 50	49 7	49 25	49 41
24	46 31	46 52	47 12	47 32	47 51	48 10	48 28	48 47	49 5	49 23	49 40
25	46 23	46 44	47 5	47 26	47 46	48 6	48 25	48 44	49 3	49 21	49 40
26	46 15	46 37	46 59	47 20	47 41	48 2	48 22	48 42	49 1	49 20	49 40
27	46 8	46 31	46 53	47 15	47 37	47 58	48 20	48 40	49 0	49 20	49 40
28	46 1	46 25	46 48	47 11	47 34	47 56	48 18	48 39	49 0	49 21	49 41
29	45 54	46 19	46 43	47 7	47 31	47 54	48 16	48 38	49 0	49 22	49 43
30	45 48	46 14	46 39	47 4	47 28	47 52	48 15	48 38	49 1	49 23	49 45
31	45 43	46 10	46 36	47 1	47 26	47 51	48 15	48 39	49 2	49 25	49 48
32	45 38	46 6	46 33	46 59	47 25	47 51	48 16	48 40	49 4	49 28	49 52
33	45 34	46 3	46 31	46 58	47 24	47 51	48 17	48 42	49 7	49 31	49 56
34	45 31	46 0	46 29	46 57	47 24	47 51	48 18	48 44	49 10	49 35	50 0
35	45 28	45 58	46 28	46 57	47 25	47 53	48 20	48 47	49 14	49 40	50 5
36	45 26	45 57	46 27	46 57	47 26	47 55	48 23	48 51	49 18	49 45	50 11
37	45 24	45 56	46 27	46 58	47 28	47 58	48 27	48 55	49 23	49 51	50 18
38	45 23	45 56	46 28	47 0	47 31	48 1	48 31	49 0	49 29	49 57	50 25
39	45 23	45 57	46 30	47 2	47 34	48 5	48 35	49 6	49 35	50 4	50 33
40	45 23	45 58	46 32	47 5	47 38	48 10	48 41	49 12	49 42	50 12	50 41
41	45 24	46 0	46 35	47 9	47 42	48 15	48 47	49 18	49 50	50 20	50 50
42	45 26	46 2	46 38	47 13	47 47	48 21	48 54	49 26	49 58	50 29	51 0
43	45 28	46 5	46 42	47 18	47 53	48 27	49 1	49 34	50 7	50 39	51 11
44	45 31	46 9	46 47	47 23	47 59	48 35	49 9	49 43	50 16	50 49	51 22
45	45 35	46 14	46 52	47 30	48 6	48 43	49 18	49 53	50 27	51 0	51 34
46	45 39	46 19	46 58	47 37	48 14	48 51	49 27	50 3	50 38	51 12	51 46
47	45 44	46 25	47 5	47 45	48 23	49 1	49 38	50 14	50 50	51 25	51 59
48	45 50	46 32	47 13	47 53	48 32	49 11	49 49	50 26	51 2	51 38	52 13
49	45 56	46 40	47 22	48 2	48 42	49 22	50 0	50 38	51 15	51 52	52 28
50	46 4	46 48	47 31	48 12	48 53	49 33	50 13	50 51	51 29	52 7	52 43
51	46 13	46 57	47 41	48 23	49 5	49 46	50 26	51 5	51 44	52 22	52 59
52	46 22	47 7	47 52	48 35	49 17	49 59	50 40	51 20	52 0	52 38	53 16
53	46 31	47 18	48 3	48 47	49 31	50 13	50 55	51 36	52 16	52 55	53 34
54	46 42	47 29	48 15	49 1	49 45	50 28	51 10	51 52	52 33	53 13	53 52
55	46 53	47 42	48 29	49 15	50 0	50 43	51 27	52 9	52 51	53 31	54 12
56	47 6	47 55	48 43	49 30	50 15	51 0	51 44	52 27	53 9	53 51	54 32
57	47 19	48 9	48 58	49 45	50 32	51 17	52 2	52 46	53 29	54 11	54 53
58	47 33	48 24	49 13	50 2	50 49	51 35	52 21	53 5	53 49	54 32	55 14
59	47 48	48 40	49 30	50 19	51 7	51 54	52 40	53 26	54 10	54 54	55 37
60	48 4	48 56	49 48	50 37	51 26	52 14	53 1	53 47	54 32	55 16	56 0

Eilvese. Breite 52° 32′ 0″ N   Länge 9° 25′ 0″ O

Längen-Unter-schied	Azimut										
	70°	71°	72°	73°	74°	75°	76°	77°	78°	79°	80°
	Breite										
2°	52° 6′	52° 8′	52° 9′	52°11′	52°12′	52°14′	52°15′	52°16′	52°18′	52°19′	52°20′
4	51 43	51 46	51 49	51 51	51 54	51 57	52 0	52 2	52 5	52 8	52 10
6	51 21	51 26	51 30	51 34	51 38	51 42	51 47	51 51	51 55	51 59	52 3
8	51 2	51 8	51 13	51 19	51 24	51 30	51 35	51 41	51 46	51 51	51 57
10	50 44	50 52	50 59	51 6	51 13	51 20	51 26	51 33	51 40	51 46	51 53
11	50 36	50 44	50 52	51 0	51 8	51 15	51 22	51 30	51 37	51 45	51 52
12	50 29	50 37	50 46	50 55	51 3	51 11	51 19	51 27	51 35	51 44	51 51
13	50 22	50 31	50 41	50 50	50 59	51 8	51 16	51 25	51 34	51 43	51 51
14	50 16	50 26	50 36	50 45	50 55	51 5	51 14	51 24	51 33	51 43	51 52
15	50 10	50 21	50 31	50 41	50 52	51 2	51 12	51 23	51 33	51 43	51 53
16	50 4	50 16	50 27	50 38	50 49	51 0	51 11	51 22	51 33	51 44	51 54
17	49 59	50 12	50 24	50 35	50 47	50 59	51 11	51 22	51 34	51 45	51 56
18	49 55	50 8	50 21	50 33	50 46	50 58	51 11	51 23	51 35	51 47	51 59
19	49 51	50 5	50 18	50 32	50 45	50 58	51 11	51 24	51 37	51 49	52 2
20	49 48	50 2	50 16	50 31	50 45	50 58	51 12	51 25	51 39	51 52	52 5
21	49 45	50 0	50 15	50 30	50 45	50 59	51 13	51 27	51 42	51 56	52 9
22	49 43	49 59	50 14	50 30	50 45	51 0	51 15	51 30	51 45	52 0	52 14
23	49 41	49 58	50 14	50 30	50 46	51 2	51 18	51 33	51 49	52 4	52 19
24	49 40	49 57	50 14	50 31	50 48	51 5	51 21	51 37	51 53	52 9	52 25
25	49 40	49 58	50 15	50 33	50 50	51 8	51 25	51 42	51 58	52 15	52 32
26	49 40	49 58	50 17	50 35	50 53	51 11	51 29	51 47	52 4	52 21	52 39
27	49 40	50 0	50 19	50 38	50 57	51 15	51 34	51 52	52 10	52 28	52 46
28	49 41	50 2	50 22	50 41	51 1	51 20	51 39	51 58	52 17	52 36	52 54
29	49 43	50 4	50 25	50 45	51 5	51 25	51 45	52 5	52 24	52 44	53 3
30	49 45	50 7	50 28	50 50	51 10	51 31	51 52	52 12	52 32	52 52	53 12
31	49 48	50 11	50 33	50 55	51 16	51 38	51 59	52 20	52 41	53 1	53 22
32	49 52	50 15	50 38	51 0	51 22	51 45	52 7	52 28	52 50	53 11	53 32
33	49 56	50 20	50 43	51 6	51 29	51 52	52 15	52 37	52 59	53 21	53 43
34	50 0	50 25	50 49	51 13	51 37	52 0	52 24	52 47	53 9	53 32	53 55
35	50 5	50 31	50 56	51 21	51 45	52 9	52 33	52 57	53 20	53 44	54 7
36	50 11	50 38	51 3	51 29	51 54	52 19	52 43	53 8	53 32	53 56	54 20
37	50 18	50 45	51 11	51 37	52 3	52 29	52 54	53 19	53 44	54 9	54 33
38	50 25	50 53	51 20	51 47	52 13	52 40	53 6	53 31	53 57	54 22	54 47
39	50 33	51 1	51 29	51 57	52 24	52 51	53 18	53 44	54 10	54 36	55 2
40	50 41	51 10	51 39	52 7	52 35	53 3	53 30	53 57	54 24	54 51	55 17
41	50 50	51 20	51 50	52 18	52 47	53 16	53 44	54 11	54 39	55 6	55 33
42	51 0	51 31	52 1	52 30	53 0	53 29	53 58	54 26	54 54	55 22	55 50
43	51 11	51 42	52 13	52 43	53 13	53 43	54 12	54 41	55 10	55 39	56 7
44	51 22	51 54	52 25	52 56	53 27	53 57	54 27	54 57	55 27	55 56	56 25
45	51 34	52 6	52 38	53 10	53 42	54 13	54 43	55 14	55 44	56 14	56 44
46	51 46	52 19	52 52	53 25	53 57	54 29	55 0	55 31	56 2	56 33	57 3
47	51 59	52 33	53 7	53 40	54 13	54 45	55 17	55 49	56 21	56 52	57 23
48	52 13	52 48	53 22	53 56	54 30	55 3	55 35	56 8	56 40	57 12	57 43
49	52 28	53 3	53 38	54 13	54 47	55 21	55 54	56 27	57 0	57 33	58 5
50	52 43	53 19	53 55	54 30	55 5	55 40	56 14	56 47	57 21	57 54	58 27
51	52 59	53 36	54 13	54 49	55 24	55 59	56 34	57 8	57 42	58 6	58 50
52	53 16	53 54	54 31	55 8	55 44	56 20	56 55	57 30	58 4	58 39	59 13
53	53 34	54 12	54 50	55 27	56 4	56 41	57 16	57 52	58 27	59 2	59 37
54	53 52	54 31	55 10	55 48	56 25	57 2	57 39	58 15	58 51	59 26	60 2
55	54 12	54 51	55 31	56 9	56 47	57 25	58 2	58 39	59 15	59 51	60 27
56	54 32	55 12	55 52	56 31	57 10	57 48	58 26	59 3	59 40	60 17	60 54
57	54 53	55 34	56 14	56 54	57 33	58 12	58 50	59 28	60 6	60 43	61 21
58	55 14	55 56	56 37	57 17	57 57	58 37	59 16	59 54	60 33	61 11	61 48
69	55 37	56 19	57 0	57 42	58 22	59 2	59 42	60 21	61 0	61 39	62 17
60	56 0	56 43	57 25	58 7	58 48	59 28	60 9	60 48	61 28	62 7	62 46

Längen-Unter-schied	Azimut										
	80°	81°	82°	83°	84°	85°	86°	87°	88°	89°	90°
	Breite										
2°	52°20'	52°21'	52°23'	52°24'	52°25'	52°27'	52°28'	52°29	52°31'	52°32'	52°33'
4	52 10	52 13	52 16	52 18	52 21	52 23	52 26	52 28	52 31	52 34	52 36
6	52 3	52 6	52 10	52 14	52 18	52 22	52 26	52 30	52 34	52 37	52 41
8	51 57	52 2	52 7	52 12	52 18	52 23	52 28	52 32	52 38	52 43	52 48
10	51 53	52 0	52 6	52 13	52 19	52 25	52 32	52 38	52 45	52 51	52 57
11	51 52	51 59	52 6	52 13	52 21	52 28	52 35	52 42	52 49	52 56	53 3
12	51 51	51 59	52 7	52 15	52 23	52 30	52 38	52 46	52 53	53 1	53 9
13	51 51	52 0	52 8	52 17	52 25	52 33	52 42	52 50	52 58	53 7	53 15
14	51 52	52 1	52 10	52 19	52 28	52 37	52 46	52 55	53 4	53 13	53 22
15	51 53	52 3	52 12	52 22	52 32	52 41	52 51	53 1	53 10	53 20	53 29
16	51 54	52 5	52 15	52 25	52 36	52 46	52 56	53 7	53 17	53 27	53 37
17	51 56	52 7	52 18	52 29	52 40	52 51	53 2	53 13	53 24	53 35	53 46
18	51 59	52 10	52 22	52 34	52 45	52 57	53 9	53 20	53 32	53 43	53 55
19	52 2	52 14	52 27	52 39	52 51	53 3	53 16	53 28	53 40	53 52	54 4
20	52 5	52 18	52 32	52 45	52 57	53 10	53 23	53 36	53 49	54 2	54 14
21	52 9	52 23	52 37	52 51	53 4	53 18	53 31	53 45	53 58	54 12	54 25
22	52 14	52 29	52 43	52 57	53 11	53 26	53 40	53 54	54 8	54 22	54 36
23	52 19	52 35	52 50	53 4	53 19	53 34	53 49	54 4	54 18	54 33	54 48
24	52 25	52 41	52 57	53 12	53 28	53 43	53 59	54 14	54 29	54 45	55 0
25	52 32	52 48	53 5	53 21	53 37	53 53	54 9	54 25	54 41	54 57	55 13
26	52 39	52 56	53 13	53 30	53 46	54 3	54 20	54 37	54 53	55 10	55 26
27	52 46	53 4	53 22	53 39	53 56	54 14	54 31	54 49	55 6	55 23	55 40
28	52 54	53 13	53 31	53 49	54 7	54 25	54 43	55 1	55 19	55 37	55 55
29	53 3	53 22	53 41	54 0	54 18	54 37	54 56	55 14	55 33	55 51	56 10
30	53 12	53 32	53 51	54 11	54 30	54 50	55 9	55 28	55 47	56 6	56 26
31	53 22	53 42	54 2	54 23	54 43	55 3	55 23	55 42	56 2	56 22	56 42
32	53 32	53 53	54 14	54 35	54 56	55 16	55 37	55 57	56 18	56 38	56 59
33	53 43	54 5	54 26	54 48	55 9	55 30	55 52	56 13	56 34	56 55	57 16
34	53 55	54 17	54 39	55 1	55 23	55 45	56 7	56 29	56 51	57 12	57 34
35	54 7	54 30	54 53	55 15	55 38	56 1	56 23	56 46	57 8	57 30	57 53
36	54 20	54 43	55 7	55 30	55 54	56 17	56 40	57 3	57 26	57 49	58 12
37	54 33	54 57	55 22	55 46	56 10	56 34	56 57	57 21	57 45	58 8	58 32
38	54 47	55 12	55 37	56 2	56 26	56 51	57 15	57 40	58 4	58 28	58 52
39	55 2	55 28	55 53	56 18	56 43	57 9	57 33	57 59	58 24	58 49	59 13
40	55 17	55 44	56 10	56 35	57 1	57 27	57 53	58 19	58 44	59 10	59 35
41	55 33	56 0	56 27	56 53	57 20	57 46	58 13	58 39	59 5	59 31	59 57
42	55 50	56 17	56 45	57 12	57 39	58 6	58 33	59 0	59 27	59 53	60 20
43	56 7	56 35	57 3	57 31	57 59	58 27	58 54	59 22	59 49	60 16	60 44
44	56 25	56 54	57 22	57 51	58 19	58 48	59 16	59 44	60 12	60 40	61 8
45	56 44	57 13	57 42	58 12	58 40	59 9	59 38	60 7	60 36	61 4	61 33
46	57 3	57 33	58 3	58 33	59 2	59 32	60 1	60 31	61 0	61 29	61 58
47	57 23	57 54	58 24	58 54	59 25	59 55	60 25	60 55	61 25	61 55	62 24
48	57 43	58 15	58 46	59 17	59 48	60 19	60 49	61 20	61 50	62 21	62 51
49	58 5	58 37	59 8	59 40	60 12	60 43	61 14	61 45	62 16	62 47	63 18
50	58 27	58 59	59 32	60 4	60 36	61 8	61 40	62 11	62 43	63 15	63 46
51	58 50	59 23	59 56	60 28	61 1	61 34	62 6	62 38	63 11	63 43	64 15
52	59 13	59 47	60 20	60 54	61 27	62 0	62 33	63 6	63 39	64 12	64 44
53	59 37	60 12	60 46	61 20	61 53	62 27	63 1	63 34	64 8	64 41	65 14
54	60 2	60 37	61 12	61 46	62 20	62 55	63 29	64 3	64 37	65 11	65 45
55	60 27	61 3	61 38	62 13	62 48	63 23	63 58	64 33	65 7	65 42	66 16
56	60 54	61 30	62 6	62 41	63 17	63 52	64 28	65 3	65 38	66 13	66 48
57	61 21	61 57	62 34	63 10	63 46	64 22	64 58	65 34	66 9	66 45	67 21
58	61 48	62 25	63 3	63 40	64 16	64 53	65 29	66 5	66 41	67 18	67 54
59	62 17	62 54	63 32	64 10	64 47	65 24	66 1	66 37	67 14	67 51	68 28
60	62 46	63 24	64 2	64 40	65 18	65 56	66 33	67 10	67 48	68 25	69 2

Breite	Azimut										
	90°	**91°**	**92°**	**93°**	**94°**	**95°**	**96°**	**97°**	**98°**	**99°**	**100°**
	Längen-Unterschied										
54	18°34'	17°22'	16°15'	15°13'	14°15'	13°21'	12°32'	11°47'	11° 5'	10°26'	9°51'
55	23 59	22 48	23 40	20 35	19 34	18 37	17 42	16 51	16 3	15 17	14 34
56	28 21	27 10	26 2	24 57	23 54	22 54	21 57	21 3	20 11	19 22	18 35
57	32 5	30 54	29 46	28 41	27 38	26 37	25 38	24 42	23 48	22 56	22 7
58	35 23	34 13	33 6	32 0	30 56	29 55	28 55	27 58	27 3	26 9	25 17
59	38 22	37 13	36 6	35 1	33 57	32 55	31 55	30 57	30 1	29 6	28 13
60	41 7	39 59	38 52	37 47	36 43	35 41	34 41	33 42	32 45	31 49	30 55
61	43 41	42 33	41 26	40 21	39 18	38 16	37 15	36 16	35 18	34 22	33 27
62	46 3	44 57	43 51	42 46	41 43	40 41	39 40	38 41	37 43	36 46	35 50
63	48 20	47 13	46 8	45 3	44 0	42 58	41 57	40 58	39 59	39 2	38 6
64	50 29	49 22	48 17	47 13	46 10	45 8	44 8	43 8	42 9	41 12	40 15
65	52 31	51 26	50 21	49 17	48 15	47 13	46 12	45 12	44 14	43 16	42 19
66	54 29	53 24	52 20	51 16	50 14	49 12	48 11	47 12	46 13	45 15	44 18
67	56 22	55 17	54 13	53 10	52 8	51 7	50 6	49 6	48 7	47 9	46 12
68	58 11	57 7	56 3	55 0	53 58	52 57	51 57	50 57	49 58	49 0	48 3
69	59 57	58 53	57 49	56 47	55 45	54 44	53 44	52 44	51 45	50 47	49 49
70	61 39	60 35	59 32	58 30	57 29	56 28	55 27	54 28	53 29	52 31	51 33

Breite	Azimut										
	100°	**101°**	**102°**	**103°**	**104°**	**105°**	**106°**	**107°**	**108°**	**109°**	**110°**
	Längen-Unterschied										
54	9°51'	9°19'	8°48'	8°21'	7°55'	7°32'	7°10'	6°50'	6°31'	6°13'	5°57'
55	14 34	13 55	13 17	12 42	12 8	11 37	11 8	10 40	10 14	9 49	9 26
56	18 35	17 51	17 8	16 28	15 49	15 13	14 39	14 6	13 34	13 5	12 36
57	22 7	21 19	20 33	19 50	19 8	18 28	17 49	17 13	16 38	16 4	15 32
58	25 17	24 28	23 40	22 54	22 9	21 26	20 45	20 5	19 27	18 50	18 15
59	28 13	27 21	26 32	25 44	24 57	24 12	23 28	22 46	22 6	21 26	20 48
60	30 55	30 2	29 11	28 22	27 34	26 47	26 2	25 18	24 35	23 53	23 13
61	33 27	32 34	31 41	30 51	30 1	29 13	28 26	27 41	26 56	26 13	25 31
62	35 50	34 56	34 3	33 11	32 21	31 31	30 43	29 56	29 10	28 26	27 42
63	38 6	37 11	36 18	35 25	34 33	33 43	32 54	32 6	31 19	30 33	29 48
64	40 15	39 20	38 26	37 33	36 40	35 49	34 59	34 10	33 22	32 35	31 49
65	42 19	41 23	40 29	39 35	38 42	37 50	36 59	36 9	35 20	34 32	33 45
66	44 18	43 22	42 27	41 32	40 39	39 47	38 55	38 4	37 14	36 26	35 37
67	46 12	45 16	44 20	43 26	42 32	41 39	40 47	39 55	39 4	38 15	37 26
68	48 3	47 6	46 10	45 15	44 21	43 27	42 34	41 42	40 51	40 1	39 11
69	49 49	48 52	47 56	47 1	46 6	45 12	44 19	43 27	42 35	41 44	40 53
70	51 33	50 36	49 40	48 44	47 49	46 55	46 1	45 8	44 16	43 24	42 33

Breite	Azimut										
	110°	**111°**	**112°**	**113°**	**114°**	**115°**	**116°**	**117°**	**118°**	**119°**	**120°**
	Längen-Unterschied										
54	5°57'	5°42'	5°27'	5°14'	5° 1'	4°49'	4°38'	4°28'	4°18'	4° 8'	3°59'
55	9 26	9 4	8 43	8 24	8 5	7 47	7 30	7 14	6 59	6 45	6 32
56	12 36	12 9	11 44	11 19	10 56	10 33	10 12	9 51	9 31	9 13	8 55
57	15 32	15 1	14 31	14 2	13 35	13 9	12 44	12 19	11 55	11 33	11 11
58	18 15	17 41	17 8	16 36	16 5	15 36	15 7	14 40	14 13	13 48	13 23
59	20 48	20 12	19 36	19 1	18 28	17 56	17 25	16 54	16 25	15 56	15 28
60	23 13	22 34	21 56	21 19	20 44	20 9	19 35	19 3	18 31	18 0	17 30
61	25 31	24 50	24 10	23 31	22 54	22 17	21 41	21 6	20 32	19 59	19 27
62	27 42	26 59	26 18	25 37	24 58	24 19	23 41	23 5	22 29	21 54	21 19
63	29 48	29 4	28 21	27 39	26 58	26 17	25 37	24 59	24 22	23 45	23 9
64	31 49	31 3	30 19	29 35	28 53	28 11	27 30	26 50	26 11	25 32	24 55
65	33 45	32 59	32 13	31 28	30 44	30 1	29 19	28 38	27 57	27 17	26 38
66	35 37	34 50	34 3	33 17	32 32	31 48	31 5	30 22	29 40	28 58	28 18
67	37 26	36 37	35 50	35 3	34 17	33 32	32 47	32 3	31 20	30 37	29 55
68	39 11	38 22	37 33	36 46	35 59	35 12	34 27	33 42	32 57	32 13	31 30
69	40 53	40 3	39 14	38 25	37 37	36 50	36 4	35 18	34 32	33 47	33 3
70	42 33	41 42	40 52	40 3	39 14	38 26	37 38	36 51	36 5	35 19	34 34

Eilvese. Breite 52° 32′ 0″ N Länge 9° 25′ 0″ O

Breite	Azimut										
	120°	121°	122°	123°	124°	125°	126°	127°	128°	129°	130°
	Längen-Unterschied										
54°	3°59′	3°51′	3°42′	3°34′	3°27′	3°20′	3°13′	3° 7′	3° 0′	2°54′	2°49′
55	6 32	6 17	6 4	5 52	5 41	5 30	5 19	5 8	4 58	4 49	4 40
56	8 55	8 37	8 20	8 4	7 49	7 34	7 20	7 6	6 52	6 39	6 27
57	11 11	10 50	10 30	10 11	9 52	9 34	9 17	9 0	8 43	8 27	8 11
58	13 23	12 59	12 36	12 13	11 51	11 30	11 10	10 50	10 30	10 11	9 53
59	15 28	15 2	14 36	14 11	13 46	13 22	12 59	12 36	12 14	11 53	11 32
60	17 30	17 1	16 32	16 4	15 37	15 11	14 45	14 20	13 56	13 32	13 9
61	19 27	18 55	18 24	17 54	17 25	16 56	16 28	16 1	15 35	15 9	14 43
62	21 19	20 46	20 13	19 41	19 10	18 39	18 9	17 40	17 11	16 43	16 16
63	23 9	22 33	21 58	21 24	20 51	20 19	19 47	19 16	18 46	18 16	17 47
64	24 55	24 18	23 41	23 6	22 31	21 57	21 23	20 50	20 18	19 46	19 15
65	26 38	25 59	25 21	24 44	24 8	23 32	22 57	22 22	21 48	21 14	20 41
66	28 18	27 38	26 59	26 20	25 42	25 5	24 28	23 51	23 16	22 41	22 6
67	29 55	29 14	28 34	27 54	27 14	26 35	25 57	25 19	24 42	24 5	23 29
68	31 30	30 48	30 6	29 25	28 44	28 4	27 24	26 45	26 6	25 28	24 51
69	33 3	32 19	31 36	30 54	30 12	29 30	28 49	28 9	27 29	26 50	26 11
70	34 34	33 49	33 5	32 21	31 38	30 55	30 13	29 32	28 51	28 10	27 30

Breite	Azimut										
	130°	131°	132°	133°	134°	135°	136°	137°	138°	139°	140°
	Längen-Unterschied										
54°	2°49′	2°43′	2°38′	2°32′	2°27′	2°22′	2°18′	2°13′	2° 9′	2° 4′	2° 0′
55	4 40	4 31	4 22	4 13	4 4	3 56	3 49	3 42	3 35	3 27	3 20
56	6 27	6 15	6 3	5 51	5 40	5 29	5 19	5 8	4 58	4 48	4 39
57	8 11	7 56	7 42	7 28	7 14	7 0	6 47	6 34	6 22	6 9	5 57
58	9 53	9 35	9 18	9 1	8 45	8 29	8 13	7 58	7 43	7 28	7 14
59	11 32	11 12	10 52	10 33	10 14	9 55	9 37	9 20	9 3	8 46	8 29
60	13 9	12 46	12 24	12 2	11 41	11 20	11 0	10 40	10 21	10 2	9 43
61	14 43	14 19	13 55	13 31	13 7	12 44	12 22	12 0	11 38	11 17	10 56
62	16 16	15 49	15 23	14 57	14 31	14 6	13 42	13 18	12 54	12 31	12 8
63	17 47	17 18	16 50	16 21	15 54	15 27	15 1	14 35	14 9	13 44	13 19
64	19 15	18 44	18 14	17 44	17 15	16 46	16 18	15 50	15 23	14 56	14 29
65	20 41	20 9	19 37	19 6	18 35	18 4	17 34	17 4	16 35	16 6	15 38
66	22 6	21 32	20 59	20 26	19 53	19 21	18 49	18 18	17 47	17 17	16 47
67	23 29	22 54	22 19	21 44	21 10	20 36	20 2	19 30	18 58	18 26	17 54
68	24 51	24 14	23 37	23 1	22 25	21 50	21 15	20 41	20 7	19 33	19 0
69	26 11	25 32	24 54	24 16	23 39	23 2	22 26	21 50	21 15	20 40	20 5
70	27 30	26 50	26 10	25 31	24 53	24 15	23 37	22 59	22 22	21 45	21 9

Breite	Azimut										
	140°	141°	142°	143°	144°	145°	146°	147°	148°	149°	150°
	Längen-Unterschied										
54°	2° 0′	1°56′	1°52′	1°48′	1°44′	1°40′	1°37′	1°33′	1°30′	1°26′	1°23′
55	3 20	3 13	3 7	3 0	2 54	2 48	2 42	2 36	2 30	2 24	2 19
56	4 39	4 30	4 21	4 12	4 3	3 55	3 47	3 38	3 30	3 23	3 15
57	5 57	5 45	5 34	5 22	5 11	5 0	4 50	4 40	4 30	4 20	4 10
58	7 14	7 0	6 46	6 32	6 19	6 6	5 53	5 41	5 29	5 17	5 5
59	8 29	8 13	7 57	7 41	7 26	7 11	6 56	6 41	6 27	6 13	5 59
60	9 43	9 25	9 7	8 49	8 32	8 15	7 58	7 41	7 25	7 9	6 53
61	10 56	10 36	10 16	9 56	9 37	9 18	8 59	8 40	8 22	8 4	7 46
62	12 8	11 46	11 24	11 2	10 41	10 20	9 59	9 38	9 18	8 58	8 39
63	13 19	12 55	12 31	12 7	11 44	11 21	10 59	10 36	10 14	9 52	9 31
64	14 29	14 3	13 38	13 12	12 47	12 22	11 58	11 34	11 10	10 46	10 23
65	15 38	15 11	14 44	14 16	13 49	13 22	12 56	12 30	12 5	11 39	11 14
66	16 47	16 17	15 48	15 19	14 50	14 22	13 54	13 26	12 59	12 32	12 5
67	17 54	17 22	16 51	16 20	15 50	15 20	14 51	14 22	13 53	13 24	12 55
68	19 0	18 27	17 54	17 22	16 50	16 18	15 47	15 16	14 46	14 15	13 45
69	20 5	19 30	18 56	18 22	17 49	17 16	16 43	16 11	15 39	15 7	14 35
70	21 9	20 33	19 58	19 22	18 47	18 12	17 38	17 4	16 31	15 57	15 24

Eilvese. Breite 52° 32' 0" N Länge 9° 25' 0" O

Breite	Azimut										
	150°	151°	152°	153°	154°	155°	156°	157°	158°	159°	160°
	Längen-Unterschied										
54°	1°23'	1°20'	1°17'	1°13'	1°10'	1° 7'	1° 4'	1° 1'	0°58'	0°55'	0°53'
55	2 19	2 14	2 9	2 3	1 58	1 53	1 48	1 43	1 38	1 33	1 29
56	3 15	3 8	3 0	2 52	2 45	2 38	2 31	2 24	2 17	2 10	2 4
57	4 10	4 0	3 51	3 41	3 32	3 23	3 14	3 5	2 56	2 47	2 39
58	5 5	4 53	4 41	4 30	4 19	4 8	3 57	3 46	3 35	3 25	3 14
59	5 59	5 45	5 32	5 19	5 6	4 53	4 40	4 27	4 14	4 1	3 49
60	6 53	6 37	6 22	6 6	5 51	5 36	5 22	5 7	4 53	4 38	4 24
61	7 46	7 28	7 11	6 54	6 37	6 20	6 4	5 47	5 31	5 15	4 59
62	8 39	8 19	8 0	7 41	7 22	7 3	6 45	6 27	6 9	5 51	5 34
63	9 31	9 10	8 49	8 28	8 7	7 47	7 27	7 7	6 47	6 27	6 8
64	10 23	10 0	9 37	9 14	8 52	8 30	8 8	7 46	7 25	7 3	6 42
65	11 14	10 49	10 25	10 0	9 36	9 12	8 49	8 25	8 2	7 39	7 16
66	12 5	11 38	11 12	10 46	10 20	9 54	9 29	9 4	8 39	8 14	7 50
67	12 55	12 27	11 59	11 31	11 4	10 36	10 10	9 43	9 16	8 50	8 24
68	13 45	13 15	12 46	12 16	11 47	11 18	10 50	10 21	9 53	9 25	8 57
69	14 35	14 3	13 32	13 1	12 30	12 0	11 30	10 59	10 29	9 59	9 30
70	15 24	14 51	14 18	13 45	13 13	12 41	12 9	11 37	11 5	10 34	10 3

Breite	Azimut										
	160°	161°	162°	163°	164°	165°	166°	167°	168°	169°	170°
	Längen-Unterschied										
54°	0°53'	0°50'	0°47'	0°44'	0°41'	0°38'	0°36'	0°33'	0°31'	0°28'	0°25'
55	1 29	1 24	1 19	1 14	1 10	1 5	1 1	0 56	0 52	0 47	0 43
56	2 4	1 57	1 51	1 44	1 38	1 31	1 25	1 19	1 13	1 6	1 0
57	2 39	2 31	2 23	2 14	2 6	1 58	1 50	1 42	1 34	1 25	1 18
58	3 14	3 4	2 54	2 44	2 34	2 24	2 14	2 4	1 54	1 44	1 35
59	3 49	3 37	3 26	3 14	3 2	2 50	2 38	2 26	2 15	2 3	1 52
60	4 24	4 10	3 57	3 43	3 29	3 15	3 2	2 48	2 35	2 22	2 9
61	4 59	4 43	4 28	4 12	3 57	3 41	3 26	3 11	2 56	2 41	2 26
62	5 34	5 16	4 59	4 41	4 24	4 7	3 50	3 33	3 17	3 0	2 43
63	6 8	5 49	5 30	5 10	4 52	4 33	4 14	3 55	3 37	3 19	3 0
64	6 42	6 21	6 0	5 39	5 19	4 58	4 38	4 17	3 57	3 37	3 17
65	7 16	6 53	6 31	6 8	5 46	5 24	5 2	4 39	4 18	3 56	3 34
66	7 50	7 25	7 1	6 37	6 13	5 49	5 25	5 1	4 38	4 14	3 51
67	8 24	7 57	7 31	7 5	6 40	6 14	5 49	5 23	4 58	4 33	4 8
68	8 57	8 29	8 1	7 33	7 6	6 39	6 12	5 45	5 18	4 51	4 24
69	9 30	9 1	8 31	8 2	7 33	7 4	6 35	6 7	5 38	5 9	4 41
70	10 3	9 32	9 1	8 30	7 59	7 28	6 58	6 28	5 58	5 27	4 57

Breite	Azimut										
	170°	171°	172°	173°	174°	175°	176°	177°	178°	179°	180°
	Längen-Unterschied										
54°	0°25'	0°22'	0°20'	0°17'	0°15'	0°12'	0°10'	0° 7'	0° 5'	0° 2'	0° 0'
55	0 43	0 38	0 34	0 30	0 26	0 21	0 17	0 13	0 9	0 4	0 0
56	1 0	0 54	0 48	0 42	0 36	0 30	0 24	0 18	0 12	0 6	0 0
57	1 18	1 10	1 2	0 54	0 47	0 39	0 31	0 23	0 16	0 8	0 0
58	1 35	1 25	1 16	1 6	0 57	0 47	0 38	0 28	0 19	0 9	0 0
59	1 52	1 40	1 30	1 18	1 7	0 56	0 45	0 33	0 23	0 11	0 0
60	2 9	1 55	1 43	1 30	1 17	1 4	0 51	0 38	0 26	0 13	0 0
61	2 26	2 11	1 57	1 42	1 28	1 13	0 58	0 44	0 30	0 15	0 0
62	2 43	2 26	2 10	1 54	1 38	1 21	1 5	0 49	0 33	0 16	0 0
63	3 0	2 42	2 24	2 6	1 48	1 30	1 12	0 54	0 36	0 18	0 0
64	3 17	2 57	2 37	2 17	1 58	1 38	1 19	0 59	0 39	0 19	0 0
65	3 34	3 13	2 51	2 29	2 8	1 47	1 26	1 4	0 43	0 21	0 0
66	3 51	3 28	3 5	2 41	2 18	1 55	1 32	1 9	0 46	0 23	0 0
67	4 8	3 43	3 18	2 53	2 28	2 3	1 39	1 14	0 50	0 25	0 0
68	4 24	3 57	3 31	3 4	2 38	2 11	1 45	1 19	0 53	0 26	0 0
69	4 41	4 12	3 44	3 16	2 48	2 20	1 52	1 24	0 56	0 28	0 0
70	4 57	4 27	3 58	3 28	2 58	2 28	1 59	1 29	0 59	0 29	0 0

Breite	Azimut										
	0°	**1°**	**2°**	**3°**	**4°**	**5°**	**6°**	**7°**	**8°**	**9°**	**10°**
	Längen-Unterschied										
30°	0° 0′	0°36′	1°12′	1°49′	2°25′	3° 1′	3°38′	4°15′	4°52′	5°30′	6° 7′
31	0 0	0 35	1 9	1 44	2 19	2 53	3 28	4 4	4 39	5 15	5 51
32	0 0	0 33	1 6	1 39	2 12	2 45	3 19	3 53	4 26	5 1	5 35
33	0 0	0 31	1 3	1 34	2 6	2 37	3 9	3 41	4 13	4 46	5 18
34	0 0	0 30	1 0	1 29	1 59	2 29	2 59	3 30	4 0	4 31	5 2
35	0 0	0 28	0 56	1 25	1 53	2 21	2 50	3 18	3 47	4 16	4 46
36	0 0	0 27	0 53	1 20	1 46	2 13	2 40	3 7	3 34	4 2	4 29
37	0 0	0 25	0 50	1 15	1 40	2 5	2 30	2 55	3 21	3 47	4 12
38	0 0	0 23	0 47	1 10	1 33	1 57	2 20	2 44	3 8	3 32	3 56
39	0 0	0 22	0 43	1 5	1 27	1 48	2 10	2 32	2 54	3 16	3 39
40	0 0	0 20	0 40	1 0	1 20	1 40	2 0	2 20	2 41	3 1	3 22
41	0 0	0 18	0 37	0 55	1 13	1 32	1 50	2 9	2 27	2 46	3 5
42	0 0	0 17	0 33	0 50	1 7	1 23	1 40	1 57	2 14	2 31	2 48
43	0 0	0 15	0 30	0 45	1 0	1 15	1 30	1 45	2 0	2 16	2 31
44	0 0	0 13	0 27	0 40	0 53	1 6	1 20	1 33	1 47	2 0	2 14
45	0 0	0 12	0 23	0 35	0 46	0 58	1 10	1 21	1 33	1 45	1 57
46	0 0	0 10	0 20	0 30	0 40	0 50	1 0	1 10	1 20	1 30	1 40
47	0 0	0 8	0 16	0 25	0 33	0 41	0 49	0 58	1 6	1 14	1 23
48	0 0	0 7	0 13	0 20	0 26	0 33	0 39	0 46	0 52	0 59	1 6
49	0 0	0 5	0 10	0 14	0 19	0 24	0 29	0 34	0 39	0 44	0 49
50	0 0	0 3	0 6	0 9	0 13	0 16	0 19	0 22	0 25	0 28	0 31

Breite	Azimut										
	10°	**11°**	**12°**	**13°**	**14°**	**15°**	**16°**	**17°**	**18°**	**19°**	**20°**
	Längen-Unterschied										
30°	6° 7′	6°45′	7°24′	8° 3′	8°43′	9°23′	10° 4′	10°46′	11°28′	12°11′	12°55′
31	5 51	6 28	7 5	7 42	8 20	8 58	9 37	10 17	10 57	11 39	12 21
32	5 35	6 10	6 45	7 20	7 57	8 33	9 10	9 48	10 27	11 6	11 46
33	5 18	5 52	6 25	6 59	7 33	8 8	8 43	9 19	9 56	10 33	11 11
34	5 2	5 33	6 5	6 37	7 10	7 43	8 16	8 50	9 25	10 0	10 36
35	4 46	5 15	5 45	6 15	6 46	7 17	7 49	8 21	8 53	9 26	10 0
36	4 29	4 57	5 25	5 54	6 22	6 52	7 21	7 51	8 22	8 53	9 25
37	4 12	4 38	5 5	5 32	5 59	6 26	6 54	7 22	7 51	8 20	8 49
38	3 56	4 20	4 45	5 10	5 35	6 0	6 26	6 52	7 19	7 46	8 14
39	3 39	4 1	4 24	4 47	5 11	5 34	5 58	6 23	6 47	7 13	7 38
40	3 22	3 43	4 4	4 25	4 47	5 9	5 31	5 53	6 16	6 39	7 2
41	3 5	3 24	3 43	4 3	4 23	4 43	5 3	5 23	5 44	6 5	6 27
42	2 48	3 5	3 23	3 41	3 58	4 17	4 35	4 53	5 12	5 31	5 51
43	2 31	2 47	3 2	3 18	3 34	3 50	4 7	4 24	4 41	4 58	5 15
44	2 14	2 28	2 42	2 56	3 10	3 24	3 39	3 54	4 9	4 24	4 39
45	1 57	2 9	2 21	2 34	2 46	2 58	3 11	3 24	3 37	3 50	4 3
46	1 40	1 50	2 1	2 11	2 22	2 32	2 43	2 54	3 5	3 16	3 28
47	1 23	1 31	1 40	1 49	1 57	2 6	2 15	2 24	2 33	2 43	2 52
48	1 6	1 12	1 19	1 26	1 33	1 40	1 47	1 54	2 1	2 9	2 16
49	0 49	0 54	0 59	1 4	1 9	1 14	1 19	1 24	1 30	1 35	1 41
50	0 31	0 35	0 38	0 41	0 44	0 48	0 51	0 54	0 58	1 1	1 5

Oxford. Breite 51° 49' 58" N   Länge 1° 32' 47" W

Breite	Azimut										
	20°	21°	22°	23°	24°	25°	26°	27°	28°	29°	30°
	Längen-Unterschied										
30°	12°55'	13°41'	14°27'	15°15'	16° 4'	16°54'	17°46'	18°40'	19°36'	20°34'	21°34'
31	12 21	13 4	13 48	14 33	15 20	16 8	16 57	17 48	18 41	19 37	20 34
32	11 46	12 27	13 9	13 52	14 36	15 22	16 8	16 57	17 47	18 39	19 33
33	11 11	11 50	12 29	13 10	13 52	14 35	15 19	16 5	16 52	17 41	18 32
34	10 36	11 12	11 50	12 28	13 8	13 48	14 30	15 13	15 58	16 44	17 31
35	10 0	10 35	11 10	11 46	12 24	13 2	13 41	14 21	15 3	15 46	16 31
36	9 25	9 57	10 30	11 4	11 39	12 15	12 51	13 29	14 8	14 48	15 30
37	8 49	9 20	9 51	10 22	10 55	11 28	12 2	12 38	13 14	13 51	14 30
38	8 14	8 42	9 11	-9 40	10 10	10 41	11 13	11 46	12 19	12 53	13 29
39	7 38	8 4	8 31	8 58	9 26	9 54	10 24	10 53	11 24	11 56	12 29
40	7 2	7 26	7 51	8 16	8 41	9 7	9 34	10 1	10 30	10 59	11 29
41	6 27	6 48	7 11	7 33	7 57	8 20	8 45	9 10	9 35	10 2	10 29
42	5 51	6 11	6 31	6 51	7 12	7 34	7 55	8 18	8 41	9 5	9 29
43	5 15	5 32	5 51	6 9	6 28	6 47	7 6	7 27	7 47	8 8	8 30
44	4 39	4 55	5 11	5 27	5 44	6 0	6 18	6 35	6 53	7 12	7 31
45	4 3	4 17	4 31	4 45	4 59	5 14	5 29	5 44	6 0	6 16	6 32
46	3 28	3 39	3 51	4 3	4 15	4 27	4 40	4 53	5 6	5 20	5 34
47	2 52	3 1	3 11	3 21	3 31	3 41	3 51	4 2	4 13	4 24	4 36
48	2 16	2 24	2 31	2 39	2 47	2 55	3 3	3 12	3 20	3 29	3 38
49	1 41	1 46	1 52	1 57	2 3	2 9	2 15	2 21	2 28	2 34	2 41
50	1 5	1 9	1 12	1 16	1 20	1 23	1 27	1 31	1 35	1 39	1 44

Breite	Azimut										
	30°	31°	32°	33°	34°	35°	36°	37°	38°	39°	40°
	Längen-Unterschied										
30	21°34'	22°38'	23°44'	24°54'	26° 8'	27°26'	28°50'	30°20'	31°58'	33°45'	35°44'
31	20 34	21 34	22 36	23 42	24 51	26 5	27 24	28 48	30 18	31 57	33 46
32	19 33	20 29	21 28	22 30	23 35	24 44	25 58	27 16	28 40	30 11	31 51
33	18 32	19 25	20 21	21 19	22 20	23 24	24 32	25 45	27 3	28 26	29 58
34	17 31	18 21	19 13	20 7	21 4	22 4	23 7	24 15	25 26	26 43	28 7
35	16 31	17 17	18 6	18 56	19 49	20 45	21 43	22 45	23 51	25 2	26 18
36	15 30	16 13	16 58	17 45	18 34	19 26	20 20	21 17	22 17	23 22	24 31
37	14 30	15 10	15 51	16 35	17 20	18 7	18 57	19 49	20 44	21 43	22 46
38	13 29	14 6	14 44	15 24	16 6	16 49	17 35	18 22	19 13	20 6	21 3
39	12 29	13 3	13 38	14 14	14 52	15 32	16 13	16 57	17 42	18 20	19 21
40	11 29	12 0	12 32	13 5	13 39	14 15	14 53	15 32	16 13	16 56	17 42
41	10 29	10 57	11 26	11 56	12 27	12 59	13 33	14 8	14 45	15 23	16 4
42	9 29	9 54	10 20	10 47	11 15	11 44	12 13	12 45	13 18	13 52	14 27
43	8 30	8 52	9 15	9 39	10 4	10 29	10 56	11 23	11 52	12 22	12 53
44	7 31	7 50	8 11	8 31	8 53	9 15	9 38	10 2	10 27	10 53	11 20
45	6 32	6 49	7 6	7 24	7 43	8 2	8 21	8 42	9 3	9 25	9 48
46	5 34	5 48	6 3	6 18	6 33	6 49	7 6	7 23	7 40	7 59	8 18
47	4 36	4 47	4 59	5 12	5 24	5 37	5 51	6 5	6 19	6 34	6 49
48	3 38	3 47	3 56	4 6	4 16	4 26	4 37	4 47	4 58	5 10	5 22
49	2 41	2 47	2 54	3 1	3 8	3 16	3 23	3 31	3 39	3 47	3 56
50	1 44	1 48	1 52	1 57	2 1	2 6	2 11	2 16	2 21	2 26	2 32

Oxford. Breite 51° 49′ 58 N Länge 1° 32′ 47″ W

Längen-Unter-schied	Azimut										
	40°	41°	42°	43°	44°	45°	46°	47°	48°	49°	50°
	Breite										
2°	50°23′	50°26′	50°29′	50°31′	50°34′	50°37′	50°39′	50°42′	50°44′	50°47′	50°49′
4	48 57	49 3	49 9	49 15	49 21	49 26	49 31	49 36	49 41	49 45	49 50
6	47 34	47 43	47 52	48 0	48 9	48 17	48 24	48 32	48 39	48 46	48 52
8	46 12	46 24	46 36	46 48	46 59	46 9	47 19	47 29	47 39	47 48	47 57
10	44 52	45 8	45 22	45 37	45 51	45 4	46 17	46 29	46 41	46 53	47 4
11	44 13	44 30	44 46	45 2	45 17	44 32	45 46	46 0	46 13	46 25	46 38
12	43 34	43 53	44 10	44 28	44 44	44 0	45 16	45 31	45 45	45 59	46 12
13	42 55	43 16	43 35	43 54	44 12	43 29	44 46	45 2	45 18	45 33	45 47
14	42 17	42 39	43 0	43 20	43 40	42 58	44 16	44 34	44 51	45 7	45 23
15	41 40	42 3	42 26	42 47	43 8	42 28	43 47	44 6	44 24	44 42	44 59
16	41 2	41 27	41 52	42 15	42 37	41 58	43 19	43 39	43 58	44 17	44 35
17	40 25	40 52	41 18	41 43	42 6	41 29	42 51	43 12	43 33	43 53	44 12
18	39 49	40 17	40 45	41 11	41 36	41 0	42 23	42 46	43 8	43 29	43 50
19	39 13	39 43	40 12	40 39	41 6	40 32	41 56	42 20	42 43	43 6	43 27
20	38 37	39 9	39 39	40 8	40 37	40 4	41 30	41 55	42 19	42 43	43 6
21	38 2	38 35	39 7	39 38	40 8	39 36	41 4	41 30	41 56	42 21	42 45
22	37 27	38 2	38 35	39 8	39 39	39 9	40 38	41 6	41 33	41 59	42 24
23	36 52	37 29	38 4	38 38	39 11	38 42	40 13	40 42	41 10	41 37	42 4
24	36 18	36 56	37 34	38 9	38 43	38 16	39 48	40 18	40 48	41 16	41 44
25	35 44	36 24	37 3	37 40	38 16	37 50	39 23	39 55	40 26	40 56	41 25
26	35 10	35 52	36 33	37 12	37 49	37 25	38 59	39 33	40 5	40 36	41 6
27	34 37	35 21	36 3	36 44	37 23	37 0	38 36	39 11	39 44	40 17	40 48
28	34 4	34 50	35 34	36 16	36 57	36 36	38 13	38 49	39 24	39 58	40 30
29	33 31	34 19	35 5	35 49	36 31	36 12	37 50	38 28	39 4	39 39	40 13
30	32 59	33 49	34 36	35 22	36 6	35 48	37 28	38 7	38 45	39 21	39 56
31	32 27	33 19	34 8	34 56	35 41	35 25	37 7	37 47	38 26	39 4	39 40
32	31 55	32 49	33 41	34 30	35 17	35 2	36 46	37 27	38 8	38 47	39 24
33	31 24	32 20	33 13	34 4	34 53	34 40	36 25	37 8	37 50	38 31	39 9
34	30 53	31 51	32 46	33 39	34 30	34 18	36 5	36 50	37 33	38 15	38 55
35	30 22	31 22	32 20	33 15	34 7	33 57	35 45	36 32	37 16	37 59	38 41
36	29 52	30 54	31 54	32 50	33 44	33 36	35 26	36 14	37 0	37 44	38 27
37	29 22	30 27	31 28	32 26	33 22	33 16	35 7	35 57	36 44	37 30	38 14
38	28 52	29 59	31 2	32 3	33 1	32 56	34 49	35 40	36 29	37 16	38 2
39	28 23	29 32	30 37	31 40	32 40	32 37	34 32	35 24	36 15	37 3	37 50
40	27 54	29 5	30 13	31 18	32 19	32 18	34 15	35 9	36 1	36 51	37 39
41			29 49	30 56	31 59	32 0	33 58	34 54	35 47	36 39	37 29
42			29 25	30 34	31 40	31 42	33 42	34 39	35 34	36 28	37 19
43			29 2	30 13	31 21	31 25	33 27	34 25	35 22	36 17	37 9
44			28 39	29 53	31 2	31 8	33 12	34 12	35 11	36 7	37 1
45					30 44	30 52	32 58	34 0	35 0	35 57	36 53
46					30 27	30 37	32 44	33 48	34 50	35 49	36 46
47					30 10	30 22	32 31	33 37	34 40	35 41	36 39
48					29 54	30 8	32 19	33 26	34 31	35 33	36 33
49					29 38	29 54	32 7	33 16	34 23	35 27	36 28
50					29 23	29 41	31 56	33 7	34 15	35 21	36 24
51					29 9	29 29	31 46	32 59	34 9	35 16	36 20
52					28 55	29 18	31 36	32 51	34 3	35 11	36 17
53							31 27	32 44	33 58	35 7	36 15
54							31 19	32 38	33 53	35 5	36 14
55							31 12	32 33	33 50	35 3	36 14
56							31 6	32 29	33 48	35 2	36 14
57							31 1	32 25	33 46	35 2	36 16
58							30 56	32 22	33 45	35 3	36 18
59							30 52	32 21	33 45	35 5	36 22
60							30 50	32 20	33 46	35 8	36 26

Längen-Unter-schied	Azimut										
	50°	**51°**	**52°**	**53°**	**54°**	**55°**	**56°**	**57°**	**58°**	**59°**	**60°**
	Breite										
2°	50°49′	50°51′	50°53′	50°55′	50°57′	50°59′	51° 1′	51° 3′	51° 5′	51° 7′	51° 8′
4	49 50	49 54	49 58	50 2	50 6	50 10	50 14	50 18	50 21	50 25	50 29
6	48 52	48 59	49 5	49 12	49 18	49 23	49 29	49 35	49 40	49 45	49 51
8	47 57	48 6	48 14	48 23	48 31	48 38	48 46	48 54	49 1	49 8	49 15
10	47 4	47 15	47 25	47 36	47 46	47 55	48 5	48 14	48 23	48 32	48 41
11	46 38	46 50	47 1	47 13	47 24	47 35	47 45	47 55	48 6	48 15	48 25
12	46 12	46 26	46 38	46 51	47 3	47 15	47 26	47 37	47 48	47 59	48 9
13	45 47	46 2	46 15	46 29	46 42	46 55	47 7	47 19	47 31	47 43	47 54
14	45 23	45 38	45 53	46 8	46 22	46 36	46 49	47 2	47 15	47 28	47 40
15	44 59	45 15	45 31	45 47	46 2	46 17	46 31	46 45	46 59	47 13	47 26
16	44 35	44 53	45 10	45 27	45 43	45 59	46 14	46 29	46 44	46 58	47 12
17	44 12	44 31	44 49	45 7	45 24	45 41	45 57	46 13	46 29	46 44	46 59
18	43 50	44 9	44 29	44 47	45 6	45 24	45 41	45 58	46 14	46 31	46 46
19	43 28	43 48	44 9	44 29	44 48	45 7	45 25	45 43	46 0	46 18	46 34
20	43 6	43 28	43 49	44 10	44 31	44 51	45 10	45 29	45 47	46 5	46 23
21	42 45	43 8	43 30	43 52	44 14	44 35	44 55	45 15	45 34	45 53	46 12
22	42 24	42 48	43 12	43 35	43 58	44 20	44 41	45 2	45 22	45 42	46 1
23	42 4	42 29	42 54	43 18	43 42	44 5	44 27	44 49	45 10	45 31	45 51
24	41 44	42 11	42 37	43 2	43 27	43 51	44 14	44 37	44 59	45 21	45 42
25	41 25	41 53	42 20	42 46	43 12	43 37	44 1	44 25	44 48	45 11	45 33
26	41 6	41 35	42 4	42 31	42 58	43 24	43 49	44 14	44 38	45 2	45 25
27	40 48	41 18	41 48	42 16	42 44	43 11	43 38	44 3	44 28	44 53	45 17
28	40 30	41 2	41 32	42 2	42 31	42 59	43 27	43 53	44 19	44 45	45 10
29	40 13	40 46	41 18	41 48	42 18	42 47	43 16	43 44	44 11	44 37	45 3
30	39 56	40 30	41 3	41 35	42 6	42 36	43 6	43 35	44 3	44 30	44 57
31	39 40	40 15	40 49	41 22	41 55	42 26	42 57	43 26	43 55	44 24	44 51
32	39 24	40 1	40 36	41 10	41 44	42 16	42 48	43 18	43 48	44 18	44 46
33	39 9	39 47	40 24	40 59	41 33	42 7	42 40	43 11	43 42	44 12	44 42
34	38 55	39 34	40 12	40 48	41 24	41 58	42 32	43 5	43 36	44 8	44 38
35	38 41	39 21	40 0	40 38	41 14	41 50	42 25	42 59	43 31	44 4	44 35
36	38 27	39 9	39 49	40 28	41 6	41 42	42 18	42 53	43 27	44 0	44 32
37	38 14	38 57	39 39	40 19	40 58	41 35	42 12	42 48	43 23	43 57	44 30
38	38 2	38 46	39 29	40 10	40 50	41 29	42 7	42 44	43 20	43 55	44 29
39	37 50	38 36	39 20	40 2	40 43	41 23	42 2	42 40	43 17	43 53	44 29
40	37 39	38 26	39 11	39 55	40 37	41 18	41 58	42 37	43 15	43 53	44 29
41	37 29	38 17	39 3	39 48	40 32	41 14	41 55	42 35	43 14	43 52	44 29
42	37 19	38 8	38 56	39 42	40 27	41 10	41 52	42 33	43 14	43 53	44 31
43	37 9	38 0	38 49	39 37	40 22	41 7	41 50	42 33	43 14	43 54	44 33
44	37 1	37 53	38 43	39 32	40 19	41 5	41 49	42 32	43 14	43 55	44 35
45	36 53	37 46	38 38	39 28	40 16	41 3	41 49	42 33	43 16	43 58	44 39
46	36 46	37 40	38 33	39 24	40 14	41 2	41 49	42 34	43 18	44 1	44 43
47	36 39	37 35	38 29	39 22	40 13	41 2	41 49	42 36	43 21	44 5	44 48
48	36 33	37 31	38 26	39 20	40 12	41 2	41 51	42 39	43 25	44 10	44 54
49	36 28	37 27	38 24	39 19	40 12	41 3	41 53	42 42	43 29	44 15	45 0
50	36 24	37 24	38 22	39 18	40 13	41 6	41 57	42 46	43 35	44 22	45 7
51	36 20	37 22	38 21	39 19	40 15	41 8	42 1	42 51	43 41	44 29	45 15
52	36 17	37 20	38 22	39 20	40 17	41 12	42 5	42 57	43 47	44 36	45 24
53	36 15	37 20	38 22	39 22	40 20	41 16	42 11	43 4	43 55	44 45	45 34
54	36 14	37 20	38 24	39 25	40 24	41 22	42 17	43 11	44 4	44 55	45 44
55	36 14	37 21	38 26	39 29	40 29	41 28	42 25	43 20	44 13	45 5	45 45
56	36 14	37 23	38 30	39 34	40 35	41 35	42 33	43 29	44 23	45 16	46 8
57	36 16	37 26	38 34	39 39	40 42	41 43	42 42	43 39	44 34	45 28	46 21
58	36 18	37 30	38 39	39 46	40 50	41 52	42 52	43 50	44 47	45 41	46 35
59	36 22	37 35	38 46	39 53	40 59	42 2	43 3	44 2	45 0	45 55	46 50
60	36 26	37 41	38 53	40 2	41 8	42 13	43 15	44 15	45 14	46 10	47 5

Längen-Unter-schied	Azimut										
	60°	61°	62°	63°	64°	65°	66°	67°	68°	69°	70°
	Breite										
2°	51° 8′	51°10′	51°12′	51°13′	51°15′	51°16′	51°18′	51°20′	51°21′	51°23′	51°24′
4	50 29	50 32	50 35	50 39	50 42	50 45	50 48	50 51	50 54	50 57	51 0
6	49 51	49 56	50 1	50 6	50 11	50 15	50 20	50 25	50 29	50 34	50 38
8	49 15	49 22	49 29	49 35	49 42	49 48	49 54	50 0	50 6	50 12	50 18
10	48 41	48 50	48 58	49 6	49 14	49 22	49 30	49 38	49 46	49 53	50 0
11	48 25	48 35	48 44	48 53	49 2	49 10	49 19	49 28	49 36	49 44	49 52
12	48 9	48 20	48 30	48 40	48 49	48 59	49 8	49 18	49 27	49 36	49 45
13	47 54	48 6	48 16	48 27	48 38	48 48	48 58	49 8	49 18	49 28	49 38
14	47 40	47 52	48 3	48 15	48 27	48 38	48 49	48 59	49 10	49 21	49 31
15	47 26	47 39	47 51	48 3	48 16	48 28	48 39	48 51	49 2	49 13	49 25
16	47 12	47 26	47 39	47 52	48 5	48 18	48 31	48 43	48 55	49 6	49 19
17	46 59	47 14	47 28	47 42	47 56	48 9	48 23	48 36	48 49	49 1	49 14
18	46 46	47 2	47 17	47 32	47 47	48 1	48 15	48 29	48 43	48 56	49 10
19	46 34	46 51	47 7	47 22	47 38	47 53	48 8	48 23	48 37	48 52	49 6
20	46 23	46 40	46 57	47 13	47 30	47 46	48 2	48 17	48 32	48 47	49 2
21	46 12	46 30	46 48	47 5	47 22	47 39	47 56	48 12	48 28	48 43	48 59
22	46 1	46 20	46 39	46 57	47 15	47 33	47 50	48 7	48 24	48 40	48 57
23	45 51	46 11	46 31	46 50	47 9	47 27	47 45	48 3	48 21	48 38	48 55
24	45 42	46 3	46 23	46 43	47 3	47 22	47 41	47 59	48 18	48 36	48 54
25	45 33	45 55	46 16	46 37	46 57	47 17	47 37	47 56	48 16	48 35	48 53
26	45 25	45 47	46 9	46 31	46 52	47 14	47 34	47 53	48 14	48 33	48 53
27	45 17	45 40	46 3	46 26	46 48	47 10	47 31	47 52	48 13	48 33	48 53
28	45 10	45 34	45 58	46 21	46 44	47 7	47 29	47 51	48 12	48 34	48 54
29	45 3	45 28	45 53	46 17	46 41	47 4	47 27	47 50	48 12	48 34	48 56
30	44 57	45 23	45 49	46 14	46 38	47 3	47 26	47 50	48 13	48 36	48 58
31	44 51	45 18	45 45	46 11	46 36	47 1	47 26	47 51	48 14	48 38	49 1
32	44 46	45 14	45 42	46 9	46 35	47 1	47 26	47 51	48 16	48 40	49 4
33	44 42	45 11	45 39	46 7	46 34	47 1	47 27	47 53	48 18	48 43	49 8
34	44 38	45 8	45 37	46 6	46 34	47 2	47 29	47 55	48 21	48 47	49 13
35	44 35	45 6	45 36	46 5	46 34	47 3	47 31	47 58	48 25	48 52	49 18
36	44 32	45 4	45 35	46 5	46 35	47 4	47 33	48 2	48 29	48 57	49 23
37	44 30	45 3	45 35	46 6	46 37	47 7	47 37	48 6	48 34	49 2	49 30
38	44 29	45 3	45 36	46 8	46 39	47 10	47 40	48 10	48 40	49 9	49 37
39	44 29	45 3	45 37	46 11	46 42	47 14	47 45	48 16	48 46	49 16	49 45
40	44 29	45 4	45 39	46 13	46 46	47 18	47 50	48 22	48 53	49 23	49 53
41	44 29	45 6	45 41	46 16	46 50	47 23	47 56	48 28	49 0	49 31	50 2
42	44 31	45 8	45 44	46 20	46 55	47 29	48 3	48 36	49 8	49 40	50 12
43	44 33	45 11	45 48	46 25	47 0	47 36	48 10	48 44	49 17	49 50	50 22
44	44 35	45 15	45 53	46 30	47 7	47 43	48 18	48 53	49 27	50 0	50 33
45	44 39	45 19	45 58	46 36	47 14	47 51	48 27	49 2	49 37	50 10	50 45
46	44 43	45 24	46 4	46 43	47 22	47 59	48 36	49 12	49 48	50 23	50 58
47	44 48	45 30	46 11	46 51	47 30	48 9	48 46	49 23	50 0	50 36	51 11
48	44 54	45 36	46 18	46 59	47 39	48 19	48 57	49 35	50 12	50 49	51 25
49	45 0	45 44	46 27	47 8	47 49	48 30	49 8	49 47	50 25	51 3	51 40
50	45 7	45 52	46 36	47 18	48 0	48 41	49 21	50 1	50 39	51 18	51 55
51	45 15	46 1	46 45	47 29	48 12	48 53	49 34	50 15	50 54	51 33	52 11
52	45 24	46 11	46 56	47 40	48 24	49 6	49 48	50 29	51 10	51 49	52 28
53	45 34	46 21	47 7	47 53	48 37	49 20	50 3	50 45	51 26	52 6	52 46
54	45 44	46 33	47 20	48 6	48 51	49 35	50 19	51 1	51 43	52 24	53 5
55	45 55	46 45	47 33	48 20	49 6	49 51	50 35	51 18	52 1	52 43	53 24
56	46 8	46 58	47 47	48 35	49 22	50 7	50 52	51 36	52 20	53 2	53 44
57	46 21	47 12	48 2	48 50	49 38	50 25	51 10	51 55	52 39	53 22	54 5
58	46 35	47 27	48 18	49 7	49 55	50 43	51 29	52 15	53 0	53 44	54 27
59	46 50	47 43	48 34	49 24	50 14	51 2	51 49	52 35	53 21	54 5	54 49
60	47 5	47 59	48 52	49 43	50 33	51 22	52 10	52 57	53 43	54 28	55 13

Längen-Unter-schied	Azimut										
	70°	71°	72°	73°	74°	75°	76°	77°	78°	79°	80°
	Breite										
2	51°24'	51°26'	51°27'	51°28'	51°30'	51°31'	51°33'	51°34'	51°35'	51°37'	51°38'
4	51 0	51 3	51 6	51 9	51 12	51 14	51 17	51 20	51 23	51 25	51 28
6	50 38	50 43	50 47	50 51	50 55	51 0	51 4	51 8	51 12	51 16	51 20
8	50 18	50 24	50 30	50 35	50 41	50 47	50 52	50 58	51 3	51 9	51 14
10	50 0	50 8	50 15	50 22	50 29	50 36	50 43	50 50	50 57	51 3	51 10
11	49 52	50 0	50 8	50 16	50 24	50 32	50 39	50 47	50 54	51 1	51 9
12	49 45	49 53	50 2	50 11	50 19	50 28	50 36	50 44	50 52	51 0	51 8
13	49 38	49 47	49 56	50 6	50 15	50 24	50 33	50 42	50 51	50 59	51 8
14	49 31	49 41	49 51	50 1	50 11	50 21	50 31	50 40	50 50	50 59	51 9
15	49 25	49 36	49 46	49 57	50 8	50 18	50 29	50 39	50 49	50 59	51 9
16	49 19	49 31	49 42	49 54	50 5	50 16	50 27	50 38	50 49	51 0	51 11
17	49 14	49 27	49 39	49 51	50 3	50 15	50 27	50 38	50 50	51 1	51 13
18	49 10	49 23	49 36	49 49	50 1	50 14	50 26	50 39	50 51	51 3	51 15
19	49 6	49 20	49 33	49 47	50 0	50 14	50 27	50 39	50 53	51 5	51 18
20	49 2	49 17	49 31	49 46	50 0	50 14	50 28	50 41	50 55	51 8	51 22
21	48 59	49 15	49 30	49 45	50 0	50 15	50 29	50 43	50 58	51 12	51 26
22	48 57	49 13	49 29	49 45	50 0	50 16	50 31	50 46	51 1	51 16	51 31
23	48 55	49 12	49 29	49 45	50 1	50 17	50 33	50 49	51 5	51 21	51 36
24	48 54	49 12	49 29	49 46	50 3	50 20	50 36	50 53	51 9	51 26	51 42
25	48 53	49 12	49 30	49 47	50 5	50 23	50 40	50 57	51 14	51 31	51 48
26	48 53	49 12	49 31	49 49	50 8	50 26	50 44	51 2	51 20	51 37	51 55
27	48 53	49 13	49 33	49 52	50 11	50 30	50 49	51 8	51 26	51 44	52 2
28	48 54	49 15	49 35	49 55	50 15	50 35	50 54	51 14	51 33	51 52	52 10
29	48 56	49 17	49 38	49 59	50 20	50 40	51 0	51 20	51 40	52 0	52 19
30	48 58	49 20	49 42	50 3	50 25	50 46	51 7	51 27	51 48	52 8	52 28
31	49 1	49 23	49 46	50 8	50 30	50 52	51 14	51 35	51 56	52 17	52 38
32	49 4	49 27	49 51	50 14	50 37	50 59	51 21	51 44	52 5	52 27	52 49
33	49 8	49 32	49 56	50 20	50 44	51 7	51 30	51 53	52 15	52 37	53 0
34	49 13	49 38	50 2	50 27	50 51	51 15	51 39	52 2	52 25	52 48	53 11
35	49 18	49 44	50 9	50 34	50 59	51 24	51 48	52 12	52 36	53 0	53 23
36	49 23	49 50	50 16	50 42	51 8	51 33	51 58	52 23	52 48	53 12	53 36
37	49 30	49 57	50 24	50 51	51 17	51 43	52 9	52 35	53 0	53 25	53 50
38	49 37	50 5	50 33	51 0	51 27	51 54	52 20	52 47	53 13	53 38	54 4
39	49 45	50 14	50 42	51 10	51 38	52 5	52 32	52 59	53 26	53 52	54 19
40	49 53	50 23	50 52	51 21	51 49	52 17	52 45	53 13	53 40	54 7	54 34
41	50 2	50 33	51 2	51 32	52 1	52 30	52 59	53 27	53 55	54 23	54 50
42	50 12	50 43	51 13	51 44	52 14	52 43	53 13	53 42	54 10	54 39	55 7
43	50 22	50 54	51 25	51 56	52 27	52 57	53 27	53 57	54 26	54 56	55 24
44	50 33	51 6	51 38	52 10	52 41	53 12	53 43	54 13	54 43	55 13	55 42
45	50 45	51 18	51 51	52 24	52 56	53 27	53 59	54 30	55 0	55 31	56 1
46	50 58	51 32	52 5	52 38	53 11	53 43	54 15	54 47	55 19	55 50	56 21
47	51 11	51 46	52 20	52 54	53 27	54 0	54 33	55 5	55 38	56 9	56 41
48	51 25	52 0	52 35	53 10	53 44	54 18	54 51	55 24	55 57	56 30	57 2
49	51 40	52 16	52 51	53 27	54 2	54 36	55 10	55 44	56 17	56 51	57 23
50	51 55	52 32	53 8	53 44	54 20	54 55	55 30	56 4	56 38	57 12	57 46
51	52 11	52 49	53 26	54 3	54 39	55 15	55 50	56 25	57 0	57 34	58 9
52	52 28	53 7	53 44	54 22	54 59	55 35	56 11	56 47	57 22	57 57	58 32
53	52 46	53 25	54 4	54 42	55 19	55 56	56 33	57 9	57 45	58 21	58 57
54	53 5	53 44	54 24	55 3	55 41	56 18	56 56	57 33	58 9	58 46	59 22
55	53 24	54 4	54 44	55 24	56 3	56 41	57 19	57 57	58 34	59 11	59 48
56	53 44	54 25	55 6	55 46	56 26	57 5	57 43	58 21	58 59	59 37	60 14
57	54 5	54 47	55 28	56 9	56 49	57 29	58 8	58 47	59 25	60 4	60 41
58	54 27	55 9	55 51	56 33	57 14	57 54	58 34	59 13	59 52	60 31	61 10
59	54 49	55 33	56 15	56 57	57 39	58 20	59 0	59 40	60 20	60 59	61 38
60	55 13	55 57	56 40	57 23	58 5	58 46	59 27	60 8	60 48	61 28	62 8

Oxford. Breite 51° 49′ 58″ N   Länge 1° 32′ 47″ W

Längen-Unterschied	Azimut										
	80°	81°	82°	83°	84°	85°	86°	87°	88°	89°	90°
	Breite										
2°	51°38′	51°39′	51°41′	51°42′	51°43′	51°45′	51°46′	51°47′	51°48′	51°50′	51°51′
4	51 28	51 31	51 33	51 36	51 39	51 41	51 44	51 46	51 49	51 52	51 54
6	51 20	51 24	51 28	51 32	51 36	51 40	51 44	51 48	51 51	51 55	51 59
8	51 14	51 19	51 25	51 30	51 35	51 40	51 46	51 51	51 56	52 1	52 6
10	51 10	51 17	51 23	51 30	51 36	51 43	51 49	51 56	52 2	52 9	52 15
11	51 9	51 16	51 23	51 31	51 38	51 45	51 52	52 0	52 7	52 14	52 21
12	51 8	51 16	51 24	51 32	51 40	51 48	51 56	52 4	52 11	52 19	52 27
13	51 8	51 17	51 25	51 34	51 43	51 51	52 0	52 8	52 16	52 25	52 33
14	51 9	51 18	51 27	51 36	51 46	51 55	52 4	52 13	52 22	52 31	52 40
15	51 9	51 19	51 29	51 39	51 49	51 59	52 9	52 18	52 28	52 38	52 48
16	51 11	51 21	51 32	51 43	51 53	52 4	52 14	52 24	52 35	52 45	52 56
17	51 13	51 24	51 35	51 47	51 58	52 9	52 20	52 31	52 42	52 53	53 4
18	51 15	51 27	51 39	51 51	52 3	52 15	52 26	52 38	52 50	53 2	53 13
19	51 18	51 31	51 44	51 56	52 9	52 21	52 33	52 46	52 58	53 11	53 22
20	51 22	51 35	51 49	52 2	52 15	52 28	52 41	52 54	53 7	53 20	53 33
21	51 26	51 40	51 54	52 8	52 22	52 35	52 49	53 3	53 16	53 30	53 44
22	51 31	51 45	52 0	52 15	52 29	52 43	52 58	53 12	53 26	53 41	53 55
23	51 36	51 51	52 7	52 22	52 37	52 52	53 7	53 22	53 37	53 52	54 7
24	51 42	51 58	52 14	52 30	52 45	53 1	53 17	53 32	53 48	54 4	54 19
25	51 48	52 5	52 21	52 38	52 54	53 11	53 27	53 43	54 0	54 16	54 32
26	51 55	52 12	52 30	52 47	53 4	53 21	53 38	53 55	54 12	54 29	54 46
27	52 2	52 20	52 38	52 56	53 14	53 32	53 49	54 7	54 25	54 42	55 0
28	52 10	52 29	52 48	53 6	53 25	53 43	54 1	54 20	54 38	54 56	55 14
29	52 19	52 39	52 58	53 17	53 36	53 55	54 14	54 33	54 52	55 10	55 30
30	52 28	52 49	53 8	53 28	53 48	54 8	54 27	54 47	55 6	55 26	55 46
31	52 38	52 59	53 19	53 40	54 0	54 21	54 41	55 1	55 21	55 42	56 2
32	52 49	53 10	53 31	53 52	54 13	54 35	54 55	55 16	55 37	55 58	56 19
33	53 0	53 22	53 44	54 5	54 27	54 49	55 10	55 32	55 54	56 15	56 37
34	53 11	53 34	53 57	54 19	54 42	55 4	55 26	55 48	56 11	56 33	56 55
35	53 23	53 46	54 10	54 33	54 57	55 20	55 42	56 5	56 28	56 51	57 14
36	53 36	54 0	54 24	54 48	55 12	55 36	55 59	56 23	56 46	57 10	57 33
37	53 50	54 15	54 39	55 4	55 28	55 52	56 17	56 41	57 5	57 29	57 53
38	54 4	54 29	54 55	55 20	55 45	56 10	56 35	57 0	57 24	57 49	58 14
39	54 19	54 45	55 11	55 37	56 2	56 28	56 53	57 19	57 44	58 10	58 35
40	54 34	55 1	55 28	55 54	56 20	56 47	57 13	57 39	58 5	58 31	58 57
41	54 50	55 18	55 45	56 12	56 39	57 6	57 33	58 0	58 26	58 53	59 19
42	55 7	55 35	56 3	56 31	56 58	57 26	57 53	58 21	58 48	59 15	59 43
43	55 24	55 53	56 22	56 50	57 18	57 47	58 15	58 43	59 11	59 39	60 7
44	55 42	56 12	56 41	57 10	57 39	58 8	58 37	59 5	59 34	60 3	60 31
45	56 1	56 31	57 1	57 31	58 1	58 30	58 59	59 29	59 58	60 27	60 56
46	56 21	56 51	57 22	57 52	58 23	58 53	59 23	59 53	60 22	60 52	61 22
47	56 41	57 12	57 43	58 14	58 45	59 16	59 47	60 17	60 48	61 18	61 48
48	57 2	57 34	58 5	58 37	59 9	59 40	60 11	60 42	61 14	61 45	62 15
49	57 23	57 56	58 28	59 1	59 33	60 5	60 37	61 8	61 40	62 12	62 43
50	57 46	58 19	58 52	59 25	59 57	60 30	61 3	61 35	62 7	62 40	63 12
51	58 9	58 42	59 16	59 50	60 23	60 56	61 29	62 2	62 35	63 8	63 41
52	58 32	59 7	59 41	60 15	60 49	61 23	61 57	62 30	63 4	63 37	64 11
53	58 57	59 32	60 7	60 41	61 16	61 50	62 25	62 59	63 33	64 7	64 41
54	59 22	59 58	60 33	61 8	61 44	62 18	62 53	63 28	64 3	64 38	65 12
55	59 48	60 24	61 0	61 36	62 12	62 47	63 23	63 58	64 34	65 9	65 44
56	60 14	60 51	61 28	62 4	62 41	63 17	63 53	64 29	65 5	65 41	66 16
57	60 41	61 19	61 56	62 33	63 10	63 47	64 24	65 0	65 37	66 13	66 49
58	61 10	61 48	62 26	63 3	63 41	64 18	64 55	65 32	66 9	66 46	67 23
59	61 38	62 17	62 56	63 34	64 12	64 50	65 27	66 5	66 43	67 20	67 58
60	62 8	62 47	63 26	64 5	64 44	65 22	66 0	66 39	67 17	67 55	68 33

Oxford. Breite 51° 49' 58" N   Länge 1° 32' 47" W

Breite	Azimut										
	90°	**91°**	**92°**	**93°**	**94°**	**95°**	**96°**	**97°**	**98°**	**99°**	**100°**
	Längen-Unterschied										
54°	22°26'	21°13'	20° 5'	19° 1'	18° 0'	17° 3'	16° 9'	15°19'	14°33'	13°49'	13° 8'
55	27 1	25 50	24 41	23 35	22 33	21 33	20 37	19 43	18 52	18 3	17 17
56	30 53	29 42	28 34	27 28	26 24	25 23	24 25	23 29	22 35	21 44	20 55
57	34 17	33 7	31 59	30 53	29 49	28 47	27 47	26 50	25 54	25 2	24 10
58	37 21	36 11	35 3	33 57	32 53	31 51	30 51	29 52	28 56	28 2	27 9
59	40 9	38 59	37 52	36 46	35 42	34 40	33 39	32 40	31 43	30 48	29 54
60	42 44	41 35	40 28	39 23	38 19	37 17	36 16	35 16	34 18	33 22	32 27
61	45 9	44 1	42 55	41 50	40 46	39 43	38 42	37 43	36 45	35 48	34 52
62	47 26	46 18	45 12	44 8	43 4	42 2	41 1	40 1	39 2	38 5	37 9
63	49 35	48 29	47 23	46 18	45 15	44 13	43 12	42 12	41 13	40 16	39 19
64	51 39	50 32	49 27	48 23	47 20	46 18	45 17	44 17	43 18	42 20	41 23
65	53 37	52 31	51 26	50 22	49 20	48 18	47 17	46 17	45 18	44 20	43 23
66	55 30	54 25	53 20	52 17	51 14	50 12	49 12	48 12	47 12	46 14	45 17
67	57 19	56 14	55 10	54 7	53 5	52 3	51 2	50 2	49 3	48 5	47 7
68	59 4	58 0	56 56	55 53	54 51	53 50	52 49	51 49	50 50	49 52	48 54
69	60 46	59 42	58 39	57 36	56 34	55 33	54 33	53 33	52 34	51 35	50 38
70	62 25	61 21	60 18	59 16	58 15	57 14	56 13	55 13	54 14	53 16	52 18

Breite	Azimut										
	100°	**101°**	**102°**	**103°**	**104°**	**105°**	**106°**	**107°**	**108°**	**109°**	**110°**
	Längen-Unterschied										
54°	13° 8'	12°30'	11°54'	11°21'	10°49'	10°20'	9°53'	9°27'	9° 3'	8°41'	8°19'
55	17 17	16 34	15 53	15 14	14 37	14 2	13 29	12 57	12 28	11 59	11 33
56	20 55	20 8	19 23	18 41	18 0	17 21	14 44	16 8	15 34	15 1	14 30
57	24 10	23 21	22 34	21 48	21 4	20 22	19 42	19 3	18 26	17 50	17 16
58	27 9	26 18	25 28	24 41	23 55	23 11	22 28	21 46	21 6	20 28	19 50
59	29 54	29 1	28 10	27 21	26 33	25 47	25 2	24 19	23 37	22 56	22 16
60	32 27	31 34	30 42	29 52	29 3	28 15	27 28	26 43	25 59	25 16	24 35
61	34 52	33 58	33 5	32 13	31 23	30 34	29 46	29 0	28 14	27 30	26 47
62	37 9	36 14	35 20	34 28	33 37	32 47	31 58	31 10	30 23	29 38	28 53
63	39 19	38 24	37 30	36 36	35 44	34 53	34 3	33 15	32 27	31 40	30 54
64	41 23	40 28	39 33	38 39	37 46	36 55	36 4	35 14	34 25	33 38	32 51
65	43 23	42 26	41 31	40 37	39 44	38 51	38 0	37 9	36 20	35 31	34 43
66	45 17	44 21	43 25	42 30	41 37	40 44	39 52	39 0	38 10	37 20	36 32
67	47 7	46 11	45 15	44 20	43 26	42 32	41 40	40 48	39 57	39 6	38 17
68	48 54	47 57	47 1	46 6	45 11	44 17	43 24	42 31	41 40	40 49	39 59
69	50 38	49 41	48 44	47 49	46 54	45 59	45 6	44 13	43 21	42 29	41 38
70	52 18	51 21	50 24	49 28	48 33	47 38	46 44	45 51	44 58	44 6	43 15

Breite	Azimut										
	110°	**111°**	**112°**	**113°**	**114°**	**115°**	**116°**	**117°**	**118°**	**119°**	**120°**
	Längen-Unterschied										
54°	8°19'	7°59'	7°40'	7°23'	7° 6'	6°50'	6°35'	6°20'	6° 7'	5°54'	5°41'
55	11 33	11 7	10 43	10 20	9 58	9 37	9 17	8 58	8 40	8 22	8 5
56	14 30	14 1	13 32	13 5	12 39	12 14	11 50	11 27	11 5	10 43	10 23
57	17 16	16 42	16 11	15 40	15 10	14 42	14 14	13 48	13 22	12 58	12 34
58	19 50	19 14	18 39	18 5	17 32	17 2	16 32	16 3	15 34	15 7	14 40
59	22 16	21 38	21 1	20 25	19 50	19 16	18 43	18 11	17 41	17 11	16 42
60	24 35	23 54	23 15	22 37	22 0	21 24	20 49	20 15	19 42	19 10	18 38
61	26 47	26 5	25 24	24 44	24 5	23 27	22 50	22 14	21 39	21 5	20 31
62	28 53	28 9	27 27	26 45	26 5	25 25	24 46	24 9	23 32	22 56	22 20
63	30 54	30 9	29 25	28 42	28 0	27 19	26 39	26 0	25 21	24 43	24 6
64	32 51	32 5	31 20	30 35	29 52	29 9	28 28	27 47	27 7	26 27	25 49
65	34 43	33 56	33 10	32 24	31 40	30 56	30 13	29 31	28 50	28 9	27 29
66	36 32	35 44	34 56	34 10	33 24	32 39	31 55	31 12	30 29	29 47	29 6
67	38 17	37 28	36 40	35 53	35 6	34 20	33 35	32 50	32 6	31 23	30 41
68	39 59	39 9	38 20	37 32	36 45	35 58	35 12	34 26	33 41	32 57	32 13
69	41 38	40 48	39 58	39 9	38 21	37 33	36 46	35 59	35 13	34 28	33 43
70	43 15	42 24	41 34	40 44	39 55	39 6	38 18	37 31	36 44	35 58	35 12

Oxford. Breite 51° 49' 58" N   Länge 1° 32' 47" W.

Breite	| Azimut										
	120°	121°	122°	123°	124°	125°	126°	127°	128°	129°	130°
	Längen-Unterschied										
54°	5°41'	5°29'	5°18'	5° 7'	4°57'	4°47'	4°37'	4°28'	4°19'	4°11'	4° 3'
55	8 5	7 48	·7 33	7 18	7 4	6 51	6 38	6 25	6 13	6 1	5 49
56	10 23	10 3	9 44	9 26	9 8	8 51	8 35	8 19	8 3	7 48	7 34
57	12 34	12 11	11 49	11 28	11 7	10 47	10 28	10 9	9 50	9 32	9 15
58	14 40	14 14	13 49	13 25	13 2	12 39	12 17	11 55	11 34	11 13	10 54
59	16 42	16 14	15 47	15 20	14 53	14 27	14 3	13 39	13 15	12 52	12 30
60	18 38	18 8	17 38	17 9	16 40	16 13	15 46	15 19	14 53	14 28	14 4
61	20 31	19 59	19 27	18 56	18 25	17 55	17 26	16 57	16 29	16 2	15 36
62	22 20	21 46	21 12	20 39	20 6	19 35	19 4	18 33	18 3	17 34	17 6
63	24 6	23 30	22 55	22 20	21 46	21 12	20 39	20 6	19 34	19 3	18 33
64	25 49	25 11	24 34	23 57	23 21	23 46	22 12	21 38	21 5	20 32	20 0
65	27 29	26 50	26 12	25 34	24 56	24 19	23 43	23 8	22 33	21 58	21 24
66	29 6	28 25	27 45	27 6	26 27	25 49	25 11	24 34	23 58	23 22	22 47
67	30 41	29 59	29 18	28 37	27 56	27 17	26 38	26 0	25 22	24 45	24 8
68	32 13	31 30	30 48	30 6	29 24	28 43	28 3	27 23	26 44	26 5	25 27
69	33 43	32 59	32 15	31 33	30 49	30 7	29 26	28 45	28 5	27 25	26 45
70	35 12	34 27	33 42	32 58	32 14	31 31	30 48	30 6	29 24	28 43	28 2

Breite	| Azimut										
	130°	131°	132°	133°	134°	135°	136°	137°	138°	139°	140°
	Längen-Unterschied										
54°	4° 3'	3°55'	3°47'	3°40'	3°33'	3°26'	3°19'	3°12'	3° 6'	3° 0'	2°54'
55	5 49	5 38	5 27	5 17	5 7	4 57	4 47	4 38	4 29	4 20	4 12
56	7 34	7 20	7 6	6 53	6 40	6 27	6 15	6 3	5 51	5 40	5 29
57	9 15	8 58	8 42	8 26	8 10	7 55	7 40	7 25	7 11	6 58	6 45
58	10 54	10 34	10 15	9 57	9 39	9 21	9 4	8 47	8 31	8 15	7 59
59	12 30	12 8	11 47	11 26	11 6	10 46	10 27	10 8	9 49	9 31	9 13
60	14 4	13 40	13 17	12 54	12 31	12 9	11 48	11 27	11 6	10 45	10 25
61	15 36	15 10	14 44	14 19	13 54	13 30	13 7	12 44	12 21	11 59	11 37
62	17 6	16 38	16 10	15 43	15 17	14 51	14 25	14 0	13 35	13 11	12 47
63	18 33	18 3	17 34	17 5	16 37	16 9	15 42	15 15	14 48	14 22	13 57
64	20 0	19 28	18 57	18 26	17 56	17 26	16 57	16 28	16 0	15 32	15 5
65	21 24	20 51	20 18	19 46	19 14	18 43	18 12	17 42	17 12	16 42	16 13
66	22 47	22 12	21 37	21 3	20 30	19 57	19 25	18 53	18 21	17 50	17 19
67	24 8	23 32	22 56	22 21	21 46	21 11	20 37	20 3	19 30	18 57	18 24
68	25 27	24 49	24 12	23 35	22 59	22 23	21 47	21 12	20 37	20 3	19 29
69	26 45	26 6	25 27	24 49	24 11	23 34	22 57	22 21	21 45	21 9	20 33
70	28 2	27 22	26 42	26 2	25 23	24 44	24 6	23 28	22 50	22 13	21 36

Breite	| Azimut										
	140°	141°	142°	143°	144°	145°	146°	147°	148°	149°	150°
	Längen-Unterschied										
54°	2°54'	2°48'	2°42'	2°36'	2°31'	2°25'	2°20'	2°15'	2°10'	2° 5'	2° 1'
55	4 12	4 4	3 56	3 48	3 40	3 32	3 24	3 16	3 9	3 2	2 55
56	5 29	5 18	5 7	4 57	4 47	4 37	4 27	4 17	4 8	3 59	3 50
57	6 45	6 32	6 19	6 6	5 53	5 41	5 29	5 17	5 6	4 55	4 44
58	7 59	7 44	7 29	7 14	7 0	6 45	6 31	6 17	6 4	5 51	5 38
59	9 13	8 56	8 39	8 22	8 5	7 48	7 32	7 16	7 0	6 45	6 30
60	10 25	10 6	9 47	9 28	9 9	8 51	8 33	8 15	7 57	7 40	7 23
61	11 37	11 16	10 55	10 34	10 13	9 52	9 32	9 12	8 53	8 34	8 15
62	12 47	12 24	12 1	11 38	11 15	10 53	10 31	10 10	9 49	9 28	9 7
63	13 57	13 32	13 7	12 42	12 18	11 54	11 30	11 7	10 44	10 21	9 58
64	15 5	14 38	14 11	13 45	13 19	12 53	12 28	12 3	11 38	11 13	10 49
65	16 13	15 44	15 16	14 48	14 20	13 52	13 25	12 58	12 31	12 5	11 39
66	17 19	16 38	16 18	15 49	15 19	14 50	14 21	13 53	13 25	12 57	12 29
67	18 24	17 52	17 21	16 50	16 19	15 48	15 17	14 47	14 18	13 48	13 18
68	19 29	18 55	18 22	17 49	17 17	16 44	16 12	15 9	14 38	14 7	—
69	20 33	19 58	19 23	18 48	18 14	17 40	17 7	16 33	16 1	15 28	14 56
70	21 36	20 59	20 23	19 47	19 11	18 36	18 1	17 26	16 52	16 17	15 43

Oxford. Breite 51° 49' 58" N Länge 1° 32' 47" W

Breite	Azimut										
	150°	151°	152°	153°	154°	155°	156°	157°	158°	159°	160°
	Längen-Unterschied										
54°	2° 1'	1°56'	1°51'	1°47'	1°42'	1°38'	1°33'	1°29'	1°25'	1°20'	1°16'
55	2 55	2 49	2 42	2 35	2 29	2 23	2 16	2 10	2 4	1 57	1 51
56	3 50	3 41	3 32	3 23	3 15	3 7	2 58	2 50	2 42	2 34	2 26
57	4 44	4 33	4 22	4 11	4 1	3 51	3 41	3 31	3 21	3 11	3 1
58	5 38	5 25	5 12	4 59	4 47	4 35	4 23	4 11	3 59	3 47	3 36
59	6 30	6 16	6 1	5 47	5 33	5 19	5 5	4 51	4 37	4 23	4 10
60	7 23	7 6	6 50	6 34	6 18	6 2	5 46	5 30	5 15	4 59	4 44
61	8 15	7 57	7 39	7 21	7 3	6 45	6 27	6 10	5 53	5 35	5 18
62	9 7	8 47	8 27	8 7	7 47	7 28	7 8	6 49	6 30	6 11	5 52
63	9 58	9 36	9 14	8 53	8 31	8 10	7 49	7 28	7 7	6 47	6 26
64	10 49	10 25	10 1	9 38	9 15	8 52	8 29	8 6	7 44	7 22	7 0
65	11 39	11 14	10 48	10 23	9 58	9 33	9 9	8 45	8 21	7 57	7 33
66	12 29	12 2	11 35	11 8	10 41	10 14	9 49	9 23	8 57	8 31	8 6
67	13 18	12 49	12 21	11 52	11 23	10 55	10 28	10 1	9 33	9 6	8 39
68	14 7	13 36	13 6	12 36	12 6	11 36	11 7	10 38	10 9	9 40	9 11
69	14 56	14 23	13 51	13 20	12 48	12 17	11 46	11 15	10 45	10 14	9 44
70	15 43	15 9	14 36	14 3	13 30	12 57	12 25	11 52	11 20	10 48	10 16

Breite	Azimut										
	160°	161°	162°	163°	164°	165°	166°	167°	168°	169°	170°
	Längen-Unterschied										
54°	1°16'	1°12'	1° 8'	1° 4'	1° 0'	0°56'	0°52'	0°48'	0°45'	0°41'	0°37'
55	1 51	1 45	1 40	1 34	1 28	1 23	1 17	1 11	1 6	1 0	0 54
56	2 26	2 18	2 11	2 3	1 55	1 48	1 41	1 33	1 26	1 18	1 11
57	3 1	2 51	2 42	2 33	2 23	2 14	2 5	1 55	1 46	1 37	1 28
58	3 36	3 24	3 13	3 2	2 51	2 39	2 28	2 17	2 7	1 56	1 45
59	4 10	3 57	3 44	3 31	3 18	3 5	2 52	2 39	2 27	2 14	2 2
60	4 44	4 29	4 14	3 59	3 45	3 30	3 16	3 1	2 47	2 32	2 18
61	5 18	5 1	4 45	4 28	4 12	3 56	3 40	3 23	3 7	2 51	2 35
62	5 52	5 33	5 15	4 57	4 39	4 21	4 3	3 45	3 28	3 10	2 52
63	6 26	6 6	5 46	5 26	5 6	4 46	4 27	4 7	3 48	3 29	3 9
64	7 0	6 38	6 16	5 54	5 33	5 11	4 50	4 29	4 8	3 47	3 26
65	7 33	7 9	6 46	6 22	6 0	5 36	5 13	4 50	4 28	4 5	3 43
66	8 6	7 40	7 15	6 50	6 26	6 1	5 36	5 11	4 47	4 23	3 59
67	8 39	8 11	7 45	7 18	6 52	6 26	5 59	5 33	5 7	4 41	4 16
68	9 11	8 42	8 14	7 46	7 18	6 50	6 22	5 54	5 27	4 59	4 32
69	9 44	9 13	8 44	8 14	7 44	7 14	6 45	6 15	5 46	5 17	5 4
70	10 16	9 44	9 13	8 41	8 10	7 38	7 7	6 36	6 6	5 35	5 4

Breite	Azimut										
	170°	171°	172°	173°	174°	175°	176°	177°	178°	179°	180°
	Längen-Unterschied										
54°	0°37'	0°33'	0°30'	0°26'	0°22'	0°18'	0°15'	0°11'	0° 7'	0° 4'	0° 0'
55	0 54	0 49	0 44	0 38	0 33	0 27	0 22	0 16	0 11	0 6	0 0
56	1 11	1 4	0 57	0 50	0 43	0 35	0 28	0 21	0 14	0 7	0 0
57	1 28	1 19	1 11	1 2	0 53	0 44	0 35	0 26	0 18	0 9	0 0
58	1 45	1 34	1 24	1 13	1 3	0 52	0 42	0 31	0 21	0 10	0 0
59	2 2	1 49	1 38	1 25	1 13	1 1	0 49	0 36	0 25	0 12	0 0
60	2 18	2 4	1 51	1 37	1 23	1 9	0 55	0 41	0 28	0 14	0 0
61	2 35	2 20	2 5	1 49	1 33	1 18	1 2	0 46	0 31	0 16	0 0
62	2 52	2 35	2 18	2 0	1 43	1 26	1 9	0 51	0 34	0 17	0 0
63	3 9	2 50	2 31	2 12	1 53	1 34	1 16	0 56	0 38	0 19	0 0
64	3 26	3 5	2 44	2 23	2 3	1 42	1 22	1 1	0 41	0 20	0 0
65	3 43	3 20	2 58	2 35	2 13	1 51	1 29	1 6	0 45	0 22	0 0
66	3 59	3 35	3 11	2 47	2 23	1 59	1 35	1 11	0 48	0 24	0 0
67	4 16	3 50	3 24	2 58	2 33	2 7	1 42	1 16	0 51	0 26	0 0
68	4 32	4 4	3 37	3 9	2 42	2 15	1 48	1 21	0 54	0 27	0 0
69	4 48	4 19	3 50	3 21	2 52	2 23	1 55	1 26	0 58	0 29	0 0
70	5 4	4 33	4 3	3 32	3 2	2 31	2 1	1 31	1 1	0 30	0 0

Breite	Azimut										
	0⁰	1⁰	2⁰	3⁰	4⁰	5⁰	6⁰	7⁰	8⁰	9⁰	10⁰
	Längen-Unterschied										
30⁰	0⁰ 0′	0⁰30′	0⁰59′	1⁰29′	1⁰58′	2⁰28′	2⁰58′	3⁰28′	3⁰58′	4⁰29′	4⁰59′
31	0 0	0 28	0 56	1 24	1 52	2 20	2 49	3 17	3 46	4 15	4 44
32	0 0	0 26	0 53	1 20	1 46	2 13	2 40	3 6	3 34	4 1	4 28
33	0 0	0 25	0 50	1 15	1 40	2 5	2 30	2 56	3 21	3 47	4 13
34	0 0	0 23	0 47	1 10	1 34	1 57	2 21	2 45	3 9	3 33	3 57
35	0 0	0 22	0 44	1 6	1 28	1 50	2 12	2 34	2 56	3 19	3 42
36	0 0	0 20	0 41	1 1	1 21	1 42	2 2	2 23	2 44	3 5	3 26
37	0 0	0 19	0 38	0 56	1 15	1 34	1 53	2 12	2 31	2 51	3 10
38	0 0	0 17	0 34	0 52	1 9	1 26	1 44	2 1	2 19	2 36	2 54
39	0 0	0 16	0 31	0 47	1 3	1 18	1 34	1 50	2 6	2 22	2 38
40	0 0	0 14	0 28	0 42	0 56	1 11	1 25	1 39	1 53	2 8	2 22
41	0 0	0 13	0 25	0 37	0 50	1 3	1 15	1 28	1 41	1 53	2 6
42	0 0	0 11	0 22	0 33	0 44	0 55	1 6	1 17	1 28	1 39	1 50
43	0 0	0 9	0 18	0 28	0 37	0 47	0 56	1 6	1 15	1 25	1 34
44	0 0	0 8	0 15	0 23	0 31	0 39	0 47	0 54	1 2	1 10	1 18
45	0 0	0 6	0 12	0 18	0 25	0 31	0 37	0 43	0 50	0 56	1 2
46	0 0	0 5	0 9	0 14	0 18	0 23	0 27	0 32	0 37	0 41	0 46
47	0 0	0 3	0 6	0 9	0 12	0 15	0 18	0 21	0 24	0 27	0 30
48	0 0	0 1	0 3	0 4	0 6	0 7	0 8	0 10	0 11	0 12	0 14

Breite	Azimut										
	10⁰	11⁰	12⁰	13⁰	14⁰	15⁰	16⁰	17⁰	18⁰	19⁰	20⁰
	Längen-Unterschied										
30⁰	4⁰59′	5⁰30′	6⁰ 2′	6⁰33′	7⁰ 5′	7⁰38′	8⁰11′	8⁰45′	9⁰19′	9⁰53′	10⁰29′
31	4 44	5 13	5 43	6 13	6 43	7 14	7 46	8 17	8 50	9 22	9 56
32	4 28	4 56	5 24	5 53	6 21	6 51	7 20	7 50	8 20	8 51	9 23
33	4 13	4 39	5 6	5 32	5 59	6 27	6 54	7 23	7 51	8 20	8 50
34	3 57	4 22	4 47	5 12	5 37	6 3	6 29	6 55	7 22	7 49	8 17
35	3 42	4 4	4 28	4 51	5 15	5 39	6 3	6 27	6 52	7 18	7 44
36	3 26	3 47	4 9	4 30	4 52	5 14	5 37	6 0	6 23	6 46	7 10
37	3 10	3 30	3 49	4 9	4 30	4 50	5 11	5 32	5 53	6 15	6 37
38	2 54	3 12	3 30	3 49	4 7	4 26	4 45	5 4	5 23	5 43	6 3
39	2 38	2 55	3 11	3 28	3 44	4 1	4 19	4 36	4 54	5 12	5 30
40	2 22	2 37	2 52	3 7	3 22	3 37	3 52	4 8	4 24	4 40	4 56
41	2 6	2 19	2 32	2 46	2 59	3 13	3 26	3 40	3 54	4 8	4 23
42	1 50	2 2	2 13	2 25	2 36	2 48	3 0	3 12	3 24	3 37	3 49
43	1 34	1 44	1 54	2 4	2 13	2 24	2 34	2 44	2 54	3 5	3 16
44	1 18	1 26	1 34	1 42	1 51	1 59	2 7	2 16	2 25	2 33	2 42
45	1 2	1 9	1 15	1 21	1 28	1 35	1 41	1 48	1 55	2 2	2 9
46	0 46	0 51	0 55	1 0	1 5	1 10	1 15	1 20	1 25	1 30	1 35
47	0 30	0 33	0 36	0 39	0 43	0 46	0 49	0 52	0 55	0 59	1 2
48	0 14	0 15	0 17	0 18	0 20	0 21	0 22	0 24	0 26	0 27	0 29

61

Breite	Azimut										
	20°	**21°**	**22°**	**23°**	**24°**	**25°**	**26°**	**27°**	**28°**	**29°**	**30°**
	Längen-Unterschied										
30	10°29′	11° 5′	11°42′	12°19′	12°58′	13°38′	14°19′	15° 1′	15°44′	16°29′	17°15′
31	9 56	10 30	11 5	11 41	12 17	12 55	13 33	14 13	14 54	15 36	16 20
32	9 23	9 55	10 28	11 2	11 36	12 11	12 48	13 25	14 3	14 43	15 24
33	8 50	9 20	9 51	10 22	10 55	11 28	12 2	12 37	13 13	13 50	14 28
34	8 17	8 45	9 14	9 43	10 13	10 44	11 16	11 48	12 22	12 56	13 32
35	7 44	8 10	8 37	9 4	9 32	10 1	10 30	11 0	11 31	12 3	12 36
36	7 10	7 34	7 59	8 25	8 50	9 17	9 44	10 12	10 41	11 10	11 40
37	6 37	6 59	7 22	7 45	8 9	8 34	8 58	9 24	9 50	10 17	10 45
38	6 3	6 24	6 45	7 6	7 28	7 50	8 13	8 36	8 59	9 24	9 49
39	5 30	5 48	6 7	6 26	6 46	7 6	7 27	7 48	8 9	8 31	8 54
40	4 56	5 13	5 30	5 47	6 5	6 22	6 41	6 59	7 19	7 38	7 58
41	4 23	4 37	4 52	5 7	5 23	5 39	5 55	6 11	6 28	6 46	7 3
42	3 49	4 2	4 15	4 28	4 42	4 55	5 9	5 24	5 38	5 53	6 9
43	3 16	3 26	3 37	3 49	4 0	4 12	4 24	4 36	4 48	5 1	5 14
44	2 42	2 51	3 0	3 9	3 19	3 29	3 38	3 48	3 59	4 9	4 20
45	2 9	2 16	2 23	2 30	2 38	2 45	2 53	3 1	3 9	3 17	3 26
46	1 35	1 41	1 46	1 51	1 57	2 2	2 8	2 14	2 20	2 26	2 32
47	1 2	1 5	1 9	1 12	1 16	1 19	1 23	1 27	1 31	1 35	1 38
48	0 29	0 30	0 32	0 33	0 35	0 36	0 38	0 40	0 42	0 43	0 45

Breite	Azimut										
	30°	**31°**	**32°**	**33°**	**34°**	**35°**	**36°**	**37°**	**38°**	**39°**	**40°**
	Längen-Unterschied										
30	17°15′	18° 4′	18°54′	19°46′	20°41′	21°38′	22°38′	23°42′	24°50′	26° 2′	27°20′
31	16 20	17 5	17 52	18 41	19 32	20 26	21 22	22 22	23 25	24 31	25 43
32	15 24	16 6	16 50	17 36	18 24	19 14	20 6	21 2	22 0	23 1	24 7
33	14 28	15 7	15 49	16 32	17 16	18 2	18 51	19 42	20 35	21 32	22 33
34	13 32	14 9	14 47	15 27	16 8	16 50	17 35	18 22	19 12	20 4	20 59
35	12 36	13 10	13 45	14 22	15 0	15 39	16 20	17 3	17 49	18 36	19 27
36	11 40	12 12	12 44	13 17	13 52	14 28	15 6	15 45	16 27	17 10	17 55
37	10 45	11 13	11 43	12 13	12 45	13 18	13 52	14 28	15 5	15 44	16 25
38	9 49	10 15	10 42	11 9	11 38	12 8	12 39	13 11	13 44	14 19	14 56
39	8 54	9 17	9 41	10 6	10 32	10 58	11 26	11 54	12 24	12 55	13 28
40	7 58	8 19	8 41	9 3	9 26	9 49	10 13	10 39	11 5	11 32	12 1
41	7 3	7 22	7 40	8 0	8 20	8 40	9 2	9 24	9 47	10 10	10 36
42	6 9	6 24	6 41	6 57	7 14	7 32	7 50	8 9	8 29	8 49	9 11
43	5 14	5 27	5 41	5 55	6 10	6 25	6 40	6 56	7 12	7 29	7 47
44	4 20	4 31	4 42	4 53	5 5	5 18	5 30	5 43	5 56	6 10	6 25
45	3 26	3 34	3 43	3 52	4 1	4 11	4 21	4 31	4 41	4 52	5 3
46	2 32	2 38	2 45	2 51	2 58	3 5	3 12	3 20	3 27	3 35	3 43
47	1 38	1 43	1 47	1 51	1 55	2 0	2 4	2 9	2 14	2 19	2 24
48	0 45	0 47	0 49	0 51	0 53	0 55	0 57	0 59	1 2	1 4	1 6

Längen-Unter-schied	Azimut										
	40°	41°	42°	43°	44°	45°	46°	47°	48°	49°	50°
	Breite										
2°	47°18′	47°22′	47°25′	47°28′	47°30′	47°34′	47°36′	47°39′	47°41′	47°44′	47°46′
4	45 47	45 54	46 0	46 6	46 12	46 18	46 23	46 28	46 33	46 38	46 43
6	44 18	44 28	44 37	44 47	44 55	45 4	45 12	45 20	45 27	45 35	45 42
8	42 51	43 4	43 17	43 28	43 40	43 51	44 3	44 13	44 23	44 33	44 43
10	41 25	41 42	41 57	42 12	42 27	42 41	42 55	43 8	43 21	43 33	43 45
11	40 43	41 1	41 18	41 35	41 51	42 7	42 22	42 37	42 51	43 4	43 17
12	40 1	40 21	40 40	40 58	41 16	41 33	41 49	42 5	42 21	42 36	42 50
13	39 19	39 41	40 2	40 22	40 41	40 59	41 17	41 34	41 51	42 7	42 23
14	38 38	39 2	39 24	39 45	40 6	40 26	40 45	41 4	41 22	41 39	41 56
15	37 57	38 22	38 47	39 9	39 32	39 53	40 14	40 34	40 53	41 12	41 29
16	37 17	37 44	38 10	38 34	38 58	39 21	39 43	40 4	40 25	40 45	41 4
17	36 37	37 5	37 33	37 59	38 25	38 49	39 13	39 35	39 57	40 19	40 39
18	35 57	36 27	36 57	37 25	37 52	38 18	38 42	39 7	39 30	39 53	40 15
19	35 18	35 50	36 21	36 51	37 19	37 47	38 13	38 39	39 3	39 27	39 50
20	34 38	35 13	35 45	36 17	36 47	37 16	37 44	38 11	38 37	39 2	39 26
21	33 59	34 36	35 10	35 43	36 15	36 45	37 15	37 43	38 11	38 37	39 3
22	33 21	33 59	34 35	35 10	35 43	36 16	36 47	37 16	37 45	38 13	38 40
23	32 43	33 23	34 1	34 37	35 12	35 46	36 19	36 50	37 20	37 49	38 18
24	32 5	32 47	33 27	34 5	34 42	35 17	35 51	36 24	36 56	37 26	37 56
25	31 27	32 11	32 53	33 33	34 11	34 48	35 24	35 58	36 31	37 3	37 34
26	30 49	31 35	32 19	33 1	33 41	34 20	34 57	35 33	36 7	36 41	37 13
27	30 12	31 0	31 46	32 29	33 11	33 51	34 31	35 8	35 44	36 19	36 53
28	29 35	30 25	31 13	31 58	32 42	33 24	34 5	34 44	35 21	35 57	36 33
29			30 40	31 28	32 13	32 57	33 39	34 20	34 59	35 36	36 13
30			30 8	30 57	31 45	32 30	33 14	33 56	34 37	35 16	35 54
31			29 36	30 27	31 17	32 4	32 49	33 33	34 15	34 56	35 35
32			29 4	29 57	30 49	31 38	32 25	33 10	33 54	34 36	35 17
33					30 21	31 12	32 1	32 48	33 33	34 17	34 59
34					29 54	30 47	31 37	32 26	33 13	33 58	34 42
35					29 27	30 22	31 14	32 5	32 53	33 40	34 25
36					29 1	29 57	30 52	31 44	32 34	33 22	34 9
37							30 29	31 23	32 15	33 5	33 53
38							30 7	31 3	31 57	32 48	33 38
39							29 46	30 44	31 39	32 32	33 23
40							29 25	30 25	31 22	32 16	33 9
41									31 5	32 1	32 56
42									30 48	31 47	32 43
43									30 32	31 33	32 30
44									30 17	31 19	32 19
45									30 2	31 6	32 8
46									29 48	30 54	31 57

Längen-Unter-schied	Azimut										
	Breite										
	50°	51°	52°	53°	54°	55°	56°	57°	58°	59°	60°
2°	47°46'	47°49'	47°51'	47°53'	47°55'	47°57'	47°59'	48° 1'	48° 3'	48° 5'	48° 7'
4	46 43	46 48	46 52	46 57	47 1	47 5	47 9	47 13	47 17	47 21	47 25
6	45 42	45 49	45 56	46 2	46 9	46 15	46 21	46 27	46 33	46 39	46 44
8	44 43	44 52	45 1	45 10	45 18	45 27	45 35	45 43	45 51	45 58	46 6
10	43 45	43 57	44 8	44 19	44 30	44 41	44 51	45 1	45 10	45 20	45 29
11	43 17	43 30	43 43	43 55	44 7	44 18	44 29	44 40	44 51	45 2	45 12
12	42 50	43 4	43 18	43 31	43 44	43 56	44 8	44 20	44 32	44 44	44 54
13	42 23	42 38	42 53	43 7	43 21	43 35	43 48	44 1	44 14	44 26	44 38
14	41 56	42 13	42 29	42 44	42 59	43 14	43 28	43 42	43 56	44 9	44 22
15	41 29	41 48	42 5	42 21	42 38	42 54	43 9	43 24	43 39	43 53	44 7
16	41 4	41 23	41 42	41 59	42 17	42 34	42 50	43 6	43 22	43 37	43 52
17	40 39	40 59	41 19	41 38	41 56	42 14	42 32	42 49	43 5	43 22	43 38
18	40 15	40 36	40 56	41 16	41 36	41 55	42 14	42 32	42 49	43 7	43 24
19	39 50	40 13	40 35	40 56	41 16	41 37	41 56	42 15	42 34	42 52	43 10
20	39 26	39 50	40 13	40 36	40 57	41 19	41 39	41 59	42 19	42 38	42 57
21	39 3	39 27	39 52	40 16	40 39	41 1	41 23	41 44	42 5	42 25	42 45
22	38 40	39 6	39 32	39 57	40 21	40 44	41 7	41 29	41 51	42 12	42 33
23	38 18	38 45	39 12	39 38	40 3	40 28	40 52	41 15	41 38	42 0	42 22
24	37 56	38 25	38 53	39 20	39 46	40 12	40 37	41 1	41 25	41 48	42 11
25	37 34	38 4	38 34	39 2	39 29	39 56	40 22	40 58	41 13	41 37	42 1
26	37 13	37 44	38 15	38 44	39 13	39 41	40 8	40 45	41 1	41 26	41 51
27	36 53	37 25	37 57	38 28	38 58	39 27	39 55	40 23	40 50	41 16	41 42
28	36 33	37 7	37 39	38 11	38 42	39 13	39 42	40 11	40 39	41 6	41 33
29	36 13	36 48	37 22	37 55	38 28	38 59	39 30	40 0	40 29	40 57	41 25
30	35 54	36 30	37 6	37 40	38 14	38 46	39 18	39 49	40 19	40 48	41 17
31	35 35	36 13	36 50	37 26	38 0	38 34	39 7	39 39	40 10	40 40	41 10
32	35 17	35 56	36 34	37 11	37 47	38 22	38 56	39 29	40 2	40 33	41 4
33	34 59	35 40	36 19	36 58	37 35	38 11	38 46	39 20	39 54	40 26	40 58
34	34 42	35 24	36 5	36 44	37 23	38 0	38 36	39 12	39 46	40 20	40 53
35	34 25	35 9	35 51	36 32	37 11	37 50	38 27	39 4	39 40	40 14	40 48
36	34 9	34 54	35 37	36 20	37 1	37 40	38 19	38 57	39 33	40 9	40 44
37	33 53	34 40	35 25	36 8	36 50	37 31	38 11	38 50	39 28	40 5	40 41
38	33 38	34 26	35 12	35 57	36 41	37 23	38 4	38 44	39 23	40 1	40 38
39	33 23	34 13	35 1	35 47	36 32	37 15	37 58	38 39	39 19	39 58	40 36
40	33 9	34 0	34 50	35 37	36 23	37 8	37 52	38 34	39 15	39 55	40 35
41	32 56	33 48	34 39	35 28	36 15	37 2	37 46	38 30	39 12	39 54	40 34
42	32 43	33 37	34 29	35 20	36 8	36 56	37 42	38 26	39 10	39 52	40 34
43	32 30	33 26	34 20	35 12	36 2	36 50	37 38	38 24	39 8	39 52	40 35
44	32 19	33 16	34 11	35 4	35 56	36 46	37 35	38 22	39 8	39 52	40 36
45	32 8	33 6	34 3	34 58	35 51	36 42	37 32	38 20	39 7	39 53	40 38
46	31 57	32 57	33 56	34 52	35 46	36 39	37 30	38 20	39 8	39 55	40 41
47	31 47	32 49	33 49	34 47	35 43	36 37	37 29	38 20	39 9	39 57	40 44
48	31 38	32 42	33 43	34 42	35 40	36 35	37 29	38 21	39 11	40 0	40 49
49	31 30	32 35	33 38	34 39	35 37	36 34	37 29	38 22	39 14	40 4	40 54
50	31 22	32 29	33 34	34 36	35 36	36 34	37 30	38 25	39 18	40 9	41 0
51	31 15	32 24	33 30	34 34	35 35	36 35	37 32	38 28	39 23	40 15	41 7
52	31 9	32 19	33 27	34 33	35 36	36 36	37 35	38 32	39 28	40 22	41 14
53	31 3	32 16	33 25	34 31	35 36	36 39	37 39	38 37	39 34	40 29	41 23
54	30 59	32 13	33 24	34 32	35 38	36 42	37 44	38 43	39 41	40 37	41 32
55	30 55	32 11	33 24	34 34	35 41	36 46	37 49	38 50	39 49	40 47	41 43
56	30 52	32 10	33 24	34 36	35 45	36 51	37 56	38 58	39 58	40 57	41 54
57	30 50	32 10	33 26	34 39	35 50	36 57	38 3	39 7	40 8	41 8	42 6
58	30 49	32 10	33 28	34 43	35 55	37 5	38 11	39 16	40 19	41 20	42 19
59	30 49	32 12	33 31	34 48	36 2	37 13	38 21	39 27	40 31	41 33	42 33
60	30 50	32 15	33 36	34 54	36 9	37 22	38 31	39 39	40 44	41 47	42 48

64

Längen-Unter-schied	Azimut										
	60°	61°	62°	63°	64°	65°	66°	67°	68°	69°	70°
	Breite										
2°	48° 7′	48° 9′	48°11′	48°12′	48°14′	48°16′	48°17′	48°19′	48°21′	48°22′	48°24′
4	47 25	47 28	47 32	47 35	47 39	47 42	47 45	47 49	47 52	47 55	47 58
6	46 44	46 50	46 55	47 0	47 5	47 10	47 15	47 20	47 25	47 30	47 35
8	46 6	46 13	46 20	46 27	46 34	46 41	46 47	46 54	47 1	47 7	47 13
10	45 29	45 38	45 47	45 56	46 5	46 13	46 22	46 30	46 38	46 46	46 54
11	45 12	45 22	45 32	45 41	45 51	46 0	46 9	46 18	46 27	46 36	46 45
12	44 54	45 6	45 17	45 27	45 37	45 48	45 58	46 8	46 17	46 27	46 36
13	44 38	44 50	45 2	45 13	45 25	45 36	45 47	45 57	46 8	46 18	46 28
14	44 22	44 35	44 48	45 0	45 12	45 24	45 36	45 47	45 59	46 10	46 21
15	44 7	44 21	44 34	44 47	45 0	45 13	45 26	45 38	45 50	46 2	46 14
16	43 52	44 7	44 21	44 35	44 49	45 3	45 16	45 29	45 42	45 55	46 8
17	43 38	43 53	44 8	44 23	44 38	44 53	45 7	45 21	45 35	45 48	46 2
18	43 24	43 40	43 56	44 12	44 28	44 43	44 58	45 13	45 28	45 42	45 57
19	43 10	43 28	43 45	44 2	44 18	44 34	44 50	45 6	45 22	45 37	45 52
20	42 57	43 16	43 34	43 51	44 9	44 26	44 43	44 59	45 16	45 32	45 48
21	42 45	43 4	43 23	43 42	44 0	44 18	44 36	44 53	45 10	45 27	45 44
22	42 33	42 53	43 13	43 33	43 52	44 11	44 29	44 48	45 6	45 23	45 41
23	42 22	42 43	43 4	43 24	43 44	44 4	44 24	44 43	45 2	45 20	45 38
24	42 11	42 33	42 55	43 16	43 37	43 58	44 18	44 38	44 58	45 17	45 36
25	42 1	42 24	42 47	43 9	43 31	43 52	44 13	44 34	44 55	45 15	45 35
26	41 51	42 15	42 39	43 2	43 25	43 47	44 9	44 31	44 52	45 13	45 34
27	41 42	42 7	42 31	42 56	43 19	43 43	44 6	44 28	44 50	45 12	45 34
28	41 33	41 59	42 25	42 50	43 15	43 39	44 3	44 26	44 49	45 12	45 34
29	41 25	41 52	42 19	42 45	43 10	43 35	44 0	44 24	44 48	45 12	45 35
30	41 17	41 45	42 13	42 40	43 7	43 33	43 58	44 23	44 48	45 12	45 36
31	41 10	41 39	42 8	42 36	43 3	43 30	43 57	44 23	44 48	45 14	45 39
32	41 4	41 34	42 3	42 32	43 1	43 29	43 56	44 23	44 49	45 15	45 41
33	40 58	41 29	42 0	42 30	42 59	43 28	43 56	44 24	44 51	45 18	45 44
34	40 53	41 25	41 56	42 27	42 57	43 27	43 56	44 25	44 53	45 21	45 48
35	40 48	41 21	41 54	42 26	42 58	43 27	43 57	44 27	44 56	45 24	45 53
36	40 44	41 18	41 52	42 25	42 57	43 28	43 59	44 30	45 0	45 29	45 58
37	40 41	41 16	41 51	42 24	42 57	43 30	44 2	44 33	45 4	45 34	46 4
38	40 38	41 14	41 50	42 25	42 59	43 32	44 5	44 37	45 9	45 40	46 10
39	40 36	41 13	41 50	42 26	43 1	43 35	44 8	44 41	45 14	45 46	46 18
40	40 35	41 13	41 50	42 27	43 3	43 38	44 13	44 47	45 20	45 53	46 25
41	40 34	41 13	41 52	42 29	43 6	43 42	44 18	44 53	45 27	46 1	46 34
42	40 34	41 14	41 54	42 32	43 10	43 47	44 24	45 0	45 35	46 10	46 44
43	40 35	41 16	41 56	42 36	43 15	43 53	44 30	45 7	45 43	46 19	46 54
44	40 36	41 18	42 0	42 41	43 20	43 59	44 38	45 15	45 52	46 29	47 5
45	40 38	41 21	42 4	42 46	43 27	44 7	44 46	45 24	46 2	46 39	47 16
46	40 41	41 25	42 9	42 52	43 33	44 14	44 55	45 34	46 13	46 51	47 28
47	40 44	41 30	42 15	42 58	43 41	44 23	45 4	45 44	46 24	47 3	47 41
48	40 49	41 35	42 21	43 6	43 49	44 32	45 14	45 56	46 36	47 16	47 55
49	40 54	41 42	42 28	43 14	43 59	44 43	45 26	46 8	46 49	47 30	48 10
50	41 0	41 49	42 37	43 23	44 9	44 54	45 38	46 21	47 3	47 45	48 25
51	41 7	41 57	42 46	43 33	44 20	45 6	45 50	46 34	47 17	48 0	48 42
52	41 14	42 5	42 55	43 44	44 32	45 18	46 4	46 49	47 33	48 16	48 59
53	41 23	42 15	43 6	43 56	44 44	45 32	46 19	47 4	47 49	48 33	49 17
54	41 32	42 25	43 17	44 8	44 58	45 46	46 34	47 20	48 6	48 51	49 35
55	41 42	42 37	43 30	44 22	45 12	46 2	46 50	47 38	48 24	49 10	49 55
56	41 54	42 49	43 43	44 36	45 28	46 18	47 7	47 56	48 43	49 30	50 16
57	42 6	43 2	43 57	44 51	45 44	46 35	47 25	48 15	49 3	49 51	50 37
58	42 19	43 17	44 13	45 8	46 1	46 53	47 44	48 35	49 24	50 12	51 0
59	42 33	43 32	44 29	45 25	46 19	47 12	48 4	48 55	49 46	50 35	51 23
60	42 48	43 48	44 46	45 43	46 38	47 32	48 25	49 17	50 8	50 58	51 47

Paris. Breite 48° 51′ 30″ N   Länge 2° 17′ 44″ O

Längen-Unter-schied	Azimut										
	70°	71°	72°	73°	74°	75°	76°	77°	78°	79°	80°
	Breite										
2°	48°24′	48°25′	48°27′	48°28′	48°30′	48°31′	48°33′	48°34′	48°36′	48°37′	48°39′
4	47 58	48 1	48 4	48 7	48 10	48 13	48 16	48 19	48 22	48 25	48 28
6	47 35	47 39	47 44	47 48	47 53	47 57	48 2	48 6	48 11	48 15	48 19
8	47 13	47 19	47 26	47 32	47 38	47 43	47 49	47 55	48 1	48 7	48 13
10	46 54	47 2	47 9	47 17	47 24	47 32	47 39	47 46	47 54	48 1	48 8
11	46 45	46 53	47 2	47 10	47 18	47 27	47 35	47 43	47 51	47 59	48 6
12	46 36	46 46	46 55	47 4	47 13	47 22	47 31	47 40	47 48	47 57	48 5
13	46 28	46 39	46 48	46 58	47 8	47 18	47 27	47 37	47 46	47 56	48 5
14	46 21	46 32	46 43	46 53	47 4	47 14	47 25	47 35	47 45	47 55	48 5
15	46 14	46 25	46 37	46 49	47 0	47 11	47 22	47 33	47 44	47 55	48 6
16	46 8	46 20	46 33	46 45	46 57	47 9	47 21	47 32	47 44	47 55	48 7
17	46 2	46 15	46 28	46 41	46 54	47 7	47 19	47 32	47 44	47 56	48 9
18	45 57	46 11	46 25	46 38	46 52	47 5	47 19	47 32	47 45	47 58	48 11
19	45 52	46 7	46 21	46 36	46 50	47 4	47 18	47 32	47 46	48 0	48 14
20	45 48	46 3	46 19	46 34	46 49	47 4	47 19	47 34	47 48	48 3	48 17
21	45 44	46 0	46 17	46 33	46 49	47 4	47 20	47 35	47 51	48 6	48 21
22	45 41	45 58	46 15	46 32	46 49	47 5	47 21	47 38	47 54	48 9	48 25
23	45 38	45 56	46 14	46 32	46 49	47 6	47 23	47 40	47 57	48 14	48 30
24	45 36	45 55	46 14	46 32	46 50	47 8	47 26	47 44	48 1	48 19	48 36
25	45 35	45 55	46 14	46 33	46 52	47 11	47 29	47 48	48 6	48 24	48 42
26	45 34	45 54	46 15	46 35	46 54	47 14	47 33	47 52	48 11	48 30	48 49
27	45 34	45 55	46 16	46 37	46 57	47 17	47 38	47 58	48 17	48 37	48 56
28	45 34	45 56	46 18	46 39	47 1	47 22	47 43	48 3	48 24	48 44	49 4
29	45 35	45 58	46 20	46 43	47 5	47 27	47 48	48 10	48 31	48 52	49 13
30	45 36	46 0	46 23	46 47	47 9	47 32	47 54	48 17	48 39	49 0	49 22
31	45 39	46 3	46 27	46 51	47 15	47 38	48 1	48 24	48 47	49 10	49 32
32	45 41	46 7	46 32	46 56	47 21	47 45	48 9	48 32	48 56	49 19	49 42
33	45 44	46 11	46 37	47 2	47 27	47 52	48 17	48 41	49 6	49 30	49 54
34	45 48	46 15	46 42	47 8	47 34	48 0	48 25	48 51	49 16	49 40	50 5
35	45 53	46 21	46 48	47 15	47 42	48 9	48 35	49 1	49 27	49 52	50 17
36	45 58	46 27	46 55	47 23	47 50	48 18	48 45	49 12	49 38	50 4	50 30
37	46 4	46 34	47 3	47 31	48 0	48 28	48 56	49 23	49 50	50 17	50 44
38	46 10	46 41	47 11	47 40	48 9	48 38	49 7	49 35	50 3	50 31	50 59
39	46 18	46 49	47 20	47 50	48 20	48 50	49 19	49 48	50 17	50 45	51 14
40	46 25	46 58	47 29	48 0	48 31	49 2	49 32	50 1	50 31	51 0	51 29
41	46 34	47 7	47 40	48 12	48 43	49 14	49 45	50 16	50 46	51 16	51 46
42	46 44	47 17	47 50	48 23	48 56	49 28	49 59	50 30	51 2	51 32	52 3
43	46 54	47 28	48 2	48 36	49 9	49 42	50 14	50 46	51 18	51 49	52 21
44	47 5	47 40	48 15	48 49	49 23	49 57	50 30	51 2	51 35	52 7	52 39
45	47 16	47 52	48 28	49 3	49 38	50 12	50 46	51 20	51 53	52 26	52 59
46	47 28	48 5	48 42	49 18	49 53	50 28	51 3	51 37	52 11	52 45	53 19
47	47 41	48 19	48 56	49 33	50 9	50 45	51 21	51 56	52 31	53 5	53 40
48	47 55	48 34	49 12	49 49	50 26	51 3	51 39	52 15	52 51	53 26	54 1
49	48 10	48 49	49 28	50 6	50 44	51 22	51 59	52 35	53 12	53 48	54 24
50	48 25	49 5	49 45	50 24	51 3	51 41	52 19	52 57	53 34	54 10	54 47
51	48 42	49 23	50 3	50 43	51 23	52 2	52 40	53 19	53 56	54 34	55 11
52	48 59	49 41	50 22	51 3	51 43	52 23	53 2	53 41	54 19	54 58	55 35
53	49 17	49 59	50 41	51 23	52 4	52 45	53 25	54 4	54 43	55 22	56 1
54	49 35	50 19	51 2	51 44	52 26	53 7	53 48	54 28	55 8	55 48	56 27
55	49 55	50 40	51 23	52 6	52 49	53 31	54 12	54 53	55 34	56 14	56 54
56	50 16	51 1	51 45	52 29	53 13	53 55	54 38	55 19	56 1	56 42	57 23
57	50 37	51 23	52 9	52 53	53 37	54 20	55 4	55 46	56 28	57 10	57 52
58	51 0	51 46	52 32	53 18	54 3	54 47	55 31	56 14	56 57	57 39	58 21
59	51 23	52 10	52 57	53 43	54 29	55 14	55 58	56 42	57 26	58 9	58 51
60	51 47	52 36	53 23	54 10	54 56	55 42	56 27	57 12	57 56	58 40	59 23

Längen-Unter-schied	Azimut										
	80⁰	**81⁰**	**82⁰**	**83⁰**	**84⁰**	**85⁰**	**86⁰**	**87⁰**	**88⁰**	**89⁰**	**90⁰**
	Breite										
2⁰	48⁰39′	48⁰40′	48⁰41′	48⁰43′	48⁰44′	48⁰46′	48⁰47′	48⁰48′	48⁰50′	48⁰51′	48⁰52′
4	48 28	48 31	48 34	48 36	48 39	48 42	48 45	48 48	48 50	48 53	48 56
6	48 19	48 24	48 28	48 32	48 36	48 40	48 44	48 49	48 53	48 57	49 1
8	48 13	48 18	48 24	48 29	48 35	48 41	48 46	48 52	48 57	49 3	49 8
10	48 8	48 15	48 22	48 29	48 36	48 43	48 50	48 57	49 4	49 11	49 18
11	48 6	48 14	48 22	48 30	48 37	48 45	48 53	49 0	49 8	49 16	49 23
12	48 5	48 14	48 22	48 31	48 39	48 48	48 56	49 4	49 13	49 21	49 29
13	48 5	48 14	48 23	48 33	48 42	48 51	49 0	49 9	49 18	49 27	49 36
14	48 5	48 15	48 25	48 35	48 45	48 54	49 4	49 14	49 23	49 33	49 43
15	48 6	48 16	48 27	48 38	48 48	48 59	49 9	49 19	49 30	49 40	49 50
16	48 7	48 18	48 29	48 41	48 52	49 3	49 14	49 25	49 37	49 48	49 59
17	48 9	48 21	48 33	48 45	48 57	49 8	49 20	49 32	49 44	49 56	50 7
18	48 11	48 24	48 36	48 49	49 2	49 14	49 27	49 39	49 52	50 4	50 17
19	48 14	48 27	48 41	48 54	49 7	49 21	49 34	49 47	50 0	50 13	50 27
20	48 17	48 31	48 45	48 59	49 13	49 27	49 41	49 55	50 9	50 23	50 37
21	48 21	48 36	48 51	49 6	49 20	49 35	49 50	50 4	50 19	50 33	50 48
22	48 25	48 41	48 57	49 12	49 28	49 43	49 58	50 14	50 29	50 44	51 0
23	48 30	48 47	49 3	49 19	49 36	49 52	50 8	50 24	50 40	50 56	51 12
24	48 36	48 53	49 10	49 27	49 44	50 1	50 18	50 34	50 51	51 8	51 24
25	48 42	49 0	49 18	49 36	49 53	50 11	50 28	50 46	51 3	51 20	51 38
26	48 49	49 8	49 26	49 44	50 3	50 21	50 39	50 57	51 15	51 34	51 52
27	48 56	49 15	49 35	49 54	50 13	50 32	50 51	51 10	51 29	51 47	52 6
28	49 4	49 24	49 44	50 4	50 24	50 44	51 3	51 23	51 42	52 2	52 21
29	49 13	49 34	49 54	50 15	50 35	50 56	51 16	51 36	51 56	52 17	52 37
30	49 22	49 44	50 5	50 26	50 47	51 9	51 30	51 51	52 12	52 33	52 53
31	49 32	49 54	50 16	50 38	51 0	51 22	51 44	52 6	52 27	52 49	53 10
32	49 42	50 5	50 28	50 51	51 14	51 36	51 59	52 21	52 44	53 6	53 28
33	49 54	50 17	50 41	51 4	51 28	51 51	52 14	52 37	53 0	53 23	53 46
34	50 5	50 30	50 54	51 18	51 42	52 6	52 30	52 54	53 18	53 42	54 5
35	50 17	50 43	51 8	51 32	51 57	52 22	52 47	53 11	53 36	54 0	54 25
36	50 30	50 56	51 22	51 48	52 13	52 39	53 4	53 29	53 55	54 20	54 45
37	50 44	51 11	51 37	52 4	52 30	52 56	53 22	53 48	54 14	54 40	55 6
38	50 59	51 26	51 53	52 20	52 47	53 14	53 41	54 8	54 34	55 0	55 27
39	51 14	51 42	52 10	52 37	53 5	53 32	54 0	54 28	54 55	55 22	55 49
40	51 29	51 58	52 27	52 55	53 24	53 52	54 20	54 48	55 17	55 45	56 13
41	51 46	52 15	52 45	53 14	53 43	54 12	54 41	55 10	55 39	56 7	56 36
42	52 3	52 33	53 3	53 33	54 3	54 33	55 2	55 32	56 2	56 31	57 0
43	52 21	52 52	53 23	53 53	54 23	54 54	55 25	55 55	56 25	56 55	57 25
44	52 39	53 11	53 43	54 14	54 45	55 17	55 48	56 19	56 50	57 20	57 51
45	52 59	53 31	54 4	54 36	55 8	55 40	56 11	56 43	57 15	57 46	58 18
46	53 19	53 52	54 25	54 58	55 31	56 3	56 36	57 8	57 40	58 13	58 45
47	53 40	54 14	54 47	55 21	55 54	56 28	57 1	57 34	58 7	58 40	59 13
48	54 1	54 36	55 10	55 45	56 19	56 53	57 27	58 0	58 34	59 8	59 41
49	54 24	54 59	55 34	56 9	56 44	57 19	57 53	58 28	59 2	59 37	60 11
50	54 47	55 23	55 59	56 35	57 10	57 45	58 21	58 56	59 31	60 6	60 41
51	55 11	55 47	56 24	57 1	57 37	58 13	58 49	59 25	60 0	60 36	61 12
52	55 35	56 13	56 50	57 27	58 4	58 41	59 18	59 54	60 31	61 7	61 44
53	56 1	56 39	57 17	57 55	58 33	59 10	59 48	60 25	61 2	61 39	62 16
54	56 27	57 6	57 45	58 23	59 2	59 40	60 18	60 56	61 34	62 11	62 49
55	56 54	57 34	58 14	58 53	59 32	60 11	60 49	61 28	62 6	62 45	63 23
56	57 23	58 3	58 43	59 23	60 2	60 42	61 21	62 1	62 40	63 19	63 58
57	57 52	58 32	59 13	59 54	60 34	61 14	61 54	62 34	63 14	63 54	64 33
58	58 21	59 3	59 44	60 25	61 6	61 47	62 28	63 8	63 49	64 29	65 10
59	58 51	59 34	60 16	60 58	61 40	62 21	63 2	63 43	64 25	65 6	65 47
60	59 23	60 6	60 49	61 31	62 13	62 56	63 38	64 19	65 1	65 43	66 24

5*

Paris.   Breite 48° 51′ 30″ N   Länge 2° 17′ 44″ O

Breite	Azimut										
	90°	91°	92°	93°	94°	95°	96°	97°	98°	99°	100°
	Längen-Unterschied										
50°	16° 9′	14°54′	13°45′	12°41′	11°45′	10°52′	10° 6′	9°23′	8°45′	8°10′	7°39′
51	22 2	20 47	19 37	18 30	17 28	16 29	15 35	14 44	13 57	13 13	12 32
52	26 35	25 21	24 9	23 2	21 57	20 56	19 58	19 4	18 12	17 23	16 37
53	30 23	29 10	27 59	26 51	25 46	24 43	23 44	22 46	21 52	21 0	20 10
54	33 44	32 31	31 20	30 12	29 7	28 3	27 2	26 4	25 7	24 13	23 22
55	36 44	35 31	34 21	33 13	32 7	31 4	30 2	29 2	28 5	27 10	26 16
56	39 27	38 16	37 6	35 59	34 53	33 49	32 47	31 47	30 48	29 52	28 57
57	41 59	40 48	39 39	38 32	37 26	36 22	35 20	34 19	33 20	32 23	31 27
58	44 20	43 10	42 2	40 55	39 49	38 45	37 43	36 42	35 43	34 45	33 48
59	46 33	45 23	44 15	43 9	42 4	41 0	39 58	38 56	37 57	36 58	36 2
60	48 38	47 29	46 22	45 16	44 11	43 7	42 5	41 4	40 4	39 5	38 8
61	50 37	49 29	48 22	47 16	46 12	45 8	44 6	43 5	42 5	41 6	40 8
62	52 30	51 23	50 17	49 11	48 7	47 4	46 2	45 1	44 1	43 2	42 4
63	54 19	53 12	52 6	51 2	49 58	48 55	47 53	46 52	45 52	44 53	43 54
64	56 4	54 57	53 52	53 47	51 44	50 41	49 39	48 38	47 38	46 39	45 41
65	57 44	56 39	55 34	54 29	53 26	52 24	51 22	51 21	49 21	48 22	47 24
66	59 22	58 16	57 12	56 8	55 5	54 3	53 1	52 0	51 0	50 1	49 3
67	60 56	59 51	58 47	57 43	56 41	55 39	54 37	53 37	52 37	51 38	50 39
68	62 27	61 23	60 19	59 16	58 13	57 12	56 11	55 10	54 10	53 11	52 13
69		62 52	61 49	60 46	59 44	58 42	57 41	56 41	55 41	54 42	53 44
70				62 14	61 12	60 10	59 10	58 9	57 10	56 11	55 12

Breite	Azimut										
	100°	101°	102°	103°	104°	105°	106°	107°	108°	109°	110°
	Längen-Unterschied										
50°	7°39′	7°10′	6°45′	6°21′	6° 0′	5°41′	5°23′	5° 7′	4°51′	4°38′	4°25′
51	12 32	11 54	11 19	10 46	10 15	9 47	9 20	8 55	8 32	8 10	7 50
52	16 37	15 53	15 12	14 33	13 57	13 22	12 49	12 19	11 49	11 22	10 56
53	20 10	19 23	18 38	17 55	17 14	16 36	15 59	15 23	14 50	14 18	13 47
54	23 22	22 32	21 44	20 58	20 14	19 32	18 52	18 14	17 37	17 1	16 27
55	26 16	25 24	24 35	23 47	23 0	22 16	21 33	20 52	20 12	19 34	18 57
56	28 57	28 4	27 13	26 23	25 35	24 49	24 4	23 20	22 38	21 58	21 19
57	31 27	30 33	29 41	28 50	28 0	27 12	26 26	25 40	24 57	24 14	23 33
58	33 48	32 53	32 0	31 8	30 17	29 28	28 40	27 53	27 8	26 24	25 41
59	36 2	35 6	34 12	33 19	32 27	31 37	30 47	30 0	29 13	28 27	27 43
60	38 8	37 12	36 17	35 23	34 31	33 40	32 49	32 0	31 13	30 26	29 40
61	40 8	39 12	38 17	37 22	36 29	35 37	34 46	33 56	33 7	32 20	31 33
62	42 4	41 7	40 11	39 16	38 23	37 30	36 38	35 47	34 58	34 9	33 21
63	43 54	42 57	42 1	41 6	40 12	39 19	38 26	37 35	36 44	35 55	35 6
64	45 41	44 44	43 47	42 52	41 57	41 3	40 10	39 18	38 27	37 37	36 48
65	47 24	46 26	45 30	44 34	43 39	42 45	41 51	40 59	40 7	39 16	38 26
66	49 3	48 5	47 8	46 12	45 17	44 23	43 29	42 36	41 44	40 52	40 1
67	50 39	49 41	48 44	47 48	46 53	45 58	45 4	44 10	43 17	42 25	41 34
68	52 13	51 15	50 18	49 21	48 25	47 30	46 35	45 41	44 49	43 56	43 4
69	53 44	52 46	51 48	50 52	49 56	49 0	48 5	47 11	46 18	45 25	44 32
70	55 12	54 14	53 17	52 20	51 24	50 28	49 33	48 38	47 44	46 51	45 58

Breite	\multicolumn{11}{c}{Azimut}
	110°	111°	112°	113°	114°	115°	116°	117°	118°	119°	120°
	\multicolumn{11}{c}{Längen-Unterschied}
50°	4°25′	4°13′	4° 2′	3°51′	3°42′	3°33′	3°24′	3°16′	3° 8′	3° 1′	2°54′
51	7 50	7 30	7 12	6 55	6 39	6 24	6 10	5 56	5 43	5 31	5 19
52	10 56	10 31	10 7	9 45	9 24	9 4	8 45	8 26	8 9	7 52	7 36
53	13 47	13 18	12 50	12 24	11 59	11 34	11 11	10 49	10 28	10 7	9 47
54	16 27	15 55	15 23	14 53	14 24	13 57	13 30	13 4	12 40	12 16	11 53
55	18 57	18 22	17 47	17 14	16 43	16 12	15 42	15 14	14 46	14 20	13 54
56	21 19	20 41	20 4	19 28	18 54	18 21	17 49	17 18	16 47	16 18	15 50
57	23 33	22 53	22 14	21 37	21 0	20 25	19 50	19 17	18 44	18 13	17 42
58	25 41	24 59	24 18	23 39	23 0	22 23	21 47	21 11	20 37	20 3	19 31
59	27 43	27 0	26 18	25 36	24 56	24 17	23 39	23 2	22 25	21 50	21 15
60	29 40	28 56	28 12	27 29	26 48	26 7	25 27	24 49	24 11	23 33	22 57
61	31 33	30 47	30 2	29 18	28 35	27 53	27 12	26 32	25 52	25 14	24 36
62	33 21	32 34	31 48	31 3	30 19	29 36	28 53	28 12	27 31	26 51	26 12
63	35 6	34 18	33 31	32 45	32 0	31 16	30 32	29 49	29 7	28 26	27 45
64	36 48	35 59	35 11	34 24	33 38	32 52	32 8	31 24	30 40	29 58	29 16
65	38 26	37 37	36 48	36 0	35 13	34 26	33 41	32 56	32 11	31 28	30 45
66	40 1	39 11	38 22	37 33	36 45	35 58	35 11	34 25	33 40	32 55	32 11
67	41 34	40 43	39 53	39 4	38 15	37 27	36 40	35 53	35 7	34 21	33 36
68	43 4	42 13	41 22	40 32	39 43	38 54	38 6	37 18	36 31	35 45	34 59
69	44 32	43 40	42 49	41 58	41 8	40 18	39 29	38 41	37 54	37 7	36 19
70	45 58	45 6	44 14	43 23	42 32	41 42	40 52	40 3	39 14	38 26	37 39

Breite	\multicolumn{11}{c}{Azimut}
	120°	121°	122°	123°	124°	125°	126°	127°	128°	129°	130°
	\multicolumn{11}{c}{Längen-Unterschied}
50°	2°54′	2°48′	2°42′	2°36′	2°31′	2°25′	2°20′	2°15′	2°11′	2° 6′	2° 2′
51	5 19	5 8	4 57	4 47	4 37	4 28	4 19	4 10	4 2	3 54	3 46
52	7 36	7 21	7 6	6 52	6 39	6 25	6 13	6 1	5 49	5 38	5 27
53	9 47	9 28	9 10	8 53	8 36	8 19	8 3	7 48	7 34	7 20	7 6
54	11 53	11 31	11 10	10 49	10 29	10 10	9 51	9 33	9 15	8 58	8 42
55	13 54	13 29	13 5	12 41	12 19	11 57	11 35	11 14	10 54	10 35	10 16
56	15 50	15 22	14 56	14 30	14 5	13 40	13 16	12 53	12 31	12 9	11 48
57	17 42	17 12	16 43	16 15	15 48	15 21	14 55	14 30	14 5	13 41	13 17
58	19 31	18 59	18 28	17 57	17 28	16 59	16 31	16 3	15 36	15 10	14 45
59	21 15	20 42	20 9	19 37	19 5	18 34	18 4	17 35	17 6	16 38	16 10
60	22 57	22 22	21 47	21 13	20 40	20 7	19 35	19 4	18 34	18 4	17 34
61	24 36	23 59	23 23	22 47	22 12	21 38	21 4	20 31	19 59	19 28	18 57
62	26 12	25 33	24 55	24 18	23 41	23 6	22 31	21 57	21 23	20 50	20 17
63	27 45	27 5	26 26	25 48	25 10	24 33	23 56	23 20	22 45	22 10	21 36
64	29 16	28 35	27 55	27 15	26 36	25 57	25 19	24 42	24 5	23 29	22 53
65	30 45	30 3	29 21	28 40	27 59	27 19	26 40	26 2	25 24	24 46	24 9
66	32 11	31 28	30 45	30 3	29 21	28 40	28 0	27 20	26 41	26 2	25 23
67	33 36	32 52	32 8	31 24	30 41	29 59	29 18	28 37	27 56	27 16	26 36
68	34 59	34 13	33 28	32 44	32 0	31 17	30 34	29 52	29 10	28 29	27 48
69	36 19	35 33	34 47	34 2	33 17	32 32	31 49	31 6	30 23	29 41	28 58
70	37 39	36 51	36 5	35 19	34 33	33 48	33 3	32 18	31 35	30 51	30 8

Paris. Breite 48° 51′ 30″ N Länge 2° 17′ 44″ O

Breite	Azimut										
	130°	131°	132°	133°	134°	135°	136°	137°	138°	139°	140°
	Längen-Unterschied										
50°	2° 2′	1°58′	1°54′	1°50′	1°47′	1°43′	1°40′	1°36′	1°33′	1°30′	1°27′
51	3 46	3 38	3 31	3 25	3 18	3 11	3 5	2 59	2 53	2 47	2 41
52	5 27	5 17	5 7	4 57	4 47	4 38	4 29	4 20	4 12	4 3	3 55
53	7 6	6 52	6 39	6 27	6 15	6 3	5 51	5 40	5 29	5 18	5 8
54	8 42	8 26	8 10	7 55	7 41	7 26	7 12	6 59	6 45	6 32	6 20
55	10 16	9 57	9 39	9 22	9 5	8 48	8 32	8 16	8 0	7 45	7 30
56	11 48	11 27	11 6	10 47	10 27	10 8	9 50	9 32	9 14	8 57	8 40
57	13 17	12 54	12 32	12 10	11 48	11 27	11 7	10 47	10 27	10 7	9 48
58	14 45	14 20	13 55	13 31	13 8	12 45	12 22	12 0	11 38	11 17	10 56
59	16 10	15 44	15 17	14 51	14 26	14 1	13 36	13 12	12 49	12 26	12 3
60	17 34	17 5	16 37	16 9	15 42	15 16	14 49	14 23	13 58	13 33	13 9
61	18 57	18 26	17 56	17 26	16 57	16 29	16 1	15 33	15 7	14 40	14 14
62	20 17	19 45	19 13	18 42	18 11	17 41	17 12	16 42	16 14	15 45	15 18
63	21 36	21 2	20 29	19 56	19 24	18 52	18 21	17 50	17 20	16 50	16 21
64	22 53	22 18	21 43	21 9	20 35	20 2	19 30	18 57	18 25	17 54	17 23
65	24 9	23 32	22 56	22 20	21 45	21 11	20 37	20 3	19 30	18 57	18 24
66	25 23	24 45	24 8	23 31	22 55	22 19	21 43	21 8	20 33	19 59	19 25
67	26 36	25 57	25 19	24 41	24 3	23 25	22 48	22 12	21 36	21 0	20 24
68	27 48	27 8	26 28	25 48	25 9	24 31	23 52	23 15	22 37	22 0	21 23
69	28 58	28 17	27 36	26 55	26 15	25 35	24 56	24 16	23 38	22 59	22 21
70	30 8	29 25	28 43	28 1	27 20	26 39	25 58	25 18	24 38	23 58	23 18

Breite	Azimut										
	140°	141°	142°	143°	144°	145°	146°	147°	148°	149°	150°
	Längen-Unterschied										
50°	1°27′	1°24′	1°21′	1°18′	1°15′	1°12′	1°10′	1° 7′	1° 5′	1° 2′	1° 0′
51	2 41	2 37	2 30	2 25	2 20	2 15	2 10	2 6	2 1	1 57	1 52
52	3 55	3 48	3 40	3 32	3 25	3 18	3 10	3 4	2 57	2 50	2 44
53	5 8	4 58	4 48	4 38	4 28	4 19	4 10	4 1	3 52	3 43	3 35
54	6 20	6 7	5 55	5 43	5 31	5 20	5 9	4 58	4 47	4 36	4 26
55	7 30	7 16	7 1	6 47	6 34	6 20	6 7	5 54	5 41	5 29	5 16
56	8 40	8 23	8 7	7 51	7 35	7 20	7 5	6 50	6 35	6 21	6 6
57	9 48	9 30	9 12	8 54	8 36	8 19	8 2	7 45	7 28	7 12	6 56
58	10 56	10 36	10 15	9 56	9 36	9 17	8 58	8 40	8 21	8 3	7 45
59	12 3	11 41	11 19	10 57	10 36	10 15	9 54	9 34	9 14	8 54	8 34
60	13 9	12 45	12 21	11 57	11 34	11 12	10 49	10 27	10 6	9 44	9 23
61	14 14	13 48	13 22	12 57	12 32	12 8	11 44	11 20	10 57	10 33	10 10
62	15 18	14 50	14 23	13 56	13 30	13 4	12 38	12 12	11 47	11 23	10 58
63	16 21	15 52	15 23	14 54	14 26	13 59	13 31	13 4	12 37	12 11	11 45
64	17 23	16 52	16 22	15 52	15 22	14 53	14 24	13 56	13 27	12 59	12 31
65	18 24	17 52	17 20	16 49	16 18	15 47	15 16	14 46	14 16	13 47	13 17
66	19 25	18 51	18 18	17 45	17 12	16 40	16 8	15 36	15 5	14 34	14 3
67	20 24	19 49	19 15	18 40	18 6	17 33	16 59	16 26	15 53	15 21	14 49
68	21 23	20 47	20 11	19 35	19 0	18 25	17 50	17 15	16 41	16 7	15 33
69	22 21	21 43	21 16	20 29	19 52	19 16	18 40	18 4	17 28	16 53	16 18
70	23 18	22 39	22 1	21 22	20 44	20 6	19 29	18 52	18 15	17 38	17 1

Breite	Azimut										
	150°	**151°**	**152°**	**153°**	**154°**	**155°**	**156°**	**157°**	**158°**	**159°**	**160°**
	Längen-Unterschied										
50°	1° 0′	0°58′	0°55′	0°53′	0°51′	0°48′	0°46′	0°44′	0°42′	0°40′	0°38′
51	1 52	1 48	1 43	1 39	1 35	1 31	1 27	1 23	1 19	1 15	1 11
52	2 44	2 37	2 31	2 25	2 19	2 13	2 7	2 1	1 55	1 49	1 44
53	3 35	3 27	3 18	3 10	3 2	2 54	2 47	2 39	2 31	2 24	2 17
54	4 26	4 16	4 5	3 55	3 46	3 36	3 26	3 17	3 8	2 58	2 49
55	5 16	5 4	4 52	4 40	4 29	4 17	4 6	3 55	3 44	3 33	3 22
56	6 6	5 52	5 39	5 25	5 12	4 58	4 45	4 32	4 19	4 7	3 54
57	6 56	6 40	6 25	6 9	5 54	5 39	5 24	5 10	4 55	4 41	4 26
58	7 45	7 28	7 10	6 53	6 36	6 20	6 3	5 47	5 31	5 14	4 59
59	8 34	8 15	7 56	7 37	7 18	7 0	6 42	6 24	6 6	5 48	5 30
60	9 23	9 1	8 41	8 20	8 0	7 40	7 20	7 0	6 41	6 21	6 2
61	10 10	9 48	9 25	9 3	8 41	8 19	7 58	7 37	7 16	6 54	6 34
62	10 58	10 34	10 10	9 46	9 22	8 59	8 36	8 13	7 50	7 27	7 5
63	11 45	11 19	10 53	10 28	10 3	9 38	9 13	8 49	8 24	8 0	7 36
64	12 31	12 4	11 37	11 10	10 43	10 17	9 50	9 24	8 58	8 33	8 7
65	13 17	12 49	12 20	11 51	11 23	10 55	10 27	10 0	9 32	9 5	8 38
66	14 3	13 33	13 3	12 33	12 3	11 33	11 4	10 35	10 6	9 37	9 8
67	14 49	14 17	13 45	13 13	12 42	12 11	11 40	11 10	10 39	10 9	9 39
68	15 33	15 0	14 27	13 54	13 21	12 48	12 16	11 44	11 12	10 40	10 9
69	16 18	15 43	15 8	14 34	13 59	13 26	12 52	12 18	11 45	11 12	10 39
70	17 1	16 25	15 49	15 13	14 38	14 2	13 27	12 52	12 17	11 43	11 8

Breite	Azimut										
	160°	**161°**	**162°**	**163°**	**164°**	**165°**	**166°**	**167°**	**168°**	**169°**	**170°**
	Längen-Unterschied										
50°	0°38′	0°36′	0°34′	0°32′	0°30′	0°28′	0°26′	0°24′	0°22′	0°20′	0°18′
51	1 11	1 7	1 3	1 0	0 56	0 52	0 49	0 45	0 41	0 38	0 34
52	1 44	1 38	1 33	1 27	1 22	1 17	1 11	1 6	1 1	0 56	0 50
53	2 17	2 9	2 2	1 55	1 48	1 41	1 34	1 27	1 20	1 13	1 6
54	2 49	2 40	2 31	2 23	2 14	2 5	1 56	1 48	1 39	1 31	1 22
55	3 22	3 11	3 0	2 50	2 40	2 29	2 19	2 9	1 59	1 48	1 38
56	3 54	3 42	3 30	3 17	3 5	2 53	2 41	2 29	2 18	2 6	1 54
57	4 26	4 12	3 58	3 45	3 31	3 17	3 4	2 50	2 37	2 23	2 10
58	4 59	4 43	4 27	4 12	3 56	3 41	3 26	3 11	2 56	2 41	2 26
59	5 30	5 13	4 56	4 39	4 22	4 5	3 48	3 31	3 15	2 58	2 42
60	6 2	5 43	5 24	5 6	4 47	4 28	4 10	3 52	3 34	3 16	2 57
61	6 34	6 13	5 53	5 32	5 12	4 52	4 32	4 12	3 52	3 33	3 13
62	7 5	6 43	6 21	5 59	5 37	5 15	4 54	4 32	4 11	3 50	3 29
63	7 36	7 13	6 49	6 25	6 2	5 39	5 16	4 53	4 30	4 7	3 44
64	8 7	7 42	7 17	6 52	6 27	6 2	5 37	5 13	4 48	4 24	4 0
65	8 38	8 11	7 44	7 18	6 51	6 25	5 59	5 33	5 7	4 41	4 15
66	9 8	8 40	8 12	7 44	7 16	6 48	6 20	5 52	5 25	4 57	4 30
67	9 39	9 9	8 39	8 9	7 40	7 10	6 41	6 12	5 43	5 14	4 45
68	10 9	9 37	9 6	8 35	8 4	7 33	7 2	6 32	6 1	5 31	5 0
69	10 39	10 6	9 33	9 0	8 28	7 55	7 23	6 51	6 19	5 47	5 15
70	11 8	10 34	10 0	9 25	8 51	8 18	7 44	7 10	6 37	6 4	5 30

Breite	Azimut										
	170°	**171°**	**172°**	**173°**	**174°**	**175°**	**176°**	**177°**	**178°**	**179°**	**180°**
	Längen-Unterschied										
50°	0°18'	0°16'	0°15'	0°13'	0°11'	0° 9'	0° 7'	0° 5'	0° 4'	0° 2'	0° 0'
51	0 34	0 31	0 27	0 24	0 21	0 17	0 14	0 10	0 7	0 3	0 0
52	0 50	0 45	0 40	0 35	0 30	0 25	0 20	0 15	0 10	0 5	0 0
53	1 6	1 0	0 53	0 46	0 40	0 33	0 26	0 20	0 13	0 7	0 0
54	1 22	1 14	1 6	0 57	0 49	0 41	0 33	0 25	0 16	0 8	0 0
55	1 38	1 28	1 19	1 9	0 59	0 49	0 39	0 29	0 20	0 10	0 0
56	1 54	1 43	1 31	1 20	1 8	0 57	0 45	0 34	0 23	0 11	0 0
57	2 10	1 57	1 44	1 31	1 18	1 5	0 52	0 39	0 26	0 13	0 0
58	2 26	2 11	1 57	1 42	1 27	1 13	0 58	0 43	0 29	0 15	0 0
59	2 42	2 25	2 9	1 53	1 37	1 20	1 4	0 48	0 32	0 16	0 0
60	2 57	2 40	2 22	2 4	1 46	1 28	1 11	0 53	0 35	0 18	0 0
61	3 13	2 54	2 34	2 15	1 55	1 36	1 17	0 57	0 38	0 19	0 0
62	3 29	3 8	2 47	2 26	2 5	1 44	1 23	1 2	0 41	0 21	0 0
63	3 44	3 21	2 59	2 36	2 14	1 52	1 29	1 7	0 45	0 22	0 0
64	4 0	3 35	3 11	2 47	2 23	1 59	1 35	1 11	0 48	0 24	0 0
65	4 15	3 49	3 23	2 58	2 32	2 7	1 42	1 16	0 51	0 25	0 0
66	4 30	4 3	3 36	3 9	2 42	2 15	1 48	1 21	0 54	0 27	0 0
67	4 45	4 17	3 48	3 19	2 51	2 22	1 54	1 25	0 57	0 28	0 0
68	5 0	4 30	4 0	3 30	3 0	2 30	2 0	1 30	1 0	0 30	0 0
69	5 15	4 44	4 12	3 40	3 9	2 37	2 6	1 34	1 3	0 31	0 0
70	5 30	4 57	4 24	3 51	3 18	2 45	2 12	1 39	1 6	0 33	0 0

Louisburg. Breite 46° 9' 16" N Länge 59° 56' 48" W

Azimut

Breite	0°	1°	2°	3°	4°	5°	6°	7°	8°	9°	10°
				Längen-Unterschied							
30	0° 0'	0°24'	0°49'	1°13'	1°37'	2° 1'	2°25'	2°50'	3°15'	3°39'	4° 4'
31	0 0	0 23	0 45	1 8	1 31	1 54	2 17	2 40	3 3	3 26	3 50
32	0 0	0 21	0 42	1 4	1 25	1 46	2 8	2 29	2 51	3 13	3 35
33	0 0	0 20	0 40	0 59	1 19	1 39	1 59	2 19	2 39	2 59	3 20
34	0 0	0 18	0 37	0 55	1 13	1 32	1 50	2 9	2 27	2 46	3 5
35	0 0	0 17	0 34	0 50	1 7	1 24	1 41	1 58	2 15	2 32	2 50
36	0 0	0 15	0 31	0 46	1 1	1 17	1 32	1 48	2 3	2 19	2 35
37	0 0	0 14	0 28	0 41	0 55	1 9	1 23	1 37	1 51	2 5	2 20
38	0 0	0 12	0 25	0 37	0 49	1 2	1 14	1 27	1 39	1 52	2 4
39	0 0	0 11	0 22	0 32	0 43	0 54	1 5	1 16	1 27	1 38	1 49
40	0 0	0 9	0 19	0 28	0 37	0 47	0 56	1 5	1 15	1 24	1 34
41	0 0	0 8	0 16	0 23	0 31	0 39	0 47	0 55	1 3	1 11	1 19
42	0 0	0 6	0 13	0 19	0 25	0 32	0 38	0 44	0 51	0 57	1 4
43	0 0	0 5	0 10	0 14	0 19	0 24	0 29	0 34	0 38	0 43	0 48
44	0 0	0 3	0 7	0 10	0 13	0 16	0 20	0 23	0 26	0 30	0 33

Azimut

Breite	10°	11°	12°	13°	14°	15°	16°	17°	18°	19°	20°
				Längen-Unterschied							
30	4° 4'	4°30'	4°55'	5°21'	5°47'	6°13'	6°40'	7° 7'	7°35'	8° 3'	8°31'
31	3 50	4 13	4 37	5 2	5 26	5 51	6 16	6 41	7 7	7 33	8 0
32	3 35	3 57	4 19	4 42	5 5	5 28	5 51	6 15	6 39	7 4	7 29
33	3 20	3 40	4 1	4 22	4 44	5 5	5 27	5 49	6 11	6 34	6 57
34	3 5	3 24	3 43	4 3	4 22	4 42	5 2	5 23	5 43	6 4	6 26
35	2 50	3 7	3 25	3 43	4 1	4 19	4 38	4 56	5 15	5 34	5 54
36	2 35	2 51	3 7	3 23	3 39	3 56	4 13	4 30	4 47	5 5	5 22
37	2 20	2 34	2 48	3 3	3 18	3 33	3 48	4 3	4 19	4 35	4 51
38	2 4	2 17	2 30	2 43	2 56	3 10	3 23	3 37	3 51	4 5	4 19
39	1 49	2 1	2 12	2 23	2 35	2 46	2 58	3 10	3 22	3 34	3 47
40	1 34	1 44	1 53	2 3	2 13	2 23	2 33	2 44	2 54	3 4	3 15
41	1 19	1 27	1 35	1 43	1 52	2 0	2 8	2 17	2 26	2 34	2 43
42	1 4	1 10	1 17	1 23	1 30	1 37	1 43	1 50	1 57	2 4	2 12
43	0 48	0 53	0 58	1 3	1 8	1 13	1 18	1 24	1 29	I 34	1 40
44	0 33	0 36	0 40	0 43	0 47	0 50	0 54	0 57	1 1	1 4	1 8

Azimut

Breite	20°	21°	22°	23°	24°	25°	26°	27°	28°	29°	30°
				Längen-Unterschied							
30	8°31'	9° 0'	9°30'	10° 0'	10°31'	11° 3'	11°35'	12° 9'	12°43'	13°18'	13°55'
31	8 0	8 27	8 55	9 23	9 52	10 22	10 52	11 23	11 55	12 28	13 2
32	7 29	7 54	8 20	8 46	9 13	9 41	10 9	10 38	11 8	11 38	12 10
33	6 57	7 21	7 45	8 9	8 34	8 59	9 26	9 53	10 20	10 48	11 17
34	6 26	6 47	7 9	7 32	7 55	8 19	8 43	9 7	9 32	9 58	10 25
35	5 54	6 14	6 34	6 55	7 16	7 37	7 59	8 22	8 45	9 8	9 33
36	5 22	5 40	5 59	6 17	6 36	6 56	7 16	7 36	7 57	8 18	8 41
37	4 51	5 7	5 23	5 40	5 57	6 15	6 33	6 51	7 10	7 29	7 48
38	4 19	4 33	4 48	5 3	5 18	5 34	5 49	6 6	6 22	6 39	6 56
39	3 47	4 0	4 12	4 25	4 39	4 52	5 6	5 20	5 35	5 49	6 5
40	3 15	3 26	3 37	3 48	4 0	4 11	4 23	4 35	4 47	5 0	5 13
41	2 43	2 52	3 2	3 11	3 20	3 30	3 40	3 50	4 0	4 11	4 21
42	2 12	2 19	2 26	2 34	2 41	2 49	2 57	3 5	3 13	3 22	3 30
43	1 40	1 45	1 51	1 57	2 2	2 8	2 14	2 20	2 26	2 33	2 39
44	1 8	1 12	1 16	1 19	1 23	1 27	1 31	1 36	1 40	1 44	1 49

Louisburg. Breite 46° 9′ 16″ N Länge 59° 56′ 48″ W

Breite	Azimut										
	30°	31°	32°	33°	34°	35°	36°	37°	38°	39°	40°
	Längen-Unterschied										
30	13°55′	14°32′	15°11′	15°51′	16°33′	17°17′	18° 2′	18°50′	19°40′	20°33′	21°29′
31	13 2	13 37	14 13	14 51	15 30	16 10	16 53	17 37	18 23	19 12	20 3
32	12 10	12 42	13 16	13 51	14 27	15 4	15 43	16 24	17 6	17 51	18 38
33	11 17	11 47	12 18	12 50	13 24	13 58	14 34	15 11	15 50	16 31	17 14
34	10 25	10 53	11 21	11 50	12 21	12 52	13 25	13 59	14 34	15 11	15 50
35	9 33	9 58	10 24	10 50	11 18	11 46	12 16	12 47	13 19	13 52	14 27
36	8 41	9 4	9 27	9 50	10 15	10 41	11 8	11 35	12 4	12 34	13 5
37	7 48	8 9	8 30	8 51	9 13	9 36	10 0	10 24	10 49	11 16	11 44
38	6 56	7 14	7 33	7 52	8 11	8 31	8 52	9 14	9 36	9 59	10 23
39	6 5	6 20	6 36	6 53	7 9	7 27	7 45	8 4	8 23	8 43	9 4
40	5 13	5 26	5 40	5 54	6 8	6 23	6 38	6 54	7 10	7 27	7 45
41	4 21	4 32	4 44	4 55	5 7	5 20	5 32	5 45	5 59	6 13	6 27
42	3 30	3 39	3 48	3 57	4 7	4 17	4 27	4 37	4 48	4 59	5 10
43	2 39	2 46	2 53	3 0	3 7	3 14	3 22	3 29	3 37	3 45	3 54
44	1 49	1 53	1 58	2 2	2 7	2 11	2 17	2 22	2 28	2 33	2 39

Längen-Unterschied	Azimut										
	40°	41°	42°	43°	44°	45°	46°	47°	48°	49°	50°
	Breite										
2	44°31′	44°35′	44°38′	44°41′	44°44′	44°47′	44°50′	44°53′	44°55′	44°58′	45° 1′
4	42 55	43 2	43 9	43 15	43 21	43 27	43 33	43 38	43 44	43 49	43 54
6	41 21	41 31	41 41	41 51	42 0	42 9	42 18	42 26	42 34	42 42	42 49
8	39 48	40 2	40 16	40 29	40 41	40 53	41 4	41 15	41 26	41 36	41 46
10	38 17	38 35	38 52	39 8	39 23	39 38	39 52	40 6	40 20	40 33	40 46
11	37 33	37 52	38 10	38 28	38 45	39 1	39 17	39 33	39 47	40 2	40 16
12	36 48	37 9	37 29	37 48	38 7	38 25	38 42	38 59	39 15	39 31	39 46
13	36 4	36 27	36 49	37 10	37 30	37 49	38 8	38 26	38 44	39 1	39 18
14	35 20	35 45	36 8	36 31	36 53	37 14	37 34	37 54	38 13	38 31	38 49
15	34 36	35 3	35 28	35 53	36 16	36 39	37 0	37 22	37 42	38 2	38 21
16	33 53	34 21	34 49	35 15	35 40	36 4	36 28	36 50	37 12	37 33	37 54
17	33 10	33 40	34 9	34 37	35 4	35 30	35 55	36 19	36 42	37 5	37 26
18	32 27	32 59	33 30	34 0	34 28	34 56	35 22	35 48	36 13	36 36	37 0
19	31 45	32 19	32 52	33 23	33 53	34 22	34 50	35 17	35 44	36 9	36 33
20	31 2	31 38	32 13	32 46	33 18	33 49	34 19	34 47	35 15	35 42	36 7
21	30 20	30 58	31 35	32 10	32 44	33 16	33 47	34 17	34 47	35 15	35 42
22	29 38	30 19	30 57	31 34	32 9	32 44	33 16	33 48	34 19	34 48	35 17
23			30 19	30 58	31 36	32 11	32 46	33 19	33 51	34 22	34 52
24			29 42	30 23	31 2	31 40	32 16	32 51	33 24	33 57	34 28
25					30 29	31 8	31 46	32 22	32 58	33 32	34 4
26					29 56	30 37	31 16	31 54	32 31	33 7	33 41
27							30 47	31 27	32 5	32 42	33 18
28							30 18	31 0	31 40	32 18	32 56
29							29 50	30 33	31 15	31 55	32 34
30							29 22	30 7	30 50	31 32	32 12

Louisburg. Breite 46º 9′ 16″ N   Länge 59º 56′ 48″ W

Längen-Unter-schied	Azimut										
	50º	**51º**	**52º**	**53º**	**54º**	**55º**	**56º**	**57º**	**58º**	**59º**	**60º**
	Breite										
2º	45º 1′	45º 3′	45º 5′	45º 8′	45º10′	45º12′	45º14′	45º16′	45º18′	45º20′	45º22′
4	43 54	43 59	44 3	44 8	44 13	44 18	44 21	44 26	44 30	44 34	44 37
6	42 49	42 57	43 4	43 11	43 17	43 24	43 30	43 37	43 43	43 49	43 55
8	41 46	41 56	42 6	42 15	42 24	42 33	42 41	42 50	42 58	43 6	43 14
10	40 46	40 58	41 10	41 21	41 33	41 44	41 54	42 5	42 15	42 25	42 35
11	40 16	40 29	40 42	40 55	41 8	41 20	41 32	41 43	41 54	42 5	42 16
12	39 46	40 1	40 15	40 29	40 43	40 56	41 9	41 22	41 34	41 46	41 58
13	39 18	39 33	39 49	40 4	40 19	40 33	40 47	41 1	41 14	41 27	41 40
14	38 49	39 6	39 23	39 40	39 55	40 11	40 26	40 41	40 55	41 9	41 23
15	38 21	38 40	38 58	39 15	39 32	39 49	40 5	40 21	40 37	40 52	41 6
16	37 54	38 13	38 33	38 51	39 10	39 27	39 45	40 2	40 18	40 34	40 50
17	37 26	37 47	38 8	38 28	38 47	39 6	39 25	39 43	40 0	40 18	40 35
18	37 0	37 22	37 44	38 5	38 26	38 46	39 5	39 24	39 43	40 1	40 19
19	36 33	36 57	37 20	37 43	38 4	38 26	38 46	39 7	39 26	39 46	40 5
20	36 7	36 33	36 57	37 21	37 44	38 6	38 28	38 49	39 10	39 30	39 50
21	35 42	36 9	36 34	36 59	37 23	37 47	38 10	38 32	38 54	39 16	39 37
22	35 17	35 45	36 12	36 38	37 3	37 28	37 52	38 16	38 39	39 1	39 23
23	34 52	35 22	35 50	36 17	36 44	37 10	37 35	38 0	38 24	38 48	39 11
24	34 28	34 59	35 28	35 57	36 25	36 52	37 19	37 45	38 10	38 34	38 58
25	34 4	34 36	35 7	35 37	36 7	36 35	37 3	37 30	37 56	38 22	38 47
26	33 41	34 14	34 47	35 18	35 49	36 18	36 47	37 15	37 43	38 9	38 36
27	33 18	33 53	34 27	34 59	35 31	36 2	36 32	37 1	37 30	37 58	38 25
28	32 56	33 32	34 7	34 41	35 14	35 46	36 17	36 48	37 18	37 47	38 15
29	32 34	33 11	33 48	34 23	34 57	35 31	36 3	36 35	37 6	37 36	38 5
30	32 12	32 51	33 29	34 6	34 41	35 16	35 50	36 23	36 55	37 26	37 56
31	31 51	32 31	33 11	33 49	34 26	35 2	35 37	36 11	36 44	37 16	37 48
32	31 30	32 12	32 53	33 32	34 11	34 48	35 24	35 59	36 34	37 7	37 40
33	31 10	31 53	32 35	33 16	33 56	34 34	35 12	35 48	36 24	36 59	37 33
34	30 50	31 35	32 18	33 1	33 42	34 22	35 0	35 38	36 15	36 51	37 26
35	30 30	31 17	32 2	32 46	33 28	34 9	34 50	35 28	36 7	36 44	37 20
36	30 11	30 59	31 46	32 31	33 15	33 58	34 39	35 19	35 59	36 37	37 14
37	29 53	30 43	31 31	32 17	33 3	33 47	34 29	35 11	35 51	36 31	37 9
38	29 34	30 26	31 16	32 4	32 51	33 36	34 20	35 3	35 45	36 25	37 5
39	29 17	30 10	31 1	31 51	32 39	33 26	34 11	34 55	35 38	36 20	37 1
40	29 0	29 54	30 48	31 39	32 29	33 17	34 3	34 49	35 33	36 16	36 58
41			30 34	31 27	32 18	33 8	33 56	34 43	35 28	36 13	36 56
42			30 21	31 16	32 9	33 0	33 49	34 37	35 24	36 10	36 54
43			30 9	31 5	32 0	32 52	33 43	34 33	35 21	36 8	36 53
44			29 57	30 55	31 51	32 45	33 38	34 29	35 18	36 6	36 53
45				30 46	31 44	32 39	33 33	34 25	35 16	36 5	36 53
46				30 38	31 36	32 34	33 29	34 22	35 15	36 5	36 55
47				30 30	31 30	32 29	33 25	34 20	35 14	36 6	36 57
48				30 22	31 24	32 25	33 23	34 19	35 14	36 7	36 59
49				30 16	31 20	32 21	33 21	34 19	35 15	36 10	37 3
50				30 10	31 15	32 19	33 20	34 19	35 17	36 13	37 7
51				30 4	31 12	32 17	33 19	34 20	35 19	36 17	37 14
52				30 0	31 9	32 16	33 20	34 22	35 23	36 22	37 19
53					31 7	32 16	33 22	34 25	35 27	36 27	37 26
54					31 6	32 16	33 24	34 29	35 32	36 34	37 33
55					31 6	32 18	33 27	34 34	35 39	36 41	37 42
56					31 7	32 20	33 31	34 40	35 46	36 50	37 52
57					31 10	32 24	33 36	34 46	35 54	36 59	38 3
58					31 12	32 29	33 43	34 54	36 3	37 10	38 15
59					31 16	32 34	33 50	35 3	36 13	37 22	38 28
60					31 20	32 41	33 58	35 13	36 25	37 34	38 42

Längen-Unter-schied	Azimut										
	60⁰	**61⁰**	**62⁰**	**63⁰**	**64⁰**	**65⁰**	**66⁰**	**67⁰**	**68⁰**	**69⁰**	**70⁰**
	Breite										
2⁰	45⁰22′	45⁰24′	45⁰26′	45⁰28′	45⁰30′	45⁰32′	45⁰33′	45⁰35′	45⁰37′	45⁰38′	45⁰40′
4	44 37	44 41	44 45	44 49	44 52	44 56	44 59	45 3	45 6	5 10	45 13
6	43 55	44 0	44 6	44 12	44 17	44 22	44 28	44 33	44 38	44 43	44 48
8	43 14	43 22	43 29	43 36	43 44	43 51	43 58	44 5	44 12	44 18	44 25
10	42 35	42 45	42 54	43 3	43 12	43 21	43 30	43 39	43 47	43 56	44 4
11	42 16	42 27	42 37	42 47	42 57	43 7	43 17	43 26	43 36	43 46	43 54
12	41 58	42 10	42 21	42 32	42 43	42 54	43 4	43 15	43 25	43 35	43 45
13	41 40	41 53	42 5	42 17	42 29	42 41	42 52	43 4	43 15	43 26	43 36
14	41 23	41 37	41 50	42 3	42 16	42 28	42 41	42 53	43 5	43 17	43 28
15	41 6	41 21	41 35	41 49	42 3	42 16	42 30	42 43	42 56	43 8	43 21
16	40 50	41 6	41 21	41 36	41 51	42 5	42 19	42 33	42 47	43 0	43 14
17	40 35	40 51	41 7	41 23	41 39	41 54	42 9	42 24	42 38	42 53	43 7
18	40 19	40 37	40 54	41 11	41 27	41 44	41 59	42 15	42 31	42 46	43 1
19	40 5	40 23	40 41	40 59	41 16	41 34	41 50	42 7	42 23	42 39	42 55
20	39 50	40 10	40 29	40 48	41 6	41 24	41 42	41 59	42 17	42 34	42 50
21	39 37	39 57	40 17	40 37	40 56	41 15	41 34	41 52	42 11	42 28	42 46
22	39 23	39 45	40 6	40 27	40 47	41 7	41 27	41 46	42 5	42 24	42 42
23	39 11	39 33	39 55	40 17	40 38	40 59	41 20	41 40	42 0	42 19	42 39
24	38 58	39 22	39 45	40 8	40 30	40 52	41 13	41 35	41 55	42 16	42 36
25	38 47	39 11	39 35	39 59	40 22	40 45	41 8	41 30	41 51	42 13	42 34
26	38 36	39 1	39 26	39 51	40 15	40 39	41 2	41 25	41 48	42 10	42 32
27	38 25	38 52	39 18	39 44	40 9	40 33	40 58	41 22	41 45	42 8	42 31
28	38 15	38 43	39 10	39 37	40 3	40 28	40 54	41 18	41 43	42 7	42 31
29	38 5	38 34	39 2	39 30	39 57	40 24	40 50	41 16	41 41	42 6	42 31
30	37 56	38 26	38 56	39 24	39 52	40 20	40 47	41 14	41 40	42 6	42 32
31	37 48	38 19	38 49	39 19	39 48	40 17	40 45	41 13	41 40	42 6	42 33
32	37 40	38 12	38 43	39 14	39 44	40 14	40 43	41 12	41 40	42 7	42 35
33	37 33	38 6	38 38	39 10	39 41	40 12	40 42	41 11	41 40	42 9	42 37
34	37 26	38 0	38 34	39 7	39 39	40 10	40 41	41 12	41 42	42 11	42 40
35	37 20	37 55	38 30	39 4	39 37	40 9	40 41	41 13	41 44	42 14	42 44
36	37 14	37 51	38 26	39 1	39 36	40 9	40 42	41 15	41 47	42 18	42 49
37	37 9	37 47	38 24	39 0	39 35	40 10	40 44	41 17	41 50	42 22	42 54
38	37 5	37 44	38 22	38 59	39 35	40 11	40 46	41 20	41 54	42 27	43 0
39	37 1	37 41	38 20	38 58	39 36	40 12	40 48	41 24	41 59	42 33	43 6
40	36 58	37 39	38 19	38 59	39 37	40 15	40 52	41 28	42 4	42 39	43 14
41	36 56	37 38	38 19	39 0	39 39	40 18	40 56	41 33	42 10	42 46	43 22
42	36 54	37 38	38 20	39 1	39 42	40 22	41 1	41 39	42 17	42 54	43 30
43	36 53	37 38	38 21	39 4	39 46	40 26	41 6	41 46	42 24	43 2	43 40
44	36 53	37 39	38 23	39 7	39 50	40 32	41 13	41 53	42 33	43 12	43 50
45	36 53	37 40	38 26	39 11	39 55	40 38	41 20	42 1	42 42	43 22	44 1
46	36 55	37 43	38 30	39 16	40 1	40 45	41 28	42 10	42 52	43 33	44 13
47	36 57	37 46	38 34	39 21	40 7	40 52	41 36	42 20	43 2	43 44	44 25
48	36 59	37 50	38 39	39 27	40 15	41 1	41 46	42 30	43 14	43 57	44 39
49	37 3	37 55	38 45	39 35	40 23	41 10	41 56	42 42	43 26	44 10	44 53
50	37 7	38 0	38 52	39 43	40 32	41 20	42 8	42 54	43 40	44 24	45 8
51	37 14	38 7	39 0	39 51	40 42	41 31	42 20	43 7	43 54	44 39	45 24
52	37 19	38 14	39 8	40 1	40 53	41 43	42 33	43 21	44 9	44 55	45 41
53	37 26	38 22	39 18	40 12	41 4	41 56	42 46	43 36	44 24	45 12	45 59
54	37 33	38 32	39 29	40 23	41 17	42 10	43 1	43 52	44 41	45 30	46 18
55	37 42	38 42	39 39	40 36	41 31	42 24	43 17	44 8	44 58	45 48	46 37
56	37 52	38 53	39 52	40 49	41 45	42 40	43 34	44 26	45 17	46 8	46 58
57	38 3	39 5	40 5	41 4	42 1	42 57	43 51	44 45	45 37	46 29	47 19
58	38 15	39 18	40 19	41 19	42 17	43 14	44 10	45 5	45 58	46 50	47 42
59	38 28	39 32	40 35	41 36	42 35	43 33	44 30	45 36	46 20	47 23	48 6
60	38 42	39 47	40 51	41 53	42 54	43 53	44 51	45 57	46 43	47 47	48 31

Längen-Unter-schied	Azimut										
	70°	71°	72°	73°	74°	75°	76°	77°	78°	79°	80°
	Breite										
2°	45°40'	45°42'	45°43'	45°45'	45°47'	45°48'	45°50'	45°51'	45°53'	45°54'	45°56'
4	45 13	45 16	45 19	45 23	45 26	45 29	45 32	45 35	45 38	45 41	45 44
6	44 48	44 53	44 58	45 2	45 7	45 12	45 17	45 21	45 26	45 30	45 35
8	44 25	44 31	44 38	44 44	44 51	44 57	45 3	45 9	45 15	45 21	45 27
10	44 4	44 12	44 20	44 28	44 36	44 44	44 52	44 59	45 7	45 15	45 22
11	43 54	44 3	44 12	44 21	44 30	44 38	44 47	44 55	45 4	45 12	45 20
12	43 45	43 55	44 5	44 14	44 24	44 33	44 42	44 52	45 1	45 10	45 19
13	43 36	43 47	43 58	44 8	44 18	44 29	44 39	44 49	44 59	45 8	45 18
14	43 28	43 40	43 51	44 2	44 13	44 25	44 35	44 46	44 57	45 8	45 18
15	43 21	43 33	43 45	43 57	44 9	44 21	44 33	44 43	44 56	45 7	45 18
16	43 14	43 27	43 40	43 53	44 5	44 18	44 30	44 43	44 55	45 7	45 19
17	43 7	43 21	43 35	43 48	44 2	44 15	44 29	44 42	44 55	45 8	45 21
18	43 1	43 16	43 30	43 45	43 59	44 13	44 27	44 41	44 55	45 9	45 22
19	42 55	43 11	43 27	43 42	43 57	44 12	44 27	44 42	44 56	45 11	45 25
20	42 50	43 7	43 24	43 39	43 55	44 11	44 27	44 42	44 58	45 13	45 28
21	42 46	43 3	43 21	43 38	43 54	44 11	44 27	44 44	45 0	45 16	45 32
22	42 42	43 0	43 18	43 36	43 54	44 11	44 28	44 45	45 2	45 19	45 36
23	42 39	42 58	43 17	43 35	43 54	44 12	44 30	44 48	45 6	45 23	45 41
24	42 36	42 56	43 16	43 35	43 54	44 13	44 32	44 51	45 9	45 28	45 46
25	42 34	42 55	43 15	43 35	43 55	44 15	44 35	44 55	45 14	45 33	45 52
26	42 32	42 54	43 15	43 36	43 57	44 18	44 38	44 59	45 19	45 39	45 59
27	42 31	42 54	43 16	43 38	44 0	44 21	44 42	45 3	45 24	45 45	46 6
28	42 31	42 54	43 17	43 40	44 2	44 25	44 47	45 9	45 31	45 52	46 13
29	42 31	42 55	43 19	43 43	44 6	44 29	44 52	45 15	45 37	46 0	46 22
30	42 32	42 57	43 21	43 46	44 10	44 34	44 58	45 22	45 45	46 8	46 31
31	42 33	42 59	43 24	43 50	44 15	44 40	45 4	45 29	45 53	46 17	46 41
32	42 35	43 2	43 28	43 54	44 20	44 46	45 11	45 37	46 2	46 26	46 51
33	42 37	43 5	43 33	44 0	44 26	44 53	45 19	45 45	46 11	46 36	47 2
34	42 40	43 9	43 37	44 5	44 33	45 0	45 27	45 54	46 21	46 47	47 13
35	42 44	43 14	43 43	44 12	44 40	45 9	45 36	46 4	46 32	46 59	47 26
36	42 49	43 19	49 49	44 19	44 49	45 18	45 46	46 15	46 43	47 11	47 39
37	42 54	43 25	43 56	44 27	44 57	45 27	45 57	46 26	46 55	47 24	47 52
38	43 0	43 32	44 4	44 35	45 7	45 37	46 7	46 38	47 8	47 37	48 7
39	43 6	43 40	44 12	44 45	45 17	45 48	46 19	46 50	47 21	47 52	48 22
40	43 14	43 48	44 21	44 55	45 27	46 0	46 32	47 4	47 35	48 7	48 38
41	43 22	43 57	44 31	45 5	45 39	46 12	46 45	47 18	47 50	48 22	48 54
42	43 30	44 6	44 42	45 17	45 51	46 26	46 59	47 33	48 6	48 39	49 11
43	43 40	44 17	44 53	45 29	46 4	46 40	47 14	47 48	48 22	48 56	49 29
44	43 50	44 28	45 5	45 42	46 18	46 54	47 30	48 5	48 40	49 14	49 48
45	44 1	44 40	45 18	45 56	46 33	47 10	47 46	48 22	48 58	49 33	50 8
46	44 13	44 52	45 32	46 10	46 48	47 26	48 3	48 40	49 16	49 53	50 28
47	44 25	45 6	45 46	46 25	47 4	47 43	48 21	48 59	49 36	50 13	50 50
48	44 39	45 20	46 1	46 42	47 21	48 1	48 40	49 18	49 56	50 34	51 12
49	44 53	45 36	46 18	46 59	47 39	48 20	48 59	49 39	50 18	50 56	51 35
50	45 8	45 52	46 34	47 16	47 58	48 39	49 20	50 0	50 40	51 19	51 58
51	45 24	46 9	46 52	47 35	48 18	49 0	49 41	50 22	51 3	51 43	52 23
52	45 41	46 26	47 11	47 55	48 38	49 21	50 3	50 45	51 27	52 8	52 48
53	45 59	46 45	47 31	48 15	48 59	49 43	50 26	51 9	51 51	52 33	53 15
54	46 18	47 5	47 51	48 37	49 22	50 6	50 50	51 34	52 17	53 0	53 42
55	46 37	47 25	48 13	48 59	49 45	50 31	51 15	52 0	52 44	53 27	54 10
56	46 58	47 47	48 35	49 22	50 9	50 56	51 41	52 26	53 11	53 55	54 39
57	47 19	48 9	48 59	49 47	50 34	51 21	52 8	52 54	53 40	54 25	55 9
58	47 42	48 33	49 23	50 12	51 1	51 49	52 36	53 23	54 9	54 55	55 40
59	48 6	48 58	49 48	50 38	51 28	52 16	53 5	53 52	54 39	55 26	56 12
60	48 31	49 23	50 15	51 6	51 56	52 45	53 34	54 23	55 11	55 58	56 45

Louisburg. Breite 46° 9′ 16″ N   Länge 59° 56′ 48″ W

Längen-Unter-schied	Azimut										
	80°	81°	82°	83°	84°	85°	86°	87°	88°	89°	90°
	Breite										
2°	45°56′	45°57′	45°59′	46° 1′	46° 2′	46° 3′	46° 5′	46° 6′	46° 7′	46° 9′	46° 10′
4	45 44	45 47	45 50	45 53	45 56	45 59	46 2	46 5	46 8	46 11	46 14
6	45 35	45 39	45 44	45 48	45 53	45 57	46 1	46 6	46 10	46 14	46 19
8	45 27	45 33	45 39	45 45	45 51	45 57	46 3	46 9	46 15	46 20	46 26
10	45 22	45 30	45 37	45 45	45 52	45 59	46 6	46 14	46 21	46 28	46 36
11	45 20	45 29	45 37	45 45	45 53	46 1	46 9	46 17	46 25	46 33	46 41
12	45 19	45 28	45 37	45 46	45 55	46 3	46 12	46 21	46 30	46 39	46 47
13	45 18	45 28	45 38	45 47	45 57	46 6	46 16	46 26	46 35	46 44	46 54
14	45 18	45 29	45 39	45 49	46 0	46 10	46 20	46 31	46 41	46 51	47 1
15	45 18	45 30	45 41	45 52	46 3	46 14	46 25	46 36	46 47	46 58	47 9
16	45 19	45 31	45 43	45 55	46 7	46 19	46 30	46 42	46 54	47 5	47 17
17	45 21	45 34	45 46	45 59	46 11	46 24	46 36	46 49	47 1	47 14	47 26
18	45 22	45 36	45 49	46 3	46 16	46 29	46 43	46 56	47 9	47 22	47 35
19	45 25	45 39	45 53	46 8	46 22	46 36	46 50	47 4	47 18	47 31	47 45
20	45 28	45 43	45 58	46 13	46 28	46 43	46 57	47 12	47 27	47 41	47 56
21	45 32	45 48	46 3	46 19	46 35	46 50	47 6	47 21	47 36	47 52	48 7
22	45 36	45 53	46 9	46 25	46 42	46 58	47 14	47 30	47 47	48 3	48 19
23	45 41	45 58	46 15	46 32	46 50	47 7	47 24	47 41	47 57	48 14	48 31
24	45 46	46 4	46 22	46 40	46 58	47 16	47 34	47 51	48 9	48 27	48 44
25	45 52	46 11	46 30	46 48	47 7	47 26	47 44	48 3	48 21	48 39	48 58
26	45 59	46 18	46 38	46 57	47 17	47 36	47 55	48 14	48 34	48 53	49 12
27	46 6	46 26	46 47	47 7	47 27	47 47	48 7	48 27	48 47	49 7	49 27
28	46 13	46 35	46 56	47 17	47 38	47 59	48 19	48 40	49 1	49 21	49 42
29	46 22	46 44	47 6	47 28	47 49	48 11	48 32	48 54	49 15	49 37	49 58
30	46 31	46 54	47 16	47 39	48 1	48 24	48 46	49 8	49 31	49 53	50 15
31	46 41	47 4	47 28	47 51	48 14	48 37	49 0	49 23	49 46	50 9	50 32
32	46 51	47 15	47 39	48 4	48 28	48 52	49 15	49 39	50 3	50 27	50 50
33	47 2	47 27	47 52	48 17	48 42	49 7	49 31	49 55	50 20	50 44	51 8
34	47 13	47 39	48 5	48 31	48 56	49 22	49 47	50 13	50 38	51 3	51 28
35	47 26	47 52	48 19	48 46	49 12	49 38	50 4	50 30	50 56	51 22	51 48
36	47 39	48 6	48 34	49 1	49 28	49 55	50 22	50 49	51 16	51 42	52 9
37	47 52	48 21	48 49	49 17	49 45	50 13	50 40	51 8	51 36	52 3	52 30
38	48 7	48 36	49 5	49 34	50 2	50 31	50 59	51 28	51 56	52 24	52 53
39	48 22	48 52	49 21	49 51	50 21	50 50	51 19	51 48	52 17	52 47	53 16
40	48 38	49 8	49 39	50 9	50 40	51 10	51 40	52 10	52 40	53 10	53 39
41	48 54	49 26	49 57	50 28	50 59	51 30	52 1	52 32	53 3	53 33	54 4
42	49 11	49 44	50 16	50 48	51 20	51 52	52 23	52 55	53 26	53 58	54 29
43	49 29	50 3	50 36	51 8	51 41	52 14	52 46	53 18	53 51	54 23	54 55
44	49 48	50 22	50 56	51 30	52 3	52 36	53 10	53 43	54 16	54 49	55 22
45	50 8	50 43	51 17	51 52	52 16	53 0	53 34	54 8	54 42	55 15	55 59
46	50 28	51 4	51 39	52 15	52 50	53 24	53 59	54 34	55 8	55 43	56 17
47	50 50	51 26	52 2	52 38	53 14	53 50	54 25	55 1	55 35	56 11	56 46
48	51 12	51 49	52 26	53 3	53 39	54 16	54 52	55 28	56 4	56 40	57 16
49	51 35	52 13	52 50	53 28	54 5	54 43	55 20	55 57	56 34	57 10	57 47
50	51 58	52 37	53 16	53 54	54 32	55 10	55 48	56 26	57 4	57 41	58 19
51	52 23	53 3	53 42	54 21	55 0	55 39	56 17	56 56	57 35	58 13	58 51
52	52 48	53 29	54 9	54 49	55 29	56 8	56 48	57 27	58 6	58 45	59 24
53	53 15	53 56	54 37	55 18	55 58	56 38	57 19	57 59	58 39	59 19	59 58
54	53 42	54 24	55 6	55 47	56 29	57 10	57 51	58 31	59 12	59 53	60 33
55	54 10	54 53	55 36	56 18	57 0	57 42	58 23	59 5	59 46	60 28	61 9
56	54 39	55 23	56 6	56 49	57 32	58 15	58 57	59 39	60 21	61 4	61 45
57	55 9	55 54	56 38	57 21	58 5	58 48	59 32	60 15	60 57	61 40	62 23
58	55 40	56 25	57 10	57 55	58 39	59 23	60 7	60 51	61 34	62 18	63 2
59	56 12	56 58	57 44	58 29	59 14	59 59	60 43	61 28	62 12	62 56	63 41
60	56 45	57 32	58 18	59 4	59 50	60 35	61 21	62 6	62 51	63 36	64 21

Louisburg. Breite 46° 9′ 16″ N   Länge 59° 56′ 48″ W

Breite	Azimut											
	90°	91°	92°	93°	94°	95°	96°	97°	98°	99°	100°
	Längen-Unterschied											
48°	20°22′	19°4′	17°51′	16°43′	15°39′	14°41′	13°48′	12°58′	12°12′	11°30′	10°51′
49	25 10	23 53	22 39	21 29	20 24	19 22	18 23	17 28	16 37	15 48	15 3
50	29 7	27 50	26 37	25 26	24 19	23 16	22 15	21 17	20 22	19 30	18 41
51	32 32	31 17	30 3	28 53	27 45	26 40	25 38	24 38	23 41	22 47	21 55
52	35 34	34 19	33 7	31 57	30 49	29 43	28 40	27 39	26 41	25 45	24 51
53	38 19	37 5	35 53	34 43	33 36	32 30	31 26	30 25	29 26	28 28	27 33
54	40 51	39 38	38 26	37 17	36 9	35 4	34 0	32 58	31 58	31 0	30 3
55	43 12	41 59	40 49	39 40	38 32	37 27	36 23	35 20	34 20	33 21	32 24
56	45 24	44 12	43 2	41 53	40 46	39 41	38 37	37 34	36 33	35 34	34 37
57	47 28	46 17	45 7	43 59	42 52	41 47	40 43	39 41	38 40	37 40	36 42
58	49 25	48 15	47 6	45 58	44 52	43 47	42 43	41 41	40 40	39 40	38 41
59	51 17	50 7	48 59	47 52	46 46	45 41	44 38	43 35	42 34	41 34	40 35
60	53 3	51 54	50 47	49 40	48 34	47 30	46 27	45 24	44 23	43 23	42 24
61	54 45	53 37	52 30	51 24	50 19	49 15	48 11	47 9	46 8	45 8	44 9
62	56 23	55 16	54 9	53 3	51 59	50 55	49 52	48 50	47 49	46 49	45 50
63	57 58	56 51	55 45	54 39	53 35	52 31	51 29	50 27	49 26	48 26	47 27
64	59 29	58 23	57 17	56 12	55 8	54 5	53 3	52 1	51 0	50 0	49 1
65	60 57	59 52	58 46	57 42	56 38	55 35	54 33	53 32	52 31	51 31	50 32
66		61 18	60 13	59 9	58 6	57 3	56 1	55 0	53 59	52 59	52 0
67			61 37	60 34	59 31	58 28	57 26	56 25	55 25	54 25	53 26
68				61 56	60 53	59 51	58 50	57 49	56 48	55 48	54 49
69						61 12	60 11	59 10	58 10	57 10	56 11
70							61 30	60 29	59 29	58 29	57 30

Breite	Azimut											
	100°	101°	102°	103°	104°	105°	106°	107°	108°	109°	110°
	Längen-Unterschied											
48°	10°51′	10°15′	9°43′	9°12′	8°44′	8°18′	7°54′	7°32′	7°11′	6°52′	6°34′
49	15 3	14 21	13 41	13 4	12 28	11 56	11 25	10 56	10 29	10 3	9 39
50	18 41	17 54	17 10	16 28	15 48	15 10	14 34	14 0	13 28	12 58	12 29
51	21 55	21 5	20 17	19 32	18 49	18 8	17 28	16 51	16 15	15 41	15 8
52	24 51	23 59	23 9	22 21	21 35	20 51	20 9	19 29	18 50	18 12	17 36
53	27 33	26 39	25 48	24 58	24 10	23 24	22 39	21 56	21 15	20 36	19 57
54	30 3	29 9	28 16	27 24	26 35	25 47	25 0	24 16	23 32	22 50	22 10
55	32 24	31 28	30 34	29 42	28 51	28 2	27 14	26 27	25 42	24 58	24 16
56	34 37	33 40	32 45	31 52	31 0	30 10	29 20	28 33	27 46	27 1	26 17
57	36 42	35 45	34 50	33 56	33 3	32 11	31 21	30 32	29 44	28 58	28 12
58	38 41	37 44	36 48	35 53	35 0	34 7	33 16	32 26	31 38	30 50	30 3
59	40 35	39 38	38 41	37 46	36 52	35 59	35 7	34 16	33 26	32 38	31 50
60	42 24	41 26	40 30	39 34	38 39	37 46	36 53	36 2	35 11	34 22	33 33
61	44 9	43 11	42 14	41 18	40 23	39 29	38 36	37 43	36 52	36 2	35 13
62	45 50	44 52	43 54	42 58	42 2	41 8	40 14	39 22	38 30	37 39	36 49
63	47 27	46 29	45 31	44 34	43 39	42 44	41 50	40 57	40 4	39 13	38 22
64	49 1	48 2	47 5	46 8	45 12	44 17	43 22	42 29	41 36	40 44	39 53
65	50 32	49 33	48 36	47 39	46 42	45 47	44 52	43 58	43 5	42 12	41 21
66	52 0	51 2	50 4	49 7	48 10	47 15	46 20	45 25	44 32	43 39	42 46
67	53 26	52 28	51 30	50 32	49 36	48 40	47 45	46 50	45 56	45 2	44 10
68	54 49	53 51	52 53	51 56	50 59	50 3	49 7	48 12	47 18	46 24	45 31
69	56 11	55 12	54 14	53 17	52 20	51 24	50 28	49 33	48 38	47 44	46 50
70	57 30	56 32	55 34	54 36	53 40	52 43	51 47	50 51	49 56	49 2	48 8

Louisburg. Breite 46° 9′ 16″ N   Länge 59° 56′ 48″ W

Breite	Azimut										
	110°	111°	112°	113°	114°	115°	116°	117°	118°	119°	120°
	Längen-Unterschied										
48°	6°34′	6°17′	6° 1′	5°47′	5°33′	5°20′	5° 7′	4°55′	4°44′	4°34′	4°24′
49	9 39	9 16	8 55	8 34	8 15	7 56	7 39	7 23	7 7	6 52	6 38
50	12 29	12 2	11 36	11 10	10 47	10 24	10 3	9 42	9 22	9 3	8 45
51	15 8	14 37	14 7	13 38	13 11	12 44	12 19	11 55	11 32	11 10	10 48
52	17 36	17 2	16 29	15 57	15 27	14 57	14 29	14 2	13 35	13 10	12 46
53	19 57	19 20	18 44	18 10	17 37	17 4	16 32	16 3	15 34	15 6	14 40
54	22 10	21 30	20 52	20 16	19 40	19 6	18 32	18 0	17 29	16 58	16 29
55	24 16	23 35	22 55	22 16	21 39	21 2	20 27	19 53	19 19	18 47	18 15
56	26 17	25 34	24 52	24 12	23 33	22 54	22 17	21 41	21 5	20 31	19 57
57	28 12	27 28	26 45	26 3	25 22	24 42	24 3	23 25	22 48	22 12	21 37
58	30 3	29 18	28 34	27 50	27 8	26 26	25 46	25 7	24 28	23 50	23 13
59	31 50	31 4	30 18	29 33	28 50	28 7	27 25	26 45	26 5	25 25	24 47
60	33 33	32 46	31 59	31 13	30 29	29 45	29 2	28 20	27 38	26 58	26 18
61	35 13	34 24	33 37	32 50	32 4	31 19	30 35	29 52	29 9	28 28	27 47
62	36 49	35 59	35 11	34 24	33 37	32 51	32 6	31 22	30 38	29 55	29 13
63	38 22	37 32	36 43	35 55	35 7	34 20	33 34	32 49	32 4	31 20	30 37
64	39 53	39 2	38 12	37 23	36 35	35 47	35 0	34 14	33 29	32 44	31 59
65	41 21	40 30	39 39	38 49	38 0	37 12	36 24	35 37	34 51	34 5	33 20
66	42 46	41 55	41 4	40 13	39 24	38 34	37 46	36 58	36 11	35 24	34 38
67	44 10	43 18	42 26	41 35	40 45	39 55	39 6	38 17	37 29	36 42	35 55
68	45 31	44 38	43 46	42 55	42 4	41 14	40 24	39 35	38 46	37 58	37 10
69	46 50	45 57	45 5	44 13	43 21	42 30	41 40	40 50	40 1	39 12	38 24
70	48 8	47 14	46 21	45 29	44 37	43 46	42 55	42 5	41 15	40 25	39 36

Breite	Azimut										
	120°	121°	122°	123°	124°	125°	126°	127°	128°	129°	130°
	Längen-Unterschied										
48°	4°24′	4°15′	4° 6′	3°57′	3°49′	3°41′	3°33′	3°26′	3°19′	3°13′	3° 6′
49	6 38	6 24	6 11	5 58	5 46	5 35	5 24	5 13	5 3	4 53	4 43
50	8 45	8 28	8 11	7 55	7 40	7 25	7 11	6 57	6 44	6 31	6 18
51	10 48	10 27	10 7	9 48	9 30	9 12	8 55	8 38	8 22	8 6	7 51
52	12 46	12 22	11 59	11 37	11 16	10 56	10 36	10 16	9 58	9 40	9 22
53	14 40	14 13	13 48	13 23	12 59	12 37	12 14	11 52	11 31	11 10	10 50
54	16 29	16 1	15 33	15 6	14 40	14 14	13 50	13 26	13 2	12 39	12 17
55	18 15	17 44	17 14	16 45	16 17	15 50	15 23	14 57	14 31	14 6	13 42
56	19 57	19 25	18 53	18 22	17 52	17 22	16 53	16 25	15 58	15 31	15 5
57	21 37	21 2	20 29	19 56	19 24	18 53	18 22	17 52	17 23	16 54	16 26
58	23 13	22 37	22 2	21 27	20 54	20 21	19 48	19 17	18 46	18 15	17 46
59	24 47	24 9	23 33	22 57	22 21	21 47	21 13	20 39	20 7	19 35	19 3
60	26 18	25 39	25 1	24 23	23 47	23 11	22 35	22 0	21 26	20 53	20 20
61	27 47	27 7	26 27	25 48	25 10	24 33	23 56	23 20	22 44	22 9	21 35
62	29 13	28 32	27 51	27 11	26 31	25 53	25 15	24 37	24 0	23 24	22 48
63	30 37	29 55	29 13	28 32	27 51	27 11	26 32	25 53	25 15	24 37	24 0
64	31 59	31 16	30 33	29 51	29 9	28 28	27 47	27 7	26 28	25 49	25 11
65	33 20	32 35	31 51	31 8	30 25	29 43	29 2	28 20	27 40	27 0	26 20
66	34 38	33 53	33 8	32 24	31 40	30 57	30 14	29 32	28 50	28 9	27 28
67	35 55	35 9	34 23	33 38	32 53	32 9	31 25	30 42	29 59	29 17	28 35
68	37 10	36 23	35 36	34 50	34 5	33 20	32 35	31 51	31 7	30 24	29 41
69	38 24	37 36	36 48	36 2	35 15	34 29	33 43	32 58	32 14	31 30	30 46
70	39 36	38 47	37 59	37 11	36 24	35 37	34 51	34 5	33 19	32 34	31 49

Azimut

Breite	130°	131°	132°	133°	134°	135°	136°	137°	138°	139°	140°
	Längen-Unterschied										
48°	3° 6′	3° 0′	2°54′	2°48′	2°43′	2°37′	2°32′	2°27′	2°22′	2°17′	2°13′
49	4 43	4 34	4 25	4 17	4 8	4 0	3 52	3 45	3 37	3 30	3 23
50	6 18	6 6	5 55	5 44	5 32	5 22	5 11	5 1	4 51	4 42	4 33
51	7 51	7 37	7 22	7 8	6 55	6 42	6 29	6 17	6 5	5 53	5 41
52	9 22	9 5	8 48	8 32	8 16	8 1	7 46	7 31	7 17	7 3	6 49
53	10 50	10 31	10 12	9 54	9 36	9 18	9 1	8 44	8 28	8 12	7 56
54	12 17	11 56	11 34	11 14	10 54	10 34	10 15	9 56	9 37	9 19	9 2
55	13 42	13 18	12 55	12 32	12 10	11 48	11 27	11 7	10 46	10 26	10 7
56	15 5	14 39	14 14	13 49	13 25	13 2	12 39	12 16	11 54	11 32	11 11
57	16 26	15 59	15 32	15 5	14 39	14 14	13 49	13 25	13 1	12 37	12 14
58	17 46	17 16	16 48	16 20	15 52	15 25	14 58	14 32	14 7	13 41	13 16
59	19 3	18 33	18 2	17 33	17 3	16 35	16 7	15 39	15 12	14 45	14 18
60	20 20	19 47	19 16	18 44	18 14	17 43	17 14	16 44	16 15	15 47	15 19
61	21 35	21 1	20 28	19 55	19 22	18 50	18 19	17 49	17 18	16 48	16 19
62	22 48	22 13	21 38	21 4	20 30	19 57	19 24	18 52	18 20	17 49	17 18
63	24 0	23 23	22 47	22 12	21 37	21 2	20 28	19 54	19 21	18 48	18 16
64	25 11	24 33	23 56	23 19	22 42	22 6	21 31	20 56	20 21	19 47	19 13
65	26 20	25 41	25 2	24 24	23 47	23 10	22 33	21 56	21 20	20 45	20 10
66	27 28	26 48	26 8	25 29	24 50	24 12	23 34	22 56	22 19	21 42	21 6
67	28 35	27 54	27 13	26 33	25 52	25 13	24 34	23 55	23 16	22 38	22 1
68	29 41	28 59	28 17	27 35	26 54	26 13	25 33	24 53	24 13	23 34	22 55
69	30 46	30 2	29 19	28 37	27 54	27 12	26 31	25 50	25 9	24 28	23 48
70	31 49	31 5	30 21	29 37	28 54	28 11	27 28	26 46	26 4	25 22	24 41

Azimut

Breite	140°	141°	142°	143°	144°	145°	146°	147°	148°	149°	150°
	Längen-Unterschied										
48°	2°13′	2° 8′	2° 4′	1°59′	1°55′	1°51′	1°47′	1°43′	1°39′	1°35′	1°32′
49	3 23	3 16	3 10	3 3	2 57	2 50	2 44	2 38	2 32	2 27	2 21
50	4 33	4 24	4 15	4 6	3 57	3 49	3 41	3 33	3 25	3 17	3 10
51	5 41	5 30	5 19	5 8	4 58	4 47	4 37	4 27	4 17	4 8	3 58
52	6 49	6 36	6 23	6 10	5 57	5 45	5 33	5 21	5 9	4 58	4 47
53	7 56	7 40	7 25	7 11	6 56	6 42	6 28	6 14	6 1	5 48	5 35
54	9 2	8 44	8 27	8 11	7 54	7 38	7 23	7 7	6 52	6 37	6 22
55	10 7	9 48	9 29	9 10	8 52	8 34	8 17	7 59	7 42	7 26	7 9
56	11 11	10 50	10 29	10 9	9 49	9 29	9 10	8 51	8 32	8 14	7 56
57	12 14	11 51	11 29	11 7	10 45	10 24	10 3	9 42	9 22	9 2	8 43
58	13 16	12 52	12 28	12 4	11 41	11 18	10 55	10 33	10 11	9 49	9 28
59	14 18	13 52	13 26	13 1	12 36	12 12	11 47	11 23	11 0	10 36	10 13
60	15 19	14 51	14 24	13 57	13 31	13 4	12 38	12 13	11 48	11 23	10 58
61	16 19	15 49	15 20	14 52	14 24	13 57	13 29	13 2	12 35	12 9	11 43
62	17 18	16 47	16 17	15 47	15 17	14 48	14 19	13 51	13 23	12 55	12 27
63	18 16	17 44	17 12	16 41	16 10	15 39	15 9	14 39	14 9	13 40	13 11
64	19 13	18 40	18 7	17 34	17 2	16 30	15 58	15 26	14 55	14 25	13 54
65	20 10	19 35	19 1	18 26	17 53	17 19	16 46	16 14	15 41	15 9	14 37
66	21 6	20 29	19 54	19 18	18 43	18 9	17 34	17 0	16 26	15 53	15 19
67	22 1	21 23	20 46	20 10	19 33	18 57	18 21	17 46	17 11	16 36	16 1
68	22 55	22 16	21 38	21 0	20 22	19 45	19 8	18 31	17 55	17 19	16 43
69	23 48	23 9	22 29	21 50	21 11	20 33	19 54	19 16	18 38	18 1	17 24
70	24 41	24 0	23 20	22 39	21 59	21 19	20 40	20 1	19 22	18 43	18 4

Breite	Azimut										
	150°	151°	152°	153°	154°	155°	156°	157°	158°	159°	160°
	Längen-Unterschied										
48°	1°32′	1°28′	1°25′	1°21′	1°18′	1°14′	1°11′	1° 8′	1° 4′	1° 1′	0°58′
49	2 21	2 15	2 10	2 5	1 59	1 54	1 49	1 44	1 39	1 34	1 29
50	3 10	3 3	2 55	2 48	2 41	2 34	2 27	2 20	2 14	2 7	2 1
51	3 58	3 49	3 40	3 31	3 22	3 14	3 5	2 57	2 48	2 40	2 32
52	4 47	4 36	4 25	4 14	4 3	3 53	3 43	3 33	3 22	3 12	3 3
53	5 35	5 22	5 9	4 57	4 44	4 32	4 20	4 8	3 57	3 45	3 34
54	6 22	6 7	5 53	5 39	5 25	5 11	4 57	4 44	4 30	4 17	4 4
55	7 9	6 53	6 37	6 21	6 5	5 50	5 34	5 19	5 4	4 49	4 35
56	7 56	7 38	7 20	7 2	6 45	6 28	6 11	5 54	5 38	5 21	5 5
57	8 43	8 22	8 3	7 44	7 25	7 6	6 48	6 29	6 11	5 53	5 35
58	9 28	9 7	8 46	8 25	8 4	7 44	7 24	7 4	6 44	6 25	6 5
59	10 13	9 51	9 28	9 6	8 43	8 22	8 0	7 39	7 17	6 56	6 35
60	10 58	10 34	10 10	9 46	9 22	8 59	8 36	8 13	7 50	7 28	7 5
61	11 43	11 17	10 51	10 26	10 1	9 36	9 11	8 47	8 23	7 59	7 35
62	12 27	12 0	11 33	11 6	10 39	10 13	9 47	9 21	8 55	8 29	8 4
63	13 11	12 42	12 13	11 45	11 17	10 49	10 21	9 54	9 27	9 0	8 33
64	13 54	13 24	12 54	12 24	11 55	11 25	10 56	10 27	9 59	9 30	9 2
65	14 37	14 5	13 34	13 3	12 32	12 1	11 30	11 0	10 30	10 0	9 31
66	15 19	14 46	14 13	13 41	13 9	12 36	12 5	11 33	11 1	10 30	9 59
67	16 1	15 27	14 53	14 19	13 45	13 12	12 38	12 5	11 32	10 59	10 27
68	16 43	16 7	15 31	14 56	14 21	13 46	13 12	12 37	12 3	11 29	10 55
69	17 24	16 47	16 10	15 33	14 57	14 21	13 45	13 9	12 34	11 58	11 23
70	18 4	17 26	16 48	16 10	15 32	14 55	14 18	13 41	13 4	12 27	11 50

Breite	Azimut										
	160°	161°	162°	163°	164°	165°	166°	167°	168°	169°	170°
	Längen-Unterschied										
48°	0°58′	0°55′	0°52′	0°49′	0°46′	0°43′	0°40′	0°37′	0°34′	0°31′	0°28′
49	1 29	1 25	1 20	1 15	1 11	1 6	1 1	0 57	0 52	0 48	0 43
50	2 1	1 54	1 48	1 41	1 35	1 29	1 23	1 17	1 11	1 5	0 59
51	2 32	2 24	2 16	2 8	2 0	1 52	1 44	1 37	1 29	1 21	1 14
52	3 3	2 53	2 43	2 34	2 24	2 15	2 6	1 56	1 47	1 38	1 29
53	3 34	3 22	3 11	3 0	2 49	2 38	2 27	2 16	2 5	1 55	1 44
54	4 4	3 51	3 38	3 26	3 13	3 1	2 48	2 36	2 24	2 11	1 59
55	4 35	4 20	4 6	3 52	3 37	3 23	3 9	2 55	2 42	2 28	2 14
56	5 5	4 49	4 33	4 17	4 2	3 46	3 30	3 15	3 0	2 44	2 29
57	5 35	5 18	5 0	4 43	4 26	4 8	3 51	3 34	3 18	3 1	2 44
58	6 5	5 46	5 27	5 8	4 50	4 31	4 12	3 54	3 35	3 17	2 59
59	6 35	6 15	5 54	5 34	5 13	4 53	4 33	4 13	3 53	3 34	3 14
60	7 5	6 43	6 21	5 59	5 37	5 15	4 54	4 32	4 11	3 50	3 29
61	7 35	7 11	6 47	6 24	6 0	5 37	5 14	4 52	4 29	4 6	3 43
62	8 4	7 39	7 14	6 49	6 24	5 59	5 35	5 11	4 46	4 22	3 58
63	8 33	8 6	7 40	7 14	6 47	6 21	5 55	5 29	5 4	4 38	4 12
64	9 2	8 34	8 6	7 38	7 10	6 43	6 15	5 48	5 21	4 54	4 27
65	9 31	9 1	8 32	8 2	7 33	7 4	6 36	6 7	5 38	5 10	4 41
66	9 59	9 28	8 57	8 27	7 56	7 26	6 55	6 25	5 55	5 25	4 55
67	10 27	9 55	9 23	8 50	8 19	7 47	7 15	6 44	6 12	5 41	5 10
68	10 55	10 21	9 48	9 14	8 41	8 8	7 35	7 2	6 29	5 56	5 24
69	11 23	10 48	10 13	9 38	9 3	8 29	7 54	7 20	6 46	6 12	5 38
70	11 50	11 14	10 38	10 1	9 25	8 50	8 14	7 38	7 2	6 27	5 51

Breite	Azimut										
	170°	**171°**	**172°**	**173°**	**174°**	**175°**	**176°**	**177°**	**178°**	**179°**	**180°**
	Längen-Unterschied										
48°	0°28′	0°25′	0°22′	0°20′	0°17′	0°14′	0°11′	0° 8′	0° 6′	0° 3′	0° 0′
49	0 43	0 39	0 35	0 30	0 26	0 22	0 17	0 13	0 9	0 4	0 0
50	0 59	0 53	0 47	0 41	0 35	0 29	0 23	0 17	0 12	0 6	0 0
51	1 14	1 6	0 59	0 52	0 44	0 37	0 29	0 22	0 15	0 7	0 0
52	1 29	1 20	1 11	1 2	0 53	0 44	0 35	0 26	0 18	0 9	0 0
53	1 44	1 34	1 23	1 13	1 2	0 52	0 41	0 31	0 21	0 10	0 0
54	1 59	1 47	1 35	1 23	1 11	0 59	0 47	0 36	0 24	0 12	0 0
55	2 14	2 1	1 47	1 34	1 20	1 7	0 53	0 40	0 27	0 13	0 0
56	2 29	2 14	1 59	1 44	1 29	1 14	0 59	0 45	0 30	0 15	0 0
57	2 44	2 28	2 11	1 55	1 38	1 22	1 5	0 49	0 33	0 16	0 0
58	2 59	2 41	2 23	2 5	1 47	1 29	1 11	0 53	0 36	0 18	0 0
59	3 14	2 54	2 35	2 15	1 56	1 36	1 17	0 58	0 39	0 19	0 0
60	3 29	3 8	2 47	2 26	2 5	1 44	1 23	1 2	0 41	0 21	0 0
61	3 43	3 21	2 58	2 36	2 14	1 51	1 29	1 7	0 44	0 22	0 0
62	3 58	3 34	3 10	2 46	2 22	1 58	1 35	1 11	0 47	0 24	0 0
63	4 12	3 47	3 22	2 56	2 31	2 6	1 41	1 15	0 50	0 25	0 0
64	4 27	4 0	3 33	3 6	2 40	2 13	1 46	1 20	0 53	0 27	0 0
65	4 41	4 13	3 45	3 16	2 48	2 20	1 52	1 24	0 56	0 28	0 0
66	4 55	4 26	3 56	3 26	2 57	2 27	1 58	1 28	0 59	0 29	0 0
67	5 10	4 38	4 7	3 36	3 5	2 34	2 3	1 33	1 2	0 31	0 0
68	5 24	4 51	4 19	3 46	3 14	2 41	2 9	1 37	1 5	0 32	0 0
69	5 38	5 4	4 30	3 56	3 22	2 48	2 15	1 41	1 7	0 34	0 0
70	5 51	5 16	4 41	4 6	3 30	2 55	2 20	1 45	1 10	0 35	0 0

Lafayette.   Breite 44° 42' 48" N   Länge 0° 48' 16" W

Azimut

Breite	0°	1°	2°	3°	4°	5°	6°	7°	8°	9°	10°
	Längen-Unterschied										
30°	0° 0'	0°22'	0°43'	1° 5'	1°26'	1°48'	2° 9'	2°31'	2°53'	3°15'	3°37'
31	0 0	0 20	0 40	1 0	1 20	1 40	2 1	2 21	2 42	3 1	3 23
32	0 0	0 19	0 37	0 56	1 15	1 33	1 52	2 11	2 30	2 49	3 8
33	0 0	0 17	0 34	0 52	1 9	1 26	1 43	2 1	2 18	2 36	2 54
34	0 0	0 16	0 31	0 47	1 3	1 19	1 35	1 51	2 7	2 23	2 39
35	0 0	0 14	0 29	0 43	0 57	1 12	1 26	1 40	1 55	2 10	2 24
36	0 0	0 13	0 26	0 38	0 51	1 4	1 17	1 30	1 43	1 56	2 9
37	0 0	0 11	0 23	0 34	0 46	0 57	1 8	1 20	1 31	1 43	1 55
38	0 0	0 10	0 20	0 30	0 40	0 50	1 0	1 10	1 20	1 30	1 40
39	0 0	0 8	0 17	0 25	0 34	0 42	0 51	0 59	1 8	1 16	1 25
40	0 0	0 7	0 14	0 21	0 28	0 35	0 42	0 49	0 56	1 3	1 10
41	0 0	0 6	0 11	0 16	0 22	0 27	0 33	0 39	0 44	0 50	0 55
42	0 0	0 4	0 8	0 12	0 16	0 20	0 24	0 28	0 32	0 36	0 40
43	0 0	0 3	0 5	0 8	0 10	0 13	0 15	0 18	0 20	0 23	0 26
44	0 0	0 1	0 2	0 3	0 4	0 5	0 6	0 7	0 8	0 10	0 11

Azimut

Breite	10°	11°	12°	13°	14°	15°	16°	17°	18°	19°	20°
	Längen-Unterschied										
30°	3°37'	4° 0'	4°23'	4°45'	5° 8'	5°32'	5°56'	6°20'	6°44'	7° 9'	7°34'
31	3 23	3 44	4 5	4 26	4 48	5 10	5 32	5 54	6 17	6 40	7 3
32	3 8	3 28	3 47	4 7	4 27	4 47	5 8	5 29	5 50	6 11	6 33
33	2 54	3 12	3 30	3 48	4 6	4 25	4 44	5 3	5 22	5 42	6 2
34	2 39	2 55	3 12	3 29	3 45	4 2	4 20	4 37	4 55	5 13	5 31
35	2 24	2 39	2 54	3 9	3 25	3 40	3 56	4 11	4 27	4 44	5 0
36	2 9	2 23	2 36	2 50	3 4	3 17	3 31	3 46	4 0	4 15	4 29
37	1 55	2 7	2 18	2 30	2 43	2 55	3 7	3 20	3 33	3 45	3 58
38	1 40	1 50	2 1	2 11	2 22	2 32	2 43	2 54	3 5	3 16	3 27
39	1 25	1 34	1 43	1 52	2 1	2 10	2 19	2 28	2 37	2 47	2 56
40	1 10	1 17	1 25	1 32	1 39	1 47	1 54	2 2	2 10	2 18	2 25
41	0 55	1 1	1 7	1 13	1 18	1 24	1 30	1 36	1 42	1 48	1 55
42	0 40	0 45	0 49	0 53	0 57	1 2	1 6	1 10	1 15	1 19	1 24
43	0 26	0 28	0 31	0 33	0 36	0 39	0 42	0 44	0 47	0 50	0 53
44	0 11	0 12	0 13	0 14	0 15	0 16	0 17	0 18	0 20	0 21	0 22

Azimut

Breite	20°	21°	22°	23°	24°	25°	26°	27°	28°	29°	30°
	Längen-Unterschied										
30°	7°34'	8° 0'	8°26'	8°53'	9°20'	9°47'	10°16'	10°45'	11°15'	11°46'	12°18'
31	7 3	7 27	7 52	8 16	8 42	9 8	9 34	10 1	10 29	10 58	11 27
32	6 33	6 54	7 17	7 40	8 4	8 28	8 52	9 17	9 43	10 9	10 36
33	6 2	6 22	6 43	7 4	7 26	7 48	8 10	8 33	8 57	9 21	9 45
34	5 31	5 50	6 8	6 27	6 47	7 7	7 28	7 49	8 10	8 32	8 55
35	5 0	5 17	5 34	5 51	6 9	6 27	6 46	7 5	7 24	7 43	8 4
36	4 29	4 44	5 0	5 15	5 31	5 47	6 4	6 21	6 38	6 55	7 14
37	3 58	4 12	4 25	4 39	4 53	5 7	5 22	5 37	5 52	6 7	6 23
38	3 27	3 39	3 51	4 3	4 15	4 27	4 40	4 53	5 6	5 19	5 33
39	2 56	3 6	3 16	3 26	3 37	3 47	3 58	4 9	4 20	4 31	4 43
40	2 25	2 33	2 42	2 50	2 58	3 7	3 16	3 25	3 34	3 43	3 53
41	1 55	2 1	2 7	2 14	2 20	2 27	2 34	2 41	2 48	2 55	3 3
42	1 24	1 28	1 33	1 38	1 42	1 47	1 52	1 57	2 3	2 8	2 13
43	0 53	0 56	0 59	1 2	1 5	1 8	1 11	1 14	1 17	1 21	1 24
44	0 22	0 23	0 24	0 26	0 27	0 28	0 29	0 31	0 32	0 33	0 35

Lafayette.   Breite 44° 42' 48'' N   Länge 0° 48' 16'' W

Breite	Azimut										
	30°	31°	32°	33°	34°	35°	36°	37°	38°	39°	40°
	Längen-Unterschied										
30°	12°18'	12°51'	13°24'	13°59'	14°36'	15°13'	15°52'	16°33'	17°16'	18° 1'	18°48'
31	11 27	11 57	12 29	13 1	13 35	14 9	14 45	15 23	16 2	16 44	17 27
32	10 36	11 4	11 33	12 3	12 34	13 5	13 39	14 13	14 49	15 27	16 6
33	9 45	10 11	10 37	11 5	11 33	12 2	12 32	13 3	13 36	14 10	14 46
34	8 55	9 18	9 42	10 7	10 32	10 58	11 26	11 54	12 23	12 54	13 26
35	8 4	8 25	8 46	9 9	9 32	9 55	10 20	10 45	11 11	11 39	12 7
36	7 14	7 32	7 51	8 11	8 31	8 52	9 14	9 36	10 0	10 24	10 49
37	6 23	6 39	6 56	7 14	7 31	7 50	8 9	8 28	8 48	9 9	9 31
38	5 33	5 47	6 1	6 26	6 32	6 47	7 4	7 20	7 38	7 56	8 15
39	4 43	4 54	5 6	5 19	5 32	5 45	5 59	6 13	6 28	6 43	6 59
40	3 53	4 2	4 12	4 23	4 33	4 44	4 55	5 7	5 19	5 31	5 43
41	3 3	3 10	3 18	3 26	3 34	3 43	3 51	4 0	4 10	4 19	4 29
42	2 13	2 19	2 24	2 30	2 36	2 42	2 48	2 55	3 1	3 8	3 15
43	1 24	1 27	1 31	1 35	1 38	1 42	1 46	1 50	1 54	1 58	2 3
44	0 35	0 36	0 38	.0 39	0 41	0 42	0 44	0 46	0 47	0 49	0 51

Längen-Unterschied	Azimut										
	40°	41°	42°	43°	44°	45°	46°	47°	48°	49°	50°
	Breite										
2°	43° 2'	43° 6'	43° 9'	43°12'	43°16'	43°19'	43°21'	43°24'	43°27'	43°30'	43°32'
4	41 24	41 31	41 37	41 44	41 50	41 56	42 2	42 8	42 13	42 19	42 24
6	39 47	39 57	40 8	40 17	40 27	40 36	40 45	40 53	41 2	41 10	41 17
8	38 11	38 26	38 39	38 53	39 5	39 17	39 29	39 41	39 52	40 2	40 13
10	36 38	36 56	37 13	37 29	37 45	38 1	38 15	38 30	38 43	38 57	39 10
11	35 52	36 11	36 30	36 48	37 6	37 23	37 39	37 55	38 10	38 25	38 39
12	35 6	35 27	35 48	36 8	36 27	36 45	37 3	37 20	37 37	37 53	38 9
13	34 20	34 43	35 6	35 27	35 48	36 8	36 28	36 46	37 4	37 22	37 39
14	33 34	34 0	34 24	34 47	35 10	35 32	35 53	36 13	36 32	36 51	37 9
15	32 49	33 17	33 43	34 8	34 32	34 55	35 18	35 39	36 0	36 21	36 40
16	32 4	32 34	33 2	33 29	33 55	34 19	34 43	35 7	35 29	35 51	36 12
17	31 20	31 51	32 21	32 50	33 17	33 43	34 9	34 34	34 58	35 21	35 44
18	30 35	31 9	31 40	32 11	32 40	33 9	33 36	34 2	34 27	34 52	35 16
19	29 51	30 26	31 0	31 33	32 4	32 34	33 2	33 30	33 57	34 23	34 48
20	29 7	29 45	30 20	30 54	31 27	31 59	32 29	32 59	33 27	33 55	34 21
21	28 23	29 3	29 40	30 17	30 51	31 25	31 57	32 28	32 58	33 27	33 55
22	27 40	28 21	29 1	29 39	30 16	30 51	31 25	31 57	32 29	32 59	33 29
23			28 22	29 2	29 40	30 17	30 53	31 27	32 0	32 32	33 3
24			27 43	28 25	29 5	29 44	30 22	30 57	31 32	32 5	32 38
25					28 30	29 11	29 50	30 27	31 4	31 39	32 13
26					27 55	28 38	29 19	29 58	30 36	31 13	31 48
27							28 47	29 29	30 9	30 47	31 24
28							28 17	29 0	29 42	30 21	31 0
29									29 15	29 56	30 37
30									28 48	29 32	30 13
31											29 51
32											29 28

Lafayette. Breite 44° 42' 48'' N   Länge 0° 48' 16'' W

Längen-Unter-schied	Azimut										
	50°	51°	52°	53°	54°	55°	56°	57°	58°	59°	60°
	Breite										
2°	43°32'	43°35'	43°37'	43°40'	43°42'	43°44'	43°46'	43°48'	43°51'	43°53'	43°55'
4	42 24	42 29	42 34	42 38	42 43	42 48	42 52	42 56	43 0	43 5	43 9
6	41 17	41 25	41 32	41 39	41 46	41 53	41 59	42 6	42 12	42 18	42 24
8	40 13	40 23	40 32	40 42	40 51	41 0	41 9	41 18	41 26	41 34	41 42
10	39 10	39 22	39 35	39 47	39 58	40 9	40 20	40 31	40 42	40 52	41 2
11	38 39	38 53	39 6	39 20	39 32	39 45	39 57	40 9	40 20	40 32	40 43
12	38 9	38 24	38 39	38 53	39 7	39 21	39 34	39 47	39 59	40 12	40 24
13	37 39	37 55	38 11	38 27	38 42	38 57	39 11	39 25	39 39	39 52	40 6
14	37 9	37 27	37 44	38 1	38 18	38 33	38 49	39 4	39 19	39 34	39 48
15	36 40	36 59	37 18	37 36	37 54	38 11	38 27	38 44	39 0	39 15	39 30
16	36 12	36 32	36 52	37 11	37 30	37 48	38 6	38 24	38 41	38 57	39 13
17	35 44	36 5	36 26	36 47	37 7	37 26	37 45	38 4	38 22	38 40	38 57
18	35 16	35 39	36 1	36 23	36 44	37 5	37 25	37 45	38 4	38 23	38 41
19	34 48	35 13	35 37	36 0	36 22	36 44	37 5	37 26	37 46	38 6	38 26
20	34 21	34 47	35 12	35 37	36 0	36 23	36 46	37 8	37 29	37 50	38 11
21	33 55	34 22	34 48	35 14	35 39	36 3	36 27	36 50	37 13	37 34	37 56
22	33 29	33 57	34 25	34 52	35 18	35 44	36 9	36 33	36 56	37 19	37 42
23	33 3	33 33	34 2	34 30	34 58	35 25	35 51	36 16	36 41	37 5	37 29
24	32 38	33 9	33 40	34 9	34 38	35 6	35 33	36 0	36 26	36 51	37 16
25	32 13	32 46	33 17	33 48	34 18	34 48	35 16	35 44	36 11	36 37	37 3
26	31 48	32 22	32 56	33 28	33 59	34 30	34 59	35 28	35 57	36 24	36 51
27	31 24	31 59	32 34	33 8	33 41	34 12	34 43	35 14	35 43	36 12	36 40
28	31 0	31 37	32 13	32 48	33 22	33 56	34 28	34 59	35 30	36 0	36 29
29	30 37	31 15	31 53	32 29	33 5	33 39	34 13	34 45	35 17	35 48	36 19
30	30 13	30 54	31 33	32 11	32 47	33 23	33 58	34 32	35 5	35 37	36 9
31	29 51	30 33	31 13	31 52	32 31	33 8	33 44	34 19	34 53	35 27	35 59
32	29 28	30 13	30 54	31 35	32 14	32 53	33 30	34 7	34 42	35 17	35 51
33	29 7	29 52	30 35	31 18	31 59	32 38	33 17	33 55	34 32	35 7	35 42
34	28 45	29 32	30 17	31 1	31 43	32 24	33 5	33 44	34 22	34 59	35 35
35			29 59	30 44	31 28	32 11	32 52	33 33	34 12	34 50	35 28
36			29 42	30 29	31 14	31 58	32 41	33 22	34 3	34 43	35 21
37			29 25	30 13	31 0	31 46	32 30	33 13	33 55	34 36	35 15
38			29 8	29 58	30 47	31 34	32 19	33 4	33 47	34 29	35 10
39					30 34	31 23	32 10	32 55	33 40	34 23	35 5
40					30 22	31 12	32 0	32 47	33 33	34 18	35 1
41					30 10	31 1	31 52	32 40	33 27	34 13	34 58
42					29 59	30 52	31 43	32 33	33 22	34 9	34 55
43					29 48	30 43	31 36	32 27	33 17	34 6	34 53
44					29 39	30 35	31 29	32 22	33 14	34 3	34 52
45						30 27	31 23	32 17	33 10	34 2	34 52
46						30 20	31 18	32 13	33 8	34 0	34 52
47						30 14	31 13	32 10	33 6	34 0	34 53
48						30 8	31 9	32 8	33 5	34 0	34 54
49						30 3	31 5	32 6	33 5	34 2	34 57
50						29 58	31 3	32 5	33 5	34 3	35 0
51							31 1	32 5	33 6	34 6	35 4
52							31 0	32 5	33 8	34 10	35 9
53							31 0	32 7	33 11	34 14	35 15
54							31 1	32 9	33 15	34 20	35 22
55							31 2	32 13	33 20	34 26	35 30
56							31 5	32 17	33 26	34 34	35 39
57							31 9	32 22	33 33	34 42	35 49
58							31 13	32 28	33 41	34 51	36 0
59							31 19	32 36	33 50	35 2	36 12
60							31 25	32 44	34 0	35 14	36 25

Längen-Unter-schied	Azimut										
	60°	61°	62°	63°	64°	65°	66°	67°	68°	69°	70°
	Breite										
2°	43°55′	43°57′	43°59′	44° 0′	44° 2′	44° 4′	44° 6′	44° 8′	44° 9′	44°11′	44°13′
4	43 9	43 12	43 16	43 20	43 24	43 27	43 31	43 35	43 38	43 42	43 45
6	42 24	42 30	42 36	42 42	42 47	42 53	42 58	43 4	43 9	43 14	43 19
8	41 42	41 50	41 58	42 5	42 13	42 20	42 27	42 35	42 42	42 48	42 55
10	41 2	41 12	41 22	41 31	41 41	41 50	41 59	42 8	42 16	42 25	42 34
11	40 43	40 54	41 4	41 15	41 25	41 35	41 45	41 55	42 5	42 14	42 23
12	40 24	40 36	40 47	40 59	41 10	41 21	41 32	41 43	41 53	42 4	42 14
13	40 6	40 18	40 31	40 44	40 56	41 8	41 19	41 31	41 42	41 54	42 4
14	39 48	40 2	40 15	40 29	40 42	40 55	41 7	41 20	41 32	41 44	41 56
15	39 30	39 45	40 0	40 14	40 28	40 42	40 56	41 9	41 22	41 35	41 48
16	39 13	39 29	39 45	40 0	40 15	40 30	40 45	40 59	41 13	41 27	41 41
17	38 57	39 14	39 31	39 47	40 3	40 19	40 34	40 49	41 4	41 19	41 34
18	38 41	38 59	39 17	39 34	39 51	40 8	40 24	40 40	40 56	41 12	41 27
19	38 26	38 44	39 3	39 21	39 39	39 57	40 14	40 31	40 48	41 5	41 21
20	38 11	38 31	38 50	39 10	39 28	39 47	40 5	40 23	40 41	40 58	41 16
21	37 56	38 17	38 38	38 58	39 18	39 38	39 57	40 16	40 34	40 53	41 11
22	37 42	38 4	38 26	38 47	39 8	39 29	39 49	40 9	40 28	40 47	41 6
23	37 29	37 52	38 15	38 37	38 59	39 20	39 41	40 2	40 23	40 43	41 3
24	37 16	37 40	38 4	38 27	38 50	39 12	39 34	39 56	40 18	40 39	41 0
25	37 3	37 29	37 54	38 18	38 42	39 5	39 28	39 51	40 13	40 35	40 57
26	36 51	37 18	37 44	38 9	38 34	38 58	39 22	39 46	40 9	40 32	40 55
27	36 40	37 7	37 34	38 1	38 27	38 52	39 17	39 42	40 6	40 30	40 53
28	36 29	36 58	37 26	37 53	38 20	38 47	39 13	39 38	40 3	40 28	40 52
29	36 19	36 48	37 17	37 46	38 14	38 41	39 8	39 35	40 1	40 27	40 52
30	36 9	36 40	37 10	37 39	38 8	38 37	39 5	39 32	39 59	40 26	40 52
31	35 59	36 31	37 3	37 33	38 3	38 33	39 2	39 30	39 58	40 26	40 53
32	35 51	36 24	36 56	37 28	37 59	38 30	38 59	39 29	39 58	40 26	40 55
33	35 42	36 17	36 50	37 23	37 55	38 27	38 58	39 28	39 58	40 28	40 57
34	35 35	36 10	36 45	37 19	37 52	38 25	38 57	39 28	39 59	40 29	40 59
35	35 28	36 4	36 40	37 15	37 49	38 23	38 56	39 28	40 0	40 32	41 3
36	35 21	35 59	36 36	37 12	37 47	38 22	38 56	39 30	40 2	40 35	41 7
37	35 15	35 54	36 32	37 10	37 46	38 22	38 57	39 31	40 5	40 39	41 11
38	35 10	35 50	36 29	37 8	37 45	38 22	38 58	39 34	40 9	40 43	41 17
39	35 5	35 47	36 27	37 7	37 45	38 23	38 0	39 37	40 13	40 48	41 23
40	35 1	35 44	36 25	37 6	37 45	38 25	39 3	39 41	40 18	40 54	41 30
41	34 58	35 42	36 24	37 6	37 47	38 27	39 7	39 45	40 23	41 1	41 37
42	34 55	35 40	36 24	37 7	37 49	38 31	39 11	39 51	40 30	41 8	41 46
43	34 53	35 40	36 25	37 9	37 52	38 34	39 16	39 57	40 37	41 16	41 55
44	34 52	35 40	36 26	37 11	37 56	38 39	39 22	40 3	40 44	41 25	42 5
45	34 52	35 40	36 28	37 14	38 0	38 45	39 28	40 11	40 53	41 35	42 15
46	34 52	35 42	36 31	37 18	38 5	38 51	39 35	40 19	41 2	41 45	42 27
47	34 53	35 44	36 34	37 23	38 11	38 58	39 43	40 28	41 13	41 56	42 39
48	34 54	35 47	36 38	37 28	38 17	39 5	39 52	40 38	41 24	42 8	42 52
49	34 57	35 51	36 43	37 35	38 25	39 14	40 2	40 49	41 36	42 21	43 6
50	35 0	35 55	36 49	37 42	38 33	39 24	40 13	41 1	41 48	42 35	43 21
51	35 4	36 1	36 56	37 50	38 42	39 34	40 24	41 14	42 2	42 50	43 36
52	35 9	36 7	37 4	37 59	38 53	39 45	40 37	41 27	42 17	43 5	43 53
53	35 15	36 15	37 12	38 9	39 4	39 57	40 50	41 42	42 32	43 22	44 10
54	35 22	36 23	37 22	38 19	39 16	40 11	41 4	41 57	42 49	43 39	44 29
55	35 30	36 32	37 32	38 31	39 29	40 25	41 20	42 13	43 6	43 58	44 49
56	35 39	36 42	37 44	38 44	39 43	40 40	41 36	42 31	43 25	44 17	45 9
57	35 49	36 53	37 56	38 58	39 58	40 56	41 53	42 49	43 44	44 38	45 31
58	36 0	37 6	38 10	39 13	40 14	41 14	42 12	43 9	44 5	44 59	45 53
59	36 12	37 19	38 25	39 29	40 31	41 32	42 31	43 29	44 26	45 22	46 17
60	36 25	37 34	38 41	39 46	40 49	41 51	42 52	43 51	44 49	45 46	46 42

Längen-Unter-schied	Azimut										
	70°	71°	72°	73°	74°	75°	76°	77°	78°	79°	80°
	Breite										
2°	44°13′	44°15′	44°16′	44°18′	44°19′	44°21′	44°23′	44°24′	44°26′	44°27′	44°29′
4	43 45	43 48	43 52	43 55	43 58	44 1	44 5	43 8	44 11	44 14	44 17
6	43 19	43 24	43 29	43 34	43 39	43 44	43 48	43 53	43 58	44 2	44 7
8	42 55	43 2	43 9	43 15	43 22	43 28	43 34	43 41	43 47	43 53	43 59
10	42 34	42 42	42 50	42 58	43 7	43 15	43 23	43 30	43 38	43 46	43 54
11	42 23	42 33	42 42	42 51	43 0	43 9	43 17	43 26	43 35	43 43	43 52
12	42 14	42 24	42 34	42 44	42 54	43 3	43 13	43 22	43 32	43 41	43 50
13	42 4	42 16	42 27	42 37	42 48	42 58	43 9	43 19	43 29	43 39	43 49
14	41 56	42 8	42 20	42 31	42 43	42 54	43 5	43 16	43 27	43 38	43 49
15	41 48	42 1	42 13	42 26	42 38	42 50	43 2	43 14	43 26	43 37	43 49
16	41 41	41 54	42 7	42 21	42 34	42 47	42 59	43 12	43 25	43 37	43 50
17	41 34	41 48	42 2	42 16	42 30	42 44	42 57	43 11	43 24	43 37	43 51
18	41 27	41 42	41 57	42 12	42 27	42 42	42 56	43 10	43 24	43 38	43 52
19	41 21	41 37	41 53	42 9	42 24	42 40	42 55	43 10	43 25	43 40	43 55
20	41 16	41 33	41 49	42 6	42 22	42 39	42 55	43 11	43 26	43 42	43 58
21	41 11	41 29	41 46	42 4	42 21	42 38	42 55	43 12	43 28	43 45	44 1
22	41 6	41 25	41 44	42 2	42 20	42 38	42 56	43 13	43 31	43 48	44 5
23	41 3	41 22	41 42	42 1	42 20	42 39	42 57	43 16	43 34	43 52	44 10
24	41 0	41 20	41 40	42 0	42 20	42 40	42 59	43 18	43 37	43 56	44 15
25	40 57	41 18	41 39	42 0	42 21	42 41	43 2	43 22	43 41	44 1	44 21
26	40 55	41 17	41 39	42 1	42 22	42 44	43 5	43 26	43 46	44 7	44 27
27	40 53	41 17	41 39	42 2	42 24	42 47	43 9	43 30	43 52	44 13	44 34
28	40 52	41 16	41 40	42 4	42 27	42 50	43 13	43 35	43 58	44 20	44 42
29	40 52	41 17	41 42	42 6	42 30	42 54	43 18	43 41	44 4	44 27	44 50
30	40 52	41 18	41 44	42 9	42 34	42 59	43 23	43 47	44 11	44 35	44 59
31	40 53	41 20	41 46	42 12	42 38	43 4	43 29	43 54	44 19	44 44	45 8
32	40 55	41 22	41 50	42 17	42 43	43 10	43 36	44 2	44 28	44 53	45 18
33	40 57	41 25	41 54	42 22	42 49	43 16	43 44	44 10	44 37	45 3	45 29
34	40 59	41 29	41 58	42 27	42 56	43 24	43 52	44 19	44 47	45 14	45 41
35	41 3	41 33	42 3	42 33	43 3	43 32	44 0	44 29	44 57	45 25	45 53
36	41 7	41 38	42 9	42 40	43 10	43 40	44 10	44 39	45 8	45 37	46 6
37	41 11	41 44	42 16	42 47	43 19	43 49	44 20	44 50	45 20	45 50	46 19
38	41 17	41 50	42 23	42 56	43 28	43 59	44 31	45 2	45 33	46 3	46 34
39	41 23	41 57	42 31	43 5	43 38	44 10	44 42	45 14	45 46	46 17	46 49
40	41 30	42 5	42 40	43 14	43 48	44 22	44 55	45 28	46 0	46 32	47 4
41	41 37	42 14	42 50	43 25	43 59	44 34	45 8	45 42	46 15	46 48	47 21
42	41 46	42 23	43 0	43 36	44 11	44 47	45 22	45 56	46 31	47 5	47 38
43	41 55	42 33	43 11	43 48	44 24	45 1	45 36	46 12	46 47	47 22	47 56
44	42 5	42 44	43 22	44 0	44 38	45 15	45 52	46 28	47 4	47 40	48 15
45	42 15	42 55	43 35	44 14	44 52	45 30	46 8	46 45	47 22	47 59	48 35
46	42 27	43 8	43 48	44 28	45 8	45 46	46 25	47 3	47 41	48 18	48 56
47	42 39	43 21	44 2	44 43	45 24	46 3	46 43	47 22	48 0	48 39	49 17
48	42 52	43 35	44 17	44 59	45 41	46 21	47 2	47 42	48 21	49 0	49 39
49	43 6	43 50	44 33	45 16	45 58	46 40	47 21	48 2	48 43	49 23	50 2
50	43 21	44 5	44 50	45 34	46 17	47 0	47 42	48 23	49 5	49 46	50 26
51	43 36	44 22	45 8	45 52	46 36	47 20	48 3	48 46	49 28	50 10	50 51
52	43 53	44 40	45 26	46 12	46 57	47 41	48 25	49 9	49 52	50 34	51 17
53	44 10	44 59	45 46	46 32	47 18	48 4	48 49	49 33	50 17	51 0	51 43
54	44 29	45 18	46 6	46 54	47 41	48 27	49 13	49 58	50 43	51 27	52 11
55	44 49	45 39	46 28	47 16	48 4	48 51	49 38	50 24	51 10	51 55	52 40
56	45 9	46 0	46 50	47 40	48 28	49 17	50 4	50 51	51 38	52 24	53 9
57	45 31	46 23	47 14	48 4	48 54	49 43	50 31	51 19	52 7	52 53	53 40
58	45 53	46 46	47 38	48 30	49 20	50 10	50 59	51 48	52 36	53 24	54 11
59	46 17	47 11	48 4	48 56	49 48	50 38	51 29	52 18	53 7	53 56	54 44
60	46 42	47 37	48 31	49 24	50 16	51 8	51 59	52 49	53 39	54 29	55 18

Längen-Unter-schied	Azimut										
	80°	**81°**	**82°**	**83°**	**84°**	**85°**	**86°**	**87°**	**88°**	**89°**	**90°**
	Breite										
2°	44°29′	44°30′	44°32′	44°33′	44°35′	44°36′	44°38′	44°39′	44°41′	44°42′	44°44′
4	44 17	44 20	44 23	44 26	44 29	44 32	44 35	44 38	44 41	44 44	44 47
6	44 7	44 12	44 16	44 21	44 25	44 30	44 34	44 39	44 43	44 48	44 52
8	43 59	44 6	44 12	44 18	44 24	44 30	44 36	44 42	44 48	44 54	45 0
10	43 54	44 1	44 9	44 17	44 24	44 32	44 39	44 47	44 54	45 2	45 9
11	43 52	44 0	44 9	44 17	44 25	44 34	44 42	44 50	44.58	45 7	45 15
12	43 50	43 59	44 9	44 18	44 27	44 36	44 45	44 54	45 3	45 12	45 21
13	43 49	43 59	44 9	44 19	44 29	44 39	44 49	44 58	45 8	45 18	45 27
14	43 49	44 0	44 10	44 21	44 32	44 42	44 53	45 3	45 14	45 24	45 35
15	43 49	44 1	44 12	44 23	44 35	44 46	44 57	45 9	45 20	45 31	45 42
16	43 50	44 2	44 14	44 26	44 39	44 51	45 3	45 15	45 27	45 39	45 51
17	43 51	44 4	44 17	44 30	44 43	44 56	45 9	45 21	45 34	45 47	46 0
18	43 52	44 6	44 20	44 34	44 48	45 1	45 15	45 29	45 42	45 56	46 9
19	43 55	44 10	44 24	44 39	44 53	45 8	45 22	45 36	45 51	46 5	46 19
20	43 58	44 13	44 29	44 44	44 59	45 14	45 29	45 45	46 0	46 15	46 30
21	44 1	44 17	44 34	44 50	45 6	45 22	45 38	45 53	46 9	46 25	46 41
22	44 5	44 22	44 39	44 56	45 13	45 30	45 46	46 3	46 19	46 36	46 53
23	44 10	44 28	44 45	45 3	45 21	45 38	45 56	46 13	46 30	46 48	47 5
24	44 15	44 34	44 52	45 11	45 29	45 47	46 6	46 24	46 42	47 0	47 18
25	44 21	44 40	45 0	45 19	45 38	45 57	46 16	46 35	46 54	47 13	47 32
26	44 27	44 47	45 8	45 28	45 47	46 7	46 27	46 47	47 7	47 26	47 46
27	44 34	44 55	45 16	45 37	45 58	46 18	46 39	47 0	47 20	47 41	48 1
28	44 42	45 3	45 25	45 47	46 9	46 30	46 51	47 13	47 34	47 55	48 16
29	44 50	45 13	45 35	45 58	46 20	46 42	47 4	47 26	47 48	48 11	48 33
30	44 59	45 22	45 46	46 9	46 32	46 55	47 18	47 41	48 4	48 27	48 49
31	45 8	45 33	45 57	46 21	46 45	47 9	47 32	47 56	48 20	48 43	49 7
32	45 18	45 44	46 9	46 33	46 58	47 23	47 47	48 12	48 36	49 1	49 25
33	45 29	45 55	46 21	46 47	47 12	47 38	48 3	48 28	48 54	49 19	49 44
34	45 41	46 8	46 34	47 1	47 27	47 53	48 19	48 46	49 12	49 38	50 4
35	45 53	46 21	46 48	47 15	47 42	48 9	48 37	49 3	49 30	49 57	50 24
36	46 6	46 34	47 2	47 31	47 59	48 26	48 54	49 22	49 50	50 17	50 45
37	46 19	46 49	47 18	47 47	48 15	48 44	49 13	49 41	50 10	50 38	51 7
38	46 34	47 4	47 34	48 3	48 33	49 3	49 32	50 1	50 31	51 0	51 29
39	46 49	47 20	47 50	48 20	48 51	49 22	49 52	50 22	50 52	51 22	51 52
40	47 4	47 36	48 8	48 39	49 11	49 42	50 13	50 44	51 15	51 45	52 16
41	47 21	47 54	48 26	48 58	49 30	50 2	50 34	51 6	51 38	52 9	52 41
42	47 38	48 12	48 45	49 18	49 51	50 24	50 56	51 29	52 2	52 34	53 6
43	47 56	48 31	49 5	49 39	50 13	50 46	51 20	51 53	52 26	52 59	53 33
44	48 15	48 50	49 25	50 0	50 35	51 9	51 43	52 18	52 52	53 26	54 0
45	48 35	49 11	49 47	50 22	50 58	51 33	52 8	52 43	53 18	53 53	54 28
46	48 56	49 32	50 9	50 45	51 22	51 58	52 34	53 10	53 45	54 21	54 57
47	49 17	49 55	50 32	51 9	51 46	52 23	53 0	53 37	54 13	54 50	55 26
48	49 39	50 18	50 56	51 34	52 12	52 50	53 27	54 5	54 42	55 20	55 57
49	50 2	50 42	51 21	52 0	52 38	53 17	53 55	54 34	55 12	55 50	56 28
50	50 26	51 6	51 46	52 26	53 6	53 45	54 24	55 3	55 43	56 22	57 0
51	50 51	51 32	52 13	52 54	53 34	54 14	54 54	55 34	56 14	56 54	57 33
52	51 17	51 59	52 40	53 22	54 3	54 44	55 25	56 6	56 46	57 27	58 7
53	51 43	52 26	53 9	53 51	54 33	55 15	55 57	56 38	57 20	58 1	58 42
54	52 11	52 55	53 38	54 21	55 4	55 47	56 29	57 12	57 54	58 36	59 18
55	52 40	53 24	54 8	54 52	55 36	56 19	57 3	57 46	58 29	59 12	59 55
56	53 9	53 55	54 40	55 24	56 9	56 53	57 37	58 21	59 5	59 49	60 33
57	53 40	54 26	55 12	55 57	56 43	57 28	58 13	58 57	59 42	60 27	61 11
58	54 11	54 58	55 45	56 31	57 17	58 3	58 49	59 34	60 20	61 5	61 51
59	54 44	55 32	56 19	57 6	57 53	58 40	59 26	60 12	60 59	61 45	62 31
60	55 18	56 6	56 54	57 42	58 30	59 17	60 5	60 52	61 39	62 25	63 12

Lafayette. Breite 44° 42' 48" N   Länge 0° 48' 16" W

Azimut

Breite	90°	91°	92°	93°	94°	95°	96°	97°	98°	99°	100°
	Längen-Unterschied										
46°	17° 3'	15°43'	14°29'	13°22'	12°21'	11°26'	10°36'	9°51'	9°10'	8°34'	8° 1'
47	22 36	21 16	20 1	18 51	17 45	16 44	15 47	14 54	14 5	13 19	12 37
48	26 57	25 38	24 23	23 12	22 4	21 0	19 59	19 2	18 8	17 18	16 30
49	30 37	29 19	28 4	26 52	25 44	24 39	23 36	22 37	21 40	20 46	19 55
50	33 50	32 33	31 18	30 7	28 58	27 51	26 48	25 47	24 49	23 53	22 59
51	36 42	35 26	34 13	33 1	31 52	30 46	29 42	28 40	27 40	26 42	25 47
52	39 20	38 5	36 52	35 41	34 32	33 25	32 21	31 18	30 18	29 19	28 23
53	41 45	40 31	39 19	38 8	37 0	35 53	34 48	33 45	32 44	31 45	30 47
54	44 0	42 47	41 35	40 25	39 17	38 11	37 6	36 3	35 1	34 1	33 3
55	46 7	44 54	43 43	42 34	41 26	40 20	39 15	38 12	37 10	36 10	35 11
56	48 6	46 55	45 44	44 35	43 28	42 22	41 17	40 14	39 12	38 12	37 13
57	49 59	48 48	47 39	46 31	45 24	44 18	43 13	42 10	41 8	40 7	39 8
58	51 47	50 37	49 28	48 20	47 13	46 8	45 4	44 1	42 59	41 58	40 59
59	53 30	52 20	51 12	50 5	48 58	47 53	46 49	45 46	44 45	43 44	42 44
60	55 8	54 0	52 52	51 45	50 39	49 34	48 31	47 28	46 26	45 25	44 26
61	56 43	55 35	54 28	53 21	52 16	51 12	50 8	49 5	48 4	47 3	46 3
62	58 14	57 7	56 0	54 54	53 49	52 45	51 42	50 39	49 38	48 37	47 38
63	59 42	58 35	57 29	56 23	55 19	54 15	53 12	52 10	51 9	50 8	49 9
64	61 8	60 1	58 56	57 51	56 46	55 43	54 40	53 38	52 37	51 37	50 37
65		61 25	60 19	59 15	58 11	57 8	56 5	55 4	54 3	53 2	52 3
66			61 41	60 37	59 33	58 30	57 28	56 27	55 26	54 25	53 26
67				61 56	60 53	59 51	58 49	57 47	56 46	55 46	54 47
68					62 11	61 8	60 7	59 6	58 5	57 5	56 6
69						62 25	61 23	60 22	59 22	58 22	57 23
70								61 37	60 37	59 37	58 38

Azimut

Breite	100°	101°	102°	103°	104°	105°	106°	107°	108°	109°	110°
	Längen-Unterschied										
46°	8° 1'	7°31'	7° 4'	6°39'	6°17'	5°56'	5°38'	5°21'	5° 5'	4°50'	4°37'
47	12 37	11 58	11 22	10 48	10 16	9 47	9 20	8 54	8 31	8 9	7 48
48	16 30	15 45	15 3	14 23	13 46	13 11	12 38	12 7	11 37	11 9	10 43
49	19 55	19 6	18 20	17 37	16 55	16 16	15 38	15 2	14 29	13 57	13 26
50	22 59	22 8	21 19	20 32	19 47	19 5	18 24	17 45	17 8	16 32	15 58
51	25 47	24 54	24 3	23 14	22 27	21 42	20 58	20 16	19 36	18 58	18 21
52	28 23	27 28	26 35	25 45	24 56	24 8	23 23	22 39	21 57	21 16	20 36
53	30 47	29 52	28 58	28 6	27 15	26 26	25 39	24 53	24 9	23 26	22 45
54	33 3	32 7	31 12	30 19	29 27	28 37	27 48	27 1	26 15	25 30	24 47
55	35 11	34 14	33 19	32 25	31 32	30 40	29 50	29 2	28 15	27 29	26 44
56	37 13	36 15	35 19	34 24	33 30	32 38	31 47	30 58	30 9	29 22	28 36
57	39 8	38 10	37 14	36 18	35 24	34 31	33 39	32 49	31 59	31 11	30 24
58	40 59	40 0	39 3	38 7	37 13	36 19	35 27	34 35	33 45	32 56	32 8
59	42 44	41 46	40 48	39 52	38 57	38 3	37 10	36 18	35 27	34 37	33 48
60	44 26	43 27	42 29	41 33	40 37	39 43	38 49	37 56	37 5	36 14	35 25
61	46 3	45 5	44 7	43 10	42 14	41 19	40 25	39 32	38 40	37 48	36 58
62	47 38	46 39	45 41	44 44	43 48	42 52	41 58	41 4	40 12	39 20	38 28
63	49 9	48 10	47 12	46 15	45 18	44 23	43 28	42 34	41 41	40 48	39 56
64	50 37	49 38	48 40	47 43	46 46	45 50	44 55	44 1	43 7	42 14	41 22
65	52 3	51 4	50 6	49 8	48 11	47 15	46 20	45 25	44 31	43 38	42 45
66	53 26	52 27	51 29	50 31	49 34	48 38	47 42	46 47	45 53	44 59	44 6
67	54 47	53 48	52 50	51 52	50 55	49 58	49 2	48 7	47 13	46 19	45 25
68	56 6	55 7	54 8	53 11	52 14	51 17	50 21	49 25	48 31	47 36	46 42
69	57 23	56 24	55 25	54 28	53 30	52 34	51 37	50 42	49 47	48 52	47 58
70	58 38	57 39	56 41	55 43	54 45	53 49	52 52	51 56	51 1	50 6	49 12

Breite	Azimut										
	110°	**111°**	**112°**	**113°**	**114°**	**115°**	**116°**	**117°**	**118°**	**119°**	**120°**

Längen-Unterschied

Breite	110°	111°	112°	113°	114°	115°	116°	117°	118°	119°	120°
46°	4°37′	4°24′	4°13′	4° 2′	3°52′	3°42′	3°33′	3°25′	3°17′	3° 9′	3° 2′
47	7 48	7 29	7 10	6 53	6 37	6 22	6 7	5 54	5 41	5 28	5 16
48	10 43	10 19	9 55	9 33	9 12	8 52	8 33	8 14	7 57	7 40	7 25
49	13 26	12 57	12 29	12 3	11 38	11 13	10 50	10 28	10 7	9 47	9 28
50	15 58	15 25	14 54	14 24	13 55	13 28	13 2	12 36	12 12	11 49	11 26
50	18 21	17 46	17 11	16 38	16 7	15 36	15 7	14 39	14 12	13 45	13 20
52	20 36	19 58	19 22	18 46	18 12	17 39	17 7	16 36	16 7	15 38	15 10
53	22 45	22 5	21 26	20 48	20 12	19 37	19 3	18 29	17 57	17 26	16 56
54	24 47	24 5	23 24	22 45	22 7	21 30	20 53	20 18	19 44	19 11	18 39
55	26 44	26 1	25 18	24 37	23 57	23 18	22 40	22 3	21 27	20 52	20 18
56	28 36	27 51	27 8	26 25	25 43	25 3	24 24	23 45	23 7	22 31	21 55
57	30 24	29 38	28 53	28 9	27 26	26 44	26 3	25 23	24 44	24 6	23 29
58	32 8	31 21	30 34	29 49	29 5	28 22	27 40	26 59	26 18	25 39	25 0
59	33 48	33 0	32 13	31 26	30 41	29 57	29 14	28 31	27 49	27 9	26 29
60	35 25	34 35	33 47	33 0	32 14	31 29	30 45	30 1	29 18	28 36	27 55
61	36 58	36 8	35 19	34 31	33 44	32 58	32 13	31 28	30 44	30 1	29 19
62	38 28	37 38	36 49	36 0	35 12	34 25	33 39	32 53	32 8	31 24	30 41
63	39 56	39 6	38 16	37 26	36 38	35 50	35 3	34 16	33 30	32 45	32 1
64	41 22	40 31	39 40	38 50	38 1	37 12	36 24	35 37	34 50	34 4	33 19
65	42 45	41 53	41 2	40 11	39 22	38 33	37 44	36 56	36 8	35 21	34 35
66	44 6	43 14	42 22	41 31	40 40	39 51	39 1	38 12	37 24	36 37	35 50
67	45 25	44 33	43 40	42 49	41 57	41 7	40 17	39 28	38 39	37 51	37 3
68	46 42	45 49	44 57	44 5	43 13	42 22	41 31	40 41	39 52	39 3	38 14
69	47 58	47 4	46 11	45 19	44 27	43 35	42 44	41 53	41 3	40 14	39 25
70	49 12	48 18	47 24	46 31	45 39	44 47	43 55	43 4	42 13	41 23	40 33

Breite	Azimut										
	120°	**121°**	**122°**	**123°**	**124°**	**125°**	**126°**	**127°**	**128°**	**129°**	**130°**

Längen-Unterschied

Breite	120°	121°	122°	123°	124°	125°	126°	127°	128°	129°	130°
46°	3° 2′	2°56′	2°49′	2°43′	2°37′	2°32′	2°27′	2°22′	2°17′	2°12′	2° 7′
47	5 16	5 5	4 55	4 44	4 35	4 25	4 16	4 7	3 59	3 52	3 44
48	7 25	7 10	6 55	6 41	6 28	6 15	6 3	5 51	5 40	5 29	5 18
49	9 28	9 9	8 51	8 34	8 18	8 2	7 46	7 32	7 17	7 3	6 50
50	11 26	11 4	10 43	10 23	10 4	9 45	9 27	9 9	8 52	8 36	8 20
51	13 20	12 56	12 32	12 9	11 47	11 26	11 5	10 45	10 25	10 6	9 48
52	15 10	14 43	14 17	13 52	13 27	13 3	12 40	12 18	11 56	11 34	11 14
53	16 56	16 27	15 59	15 31	15 4	14 38	14 13	13 48	13 24	13 1	12 38
54	18 39	18 8	17 37	17 8	16 39	16 11	15 43	15 17	14 50	14 25	14 0
55	20 18	19 45	19 13	18 41	18 11	17 41	17 11	16 43	16 15	15 48	15 21
56	21 55	21 20	20 46	20 13	19 40	19 8	18 37	18 7	17 37	17 8	16 40
57	23 29	22 52	22 17	21 42	21 8	20 34	20 1	19 29	18 58	18 27	17 57
58	25 0	24 22	23 45	23 8	22 33	21 58	21 24	20 50	20 17	19 45	19 13
59	26 29	25 49	25 11	24 33	23 56	23 19	22 44	22 9	21 34	21 0	20 27
60	27 55	27 14	26 34	25 55	25 17	24 39	24 2	23 26	22 50	22 15	21 40
61	29 19	28 37	27 56	27 16	26 36	25 57	25 19	24 41	24 4	23 28	22 52
62	30 41	29 58	29 16	28 34	27 54	27 13	26 34	25 55	25 17	24 39	24 2
63	32 1	31 17	30 34	29 51	29 9	28 28	27 48	27 7	26 28	25 49	25 10
64	33 19	32 34	31 50	31 7	30 24	29 41	28 59	28 18	27 38	26 58	26 18
65	34 35	33 50	33 5	32 20	31 36	30 53	30 10	29 28	28 46	28 5	27 24
66	35 50	35 4	34 18	33 32	32 48	32 3	31 19	30 36	29 53	29 11	28 29
67	37 3	36 16	35 29	34 43	33 57	33 12	32 27	31 43	30 59	30 16	29 33
68	38 14	37 26	36 39	35 52	35 6	34 20	33 34	32 49	32 4	31 20	30 36
69	39 25	38 36	37 48	37 0	36 13	35 26	34 39	33 54	33 8	32 23	31 38
70	40 33	39 44	38 55	38 7	37 19	36 31	35 44	34 57	34 11	33 25	32 39

Breite	Azimut										
	130°	131°	132°	133°	134°	135°	136°	137°	138°	139°	140°
	Längen-Unterschied										
46°	2° 7′	2° 3′	1°59′	1°55′	1°51′	1°48′	1°44′	1°40′	1°37′	1°34′	1°30′
47	3 44	3 37	3 29	3 22	3 16	3 9	3 3	2 57	2 51	2 45	2 40
48	5 18	5 8	4 58	4 48	4 39	4 30	4 21	4 13	4 4	3 56	3 48
49	6 50	6 37	6 24	6 12	6 0	5 49	5 38	5 27	5 16	5 6	4 56
50	8 20	8 4	7 49	7 35	7 20	7 7	6 53	6 40	6 27	6 15	6 2
51	9 48	9 30	9 13	8 56	8 39	8 23	8 7	7 52	7 37	7 22	7 8
52	11 14	10 54	10 34	10 15	9 56	9 38	9 20	9 3	8 46	8 29	8 13
53	12 38	12 16	11 54	11 33	11 12	10 52	10 32	10 13	9 54	9 36	9 17
54	14 0	13 36	13 12	12 49	12 27	12 5	11 43	11 22	11 1	10 41	10 21
55	15 21	14 55	14 29	14 4	13 40	13 16	12 52	12 29	12 7	11 45	11 23
56	16 40	16 12	15 45	15 18	14 52	14 26	14 1	13 36	13 12	12 48	12 24
57	17 57	17 28	16 59	16 30	16 2	15 35	15 8	14 42	14 16	13 50	13 25
58	19 13	18 42	18 11	17 41	17 12	16 43	16 14	15 46	15 19	14 52	14 25
59	20 27	19 55	19 23	18 51	18 20	17 50	17 20	16 50	16 21	15 52	15 24
60	21 40	21 6	20 33	20 0	19 27	18 55	18 24	17 53	17 22	16 52	16 22
61	22 52	22 16	21 41	21 7	20 33	20 0	19 27	18 54	18 22	17 51	17 20
62	24 2	23 25	22 49	22 13	21 38	21 3	20 29	19 55	19 22	18 49	18 16
63	25 10	24 32	23 55	23 18	22 42	22 6	21 30	20 55	20 20	19 46	19 12
64	26 18	25 39	25 0	24 22	23 44	23 7	22 30	21 54	21 18	20 42	20 7
65	27 24	26 44	26 4	25 25	24 46	24 7	23 30	22 52	22 15	21 38	21 1
66	28 29	27 48	27 7	26 27	25 47	25 7	24 28	23 49	23 11	22 32	21 55
67	29 33	28 51	28 9	27 27	26 46	26 6	25 25	24 45	24 6	23 27	22 48
68	30 36	29 53	29 10	28 27	27 45	27 3	26 22	25 41	25 0	24 20	23 40
69	31 38	30 54	30 10	29 26	28 43	28 0	27 18	26 36	25 54	25 12	24 31
70	32 39	31 53	31 8	30 24	29 40	28 56	28 13	27 29	26 47	26 4	25 22

Breite	Azimut										
	140°	141°	142°	143°	144°	145°	146°	147°	148°	149°	150°
	Längen-Unterschied										
46°	1°30′	1°27′	1°24′	1°21′	1°19′	1°16′	1°13′	1°10′	1° 8′	1° 5′	1° 3′
47	2 40	2 34	2 29	2 24	2 19	2 14	2 9	2 5	2 0	1 55	1 51
48	3 48	3 41	3 33	3 26	3 19	3 12	3 5	2 58	2 51	2 45	2 39
49	4 56	4 46	4 36	4 27	4 18	4 9	4 0	3 51	3 43	3 34	3 26
50	6 2	5 51	5 39	5 27	5 16	5 5	4 54	4 44	4 34	4 23	4 13
51	7 8	6 54	6 41	6 27	6 14	6 1	5 49	5 36	5 24	5 12	5 0
52	8 13	7 57	7 42	7 26	7 11	6 57	6 42	6 28	6 14	6 0	5 47
53	9 17	8 59	8 42	8 25	8 8	7 52	7 35	7 19	7 4	6 48	6 33
54	10 21	10 1	9 42	9 23	9 4	8 46	8 28	8 10	7 53	7 36	7 19
55	11 23	11 2	10 41	10 20	10 0	9 40	9 20	9 1	8 42	8 23	8 4
56	12 24	12 1	11 39	11 16	10 54	10 33	10 12	9 51	9 30	9 10	8 49
57	13 25	13 0	12 36	12 12	11 49	11 26	11 3	10 40	10 18	9 56	9 34
58	14 25	13 59	13 33	13 7	12 42	12 17	11 53	11 29	11 5	10 42	10 18
59	15 24	14 56	14 29	14 2	13 35	13 9	12 43	12 17	11 52	11 27	11 2
60	16 22	15 53	15 24	14 56	14 27	14 0	13 32	13 5	12 38	12 11	11 45
61	17 20	16 49	16 19	15 49	15 19	14 50	14 21	13 52	13 24	12 56	12 28
62	18 16	17 44	17 12	16 41	16 10	15 39	15 9	14 39	14 9	13 40	13 11
63	19 12	18 39	18 6	17 33	17 0	16 28	15 57	15 25	14 54	14 23	13 53
64	20 7	19 32	18 58	18 24	17 50	17 17	16 44	16 11	15 38	15 6	14 35
65	21 1	20 25	19 50	19 14	18 39	18 5	17 30	16 56	16 22	15 49	15 16
66	21 55	21 18	20 41	20 4	19 28	18 52	18 16	17 41	17 6	16 31	15 57
67	22 48	22 9	21 31	20 53	20 16	19 39	19 2	18 25	17 49	17 13	16 37
68	23 40	23 0	22 21	21 42	21 3	20 25	19 47	19 9	18 31	17 54	17 17
69	24 31	23 50	23 10	22 30	21 50	21 10	20 31	19 52	19 13	18 35	17 56
70	25 22	24 40	23 58	23 17	22 36	21 55	21 15	20 35	19 55	19 15	18 35

Lafayette. Breite 44° 42' 48" N Länge 0° 48' 16" W

Azimut

Breite	150°	151°	152°	153°	154°	155°	156°	157°	158°	159°	160°
					Längen-Unterschied						
46°	1° 3'	1° 0'	0°58'	0°55'	0°53'	0°51'	0°48'	0°46'	0°44'	0°42'	0°40'
47	1 51	1 46	1 42	1 38	1 34	1 30	1 26	1 22	1 18	1 14	1 10
48	2 39	2 32	2 26	2 20	2 14	2 9	2 3	1 57	1 52	1 46	1 41
49	3 26	3 18	3 10	3 3	2 55	2 47	2 40	2 32	2 25	2 18	2 11
50	4 13	4 4	3 54	3 44	3 35	3 26	3 17	3 8	2 59	2 50	2 41
51	5 0	4 49	4 37	4 26	4 15	4 4	3 53	3 43	3 32	3 22	3 11
52	5 47	5 34	5 20	5 8	4 55	4 42	4 30	4 18	4 5	3 53	3 41
53	6 33	6 18	6 3	5 49	5 34	5 20	5 6	4 52	4 38	4 24	4 11
54	7 19	7 2	6 46	6 30	6 14	5 58	5 42	5 27	5 11	4 56	4 41
55	8 4	7 46	7 28	7 10	6 52	6 35	6 18	6 1	5 44	5 27	5 11
56	8 49	8 29	8 10	7 50	7 31	7 12	6 53	6 35	6 16	5 58	5 40
57	9 34	9 12	8 51	8 30	8 10	7 49	7 29	7 9	6 49	6 29	6 9
58	10 18	9 55	9 32	9 10	8 48	8 26	8 4	7 42	7 21	7 0	6 38
59	11 2	10 38	10 13	9 49	9 25	9 2	8 39	8 16	7 53	7 30	7 7
60	11 45	11 19	10 54	10 28	10 3	9 38	9 13	8 49	8 24	8 0	7 36
61	12 28	12 1	11 34	11 7	10 40	10 14	9 48	9 22	8 56	8 30	8 5
62	13 11	12 42	12 13	11 45	11 17	10 49	10 21	9 54	9 27	9 0	8 33
63	13 53	13 23	12 53	12 23	11 53	11 24	10 55	10 26	9 58	9 29	9 1
64	14 35	14 3	13 32	13 1	12 30	11 59	11 28	10 58	10 28	9 59	9 29
65	15 16	14 43	14 10	13 38	13 5	12 33	12 2	11 30	10 59	10 27	9 56
66	15 57	15 22	14 48	14 15	13 41	13 8	12 34	12 1	11 29	10 56	10 24
67	16 37	16 1	15 26	14 51	14 16	13 41	13 7	12 33	11 59	11 25	10 51
68	17 17	16 40	16 3	15 27	14 51	14 15	13 39	13 4	12 28	11 53	11 18
69	17 56	17 18	16 40	16 3	15 25	14 48	14 11	13 34	12 58	12 21	11 45
70	18 35	17 56	17 17	16 38	15 59	15 21	14 43	14 4	13 27	12 49	12 11

Azimut

Breite	160°	161°	162°	163°	164°	165°	166°	167°	168°	169°	170°
					Längen-Unterschied						
46°	0°40'	0°37'	0°35'	0°33'	0°31'	0°29'	0°27'	0°25'	0°23'	0°21'	0°19'
47	1 10	1 6	1 3	0 59	0 55	0 52	0 48	0 45	0 41	0 38	0 34
48	1 41	1 35	1 30	1 25	1 19	1 14	1 9	1 4	0 59	0 54	0 49
49	2 11	2 4	1 57	1 50	1 43	1 37	1 30	1 23	1 17	1 10	1 4
50	2 41	2 33	2 24	2 16	2 7	1 59	1 51	1 43	1 35	1 27	1 19
51	3 11	3 1	2 51	2 41	2 31	2 21	2 12	2 2	1 52	1 43	1 33
52	3 41	3 30	3 18	3 7	2 55	2 44	2 32	2 21	2 10	1 59	1 48
53	4 11	3 58	3 45	3 32	3 19	3 6	2 53	2 40	2 28	2 15	2 3
54	4 41	4 26	4 12	3 57	3 42	3 28	3 14	3 0	2 45	2 31	2 17
55	5 11	4 54	4 38	4 22	4 6	3 50	3 34	3 19	3 3	2 47	2 32
56	5 40	5 22	5 4	4 47	4 29	4 12	3 55	3 37	3 20	3 3	2 46
57	6 9	5 50	5 31	5 12	4 53	4 34	4 15	3 56	3 38	3 19	3 1
58	6 38	6 18	5 57	5 36	5 16	4 55	4 35	4 15	3 55	3 35	3 15
59	7 7	6 45	6 23	6 1	5 39	5 17	4 55	4 34	4 12	3 51	3 30
60	7 36	7 12	6 49	6 25	6 2	5 39	5 15	4 52	4 29	4 7	3 44
61	8 5	7 39	7 14	6 49	6 25	6 0	5 35	5 11	4 47	4 22	3 58
62	8 33	8 6	7 40	7 13	6 47	6 21	5 55	5 29	5 4	4 38	4 12
63	9 1	8 33	8 5	7 37	7 10	6 42	6 15	5 47	5 20	4 53	4 26
64	9 29	8 59	8 30	8 1	7 32	7 3	6 34	6 6	5 37	5 9	4 40
65	9 56	9 26	8 55	8 24	7 54	7 24	6 54	6 24	5 54	5 24	4 54
66	10 24	9 52	9 20	8 48	8 16	7 44	7 13	6 41	6 10	5 39	5 8
67	10 51	10 18	9 44	9 11	8 38	8 5	7 32	6 59	6 27	5 54	5 22
68	11 18	10 43	10 8	9 34	8 59	8 25	7 51	7 17	6 43	6 9	5 35
69	11 45	11 8	10 32	9 57	9 21	8 45	8 10	7 34	6 59	6 24	5 49
70	12 11	11 34	10 56	10 19	9 42	9 5	8 28	7 52	7 15	6 38	6 2

Breite	Azimut										
	170°	171°	172°	173°	174°	175°	176°	177°	178°	179°	180°
	Längen-Unterschied										
46°	0°19′	0°17′	0°15′	0°13′	0°12′	0°10′	0° 8′	0° 6′	0° 4′	0° 2′	0° 0′
47	0 34	0 31	0 27	0 24	0 20	0 17	0 14	0 10	0 7	0 3	0 0
48	0 49	0 44	0 39	0 34	0 29	0 24	0 19	0 15	0 10	0 5	0 0
49	1 4	0 57	0 51	0 44	0 38	0 32	0 25	0 19	0 13	0 6	0 0
50	1 19	1 11	1 3	0 55	0 47	0 39	0 31	0 23	0 16	0 8	0 0
51	1 33	1 24	1 14	1 5	0 56	0 46	0 37	0 28	0 19	0 9	0 0
52	1 48	1 37	1 26	1 15	1 5	0 54	0 43	0 32	0 21	0 11	0 0
53	2 3	1 50	1 38	1 26	1 13	1 1	0 49	0 37	0 24	0 12	0 0
54	2 17	2 3	1 50	1 36	1 22	1 8	0 55	0 41	0 27	0 14	0 0
55	2 32	2 17	2 1	1 46	1 31	1 16	1 0	0 45	0 30	0 15	0 0
56	2 46	2 30	2 13	1 56	1 39	1 23	1 6	0 50	0 33	0 17	0 0
57	3 1	2 43	2 24	2 6	1 48	1 30	1 12	0 54	0 36	0 18	0 0
58	3 15	2 56	2 36	2 16	1 57	1 37	1 18	0 58	0 39	0 19	0 0
59	3 30	3 9	2 47	2 26	2 5	1 44	1 23	1 3	0 42	0 21	0 0
60	3 44	3 21	2 59	2 36	2 14	1 52	1 29	1 7	0 45	0 22	0 0
61	3 58	3 34	3 10	2 46	2 22	1 59	1 35	1 11	0 47	0 24	0 0
62	4 12	3 47	3 21	2 56	2 31	2 6	1 41	1 15	0 50	0 25	0 0
63	4 26	3 59	3 33	3 6	2 39	2 13	1 46	1 20	0 53	0 27	0 0
64	4 40	4 12	3 44	3 16	2 48	2 20	1 52	1 24	0 56	0 28	0 0
65	4 54	4 24	3 55	3 25	2 56	2 27	1 57	1 28	0 59	0 29	0 0
66	5 8	4 37	4 6	3 35	3 4	2 33	2 3	1 32	1 1	0 31	0 0
67	5 22	4 49	4 17	3 45	3 12	2 40	2 8	1 36	1 4	0 32	0 0
68	5 35	5 1	4 28	3 54	3 21	2 47	2 14	1 40	1 7	0 33	0 0
69	5 49	5 14	4 39	4 4	3 29	2 54	2 19	1 44	1 10	0 35	0 0
70	6 2	5 26	4 49	4 13	3 37	3 1	2 24	1 48	1 12	0 36	0 0

Breite	Azimut										
	0°	1°	2°	3°	4°	5°	6°	7°	8°	9°	10°
	Längen-Unterschied										
30°	0° 0′	0°17′	0°33′	0°50′	1° 7′	1°23′	1°40′	1°57′	2°14′	2°31′	2°48′
31	0 0	0 15	0 31	0 46	1 1	1 16	1 32	1 47	2 3	2 18	2 34
32	0 0	0 14	0 28	0 42	0 55	1 9	1 23	1 37	1 51	2 6	2 20
33	0 0	0 12	0 25	0 37	0 50	1 2	1 15	1 28	1 40	1 53	2 6
34	0 0	0 11	0 22	0 33	0 44	0 55	1 7	1 18	1 29	1 40	1 52
35	0 0	0 10	0 19	0 29	0 39	0 48	0 58	1 8	1 18	1 28	1 38
36	0 0	0 8	0 16	0 25	0 33	0 41	0 50	0 58	1 6	1 15	1 23
37	0 0	0 7	0 14	0 21	0 27	0 34	0 41	0 48	0 55	1 2	1 9
38	0 0	0 5	0 11	0 16	0 22	0 27	0 32	0 38	0 44	0 49	0 55
39	0 0	0 4	0 8	0 12	0 16	0 20	0 24	0 28	0 33	0 37	0 41
40	0 0	0 3	0 5	0 8	0 11	0 13	0 16	0 18	0 21	0 24	0 27

Breite	Azimut										
	10°	11°	12°	13°	14°	15°	16°	17°	18°	19°	20°
	Längen-Unterschied										
30°	2°48′	3° 5′	3°23′	3°40′	3°58′	4°16′	4°34′	4°53′	5°11′	5°30′	5°49′
31	2 34	2 50	3 6	3 22	3 38	3 55	4 11	4 28	4 45	5 2	5 20
32	2 20	2 34	2 49	3 3	3 18	3 33	3 48	4 4	4 19	4 35	4 51
33	2 6	2 19	2 32	2 45	2 58	3 12	3 25	3 39	3 53	4 7	4 21
34	1 52	2 3	2 15	2 26	2 38	2 50	3 2	3 14	3 27	3 39	3 52
35	1 38	1 48	1 58	2 8	2 18	2 29	2 39	2 50	3 0	3 11	3 22
36	1 23	1 32	1 41	1 49	1 58	2 7	2 16	2 25	2 34	2 43	2 53
37	1 9	1 16	1 23	1 31	1 38	1 45	1 53	2 0	2 8	2 16	2 23
38	0 55	1 1	1 6	1 12	1 18	1 24	1 30	1 36	1 42	1 48	1 54
39	0 41	0 45	0 49	0 53	0 58	1 2	1 6	1 11	1 15	1 20	1 24
40	0 27	0 29	0 32	0 35	0 38	0 40	0 43	0 46	0 49	0 52	0 55

Breite	Azimut										
	20°	21°	22°	23°	24°	25°	26°	27°	28°	29°	30°
	Längen-Unterschied										
30°	5°49′	6° 9′	6°29′	6°49′	7°10′	7°31′	7°52′	8°14′	8°37′	9° 0′	9°24′
31	5 20	5 38	5 56	6 15	6 34	6 53	7 12	7 33	7 53	8 14	8 36
32	4 51	5 7	5 23	5 40	5 57	6 15	6 33	6 51	7 9	7 28	7 48
33	4 21	4 36	4 51	5 6	5 21	5 37	5 53	6 9	6 25	6 42	7 0
34	3 52	4 5	4 18	4 31	4 45	4 59	5 13	5 27	5 42	5 57	6 12
35	3 22	3 34	3 45	3 57	4 8	4 20	4 33	4 45	4 58	5 11	5 24
36	2 53	3 2	3 12	3 22	3 32	3 42	3 53	4 3	4 14	4 25	4 37
37	2 23	2 31	2 39	2 47	2 55	3 4	3 13	3 22	3 31	3 40	3 49
38	1 54	2 0	2 6	2 13	2 19	2 26	2 33	2 40	2 47	2 54	3 2
39	1 24	1 29	1 34	1 39	1 43	1 48	1 53	1 58	2 4	2 9	2 14
40	0 55	0 58	1 1	1 4	1 7	1 10	1 14	1 17	1 20	1 24	1 27

Breite	Azimut										
	30°	31°	32°	33°	34°	35°	36°	37°	38°	39°	40°
	Längen-Unterschied										
30°	9°24′	9°48′	10°14′	10°39′	11° 6′	11°34′	12° 2′	12°32′	13° 3′	13°35′	14° 9′
31	8 36	8 58	9 21	9 45	10 9	10 34	11 0	11 27	11 55	12 24	12 54
32	7 48	8 8	8 29	8 50	9 12	9 34	9 58	10 22	10 47	11 13	11 40
33	7 0	7 18	7 36	7 55	8 15	8 35	8 56	9 17	9 39	10 2	10 26
34	6 12	6 28	6 44	7 1	7 18	7 36	7 54	8 13	8 32	8 52	9 13
35	5 24	5 38	5 52	6 6	6 21	6 37	6 52	7 8	7 25	7 43	8 1
36	4 37	4 48	5 0	5 12	5 25	5 38	5 51	6 5	6 19	6 34	6 49
37	3 49	3 59	4 8	4 18	4 29	4 39	4 50	5 2	5 13	5 25	5 38
38	3 2	3 9	3 17	3 25	3 33	3 41	3 50	3 59	4 8	4 17	4 27
39	2 14	2 20	2 26	2 31	2 37	2 43	2 50	2 56	3 3	3 10	3 17
40	1 27	1 31	1 35	1 38	1 42	1 46	1 50	1 54	1 58	2 3	2 8

Rom, Sao Paolo. Breite 41° 52' 0" N Länge 12° 31' 0" O

Azimut

Längen-Unter-schied	40°	41°	42°	43°	44°	45°	46°	47°	48°	49°	50°
					Breite						
2°	40° 7'	40°10'	40°14'	40°17'	40°20'	40°24'	40°27'	40°30'	40°33'	40°35'	40°38'
4	38 23	38 30	38 38	38 44	38 51	38 57	39 3	39 9	39 15	39 21	39 26
6	36 41	36 53	37 3	37 13	37 23	37 33	37 42	37 51	38 0	38 8	38 16
8	35 1	35 16	35 30	35 44	35 57	36 10	36 22	36 34	36 46	36 57	37 8
10	33 22	33 41	33 59	34 16	34 33	34 49	35 4	35 19	35 34	35 48	36 1
11	32 33	32 53	33 13	33 32	33 51	34 9	34 26	34 42	34 58	35 14	35 28
12	31 44	32 6	32 28	32 49	33 9	33 29	33 48	34 5	34 23	34 40	34 56
13	30 55	31 20	31 44	32 6	32 28	32 49	33 10	33 29	33 48	34 7	34 24
14	30 7	30 34	30 59	31 24	31 48	32 10	32 32	32 53	33 14	33 34	33 53
15	29 19	29 48	30 15	30 42	31 7	31 32	31 55	32 18	32 40	33 1	33 22
16	28 31	29 2	29 31	30 0	30 27	30 53	31 18	31 43	32 7	32 29	32 51
17					29 47	30 15	30 42	31 8	31 33	31 57	32 21
18					29 8	29 37	30 6	30 34	31 0	31 26	31 51
19							29 30	29 59	30 28	30 55	31 21
20							28 54	29 25	29 55	30 24	30 52
21									29 23	29 54	30 24
22									28 52	29 24	29 55

Azimut

Längen-Unter-schied	50°	51°	52°	53°	54°	55°	56°	57°	58°	59°	60°
					Breite						
2°	40°38'	40°41'	40°43'	40°46'	40°48'	40°50'	40°53'	40°55'	40°57'	40°59'	41° 1'
4	39 26	39 31	39 36	39 41	39 46	39 51	39 56	40 0	40 4	40 9	40 13
6	38 16	38 24	38 32	38 39	38 46	38 53	39 0	39 7	39 14	39 20	39 26
8	37 8	37 18	37 29	37 39	37 48	37 58	38 7	38 16	38 25	38 33	38 42
10	36 1	36 15	36 27	36 40	36 52	37 4	37 15	37 27	37 38	37 49	37 59
11	35 28	35 43	35 57	36 11	36 25	36 38	36 50	37 3	37 15	37 27	37 38
12	34 56	35 12	35 28	35 43	35 58	36 12	36 26	36 39	36 53	37 6	37 18
13	34 24	34 42	34 59	35 15	35 31	35 46	36 2	36 16	36 31	36 45	36 59
14	33 53	34 12	34 30	34 48	35 5	35 21	35 38	35 54	36 9	36 25	36 39
15	33 22	33 42	34 2	34 21	34 39	34 57	35 15	35 32	35 48	36 5	36 20
16	32 51	33 13	33 34	33 54	34 14	34 33	34 52	35 10	35 28	35 45	36 2
17	32 21	32 44	33 6	33 28	33 49	34 9	34 29	34 49	35 8	35 26	35 44
18	31 51	32 15	32 39	33 2	33 24	33 46	34 7	34 28	34 48	35 8	35 27
19	31 21	31 47	32 12	32 37	33 0	33 23	33 46	34 8	34 29	34 50	35 10
20	30 52	31 19	31 46	32 12	32 37	33 1	33 25	33 48	34 10	34 32	34 54
21	30 24	30 52	31 20	31 47	32 14	32 39	33 4	33 28	33 52	34 15	34 38
22	29 55	30 25	30 54	31 23	31 51	32 17	32 44	33 9	33 34	33 58	34 22
23			30 29	30 59	31 28	31 56	32 24	32 50	33 17	33 42	34 7
24			30 4	30 36	31 6	31 35	32 4	32 32	33 0	33 26	33 53
25			29 40	30 13	30 44	31 15	31 45	32 14	32 43	33 11	33 39
26			29 16	29 50	30 23	30 55	31 27	31 57	32 27	32 56	33 25
27					30 2	30 36	31 9	31 40	32 12	32 42	33 12
28					29 42	30 17	30 51	31 24	31 57	32 28	32 59
29							30 34	31 8	31 42	32 15	32 47
30							30 17	30 53	31 28	32 2	32 35
31							30 0	30 38	31 14	31 50	32 24
32							29 44	30 23	31 1	31 38	32 13
33							29 29	30 9	30 48	31 26	32 3
34							29 14	29 55	30 36	31 15	31 54
35							28 59	29 42	30 24	31 5	31 45
36							28 45	29 30	30 13	30 55	31 36
37									30 2	30 46	31 28
38									29 52	30 37	31 21
39									29 43	30 29	31 14
40									29 34	30 21	31 8

Längen-Unter-schied	Azimut										
	60°	61°	62°	63°	64°	65°	66°	67°	68°	69°	70°
	Breite										
2°	41° 1′	41° 4′	41° 6′	41° 8′	41° 9′	41°11′	41°13′	41°15′	41°17′	41°19′	41°21
4	40 13	40 17	40 21	40 25	40 29	40 33	40 37	40 40	40 44	40 48	40 51
6	39 26	39 33	39 39	39 45	39 51	39 56	40 2	40 7	40 13	40 18	40 24
8	38 42	38 50	38 58	39 6	39 14	39 22	39 29	39 37	39 44	39 51	39 58
10	37 59	38 9	38 20	38 30	38 39	38 49	38 59	39 8	39 17	39 26	39 35
11	37 38	37 50	38 1	38 12	38 23	38 33	38 44	38 54	39 4	39 14	39 24
12	37 18	37 31	37 43	37 55	38 7	38 18	38 30	38 41	38 52	39 3	39 14
13	36 59	37 12	37 25	37 38	37 51	38 4	38 16	38 28	38 40	38 52	39 4
14	36 39	36 54	37 8	37 22	37 36	37 50	38 3	38 16	38 29	38 42	38 54
15	36 20	36 36	36 51	37 7	37 21	37 36	37 50	38 4	38 18	38 32	38 45
16	36 2	36 19	36 35	36 52	37 7	37 23	37 38	37 53	38 8	38 23	38 37
17	35 44	36 2	36 20	36 37	36 54	37 10	37 26	37 42	37 58	38 14	38 29
18	35 27	35 46	36 5	36 23	36 41	36 58	37 15	37 32	37 49	38 5	38 22
19	35 10	35 30	35 50	36 9	36 28	36 46	37 5	37 22	37 40	37 57	38 15
20	34 54	35 15	35 36	35 56	36 16	36 35	36 55	37 13	37 32	37 50	38 8
21	34 38	35 0	35 22	35 43	36 4	36 25	36 45	37 5	37 24	37 43	38 2
22	34 22	34 46	35 9	35 31	35 53	36 15	36 36	36 57	37 17	37 37	37 57
23	34 7	34 32	34 56	35 19	35 42	36 5	36 27	36 49	37 10	37 32	37 52
24	33 53	34 18	34 43	35 8	35 32	35 56	36 19	36 42	37 4	37 27	37 48
25	33 39	34 5	34 31	34 57	35 22	35 47	36 11	36 35	36 59	37 22	37 45
26	33 25	33 53	34 20	34 47	35 13	35 39	36 4	36 29	36 54	37 18	37 42
27	33 12	33 41	34 9	34 37	35 4	35 31	35 58	36 24	36 49	37 14	37 39
28	32 59	33 29	33 59	34 28	34 56	35 24	35 52	36 19	36 45	37 11	37 37
29	32 47	33 18	33 49	34 19	34 49	35 18	35 46	36 14	36 42	37 9	37 36
30	32 35	33 8	33 40	34 11	34 42	35 12	35 41	36 10	36 39	37 7	37 35
31	32 24	32 58	33 31	34 4	34 35	35 7	35 37	36 7	36 37	37 6	37 35
32	32 13	32 49	33 23	33 57	34 29	35 2	35 33	36 5	36 35	37 6	37 35
33	32 3	32 40	33 15	33 50	34 24	34 58	35 30	36 3	36 34	37 6	37 36
34	31 54	32 31	33 8	33 44	34 19	34 54	35 28	36 1	36 34	37 6	37 38
35	31 45	32 23	33 2	33 39	34 15	34 51	35 26	36 0	36 34	37 7	37 40
36	31 36	32 16	32 56	33 34	34 11	34 48	35 25	36 0	36 35	37 9	37 43
37	31 28	32 10	32 50	33 30	34 8	34 46	35 24	36 1	36 37	37 12	37 47
38	31 21	32 4	32 45	33 26	34 6	34 45	35 24	36 2	36 39	37 15	37 51
39	31 14	31 58	32 41	33 23	34 4	34 45	35 24	36 3	36 41	37 19	37 56
40	31 8	31 53	32 38	33 21	34 3	34 45	35 26	36 6	36 45	37 24	38 2
41	31 2	31 49	32 35	33 19	34 3	34 46	35 28	36 9	36 49	37 29	38 8
42	30 57	31 45	32 32	33 18	34 3	34 47	35 30	36 13	36 54	37 35	38 15
43	30 53	31 42	32 31	33 18	34 4	34 49	35 34	36 18	37 0	37 42	38 23
44	30 49	31 40	32 30	33 19	34 6	34 52	35 38	36 23	37 7	37 50	38 32
45	30 46	31 39	32 30	33 20	34 9	34 56	35 43	36 29	37 14	37 58	38 42
46	30 44	31 38	32 30	33 22	34 12	35 1	35 49	36 36	37 22	38 8	38 52
47	30 42	31 38	32 32	33 24	34 16	35 6	35 55	36 44	37 31	38 18	39 3
48	30 42	31 39	32 34	33 28	34 21	35 12	36 3	36 52	37 41	38 29	39 16
49	30 42	31 40	32 37	33 32	34 26	35 19	36 11	37 2	37 52	38 40	39 29
50	30 43	31 42	32 41	33 37	34 33	35 27	36 20	37 12	38 3	38 53	39 42
51	30 44	31 46	32 45	33 44	34 40	35 36	36 30	37 24	38 16	39 7	39 57
52	30 47	31 50	32 51	33 51	34 49	35 46	36 41	37 36	38 29	39 22	40 13
53	30 50	31 54	32 57	33 58	34 58	35 56	36 53	37 49	38 44	39 37	40 30
54	30 54	32 0	33 5	34 7	35 8	36 8	37 6	38 3	38 59	39 54	40 48
55	30 59	32 7	33 13	34 17	35 20	36 20	37 20	38 18	39 16	40 12	41 7
56	31 6	32 15	33 22	34 28	35 32	36 34	37 35	38 35	39 33	40 30	41 26
57	31 13	32 24	33 33	34 40	35 45	36 49	37 51	38 52	39 52	40 50	41 47
58	31 21	32 34	33 44	34 53	36 0	37 5	38 8	39 11	40 11	41 11	42 10
59	31 31	32 45	33 57	35 7	36 15	37 22	38 27	39 30	40 32	41 33	42 33
60	31 41	32 57	34 11	35 23	36 32	37 40	38 46	39 51	40 54	41 56	42 57

Längen-Unter-schied	Azimut										
	70°	71°	72°	73°	74°	75°	76°	77°	78°	79°	80°
					Breite						
2	41°21'	41°22'	41°24'	41°26'	41°27'	41°29'	41°31'	41°32'	41°34'	41°36'	41°37'
4	40 51	40 55	40 58	41 2	41 5	41 8	41 12	41 15	41 18	41 22	41 25
6	40 24	40 29	40 34	40 39	40 44	40 50	40 55	41 4	41 9	41 14	
8	39 58	40 5	40 12	40 19	40 26	40 33	40 39	40 46	40 53	40 59	41 6
10	39 35	39 44	39 53	40 1	40 10	40 18	40 26	49 35	40 43	40 51	40 59
11	39 24	39 34	39 43	39 53	40 2	40 11	40 20	40 30	40 39	40 48	40 57
12	39 14	39 24	39 35	39 45	39 55	40 5	40 15	40 25	40 35	40 45	40 55
13	39 4	39 15	39 27	39 38	39 49	40 0	40 11	40 21	40 32	40 43	40 54
14	38 54	39 7	39 19	39 31	39 43	39 55	40 7	40 18	40 30	40 41	40 53
15	38 45	38 59	39 12	39 25	39 38	39 50	40 3	40 15	40 28	40 40	40 52
16	38 37	38 51	39 5	39 19	39 33	39 46	40 0	40 13	40 26	40 39	40 52
17	38 29	38 44	38 59	39 14	39 28	39 43	39 57	40 11	40 25	40 39	40 53
18	38 22	38 38	38 53	39 9	39 24	39 40	39 55	40 10	40 25	40 40	40 54
19	38 15	38 32	38 48	39 5	39 21	39 38	39 54	40 9	40 25	40 41	40 56
20	38 8	38 26	38 44	39 1	39 19	39 36	39 53	40 9	40 26	40 42	40 59
21	38 2	38 21	38 40	38 58	39 17	39 34	39 52	40 10	40 27	40 44	41 2
22	37 57	38 17	38 37	38 56	39 15	39 34	39 52	40 11	40 29	40 47	41 5
23	37 52	38 13	38 34	38 54	39 14	39 34	39 53	40 12	40 32	40 51	41 9
24	37 48	38 10	38 31	38 53	39 13	39 34	39 54	40 14	40 35	40 55	41 14
25	37 45	38 7	38 29	38 52	39 13	39 35	39 56	40 17	40 38	40 59	41 20
26	37 42	38 5	38 28	38 51	39 14	39 36	39 59	40 21	40 42	41 4	41 26
27	37 39	38 4	38 28	38 52	39 15	39 38	40 2	40 25	40 47	41 10	41 32
28	37 37	38 3	38 28	38 53	39 17	39 41	40 5	40 29	40 53	41 16	41 39
29	37 36	38 2	38 28	38 54	39 19	39 45	40 9	40 34	40 59	41 23	41 47
30	37 35	38 2	38 29	38 56	39 22	39 49	40 14	40 40	41 5	41 30	41 55
31	37 35	38 3	38 31	38 59	39 26	39 53	40 20	40 46	41 13	41 39	42 4
32	37 35	38 5	38 34	39 2	39 30	39 58	40 26	40 53	41 21	41 48	42 14
33	37 36	38 7	38 37	39 6	39 35	40 4	40 33	41 1	41 29	41 57	42 25
34	37 38	38 9	38 41	39 11	39 41	40 11	40 40	41 10	41 39	42 7	42 36
35	37 40	38 13	38 45	39 16	39 47	40 18	40 48	41 19	41 49	42 18	42 48
36	37 43	38 17	38 50	39 22	39 54	40 26	40 57	41 28	41 59	42 30	43 0
37	37 47	38 21	38 55	39 28	40 2	40 34	41 7	41 39	42 11	42 42	43 13
38	37 51	38 27	39 2	39 36	40 10	40 44	41 17	41 50	42 23	42 55	43 27
39	37 56	38 33	39 9	39 44	40 19	40 54	41 28	42 2	42 36	43 9	43 42
40	38 2	38 39	39 16	39 53	40 29	41 5	41 40	42 15	42 49	43 24	43 58
41	38 8	38 47	39 25	40 2	40 39	41 16	41 52	42 28	43 4	43 39	44 14
42	38 15	38 55	39 34	40 13	40 51	41 29	42 6	42 43	43 19	43 55	44 31
43	38 23	39 4	39 44	40 24	41 3	41 42	42 20	42 58	43 35	44 12	44 49
44	38 32	39 14	39 55	40 36	41 16	41 56	42 35	43 14	43 52	44 30	45 8
45	38 42	39 25	40 7	40 49	41 30	42 10	42 51	43 30	44 10	44 49	45 27
46	38 52	39 36	40 20	41 2	41 44	42 26	43 7	43 48	44 28	45 8	45 48
47	39 3	39 49	40 33	41 17	42 0	42 43	43 25	44 6	44 48	45 29	46 9
48	39 16	40 2	40 47	41 32	42 16	43 0	43 43	44 26	45 8	45 50	46 32
49	39 29	40 16	41 2	41 48	42 34	43 18	44 2	44 46	45 29	46 12	46 55
50	39 42	40 31	41 18	42 5	42 52	43 37	44 23	45 7	45 52	46 36	47 19
51	39 57	40 47	41 36	42 24	43 11	43 58	44 44	45 30	46 15	47 0	47 44
52	40 13	41 4	41 54	42 43	43 31	44 19	45 6	45 53	46 39	47 25	48 10
53	40 30	41 22	42 13	43 3	43 52	44 41	45 29	46 17	47 4	47 51	48 37
54	40 48	41 41	42 33	43 24	44 14	45 4	45 54	46 42	47 30	48 18	49 6
55	41 7	42 1	42 54	43 46	44 38	45 29	46 19	47 9	47 58	48 46	49 35
56	41 26	42 22	43 16	44 9	45 2	45 54	46 45	47 36	48 26	49 16	50 5
57	41 47	42 44	43 39	44 34	45 27	46 20	47 13	48 4	48 55	49 46	50 36
58	42 10	43 7	44 3	44 59	45 54	46 48	47 41	48 34	49 26	50 18	51 9
59	42 33	43 31	44 29	45 26	46 22	47 17	48 11	49 5	49 58	50 50	51 42
60	42 57	43 57	44 56	45 53	46 50	47 46	48 42	49 36	50 31	51 24	52 17

Rom, Sao Paolo.   Breite 41° 52' 0'' N   Länge 12° 31' 0'' O

Längen-Unterschied	Azimut										
	80°	81°	82°	83°	84°	85°	86°	87°	88°	89°	90°
	Breite										
2°	41°37'	41°39'	41°40'	41°42'	41°44'	41°45'	41°47'	41°48'	41°50'	41°52'	41°53'
4	41 25	41 28	41 31	41 34	41 37	41 41	41 44	41 47	41 50	41 53	41 56
6	41 14	41 19	41 24	41 29	41 33	41 38	41 43	41 47	41 52	41 57	42 1
8	41 6	41 12	41 18	41 25	41 31	41 37	41 44	41 50	41 56	42 3	42 9
10	40 59	41 7	41 15	41 23	41 31	41 39	41 47	41 55	42 3	42 10	42 18
11	40 57	41 6	41 14	41 23	41 32	41 41	41 49	41 58	42 7	42 15	42 24
12	40 55	41 5	41 14	41 24	41 33	41 43	41 52	42 2	42 11	42 20	42 30
13	40 54	41 4	41 14	41 25	41 35	41 45	41 56	42 6	42 16	42 26	42 36
14	40 53	41 4	41 15	41 26	41 37	41 48	42 0	42 11	42 22	42 33	42 43
15	40 52	41 4	41 16	41 28	41 40	41 52	42 4	42 16	42 28	42 40	42 51
16	40 52	41 5	41 18	41 31	41 44	41 56	42 9	42 22	42 34	42 47	43 0
17	40 53	41 7	41 21	41 34	41 48	42 1	42 15	42 28	42 42	42 55	43 9
18	40 54	41 9	41 24	41 38	41 52	42 7	42 21	42 35	42 50	43 4	43 18
19	40 56	41 12	41 27	41 42	41 57	42 13	42 28	42 43	42 58	43 13	43 28
20	40 59	41 15	41 31	41 47	42 3	42 19	42 35	42 51	43 7	43 23	43 39
21	41 2	41 19	41 36	41 53	42 10	42 26	42 43	43 0	43 17	43 33	43 50
22	41 5	41 23	41 41	41 59	42 17	42 34	42 52	43 9	43 27	43 44	44 2
23	41 9	41 28	41 47	42 6	42 24	42 42	43 1	43 19	43 38	43 56	44 14
24	41 14	41 34	41 53	42 13	42 32	42 51	43 11	43 30	43 49	44 8	44 27
25	41 20	41 40	42 0	42 21	42 41	43 1	43 21	43 41	44 1	44 21	44 41
26	41 26	41 46	42 8	42 29	42 50	43 11	43 32	43 53	44 14	44 34	44 55
27	41 32	41 54	42 16	42 38	43 0	43 22	43 44	44 5	44 27	44 48	45 10
28	41 39	42 2	42 25	42 48	43 11	43 33	43 56	44 18	44 41	45 3	45 26
29	41 47	42 11	42 35	42 58	43 22	43 45	44 9	44 32	44 55	45 19	45 42
30	41 55	42 20	42 45	43 9	43 34	43 58	44 22	44 47	45 11	45 35	45 59
31	42 4	42 30	42 56	43 21	43 46	44 12	44 37	45 2	45 27	45 52	46 17
32	42 14	42 41	43 7	43 34	44 0	44 26	44 52	45 18	45 43	46 9	46 35
33	42 25	42 52	43 19	43 47	44 14	44 41	45 7	45 34	46 1	46 27	46 54
34	42 36	43 4	43 32	44 0	44 28	44 56	45 24	45 51	46 19	46 46	47 14
35	42 48	43 17	43 46	44 15	44 44	45 12	45 41	46 9	46 38	47 6	47 34
36	43 0	43 30	44 0	44 30	45 0	45 29	45 59	46 28	46 57	47 26	47 56
37	43 13	43 44	44 15	44 46	45 17	45 47	46 17	46 47	47 18	47 48	48 18
38	43 27	43 59	44 31	45 3	45 34	46 5	46 37	47 8	47 39	48 10	48 41
39	43 42	44 15	44 48	45 20	45 52	46 25	46 57	47 29	48 0	48 32	49 4
40	43 58	44 31	45 5	45 38	46 12	46 45	47 18	47 50	48 23	48 56	49 29
41	44 14	44 49	45 23	45 57	46 32	47 5	47 39	48 13	48 47	49 20	49 54
42	44 31	45 7	45 42	46 17	46 52	47 27	48 2	48 36	49 11	49 45	50 20
43	44 49	45 26	46 2	46 38	47 14	47 50	48 25	49 1	49 36	50 12	50 47
44	45 8	45 45	46 22	46 59	47 36	48 13	48 49	49 26	50 2	50 39	51 15
45	45 27	46 6	46 44	47 22	48 0	48 37	49 15	49 52	50 29	51 6	51 44
46	45 48	46 27	47 6	47 45	48 24	49 2	49 41	50 19	50 57	51 35	52 13
47	46 9	46 50	47 30	48 9	48 49	49 28	50 8	50 47	51 26	52 5	52 44
48	46 32	47 13	47 54	48 34	49 15	49 55	50 35	51 16	51 55	52 35	53 15
49	46 55	47 37	48 19	49 0	49 42	50 23	51 4	51 45	52 26	53 7	53 48
50	47 19	48 2	48 45	49 28	50 10	50 52	51 34	52 16	52 58	53 39	54 21
51	47 44	48 28	49 12	49 56	50 39	51 22	52 5	52 48	53 30	54 13	54 55
52	48 10	48 55	49 40	50 24	51 9	51 53	52 36	53 20	54 4	54 47	55 31
53	48 37	49 23	50 9	50 54	51 40	52 24	53 9	53 54	54 38	55 23	56 7
54	49 6	49 52	50 39	51 25	52 11	52 57	53 43	54 28	55 14	55 59	56 44
55	49 35	50 23	51 10	51 57	52 44	53 31	54 18	55 4	55 50	56 37	57 23
56	50 5	50 54	51 42	52 31	53 18	54 6	54 53	55 41	56 28	57 15	58 2
57	50 36	51 26	52 16	53 5	53 53	54 42	55 30	56 19	57 7	57 55	58 43
58	51 9	51 59	52 50	53 40	54 30	55 19	56 8	56 57	57 46	58 35	59 24
59	51 42	52 34	53 25	54 16	55 7	55 57	56 47	57 37	58 27	59 17	60 7
60	52 17	53 10	54 2	54 54	55 45	56 37	57 28	58 18	59 9	60 0	60 51

Rom, Sao Paolo. Breite 41° 52' 0" N   Länge 12° 31' 0" O

Azimut

Breite	90°	91°	92°	93°	94°	95°	96°	97°	98°	99°	100°
	Längen-Unterschied										
42	5°33'	4°15'	3°19'	2°39'	2°10'	1°50'	1°34'	1°22'	1°13'	1° 6'	0°59'
43	16 3	14 38	13 22	12 13	11 12	10 17	9 28	8 44	8 5	7 31	7 0
44	21 52	20 29	19 10	17 57	16 50	15 47	14 49	13 56	13 7	12 22	11 40
45	26 20	24 58	23 39	22 25	21 15	20 9	19 7	18 9	17 14	16 23	15 35
46	30 4	28 42	27 24	26 10	24 59	23 51	22 47	21 46	20 48	19 53	19 2
47	33 19	31 58	30 41	29 26	28 15	27 6	26 1	24 58	23 58	23 1	22 7
48	36 12	34 53	33 36	32 22	31 10	30 1	28 55	27 51	26 50	25 51	24 55
49	38 50	37 31	36 15	35 2	33 50	32 41	31 35	30 30	29 28	28 28	27 31
50	41 14	39 57	38 42	37 28	36 17	35 8	34 2	32 57	31 54	30 53	29 55
51	43 28	42 12	40 58	39 45	38 34	37 26	36 19	35 14	34 11	33 9	32 10
52	45 34	44 18	43 5	41 53	40 42	39 34	38 27	37 22	36 19	35 17	34 17
53	47 31	46 17	45 4	43 53	42 43	41 35	40 28	39 23	38 20	37 18	36 18
54	49 22	48 9	46 57	45 46	44 37	43 29	42 23	41 18	40 14	39 12	38 12
55	51 8	49 55	48 44	47 34	46 25	45 18	44 12	43 7	42 4	41 2	40 1
56	52 49	51 37	50 26	49 17	48 9	47 2	45 56	44 51	43 48	42 46	41 45
57	54 25	53 14	52 4	50 55	49 47	48 41	47 35	46 31	45 27	44 25	43 25
58	55 57	54 46	53 37	52 29	51 22	50 16	49 10	48 6	47 3	46 1	45 0
59	57 25	56 16	55 7	53 59	52 53	51 47	50 42	49 38	48 35	47 34	46 33
60	58 51	57 42	56 34	55 26	54 20	53 15	52 10	51 7	50 4	49 2	48 2
61	60 13	59 5	57 57	56 51	55 45	54 40	53 36	52 32	51 30	50 28	49 28
62		60 25	59 18	58 12	57 7	56 3	54 58	53 55	52 53	51 52	50 51
63			60 36	59 31	58 26	57 22	56 18	55 16	54 14	53 12	52 12
64				60 48	59 43	58 39	57 36	56 34	55 32	54 31	53 30
65					60 58	59 54	58 51	57 49	56 48	55 47	54 46
66						61 8	60 5	59 3	58 2	57 1	56 1
67							61 17	60 15	59 14	58 13	57 13
									60 24	59 24	58 24

Azimut

Breite	100°	101°	102°	103°	104°	105°	106°	107°	108°	109°	110°
	Längen-Unterschied										
42	0°59'	0°54'	0°50'	0°46'	0°43'	0°40'	0°37'	0°35'	0°33'	0°31'	0°29'
43	7 0	6 32	6 7	5 45	5 25	5 6	4 50	4 35	4 21	4 8	3 56
44	11 40	11 2	10 27	9 54	9 23	8 56	8 30	8 6	7 44	7 23	7 4
45	15 35	14 51	14 9	13 30	12 53	12 19	11 47	11 16	10 48	10 21	9 56
46	19 2	18 13	17 27	16 43	16 2	15 23	14 46	14 11	13 38	13 6	12 37
47	22 7	21 15	20 26	19 39	18 54	18 11	17 31	16 52	16 15	15 40	15 7
48	24 55	24 1	23 10	22 20	21 32	20 47	20 4	19 22	18 42	18 4	17 28
49	27 31	26 35	25 42	24 50	24 1	23 13	22 27	21 43	21 1	20 20	19 41
50	29 55	28 58	28 3	27 10	26 19	25 30	24 42	23 56	23 12	22 30	21 48
51	32 10	31 13	30 17	29 23	28 30	27 39	26 50	26 3	25 17	24 32	23 49
52	34 17	33 19	32 22	31 27	30 34	29 42	28 51	28 3	27 15	26 29	25 44
53	36 18	35 19	34 22	33 26	32 31	31 39	30 47	29 57	29 8	28 21	27 35
54	38 12	37 13	36 15	35 19	34 24	33 30	32 38	31 47	30 57	30 8	29 21
55	40 1	39 1	38 3	37 6	36 11	35 16	34 23	33 32	32 41	31 51	31 3
56	41 45	40 45	39 47	38 49	37 53	36 59	36 5	35 12	34 21	33 31	32 41
57	43 25	42 25	41 26	40 29	39 32	38 37	37 43	36 50	35 57	35 6	34 16
58	45 0	44 1	43 2	42 4	41 7	40 11	39 17	38 23	37 30	36 39	35 48
59	46 33	45 33	44 34	43 36	42 39	41 43	40 48	39 54	39 0	38 8	37 17
60	48 2	47 2	46 3	45 5	44 7	43 11	42 16	41 21	40 28	39 35	38 43
61	49 28	48 28	47 29	46 31	45 33	44 36	43 41	42 46	41 52	40 59	40 6
62	50 51	49 51	48 52	47 54	46 56	45 59	45 3	44 8	43 14	42 20	41 27
63	52 12	51 12	50 13	49 14	48 17	47 20	46 24	45 28	44 34	43 40	42 46
64	53 30	52 30	51 31	50 33	49 35	48 38	47 42	46 46	45 51	44 57	44 3
65	54 46	53 47	52 48	51 49	50 51	49 54	48 58	48 2	47 7	46 12	45 18
66	56 1	55 1	54 2	53 4	52 6	51 9	50 12	49 16	48 20	47 25	46 31
67	57 13	56 13	55 14	54 16	53 18	52 21	51 24	50 28	49 32	48 37	47 43
68	58 24	57 24	56 25	55 27	54 29	53 32	52 35	51 38	50 42	49 47	48 52

Breite	Azimut										
	110°	111°	112°	113°	114°	115°	116°	117°	118°	119°	120°
	Längen-Unterschied										
42°	0°29'	0°28'	0°27'	0°25'	0°24'	0°23'	0°22'	0°21'	0°20'	0°19'	0°19'
43	3 56	3 45	3 35	3 25	3 16	3 8	3 1	2 54	2 47	2 41	2 34
44	7 4	6 46	6 29	6 13	5 58	5 44	5 30	5 18	5 6	4 55	4 44
45	9 56	9 32	9 10	8 49	8 29	8 10	7 52	7 35	7 18	7 3	6 48
46	12 37	12 8	11 41	11 16	10 52	10 29	10 7	9 46	9 26	9 6	8 48
47	15 7	14 35	14 4	13 35	13 7	12 40	12 15	11 51	11 27	11 5	10 43
48	17 28	16 53	16 19	15 47	15 16	14 46	14 18	13 50	13 24	12 59	12 34
49	19 41	19 4	18 28	17 53	17 19	16 47	16 16	15 46	15 17	14 49	14 22
50	21 48	21 8	20 30	19 53	19 17	18 42	18 9	17 36	17 5	16 35	16 5
51	23 49	23 7	22 27	21 48	21 10	20 33	19 58	19 23	18 50	18 17	17 46
52	25 44	25 1	24 19	23 38	22 58	22 20	21 42	21 6	20 31	19 56	19 23
53	27 35	26 50	26 7	25 24	24 43	24 3	23 24	22 46	22 9	21 33	20 57
54	29 21	28 35	27 50	27 6	26 24	25 42	25 1	24 22	23 43	23 6	22 29
55	31 3	30 16	29 30	28 45	28 1	27 18	26 36	25 55	25 15	24 36	23 58
56	32 41	31 53	31 6	30 20	29 35	28 51	28 8	27 26	26 44	26 4	25 24
57	34 16	33 27	32 39	31 52	31 6	30 21	29 37	28 54	28 11	27 29	26 49
58	35 48	34 58	34 10	33 22	32 35	31 48	31 3	30 19	29 35	28 53	28 11
59	37 17	36 26	35 37	34 48	34 0	33 13	32 27	31 42	30 57	30 14	29 31
60	38 43	37 52	37 2	36 12	35 24	34 36	33 49	33 3	32 17	31 33	30 49
61	40 6	39 15	38 24	37 34	36 45	35 56	35 8	34 21	33 35	32 50	32 5
62	41 27	40 35	39 44	38 53	38 3	37 14	36 26	35 38	34 51	34 5	33 19
63	42 46	41 53	41 2	40 11	39 21	38 31	37 42	36 53	36 5	35 18	34 31
64	44 3	43 10	42 18	41 26	40 35	39 45	38 55	38 6	37 18	36 30	35 42
65	45 18	44 25	43 32	42 40	41 49	40 58	40 7	39 17	38 28	37 40	36 52
66	46 31	45 37	44 44	43 52	43 0	42 9	41 18	40 27	39 37	38 48	38 0
67	47 43	46 49	45 55	45 2	44 10	43 18	42 27	41 36	40 45	39 55	39 6
68	48 52	47 58	47 4	46 11	45 18	44 26	43 34	42 43	41 52	41 1	40 11

Breite	Azimut										
	120°	121°	122°	123°	124°	125°	126°	127°	128°	129°	130°
	Längen-Unterschied										
42°	0°19'	0°18'	0°17'	0°17'	0°16'	0°15'	0°15'	0°14'	0°14'	0°13'	0°13'
43	2 34	2 28	2 23	2 18	2 13	2 8	2 4	1 59	1 55	1 51	1 48
44	4 44	4 34	4 24	4 15	4 6	3 57	3 49	3 42	3 34	3 27	3 20
45	6 48	6 34	6 21	6 8	5 56	5 44	5 32	5 21	5 11	5 1	4 51
46	8 48	8 30	8 13	7 57	7 42	7 27	7 12	6 58	6 45	6 32	6 19
47	10 43	10 23	10 3	9 43	9 25	9 7	8 50	8 33	8 17	8 1	7 46
48	12 34	12 11	11 48	11 26	11 5	10 44	10 24	10 5	9 47	9 29	9 11
49	14 22	13 55	13 30	13 6	12 42	12 19	11 57	11 35	11 14	10 54	10 34
50	16 5	15 37	15 9	14 42	14 16	13 51	13 27	13 3	12 40	12 18	11 56
51	17 46	17 15	16 45	16 16	15 48	15 21	14 55	14 29	14 4	13 39	13 15
52	19 23	18 51	18 19	17 48	17 18	16 49	16 21	15 53	15 26	14 59	14 34
53	20 57	20 23	19 50	19 17	18 45	18 14	17 44	17 15	16 46	16 18	15 50
54	22 29	21 53	21 18	20 44	20 10	19 38	19 6	18 35	18 4	17 34	17 5
55	23 58	23 21	22 44	22 8	21 33	20 59	20 26	19 53	19 21	18 50	18 19
56	25 24	24 46	24 8	23 31	22 54	22 19	21 44	21 10	20 36	20 3	19 31
57	26 49	26 9	25 30	24 51	24 13	23 36	23 0	22 24	21 49	21 15	20 41
58	28 11	27 30	26 49	26 9	25 30	24 52	24 15	23 38	23 2	22 26	21 51
59	29 31	28 48	28 7	27 26	26 46	26 7	25 28	24 50	24 12	23 35	22 59
60	30 49	30 5	29 23	28 41	28 0	27 19	26 39	26 0	25 21	24 43	24 5
61	32 5	31 21	30 37	29 54	29 12	28 30	27 49	27 9	26 29	25 50	25 11
62	33 19	32 34	31 49	31 5	30 22	29 40	28 58	28 16	27 35	26 55	26 15
63	34 31	33 45	33 0	32 15	31 31	30 48	30 5	29 22	28 40	27 59	27 18
64	35 42	34 56	34 10	33 24	32 39	31 55	31 11	30 27	29 44	29 2	28 20
65	36 52	36 4	35 17	34 31	33 45	33 0	32 15	31 31	30 47	30 4	29 21
66	38 0	37 12	36 24	35 37	34 50	34 4	33 18	32 33	31 48	31 4	30 21
67	39 6	38 17	37 29	36 41	35 54	35 7	34 21	33 35	32 49	32 4	31 19
68	40 11	39 22	38 33	37 44	36 56	36 9	35 22	34 35	33 48	33 2	32 17

Breite	Azimut										
	130°	131°	132°	133°	134°	135°	136°	137°	138°	139°	140°

Längen-Unterschied

Breite	130°	131°	132°	133°	134°	135°	136°	137°	138°	139°	140°
42°	0°13′	0°12′	0°12′	0°12′	0°11′	0°11′	0°10′	0°10′	0°10′	0° 9′	0° 9′
43	1 48	1 44	1 40	1 37	1 34	1 31	1 28	1 25	1 22	1 19	1 16
44	3 20	3 13	3 7	3 1	2 55	2 49	2 44	2 38	2 33	2 28	2 23
45	4 51	4 41	4 32	4 23	4 15	4 6	3 58	3 50	3 43	3 35	3 28
46	6 19	6 7	5 56	5 44	5 33	5 22	5 12	5 2	4 52	4 42	4 33
47	7 46	7 31	7 17	7 3	6 50	6 37	6 24	6 12	6 0	5 48	5 37
48	9 11	8 54	8 38	8 22	8 6	7 51	7 36	7 22	7 8	6 54	6 40
49	10 34	10 15	9 56	9 38	9 20	9 3	8 46	8 30	8 14	7 58	7 43
50	11 56	11 35	11 14	10 54	10 34	10 14	9 55	9 37	9 19	9 1	8 44
51	13 15	12 52	12 29	12 7	11 46	11 25	11 4	10 44	10 24	10 4	9 45
52	14 34	14 9	13 44	13 20	12 56	12 33	12 11	11 49	11 27	11 6	10 45
53	15 50	15 23	14 57	14 31	14 6	13 41	13 17	12 53	12 30	12 7	11 45
54	17 5	16 37	16 9	15 41	15 14	14 48	14 22	13 57	13 32	13 7	12 43
55	18 19	17 49	17 19	16 50	16 21	15 53	15 26	14 59	14 32	14 6	13 41
56	19 31	18 59	18 28	17 57	17 27	16 58	16 29	16 1	15 33	15 5	14 38
57	20 41	20 8	19 36	19 4	18 32	18 1	17 31	17 1	16 32	16 3	15 34
58	21 51	21 16	20 42	20 9	19 36	19 4	18 32	18 1	17 30	16 59	16 29
59	22 59	22 23	21 48	21 13	20 39	20 5	19 32	18 59	18 27	17 55	17 24
60	24 5	23 28	22 52	22 16	21 41	21 6	20 31	19 57	19 24	18 51	18 18
61	25 11	24 33	23 55	23 18	22 41	22 5	21 29	20 54	20 19	19 45	19 11
62	26 15	25 36	24 57	24 19	23 41	23 4	22 27	21 50	21 14	20 38	20 3
63	27 18	26 38	25 58	25 18	24 39	24 1	23 33	22 45	22 8	21 31	20 55
64	28 20	27 39	26 58	26 17	25 37	24 58	24 19	23 40	23 1	22 23	21 46
65	29 21	28 38	27 56	27 15	26 34	25 53	25 13	24 33	23 54	23 15	22 36
66	30 21	29 37	28 54	28 12	27 30	26 48	26 7	25 26	24 45	24 5	23 25
67	31 19	30 35	29 51	29 8	28 25	27 42	27 0	26 18	25 36	24 55	24 14
68	32 17	31 32	30 47	30 3	29 19	28 35	27 52	27 9	26 26	25 44	25 2

Breite	Azimut										
	140°	141°	142°	143°	144°	145°	146°	147°	148°	149°	150°

Längen-Unterschied

Breite	140°	141°	142°	143°	144°	145°	146°	147°	148°	149°	150°
42°	0° 9′	0° 9′	0° 8′	0° 8′	0° 8′	0° 8′	0° 7′	0° 7′	0° 7′	0° 7′	0° 6′
43	1 16	1 14	1 11	1 9	1 6	1 4	1 1	0 59	0 57	0 55	0 53
44	2 23	2 18	2 13	2 8	2 4	1 59	1 55	1 51	1 47	1 43	1 39
45	3 28	3 21	3 14	3 8	3 1	2 55	2 48	2 42	2 36	2 30	2 25
46	4 33	4 24	4 15	4 6	3 58	3 49	3 41	3 33	3 25	3 18	3 10
47	5 37	5 26	5 15	5 4	4 54	4 44	4 34	4 24	4 14	4 4	3 55
48	6 40	6 27	6 14	6 1	5 49	5 37	5 25	5 14	5 2	4 51	4 40
49	7 43	7 28	7 13	6 58	6 44	6 30	6 17	6 3	5 50	5 37	5 25
50	8 44	8 28	8 11	7 55	7 39	7 23	7 8	6 53	6 38	6 23	6 9
51	9 45	9 26	9 8	8 50	8 33	8 15	7 58	7 42	7 25	7 9	6 53
52	10 45	10 25	10 5	9 45	9 26	9 7	8 48	8 30	8 12	7 54	7 37
53	11 45	11 23	11 1	10 40	10 19	9 58	9 38	9 18	8 58	8 39	8 20
54	12 43	12 19	11 56	11 33	11 11	10 49	10 27	10 5	9 44	9 23	9 3
55	13 41	13 16	12 51	12 26	12 2	11 39	11 15	10 52	10 30	10 7	9 45
56	14 38	14 11	13 45	13 19	12 53	12 28	12 3	11 39	11 15	10 51	10 27
57	15 34	15 6	14 38	14 11	13 44	13 17	12 51	12 25	11 59	11 34	11 9
58	16 29	16 0	15 31	15 2	14 33	14 5	13 38	13 10	12 43	12 16	11 50
59	17 24	16 53	16 22	15 52	15 23	14 53	14 24	13 55	13 27	12 59	12 31
60	18 18	17 46	17 14	16 42	16 11	15 40	15 10	14 40	14 10	13 40	13 11
61	19 11	18 37	18 4	17 31	16 59	16 27	15 55	15 24	14 53	14 22	13 51
62	20 3	19 28	18 54	18 20	17 46	17 13	16 40	16 7	15 35	15 3	14 31
63	20 55	20 19	19 43	19 8	18 33	17 58	17 24	16 50	16 16	15 43	15 10
64	21 46	21 9	20 32	19 55	19 19	18 43	18 8	17 33	16 58	16 23	15 49
65	22 36	21 58	21 20	20 42	20 5	19 28	18 51	18 14	17 38	17 2	16 27
66	23 25	22 46	22 7	21 28	20 50	20 12	19 34	18 56	18 19	17 42	17 5
67	24 14	23 34	22 53	22 13	21 34	20 55	20 16	19 37	18 58	18 20	17 42
68	25 2	24 21	23 39	22 58	22 18	21 37	20 57	20 17	19 38	18 58	18 19

Breite	Azimut										
	150°	151°	152°	153°	154°	155°	156°	157°	158°	159°	160°
	Längen-Unterschied										
42°	0° 6'	0° 6'	0° 6'	0° 6'	0° 5'	0° 5'	0° 5'	0° 5'	0° 4'	0° 4'	0° 4'
43	0 53	0 51	0 48	0 46	0 45	0 43	0 41	0 39	0 37	0 35	0 33
44	1 39	1 35	1 31	1 27	1 24	1 20	1 16	1 13	1 9	1 6	1 2
45	2 25	2 19	2 13	2 8	2 2	1 57	1 52	1 47	1 42	1 37	1 32
46	3 10	3 2	2 55	2 48	2 41	2 34	2 27	2 20	2 14	2 7	2 1
47	3 55	3 46	3 37	3 28	3 20	3 11	3 2	2 54	2 46	2 38	2 30
48	4 40	4 29	4 19	4 8	3 58	3 48	3 38	3 28	3 18	3 8	2 58
49	5 25	5 12	5 0	4 48	4 36	4 24	4 12	4 1	3 49	3 38	3 27
50	6 9	5 55	5 41	5 27	5 14	5 0	4 47	4 34	4 21	4 8	3 56
51	6 53	6 37	6 22	6 6	5 51	5 36	5 22	5 7	4 53	4 38	4 24
52	7 37	7 19	7 2	6 45	6 29	6 12	5 56	5 40	5 24	5 8	4 52
53	8 20	8 1	7 42	7 24	7 6	6 48	6 30	6 12	5 55	5 38	5 21
54	9 3	8 42	8 22	8 2	7 42	7 23	7 4	6 45	6 26	6 7	5 49
55	9 45	9 23	9 1	8 40	8 19	7 58	7 37	7 17	6 56	6 36	6 17
56	10 27	10 4	9 41	9 18	8 55	8 33	8 11	7 49	7 27	7 6	6 44
57	11 9	10 44	10 19	9 55	9 31	9 7	8 44	8 20	7 57	7 34	7 12
58	11 50	11 24	10 58	10 32	10 7	9 42	9 17	8 52	8 27	8 3	7 39
59	12 31	12 3	11 36	11 9	10 42	10 15	9 49	9 23	8 57	8 31	8 6
60	13 11	12 42	12 14	11 45	11 17	10 49	10 21	9 54	9 27	9 0	8 33
61	13 51	13 21	12 51	12 21	11 52	11 22	10 53	10 24	9 56	9 28	9 0
62	14 31	13 59	13 28	12 57	12 26	11 56	11 25	10 55	10 25	9 56	9 26
63	15 10	14 37	14 5	13 32	13 0	12 28	11 57	11 25	10 54	10 23	9 52
64	15 49	15 15	14 41	14 7	13 34	13 1	12 28	11 55	11 23	10 50	10 18
65	16 27	15 52	15 17	14 42	14 7	13 33	12 59	12 25	11 51	11 17	10 44
66	17 5	16 28	15 52	15 16	14 40	14 5	13 29	12 54	12 19	11 44	11 10
67	17 42	17 4	16 27	15 50	15 13	14 36	14 0	13 23	12 47	12 11	11 35
68	18 19	17 40	17 2	16 23	15 45	15 7	14 29	13 52	13 14	12 37	12 0

Breite	Azimut										
	160°	161°	162°	163°	164°	165°	166°	167°	168°	169°	170°
	Längen-Unterschied										
42°	0° 4'	0° 4'	0° 4'	0° 3'	0° 3'	0° 3'	0° 3'	0° 3'	0° 2'	0° 2'	0° 2'
43	0 33	0 31	0 30	0 28	0 26	0 25	0 23	0 21	0 19	0 18	0 16
44	1 2	0 59	0 56	0 52	0 49	0 46	0 43	0 40	0 37	0 33	0 30
45	1 32	1 27	1 22	1 17	1 12	1 8	1 3	0 58	0 54	0 49	0 45
46	2 1	1 54	1 48	1 41	1 35	1 29	1 23	1 17	1 11	1 5	0 59
47	2 30	2 22	2 14	2 6	1 58	1 50	1 43	1 35	1 28	1 20	1 13
48	2 58	2 49	2 39	2 30	2 21	2 12	2 3	1 54	1 45	1 36	1 27
49	3 27	3 16	3 5	2 54	2 44	2 33	2 22	2 12	2 2	1 51	1 41
50	3 56	3 43	3 31	3 18	3 6	2 54	2 42	2 30	2 18	2 7	1 55
51	4 24	4 10	3 56	3 43	3 29	3 15	3 2	2 49	2 35	2 22	2 9
52	4 52	4 37	4 22	4 6	3 51	3 36	3 21	3 7	2 52	2 37	2 23
53	5 21	5 4	4 47	4 30	4 14	3 57	3 41	3 25	3 9	2 53	2 37
54	5 49	5 30	5 12	4 54	4 36	4 18	4 1	3 43	3 25	3 8	2 51
55	6 17	5 57	5 37	5 18	4 58	4 39	4 20	4 1	3 42	3 23	3 4
56	6 44	6 23	6 2	5 41	5 20	5 0	4 39	4 19	3 58	3 38	3 18
57	7 12	6 49	6 27	6 4	5 42	5 20	4 58	4 36	4 15	3 53	3 32
58	7 39	7 15	6 51	6 27	6 4	5 41	5 17	4 54	4 31	4 8	3 45
59	8 6	7 41	7 15	6 50	6 26	6 1	5 36	5 12	4 47	4 23	3 59
60	8 33	8 6	7 40	7 13	6 47	6 21	5 55	5 29	5 3	4 38	4 12
61	9 0	8 31	8 4	7 36	7 8	6 41	6 14	5 46	5 19	4 52	4 25
62	9 26	8 56	8 27	7 58	7 30	7 1	6 32	6 4	5 35	5 7	4 39
63	9 52	9 22	8 51	8 21	7 51	7 20	6 51	6 21	5 51	5 21	4 52
64	10 18	9 46	9 15	8 43	8 11	7 40	7 9	6 38	6 7	5 36	5 5
65	10 44	10 11	9 38	9 5	8 32	7 59	7 27	6 54	6 22	5 50	5 18
66	11 10	10 35	10 1	9 27	8 53	8 19	7 45	7 11	6 38	6 4	5 31
67	11 35	10 59	10 24	9 48	9 13	8 38	8 3	7 28	6 53	6 18	5 44
68	12 0	11 23	10 46	10 10	9 33	8 57	8 20	7 44	7 8	6 32	5 56

Breite	Azimut										
	170°	171°	172°	173°	174°	175°	176°	177°	178°	179°	180°
	Längen-Unterschied										
42°	0° 2'	0° 2'	0° 2'	0° 1'	0° 1'	0° 1'	0° 1'	0° 1'	0° 0'	0° 0'	0° 0'
43	0 16	0 14	0 13	0 11	0 10	0 8	0 6	0 4	0 3	0 1	0 0
44	0 30	0 27	0 24	0 21	0 18	0 15	0 12	0 9	0 6	0 3	0 0
45	0 45	0 40	0 36	0 31	0 27	0 22	0 18	0 13	0 9	0 4	0 0
46	0 59	0 53	0 47	0 41	0 35	0 29	0 24	0 18	0 12	0 6	0 0
47	1 13	1 5	0 58	0 51	0 44	0 37	0 30	0 22	0 15	0 7	0 0
48	1 27	1 18	1 9	1 0	0 52	0 43	0 35	0 26	0 17	0 8	0 0
49	1 41	1 31	1 21	1 11	1 1	0 51	0 41	0 30	0 20	0 10	0 0
50	1 55	1 43	1 32	1 20	1 9	0 57	0 46	0 34	0 23	0 11	0 0
51	2 9	1 56	1 43	1 30	1 17	1 4	0 52	0 39	0 26	0 13	0 0
52	2 23	2 8	1 54	1 39	1 25	1 11	0 57	0 42	0 28	0 14	0 0
53	2 37	2 21	2 5	1 49	1 34	1 18	1 3	0 47	0 31	0 15	0 0
54	2 51	2 33	2 16	1 59	1 42	1 25	1 8	0 51	0 34	0 17	0 0
55	3 4	2 45	2 27	2 8	1 50	1 32	1 14	0 55	0 37	0 18	0 0
56	3 18	2 58	2 38	2 18	1 58	1 38	1 19	0 59	0 39	0 19	0 0
57	3 32	3 10	2 49	2 28	2 7	1 46	1 25	1 3	0 42	0 21	0 0
58	3 45	3 22	3 0	2 37	2 15	1 52	1 30	1 7	0 45	0 22	0 0
59	3 59	3 34	3 11	2 47	2 23	1 59	1 35	1 11	0 48	0 24	0 0
60	4 12	3 46	3 21	2 56	2 31	2 5	1 40	1 15	0 50	0 25	0 0
61	4 25	3 58	3 32	3 5	2 39	2 12	1 46	1 19	0 53	0 26	0 0
62	4 39	4 11	3 43	3 15	2 47	2 19	1 51	1 23	0 56	0 28	0 0
63	4 52	4 23	3 54	3 24	2 55	2 26	1 57	1 28	0 59	0 29	0 0
64	5 5	4 34	4 4	3 33	3 2	2 32	2 2	1 31	1 1	0 30	0 0
65	5 18	4 46	4 14	3 42	3 10	2 38	2 7	1 35	1 4	0 32	0 0
66	5 31	4 57	4 24	3 51	3 18	2 45	2 12	1 39	1 6	0 33	0 0
67	5 44	5 9	4 35	4 0	3 26	2 51	2 17	1 43	1 9	0 34	0 0
68	5 56	5 20	4 45	4 9	3 33	2 57	2 22	1 46	1 11	0 35	0 0

Barcelona. Breite 41° 18' 42" N   Länge 2° 0' 28" O

Azimut

Breite	0°	1°	2°	3°	4°	5°	6°	7°	8°	9°	10°
	Längen-Unterschied										

Breite	0°	1°	2°	3°	4°	5°	6°	7°	8°	9°	10°
30	0° 0'	0°16'	0°32'	0°47'	1° 3'	1°19'	1°34'	1°50'	2° 6'	2°22'	2°39'
31	0 0	0 14	0 29	0 43	0 57	1 12	1 26	1 41	1 55	2 10	2 25
32	0 0	0 13	0 26	0 39	0 52	1 5	1 18	1 31	1 44	1 58	2 11
33	0 0	0 12	0 23	0 35	0 46	0 58	1 10	1 21	1 33	1 45	1 57
34	0 0	0 10	0 20	0 31	0 41	0 51	1 1	1 12	1 22	1 32	1 43
35	0 0	0 9	0 18	0 26	0 35	0 44	0 53	1 2	1 11	1 20	1 29
36	0 0	0 7	0 15	0 22	0 30	0 37	0 45	0 52	1 0	1 7	1 15
37	0 0	0 6	0 12	0 18	0 24	0 30	0 36	0 42	0 48	0 55	1 1
38	0 0	0 5	0 9	0 14	0 19	0 23	0 28	0 33	0 37	0 42	0 47
39	0 0	0 3	0 6	0 10	0 13	0 16	0 19	0 23	0 26	0 29	0 33
40	0 0	0 2	0 4	0 5	0 7	0 9	0 11	0 13	0 15	0 17	0 19

Azimut

Längen-Unterschied

Breite	10°	11°	12°	13°	14°	15°	16°	17°	18°	19°	20°
30	2°39'	2°55'	3°12'	3°28'	3°45'	4° 2'	4°19'	4°37'	4°54'	5°12'	5°30'
31	2 25	2 40	2 55	3 10	3 25	3 41	3 56	4 12	4 28	4 45	5 1
32	2 11	2 24	2 38	2 52	3 5	3 19	3 34	3 48	4 2	4 17	4 32
33	1 57	2 9	2 21	2 33	2 46	2 58	3 11	3 24	3 36	3 49	4 3
34	1 43	1 53	2 4	2 15	2 26	2 37	2 48	2 59	3 10	3 22	3 33
35	1 29	1 38	1 47	1 57	2 6	2 15	2 25	2 35	2 44	2 54	3 4
36	1 15	1 23	1 30	1 38	1 46	1 54	2 2	2 10	2 18	2 27	2 35
37	1 1	1 7	1 13	1 20	1 26	1 33	1 39	1 46	1 52	1 59	2 6
38	0 47	0 51	0 56	1 1	1 6	1 11	1 16	1 21	1 26	1 31	1 37
39	0 33	0 36	0 39	0 43	0 46	0 50	0 53	0 57	1 0	1 4	1 7
40	0 19	0 20	0 22	0 24	0 26	0 28	0 30	0 32	0 34	0 36	0 38

Azimut

Längen-Unterschied

Breite	20°	21°	22°	23°	24°	25°	26°	27°	28°	29°	30°
30	5°30'	5°49'	6° 7'	6°26'	6°46'	7° 6'	7°26'	7°47'	8° 8'	8°30'	8°52'
31	5 1	5 18	5 35	5 52	6 10	6 28	6 47	7 5	7 25	7 45	8 5
32	4 32	4 47	5 2	5 18	5 34	5 50	6 7	6 24	6 41	6 59	7 17
33	4 3	4 16	4 30	4 44	4 58	5 13	5 27	5 42	5 58	6 14	6 30
34	3 33	3 45	3 57	4 10	4 22	4 35	4 48	5 1	5 14	5 28	5 42
35	3 4	3 14	3 24	3 35	3 46	3 57	4 8	4 20	4 31	4 43	4 55
36	2 35	2 44	2 52	3 1	3 10	3 19	3 29	3 38	3 48	3 58	4 8
37	2 6	2 13	2 19	2 27	2 34	2 42	2 49	2 57	3 5	3 13	3 21
38	1 37	1 42	1 47	1 53	1 58	2 4	2 10	2 16	2 22	2 28	2 34
39	1 7	1 11	1 15	1 19	1 23	1 27	1 30	1 34	1 39	1 43	1 47
40	0 38	0 40	0 42	0 45	0 47	0 49	0 51	0 53	0 56	0 58	1 1

Azimut

Längen-Unterschied

Breite	30°	31°	32°	33°	34°	35°	36°	37°	38°	39°	40°
30	8°52'	9°15'	9°39'	10° 3'	10°28'	10°54'	11°21'	11°49'	12°18'	12°48'	13°19'
31	8 5	8 26	8 47	9 9	9 32	9 55	10 19	10 45	11 11	11 38	12 6
32	7 17	7 36	7 55	8 15	8 35	8 56	9 18	9 40	10 4	10 28	10 53
33	6 30	6 46	7 3	7 21	7 39	7 58	8 17	8 36	8 57	9 18	9 40
34	5 42	5 57	6 12	6 27	6 43	6 59	7 16	7 33	7 51	8 9	8 28
35	4 55	5 8	5 20	5 33	5 47	6 1	6 15	6 30	6 45	7 0	7 17
36	4 8	4 18	4 29	4 40	4 51	5 3	5 14	5 27	5 39	5 52	6 6
37	3 21	3 29	3 38	3 47	3 56	4 5	4 14	4 24	4 34	4 45	4 55
38	2 34	2 40	2 47	2 54	3 0	3 7	3 15	3 22	3 30	3 38	3 46
39	1 47	1 52	1 56	2 1	2 5	2 10	2 15	2 20	2 26	2 31	2 37
40	1 1	1 3	1 6	1 8	1 11	1 14	1 16	1 19	1 22	1 25	1 29

Barcelona. Breite 41° 18' 42" N   Länge 2° 0' 28" O

Azimut

Längen-Unter-schied	40°	41°	42°	43°	44°	45°	46°	47°	48°	49°	50°
					Breite						
2°	39°32'	39°36'	39°40'	39°43'	39°46'	49°50'	39°53'	39°56'	39°59'	40° 1'	40° 4'
4	37 48	37 55	38 3	38 9	38 16	38 22	38 29	38 35	38 40	38 46	38 52
6	36 5	36 16	36 27	36 37	36 47	36 57	37 6	37 15	37 24	37 33	37 41
8	34 24	34 39	34 53	35 7	35 20	35 33	35 46	35 58	36 10	36 21	36 32
10	32 44	33 3	33 21	33 38	33 55	34 11	34 27	34 42	34 57	35 11	35 25
11	31 54	32 15	32 35	32 54	33 13	33 31	33 48	34 5	34 21	34 36	34 52
12	31 5	31 28	31 50	32 11	32 31	32 51	33 9	33 28	33 45	34 2	34 19
13	30 16	30 41	31 5	31 27	31 49	32 11	32 31	32 51	33 10	33 29	33 47
14	29 27	29 54	30 20	30 44	31 8	31 31	31 53	32 15	32 35	32 56	33 15
15					30 27	30 52	31 16	31 39	32 1	32 23	32 44
16					29 47	30 13	30 39	31 3	31 27	31 50	32 13
17							30 2	30 28	30 53	31 18	31 42
18							29 26	29 53	30 20	30 46	31 12
19									29 47	30 15	30 42
20									29 14	29 44	30 12

Azimut

Längen-Unter-schied	50°	51°	52°	53°	54°	55°	56°	57°	58°	59°	60°
					Breite						
2°	40° 4'	40° 7'	40° 9'	40°12'	40°14'	40°17'	40°19'	40°21'	40°23'	40°26'	40°28'
4	38 52	38 57	39 2	39 7	39 12	39 17	39 21	39 26	39 30	39 35	39 39
6	37 41	37 48	37 56	38 4	38 11	38 19	38 25	38 32	38 39	38 45	38 52
8	36 32	36 42	36 53	37 3	37 13	37 22	37 31	37 41	37 49	37 58	38 7
10	35 25	35 38	35 51	36 3	36 16	36 28	36 39	36 51	37 2	37 13	37 23
11	34 52	35 6	35 21	35 34	35 48	36 1	36 14	36 27	36 39	36 51	37 2
12	34 19	34 35	34 51	35 6	35 21	35 35	35 49	36 3	36 16	36 29	36 42
13	33 47	34 4	34 21	34 38	34 54	35 9	35 25	35 40	35 54	36 8	36 22
14	33 15	33 34	33 52	34 10	34 27	34 44	35 1	35 17	35 32	35 48	36 3
15	32 44	33 4	33 23	33 43	34 1	34 19	34 37	34 54	35 11	35 28	35 44
16	32 13	32 34	32 55	33 16	33 35	33 55	34 14	34 32	34 50	35 8	35 25
17	31 42	32 5	32 27	32 49	33 10	33 31	33 51	34 11	34 30	34 49	35 7
18	31 12	31 36	32 0	32 23	32 45	33 7	33 29	33 50	34 10	34 30	34 49
19	30 42	31 7	31 33	31 57	32 21	32 44	33 7	33 29	33 50	34 12	34 32
20	30 12	30 39	31 6	31 32	31 57	32 21	32 45	33 9	33 31	33 54	34 15
21	29 43	30 11	30 40	31 7	31 33	31 59	32 24	32 49	33 13	33 36	33 59
22	29 14	29 44	30 14	30 42	31 10	31 37	32 4	32 30	32 55	33 19	33 43
23			29 48	30 18	30 47	31 16	31 44	32 11	32 37	33 3	33 28
24			29 23	29 54	30 25	30 55	31 24	31 52	32 20	32 47	33 13
25					30 3	30 34	31 4	31 34	32 3	32 31	32 59
26					29 41	30 14	30 45	31 16	31 46	32 16	32 45
27							30 27	30 59	31 30	32 1	32 31
28							30 9	30 42	31 15	31 47	32 18
29							29 51	30 26	31 0	31 33	32 6
30							29 34	30 10	30 45	31 20	31 54
31									30 31	31 7	31 42
32									30 17	30 55	31 31
33									30 4	30 43	31 20
34									29 52	30 32	31 10
35											

Barcelona. Breite 41° 18' 42" N Länge 2° 0' 28" O

Längen-Unter-schied	Azimut										
	60°	61°	62°	63°	64°	65°	66°	67°	68°	69°	70°
	Breite										
2°	40°28'	40°30'	40°32'	40°34'	40°36'	40°38'	40°40'	40°42'	40°43'	40°45'	40°47'
4	39 39	39 43	39 47	39 51	39 55	39 59	40 3	40 6	40 10	40 14	40 17
6	38 52	38 58	39 4	39 10	39 16	39 22	39 28	39 33	39 39	39 44	39 50
8	38 7	38 15	38 23	38 31	38 39	38 47	38 55	39 2	39 9	39 17	39 24
10	37 23	37 34	37 44	37 54	38 4	38 14	38 23	38 33	38 42	38 51	39 0
11	37 2	37 14	37 25	37 36	37 47	37 58	38 8	38 19	38 29	38 39	38 49
12	36 42	36 55	37 7	37 19	37 31	37 43	37 54	38 6	38 17	38 28	38 38
13	36 22	36 36	36 49	37 2	37 15	37 28	37 40	37 53	38 5	38 17	38 28
14	36 3	36 18	36 32	36 46	37 0	37 14	37 27	37 40	37 53	38 6	38 19
15	35 44	36 0	36 15	36 30	36 45	37 0	37 14	37 28	37 42	37 56	38 10
16	35 25	35 42	35 59	36 15	36 31	36 46	37 2	37 17	37 32	37 47	38 1
17	35 7	35 25	35 43	36 0	36 17	36 33	36 50	37 6	37 22	37 38	37 53
18	34 49	35 8	35 27	35 46	36 4	36 21	36 39	36 56	37 13	37 29	37 46
19	34 32	34 52	35 12	35 32	35 51	36 9	36 28	36 46	37 4	37 21	37 39
20	34 15	34 37	34 58	35 18	35 38	35 58	36 17	36 36	36 55	37 14	37 32
21	33 59	34 22	34 44	35 5	35 26	35 47	36 7	36 27	36 47	37 7	37 26
22	33 43	34 7	34 30	34 53	35 15	35 37	35 58	36 19	36 40	37 0	37 20
23	33 28	33 53	34 17	34 41	35 4	35 27	35 49	36 11	36 33	36 54	37 15
24	33 13	33 39	34 4	34 29	34 53	35 17	35 41	36 4	36 27	36 49	37 11
25	32 59	33 26	33 52	34 18	34 43	35 8	35 33	35 57	36 21	36 44	37 7
26	32 45	33 13	33 40	34 7	34 34	35 0	35 26	35 51	36 16	36 40	37 4
27	32 31	33 1	33 29	33 57	34 25	34 52	35 19	35 45	36 11	36 36	37 1
28	32 18	32 49	33 18	33 48	34 17	34 45	35 13	35 40	36 7	36 33	36 59
29	32 6	32 37	33 8	33 39	34 9	34 38	35 7	35 35	36 3	36 30	36 57
30	31 54	32 26	32 59	33 30	34 1	34 32	35 2	35 31	36 0	36 28	36 56
31	31 42	32 16	32 50	33 22	33 54	34 26	34 57	35 28	35 58	36 27	36 56
32	31 31	32 6	32 41	33 15	33 48	34 21	34 53	35 25	35 56	36 26	36 56
33	31 20	31 57	32 33	33 8	33 43	34 17	34 50	35 22	35 54	36 26	36 57
34	31 10	31 48	32 26	33 2	33 38	34 13	34 47	35 20	35 54	36 26	36 58
35	31 1	31 40	32 19	32 56	33 33	34 9	34 45	35 19	35 54	36 27	37 0
36	30 52	31 32	32 12	32 51	33 29	34 6	34 43	35 19	35 54	36 29	37 3
37	30 44	31 25	32 6	32 46	33 26	34 4	34 42	35 19	35 55	36 31	37 7
38	30 36	31 19	32 1	32 42	33 23	34 3	34 42	35 20	35 57	36 34	37 11
39	30 29	31 13	31 57	32 39	33 21	34 2	34 42	35 21	36 0	36 38	37 15
40	30 22	31 8	31 53	32 37	33 20	34 2	34 43	35 23	36 3	36 42	37 21
41	30 16	31 3	31 49	32 35	33 19	34 2	34 45	35 26	36 7	36 47	37 27
42	30 10	30 59	31 47	32 33	33 19	34 3	34 47	35 30	36 12	36 53	37 34
43	30 5	30 56	31 45	32 33	33 19	34 5	34 50	35 34	36 17	37 0	37 42
44	30 1	30 53	31 43	32 33	33 21	34 8	34 54	35 39	36 24	37 7	37 50
45	29 58	30 51	31 43	32 33	33 23	34 11	34 59	35 45	36 31	37 16	38 0
46	29 55	30 50	31 43	32 35	33 23	34 15	35 4	35 52	36 39	37 25	38 10
47	29 53	30 49	31 44	32 37	33 29	34 20	35 10	35 59	36 47	37 34	38 21
48	29 52	30 49	31 45	32 40	33 34	34 26	35 17	36 7	36 57	37 45	38 33
49	29 51	30 50	31 48	32 44	33 39	34 33	35 25	36 17	37 7	37 57	38 45
50	29 51	30 52	31 51	32 49	33 45	34 40	35 34	36 27	37 18	38 9	38 59
51	29 52	30 55	31 55	32 55	33 52	34 49	35 44	36 38	37 31	38 23	39 14
52	29 54	30 58	32 0	33 1	34 0	34 58	35 54	36 50	37 44	38 37	39 29
53	29 57	31 3	32 6	33 8	34 9	35 8	36 6	37 2	37 58	38 52	39 46
54	30 1	31 8	32 13	33 17	34 19	35 19	36 18	37 16	38 13	39 9	40 3
55	30 5	31 14	32 21	33 26	34 30	35 32	36 32	37 31	38 29	39 26	40 22
56	30 11	31 21	32 30	33 37	34 42	35 45	36 47	37 47	38 47	39 45	40 42
57	30 17	31 30	32 40	33 48	34 55	35 59	37 3	38 4	39 5	40 4	41 3
58	30 25	31 39	32 51	34 1	35 9	36 15	37 20	38 23	39 25	40 25	41 25
59	30 34	31 50	33 3	34 15	35 24	36 32	37 38	38 42	39 45	40 47	41 48
60	30 44	32 1	33 17	34 30	35 40	36 50	37 57	39 3	40 7	41 10	42 12

Längen-Unter-schied	Azimut										
	70°	71°	72°	73°	74°	75°	76°	77°	78°	79°	80°
	Breite										
2°	40°47′	40°49′	40°50′	40°52′	40°54′	40°56′	40°57′	40°59′	41° 1′	41° 2′	41° 4′
4	40 17	40 21	40 24	40 28	40 31	40 35	40 38	40 41	40 45	40 48	40 51
6	39 50	39 55	40 0	40 5	40 11	40 16	40 21	40 26	40 31	40 36	40 40
8	39 24	39 31	39 38	39 45	39 52	39 59	40 5	40 12	40 19	40 25	40 32
10	39 0	39 9	39 18	39 27	39 35	39 44	39 52	40 0	40 9	40 17	40 25
11	38 49	38 59	39 9	39 18	39 28	39 37	39 46	39 55	40 5	40 14	40 23
12	38 38	38 49	39 0	39 10	39 21	39 31	39 41	39 51	40 1	40 11	40 21
13	38 28	38 40	38 52	39 3	39 14	39 25	39 36	39 47	39 58	40 8	40 19
14	38 19	38 31	38 44	38 56	39 8	39 20	39 32	39 44	39 55	40 7	40 18
15	38 10	38 23	38 36	38 50	39 3	39 15	39 28	39 41	39 53	40 6	40 18
16	38 1	38 15	38 29	38 44	38 58	39 11	39 25	39 38	39 52	40 5	40 18
17	37 53	38 8	38 23	38 38	38 53	39 8	39 22	39 36	39 51	40 5	40 19
18	37 46	38 2	38 18	38 33	38 49	39 5	39 20	39 35	39 50	40 5	40 20
19	37 39	37 56	38 13	38 29	38 46	39 2	39 18	39 34	39 50	40 6	40 22
20	37 32	37 50	38 8	38 25	38 43	39 0	39 17	39 34	39 51	40 7	40 24
21	37 26	37 45	38 4	38 22	38 41	38 59	39 17	39 34	39 52	40 9	40 27
22	37 20	37 41	38 0	38 19	38 39	38 58	39 17	39 35	39 54	40 12	40 30
23	37 15	37 37	37 57	38 17	38 38	38 57	39 17	39 37	39 56	40 15	40 34
24	37 11	37 33	37 55	38 16	38 37	38 58	39 18	39 39	39 59	40 19	40 39
25	37 7	37 30	37 53	38 15	38 37	38 58	39 20	39 41	40 2	40 23	40 44
26	37 4	37 28	37 51	38 14	38 37	39 0	39 22	39 44	40 6	40 28	40 50
27	37 1	37 26	37 50	38 14	38 38	39 2	39 25	39 48	40 11	40 34	40 56
28	36 59	37 25	37 50	38 15	38 40	39 4	39 29	39 53	40 16	40 40	41 3
29	36 57	37 24	37 50	38 16	38 42	39 7	39 33	39 58	40 22	40 47	41 11
30	36 56	37 24	37 51	38 18	38 45	39 11	39 37	40 3	40 29	40 54	41 20
31	36 56	37 25	37 53	38 21	38 48	39 16	39 43	40 10	40 36	41 2	41 29
32	36 56	37 26	37 55	38 24	38 53	39 21	39 49	40 17	40 44	41 11	41 38
33	36 57	37 28	37 58	38 28	38 57	39 27	39 56	40 24	40 52	41 21	41 48
34	36 58	37 30	38 1	38 32	39 3	39 33	40 3	40 32	41 1	41 31	41 59
35	37 0	37 33	38 5	38 37	39 9	39 40	40 11	40 41	41 11	41 41	42 11
36	37 3	37 37	38 10	38 43	39 16	39 48	40 19	40 51	41 22	41 53	42 24
37	37 7	37 41	38 16	38 50	39 23	39 56	40 29	41 1	41 33	42 5	42 37
38	37 11	37 46	38 22	38 57	39 31	40 5	40 39	41 12	41 45	42 18	42 51
39	37 15	37 52	38 29	39 5	39 40	40 15	40 50	41 24	41 58	42 32	43 5
40	37 21	37 59	38 36	39 13	39 50	40 26	41 1	41 37	42 12	42 46	43 21
41	37 27	38 6	38 45	39 23	40 0	40 37	41 14	41 50	42 26	43 2	43 37
42	37 34	38 14	38 54	39 33	40 11	40 49	41 27	42 4	42 41	43 18	43 54
43	37 42	38 23	39 4	39 44	40 23	41 2	41 41	42 19	42 57	43 35	44 12
44	37 50	38 33	39 14	39 55	40 36	41 16	41 56	42 35	43 13	43 52	44 31
45	38 0	38 43	39 26	40 8	40 50	41 31	42 12	42 52	43 31	44 11	44 50
46	38 10	38 54	39 38	40 21	41 4	41 46	42 28	43 9	43 50	44 31	45 11
47	38 21	39 6	39 51	40 36	41 19	42 3	42 45	43 28	44 9	44 51	45 32
48	38 33	39 19	40 5	40 51	41 36	42 20	43 4	43 47	44 30	45 12	45 54
49	38 45	39 33	40 20	41 7	41 53	42 38	43 23	44 7	44 51	45 34	46 17
50	38 59	39 48	40 36	41 24	42 11	42 57	43 43	44 28	45 13	45 58	46 42
51	39 14	40 4	40 53	41 42	42 30	43 17	44 4	44 51	45 36	46 22	47 7
52	39 29	40 21	41 11	42 1	42 50	43 38	44 26	45 14	46 1	46 47	47 33
53	39 46	40 38	41 30	42 21	43 11	44 1	44 49	45 38	46 26	47 13	48 0
54	40 3	40 57	41 50	42 42	43 33	44 24	45 14	46 3	46 52	47 40	48 28
55	40 22	41 17	42 11	43 4	43 56	44 48	45 39	46 29	47 19	48 9	48 58
56	40 42	41 38	42 33	43 27	44 21	45 13	46 5	46 57	47 48	48 38	49 28
57	41 3	42 0	42 56	43 51	44 46	45 40	46 33	47 25	48 17	49 9	50 0
58	41 25	42 23	43 20	44 17	45 12	46 7	47 1	47 55	48 48	49 40	50 32
59	41 48	42 47	43 46	44 43	45 40	46 36	47 31	48 26	49 20	50 13	51 6
60	42 12	43 13	44 12	45 11	46 9	47 6	48 2	48 58	49 53	50 47	51 41

Längen-Unter-schied	Azimut										
	80⁰	81⁰	82⁰	83⁰	84⁰	85⁰	86⁰	87⁰	88⁰	89⁰	90⁰
	Breite										
2⁰	41⁰ 4′	41⁰ 5′	41⁰ 7′	41⁰ 9′	41⁰10′	41⁰12′	41⁰13′	41⁰15′	41⁰17′	41⁰18′	41⁰20′
4	40 51	40 54	40 58	41 1	41 4	41 7	41 10	41 14	41 17	41 20	41 23
6	40 40	40 45	40 50	40 55	41 0	41 4	41 9	41 14	41 19	41 23	41 28
8	40 32	40 38	40 45	40 51	40 57	41 4	41 10	41 17	41 23	41 29	41 35
10	40 25	40 33	40 41	40 49	40 57	41 5	41 13	41 21	41 29	41 37	41 45
11	40 23	40 31	40 40	40 49	40 58	41 7	41 15	41 24	41 33	41 42	41 50
12	40 21	40 30	40 40	40 50	40 59	41 9	41 18	41 28	41 37	41 47	41 56
13	40 19	40 30	40 40	40 51	41 1	41 12	41 22	41 32	41 42	41 53	42 3
14	40 18	40 30	40 41	40 52	41 3	41 15	41 26	41 37	41 48	41 59	42 10
15	40 18	40 30	40 42	40 54	41 6	41 18	41 30	41 42	41 54	42 6	42 18
16	40 18	40 31	40 44	40 57	41 10	41 22	41 35	41 48	42 1	42 14	42 26
17	40 19	40 32	40 46	41 0	41 14	41 27	41 41	41 55	42 8	42 22	42 35
18	40 20	40 34	40 49	41 4	41 18	41 33	41 47	42 2	42 16	42 30	42 45
19	40 22	40 37	40 53	41 8	41 23	41 39	41 54	42 9	42 24	42 39	42 55
20	40 24	40 40	40 57	41 13	41 29	41 45	42 1	42 17	42 33	42 49	43 5
21	40 27	40 44	41 1	41 18	41 35	41 52	42 9	42 26	42 42	43 0	43 16
22	40 30	40 48	41 6	41 24	41 42	42 0	42 18	42 35	42 53	43 11	43 28
23	40 34	40 53	41 12	41 31	41 50	42 8	42 27	42 45	43 4	43 22	43 41
24	40 39	40 59	41 18	41 38	41 58	42 17	42 36	42 56	43 15	43 34	43 54
25	40 44	41 5	41 25	41 46	42 6	42 27	42 47	43 7	43 27	43 47	44 7
26	40 50	41 12	41 33	41 54	42 15	42 37	42 58	43 19	43 40	44 1	44 22
27	40 56	41 19	41 41	42 3	42 25	42 47	43 9	43 31	43 53	44 15	44 37
28	41 3	41 27	41 50	42 13	42 36	42 58	43 21	43 44	44 7	44 30	44 52
29	41 11	41 35	41 59	42 23	42 47	43 10	43 34	43 58	44 22	44 45	45 8
30	41 20	41 45	42 9	42 34	42 59	43 23	43 48	44 12	44 37	45 1	45 25
31	41 29	41 55	42 20	42 46	43 11	43 37	44 2	44 27	44 53	45 18	45 43
32	41 38	42 5	42 32	42 58	43 24	43 51	44 17	44 43	45 9	45 35	46 1
33	41 48	42 16	42 44	43 11	43 38	44 6	44 33	45 0	45 27	45 54	46 20
34	41 59	42 28	42 57	43 25	43 53	44 21	44 49	45 17	45 45	46 13	46 40
35	42 11	42 41	43 10	43 39	44 8	44 37	45 6	45 35	46 4	46 32	47 1
36	42 24	42 54	43 24	43 54	44 24	44 54	45 24	45 54	46 23	46 53	47 22
37	42 37	43 8	43 39	44 10	44 41	45 12	45 42	46 13	46 44	47 14	47 44
38	42 51	43 23	43 55	44 27	44 59	45 30	46 2	46 33	47 5	47 36	48 7
39	43 5	43 39	44 12	44 44	45 17	45 50	46 22	46 54	47 27	47 58	48 31
40	43 21	43 55	44 29	45 3	45 36	46 10	46 43	47 16	47 49	48 22	48 56
41	43 37	44 12	44 47	45 22	45 56	46 31	47 5	47 39	48 13	48 47	49 21
42	43 54	44 30	45 6	45 41	46 17	46 52	47 27	48 2	48 37	49 12	49 47
43	44 12	44 49	45 26	46 2	46 39	47 15	47 51	48 27	49 2	49 38	50 14
44	44 31	45 9	45 46	46 24	47 1	47 38	48 15	48 52	49 29	50 5	50 42
45	44 50	45 29	46 8	46 46	47 24	48 2	48 40	49 18	49 56	50 33	51 11
46	45 11	45 51	46 30	47 9	47 49	48 28	49 6	49 45	50 24	51 2	51 41
47	45 32	46 13	46 53	47 34	48 14	48 54	49 33	50 13	50 52	51 32	52 11
48	45 54	46 36	47 18	47 59	48 40	49 21	50 1	50 42	51 22	52 3	52 43
49	46 17	47 0	47 43	48 25	49 7	49 49	50 30	51 12	51 53	52 34	53 16
50	46 42	47 25	48 9	48 52	49 35	50 18	51 0	51 42	52 25	53 7	53 49
51	47 7	47 52	48 36	49 20	50 4	50 47	51 31	52 14	52 57	53 41	54 23
52	47 33	48 19	49 4	49 49	50 34	51 18	52 3	52 47	53 31	54 15	54 59
53	48 0	48 47	49 33	50 19	51 5	51 50	52 36	53 21	54 6	54 51	55 36
54	48 28	49 16	50 3	50 50	51 37	52 23	53 10	53 56	54 42	55 28	56 14
55	48 58	49 46	50 34	51 22	52 10	52 57	53 45	54 32	55 19	56 5	56 52
56	49 28	50 18	51 7	51 56	52 44	53 33	54 21	55 9	55 57	56 44	57 32
57	50 0	50 50	51 40	52 30	53 19	54 9	54 58	55 47	56 36	57 24	58 13
58	50 32	51 24	52 15	53 5	53 56	54 46	55 36	56 26	57 16	58 5	58 55
59	51 6	51 58	52 50	53 42	54 33	55 25	56 15	57 6	57 57	58 47	59 38
60	51 41	52 34	53 27	54 20	55 12	56 4	56 56	57 48	58 39	59 31	60 22

Breite	Azimut										
	90⁰	91⁰	92⁰	93⁰	94⁰	95⁰	96⁰	97⁰	98⁰	99⁰	100⁰
	Längen-Unterschied										
42⁰	12⁰33′	11⁰9′	9⁰55′	8⁰50′	7⁰55′	7⁰7′	6⁰26′	5⁰51′	5⁰21′	4⁰55′	4⁰32′
43	19 32	18 7	16 48	15 36	14 30	13 29	12 34	11 44	10 58	10 17	9 39
44	24 29	23 5	21 46	20 32	19 22	18 16	17 15	16 19	15 26	14 37	13 51
45	28 30	27 7	25 48	24 33	23 21	22 14	21 10	20 10	19 13	18 19	17 29
46	31 56	30 34	29 15	28 0	26 48	25 40	24 34	23 32	22 32	21 36	20 42
47	34 57	33 37	32 19	31 4	29 52	28 43	27 36	26 33	25 32	24 33	23 38
48	37 41	36 21	35 4	33 50	32 38	31 29	30 22	29 17	28 15	27 15	26 18
49	40 11	38 53	37 36	36 22	35 11	34 1	32 54	31 49	30 46	29 45	28 47
50	42 29	41 12	39 56	38 43	37 32	36 22	35 15	34 10	33 6	32 5	31 5
51	44 38	43 21	42 7	40 54	39 43	38 34	37 27	36 21	35 18	34 16	33 16
52	46 38	45 23	44 9	42 57	41 46	40 38	39 31	38 25	37 21	36 19	35 19
53	48 32	47 17	46 4	44 53	43 43	42 35	41 28	40 22	39 18	38 16	37 15
54	50·19	49 6	47 54	46 43	45 33	44 25	43 19	42 14	41 10	40 7	39 6
55	52 1	50 49	49 37	48 27	47 18	46 11	45 4	43 59	42 56	41 53	40 52
56	53 39	52 27	51 16	50 7	48 58	47 51	46 45	45 40	44 37	43 34	42 33
57	55 12	54 1	52 51	51 42	50 34	49 27	48 22	47 17	46 14	45 12	44 10
58	56 41	55 31	54 22	53 13	52 6	51 0	49 55	48 50	47 47	46 45	45 44
59	58 8	56 58	55 49	54 42	53 35	52 29	51 24	50 20	49 17	48 15	47 14
60	59 31	58 22	57 14	56 6	55 0	53 55	52 50	51 46	50 43	49 42	48 41
61	60 51	59 43	58 35	57 29	56 23	55 18	54 13	53 10	52 7	51 5	50 5
62		61 1	59 54	58 48	57 42	56 38	55 34	54 31	53 28	52 27	51 26
63			61 10	60 5	59 0	57 56	56 52	55 49	54 47	53 46	52 45
64					60 15	59 11	58 8	57 5	56 3	55 2	54 2
65						60 25	59 22	58 19	57 18	56 17	55 16
66							60 34	59 32	58 30	57 29	56 29
67								60 42	59 41	58 40	57 40
68									60 50	59 49	58 49

Breite	Azimut										
	100⁰	101⁰	102⁰	103⁰	104⁰	105⁰	106⁰	107⁰	108⁰	109⁰	110⁰
	Längen-Unterschied										
42⁰	4⁰32′	4⁰12′	3⁰54′	3⁰38′	3⁰24′	3⁰12′	3⁰1′	2⁰51′	2⁰42′	2⁰33′	2⁰26′
43	9 39	9 5	8 33	8 5	7 39	7 15	6 52	6 32	6 13	5 56	5 40
44	13 51	13 9	12 30	11 53	11 19	10 47	10 18	9 50	9 24	9 0	8 38
45	17 29	16 42	15 57	15 15	14 36	13 59	13 24	12 51	12 20	11 50	11 22
46	20 42	19 51	19 3	18 18	17 34	16 53	16 14	15 37	15 1	14 28	13 56
47	23 38	22 44	21 53	21 5	20 18	19 34	18 52	18 11	17 33	16 56	16 21
48	26 18	25 23	24 30	23 39	22 50	22 4	21 19	20 36	19 55	19 15	18 37
49	28 47	27 50	26 56	26 4	25 13	24 24	23 37	22 52	22 9	21 27	20 46
50	31 5	30 8	29 12	28 19	27 27	26 36	25 48	25 1	24 15	23 31	22 49
51	33 16	32 18	31 21	30 26	29 33	28 41	27 51	27 3	26 16	25 31	24 47
52	35 19	34 20	33 23	32 27	31 33	30 40	29 49	28 59	28 11	27 24	26 39
53	37 15	36 16	35 18	34 22	33 27	32 34	31 42	30 51	30 1	29 13	28 26
54	39 6	38 7	37 9	36 12	35 16	34 22	33 29	32 37	31 47	30 58	30 10
55	40 52	39 52	38 54	37 56	37 0	36 5	35 12	34 20	33 28	32 38	31 49
56	42 33	41 33	40 34	39 37	38 40	37 45	36 51	35 58	35 6	34 15	33 25
57	44 10	43 10	42 11	41 13	40 17	39 21	38 26	37 33	36 40	35 49	34 58
58	45 44	44 44	43 45	42 46	41 49	40 53	39 58	39 4	38 11	37 19	36 28
59	47 14	46 14	45 14	44 16	43 19	42 23	41 27	40 33	39 39	38 46	37 55
60	48 41	47 40	46 41	45 43	44 45	43 49	42 53	41 58	41 4	40 11	39 19
61	50 5	49 4	48 5	47 7	46 9	45 12	44 16	43 21	42 27	41 33	40 41
62	51 26	50 26	49 27	48 28	47 30	46 33	45 37	44 42	43 47	42 53	42 0
63	52 45	51 45	50 46	49 47	48 49	47 52	46 56	46 0	45 5	44 11	43 17
64	54 2	53 2	52 2	51 4	50 6	49 9	48 12	47 16	46 21	45 27	44 33
65	55 16	54 16	53 17	52 19	51 21	50 23	49 27	48 31	47 35	46 40	45 46
66	56 29	55 29	54 30	53 31	52 33	51 36	50 39	49 43	48 47	47 52	46 58
67	57 40	56 40	55 41	54 42	53 44	52 47	51 50	50 54	49 58	49 2	48 8
68	58 49	57 49	56 50	55 52	54 54	53 56	52 59	52 2	51 6	50 11	49 16

Breite	Azimut										
	110°	111°	112°	113°	114°	115°	116°	117°	118°	119°	120°
	Längen-Unterschied										
42°	2°26′	2°19′	2°12′	2° 6′	2° 0′	1°55′	1°50′	1°46′	1°42′	1°38′	1°34′
43	5 40	5 25	5 10	4 57	4 45	4 34	4 23	4 13	4 3	3 54	3 45
44	8 38	8 16	7 56	7 37	7 20	7 3	6 47	6 32	6 17	6 4	5 51
45	11 22	10 56	10 31	10 8	9 45	9 24	9 4	8 44	8 26	8 9	7 52
46	13 56	13 26	12 57	12 29	12 3	11 38	11 14	10 51	10 29	10 8	9 48
47	16 21	15 47	15 15	14 44	14 14	13 46	13 19	12 53	12 28	12 4	11 41
48	18 37	18 1	17 26	16 52	16 19	15 48	15 18	14 49	14 22	13 55	13 29
49	20 46	20 7	19 30	18 54	18 19	17 45	17 13	16 41	16 11	15 42	15 13
50	22 49	22 8	21 29	20 50	20 13	19 37	19 3	18 29	17 57	17 25	16 55
51	24 47	24 4	23 22	22 42	22 3	21 26	20 49	20 13	19 39	19 5	18 33
52	26 39	25 55	25 12	24 30	23 49	23 10	22 31	21 54	21 18	20 42	20 8
53	28 26	27 41	26 56	26 13	25 31	24 50	24 10	23 31	22 54	22 17	21 41
54	30 10	29 23	28 37	27 53	27 10	26 27	25 46	25 6	24 26	23 48	23 10
55	31 49	31 2	30 15	29 29	28 45	28 1	27 18	26 37	25 56	25 16	24 37
56	33 25	32 37	31 49	31 2	30 17	29 32	28 48	28 5	27 23	26 42	26 2
57	34 58	34 9	33 20	32 33	31 46	31 0	30 16	29 32	28 49	28 6	27 25
58	36 28	35 38	34 48	34 0	33 12	32 26	31 40	30 55	30 11	29 28	28 45
59	37 55	37 4	36 14	35 25	34 36	33 49	33 2	32 16	31 31	30 47	30 4
60	39 19	38 27	37 37	36 47	35 58	35 10	34 22	33 36	32 50	32 4	31 20
61	40 41	39 49	38 57	38 7	37 17	36 28	35 40	34 53	34 6	33 20	32 35
62	42 0	41 8	40 16	39 25	38 35	37 45	36 56	36 8	35 21	34 34	33 48
63	43 17	42 24	41 32	40 41	39 50	39 0	38 10	37 22	36 34	35 46	34 59
64	44 33	43 39	42 47	41 56	41 4	40 13	39 23	38 33	37 44	36 56	36 9
65	45 46	44 53	44 0	43 7	42 15	41 24	40 34	39 44	38 54	38 5	37 17
66	46 58	46 4	45 10	44 17	43 25	42 34	41 43	40 52	40 2	39 13	38 24
67	48 8	47 13	46 20	45 27	44 34	43 42	42 50	41 59	41 8	40 18	39 29
68	49 16	48 21	47 27	46 34	45 41	44 48	43 56	43 5	42 14	41 23	40 33

Breite	Azimut										
	120°	121°	122°	123°	124°	125°	126°	127°	128°	129°	130°
	Längen-Unterschied										
42°	1°34′	1°30′	1°27′	1°24′	1°21′	1°18′	1°15′	1°12′	1°10′	1° 7′	1° 5′
43	3 45	3 37	3 29	3 22	3 15	3 8	3 1	2 55	2 49	2 43	2 38
44	5 51	5 39	5 27	5 16	5 5	4 54	4 45	4 35	4 26	4 17	4 9
45	7 52	7 36	7 21	7 6	6 52	6 38	6 25	6 13	6 1	5 49	5 37
46	9 48	9 29	9 10	8 52	8 35	8 19	8 3	7 48	7 33	7 18	7 4
47	11 41	11 18	10 57	10 36	10 16	9 57	9 38	9 20	9 3	8 46	8 30
48	13 29	13 4	12 40	12 17	11 54	11 32	11 11	10 51	10 31	10 12	9 53
49	15 13	14 46	14 20	13 54	13 29	13 5	12 41	12 19	11 57	11 36	11 15
50	16 55	16 25	15 57	15 29	15 2	14 35	14 10	13 45	13 21	12 58	12 35
51	18 33	18 1	17 31	17 1	16 32	16 4	15 36	15 9	14 43	14 18	13 53
52	20 8	19 35	19 2	18 31	18 0	17 30	17 0	16 32	16 4	15 36	15 10
53	21 41	21 6	20 31	19 58	19 25	18 54	18 23	17 52	17 22	16 53	16 25
54	23 10	22 34	21 58	21 23	20 49	20 15	19 43	19 11	18 39	18 9	17 39
55	24 37	23 59	23 22	22 46	22 10	21 35	21 1	20 27	19 55	19 23	18 51
56	26 2	25 23	24 44	24 7	23 30	22 53	22 18	21 43	21 8	20 35	20 2
57	27 25	26 44	26 4	25 25	24 47	24 10	23 33	22 56	22 21	21 46	21 11
58	28 45	28 4	27 23	26 42	26 3	25 24	24 46	24 8	23 31	22 55	22 20
59	30 4	29 21	28 39	27 58	27 17	26 37	25 58	25 19	24 41	24 3	23 26
60	31 20	30 36	29 53	29 11	28 29	27 48	27 8	26 28	25 49	25 10	24 32
61	32 35	31 50	31 6	30 23	29 40	28 58	28 16	27 35	26 55	26 15	25 36
62	33 48	33 2	32 17	31 33	30 49	30 6	29 24	28 42	28 1	27 20	26 40
63	34 59	34 13	33 27	32 32	31 57	31 13	30 30	29 47	29 5	28 23	27 42
64	36 9	35 22	34 35	33 49	33 4	32 19	31 35	30 51	30 8	29 25	28 42
65	37 17	36 29	35 42	34 55	34 9	33 23	32 38	31 53	31 9	30 25	29 42
66	38 24	37 35	36 47	36 0	35 13	34 26	33 40	32 55	32 10	31 25	30 41
67	39 29	38 40	37 51	37 3	36 15	35 28	34 41	33 55	33 9	32 24	31 39
68	40 33	39 43	38 54	38 5	37 17	36 29	35 41	34 54	34 7	33 21	32 35

Breite	Azimut										
	130°	131°	132°	133°	134°	135°	136°	137°	138°	139°	140°
	Längen-Unterschied										
42°	1° 5′	1° 3′	1° 1′	0°59′	0°57′	0°55′	0°53′	0°51′	0°49′	0°48′	0°46′
43	2 38	2 32	2 27	2 23	2 18	2 13	2 9	2 4	2 0	1 56	1 52
44	4 9	4 0	3 52	3 45	3 37	3 30	3 23	3 17	3 10	3 4	2 58
45	5 37	5 27	5 16	5 6	4 56	4 46	4 37	4 28	4 19	4 11	4 2
46	7 4	6 51	6 38	6 25	6 13	6 1	5 50	5 38	5 27	5 17	5 6
47	8 30	8 14	7 58	7 43	7 29	7 15	7 1	6 48	6 35	6 22	6 9
48	9 53	9 35	9 17	9 0	8 43	8 27	8 11	7 56	7 41	7 26	7 12
49	11 15	10 54	10 35	10 16	9 57	9 38	9 20	9 3	8 46	8 29	8 13
50	12 35	12 12	11 51	11 29	11 9	10 49	10 29	10 9	9 50	9 32	9 14
51	13 53	13 29	13 5	12 42	12 19	11 58	11 36	11 15	10 54	10 34	10 14
52	15 10	14 44	14 18	13 53	13 29	13 5	12 42	12 19	11 57	11 35	11 13
53	16 25	15 57	15 30	15 4	14 38	14 12	13 47	13 22	12 58	12 35	12 12
54	17 39	17 9	16 41	16 13	15 45	15 18	14 51	14 25	13 59	13 34	13 9
55	18 51	18 20	17 50	17 20	16 51	16 22	15 54	15 26	14 59	14 32	14 6
56	20 2	19 30	18 58	18 27	17 56	17 26	16 56	16 27	15 58	15 30	15 2
57	21 11	20 38	20 5	19 32	19 0	18 28	17 57	17 27	16 56	16 26	15 57
58	22 20	21 44	21 10	20 36	20 3	19 30	18 57	18 25	17 54	17 23	16 52
59	23 26	22 50	22 14	21 39	21 4	20 30	19 56	19 23	18 50	18 18	17 46
60	24 32	23 54	23 17	22 41	22 5	21 30	20 55	20 20	19 46	19 12	18 39
61	25 36	24 58	24 19	23 42	23 5	22 28	21 52	21 16	20 41	20 6	19 31
62	26 40	26 0	25 20	24 41	24 3	23 26	22 48	22 11	21 35	20 59	20 23
63	27 42	27 1	26 20	25 40	25 1	24 22	23 44	23 6	22 28	21 51	21 14
64	28 42	28 0	27 19	26 38	25 58	25 18	24 38	23 59	23 20	22 42	22 4
65	29 42	28 59	28 17	27 35	26 54	26 13	25 32	24 52	24 12	23 32	22 53
66	30 41	29 57	29 14	28 31	27 49	27 7	26 25	25 44	25 3	24 22	23 42
67	31 39	30 54	30 10	29 26	28 43	28 0	27 17	26 35	25 53	25 11	24 30
68	32 35	31 50	31 5	30 20	29 36	28 52	28 8	27 25	26 42	26 0	25 17

Breite	Azimut										
	140°	141°	142°	143°	144°	145°	146°	147°	148°	149°	150°
	Längen-Unterschied										
42°	0°46′	0°44′	0°43′	0°41′	0°40′	0°38′	0°37′	0°36′	0°34′	0°33′	0°32′
43	1 52	1 48	1 45	1 41	1 37	1 34	1 30	1 27	1 24	1 21	1 18
44	2 58	2 52	2 46	2 40	2 34	2 29	2 23	2 18	2 13	2 8	2 3
45	4 2	3 55	3 46	3 39	3 31	3 24	3 16	3 9	3 2	2 55	2 48
46	5 6	4 56	4 46	4 36	4 27	4 17	4 8	3 59	3 50	3 42	3 33
47	6 9	5 57	5 45	5 34	5 22	5 11	5 0	4 49	4 39	4 28	4 18
48	7 12	6 57	6 44	6 30	6 17	6 4	5 51	5 39	5 26	5 14	5 2
49	8 13	7 57	7 42	7 26	7 11	6 57	6 42	6 28	6 14	6 0	5 47
50	9 14	8 56	8 39	8 22	8 5	7 49	7 32	7 16	7 1	6 45	6 30
51	10 14	9 55	9 35	9 16	8 58	8 40	8 22	8 4	7 47	7 30	7 14
52	11 13	10 52	10 31	10 11	9 51	9 31	9 12	8 52	8 33	8 15	7 57
53	12 12	11 49	11 26	11 4	10 43	10 21	10 0	9 40	9 19	8 59	8 39
54	13 9	12 45	12 21	11 57	11 34	11 11	10 49	10 26	10 4	9 43	9 22
55	14 6	13 40	13 15	12 50	12 25	12 0	11 36	11 23	10 49	10 26	10 3
56	15 2	14 35	14 8	13 41	13 15	12 49	12 24	11 59	11 34	11 9	10 45
57	15 57	15 28	15 0	14 32	14 5	13 38	13 11	12 44	12 18	11 52	11 26
58	16 52	16 22	15 52	15 23	14 54	14 25	13 57	13 29	13 1	12 34	12 7
59	17 46	17 14	16 43	16 12	15 42	15 12	14 43	14 13	13 44	13 15	12 47
60	18 39	18 6	17 34	17 2	16 30	15 59	15 28	14 57	14 27	13 57	13 27
61	19 31	18 57	18 24	17 50	17 17	16 45	16 12	15 40	15 9	14 38	14 6
62	20 23	19 48	19 13	18 38	18 4	17 30	16 56	16 23	15 50	15 18	14 46
63	21 14	20 37	20 1	19 25	18 50	18 15	17 40	17 6	16 32	15 58	15 24
64	22 4	21 26	20 49	20 12	19 35	18 59	18 23	17 47	17 12	16 37	16 2
65	22 53	22 14	21 36	20 58	20 20	19 43	19 6	18 29	17 52	17 16	16 40
66	23 42	23 2	22 22	21 43	21 5	20 26	19 48	19 10	18 32	17 55	17 17
67	24 30	23 49	23 9	22 28	21 48	21 9	20 29	19 50	19 11	18 33	17 54
68	25 17	24 35	23 54	23 12	22 31	21 51	21 10	20 30	19 50	19 10	18 31

Ireite	Azimut										
	150°	**151°**	**152°**	**153°**	**154°**	**155°**	**156°**	**157°**	**158°**	**159°**	**160°**
	Längen-Unterschied										
42°	0°32'	0°30'	0°29'	0°28'	0°27'	0°26'	0°25'	0°23'	0°22'	0°21'	0°20'
43	1 18	1 14	1 11	1 9	1 6	1 3	1 0	0 57	0 54	0 52	0 49
44	2 3	1 58	1 53	1 49	1 44	1 40	1 35	1 31	1 26	1 22	1 18
45	2 48	2 42	2 35	2 29	2 23	2 16	2 10	2 4	1 58	1 52	1 47
46	3 33	3 25	3 17	3 9	3 1	2 53	2 45	2 38	2 30	2 23	2 16
47	4 18	4 8	3 58	3 49	3 39	3 30	3 20	3 11	3 2	2 53	2 44
48	5 2	4 51	4 39	4 28	4 17	4 6	3 55	3 45	3 34	3 24	3 13
49	5 47	5 33	5 20	5 7	4 54	4 42	4 29	4 17	4 5	3 53	3 41
50	6 30	6 15	6 1	5 46	5 32	5 18	5 4	4 50	4 36	4 23	4 9
51	7 14	6 57	6 41	6 25	6 9	5 53	5 38	5 22	5 7	4 52	4 38
52	7 57	7 39	7 21	7 3	6 46	6 29	6 12	5 55	5 38	5 22	5 6
53	8 39	8 20	8 0	7 41	7 22	7 4	6 45	6 27	6 9	5 51	5 33
54	9 22	9 1	8 40	8 19	7 59	7 39	7 19	6 59	6 39	6 20	6 1
55	10 3	9 41	9 19	8 57	8 35	8 13	7 52	7 31	7 10	6 49	6 29
56	10 45	10 21	9 57	9 34	9 11	8 48	8 25	8 2	7 40	7 18	6 56
57	11 26	11 1	10 36	10 11	9 46	9 21	8 57	8 34	8 10	7 46	7 23
58	12 7	11 40	11 14	10 47	10 21	9 55	9 30	9 5	8 40	8 15	7 50
59	12 47	12 19	11 51	11 24	10 56	10 29	10 2	9 36	9 9	8 43	8 17
60	13 27	12 57	12 28	11 59	11 31	11 2	10 34	10 6	9 38	9 11	8 43
61	14 6	13 36	13 5	12 35	12 5	11 35	11 6	10 36	10 7	9 38	9 10
62	14 46	14 13	13 42	13 10	12 39	12 8	11 37	11 6	10 36	10 6	9 36
63	15 24	14 51	14 18	13 45	13 12	12 40	12 8	11 36	11 5	10 33	10 2
64	16 2	15 28	14 54	14 20	13 46	13 12	12 39	12 6	11 33	11 0	10 27
65	16 40	16 4	15 29	14 54	14 19	13 44	13 9	12 35	12 1	11 27	10 53
66	17 17	16 40	16 4	15 27	14 51	14 15	13 39	13 4	12 28	11 53	11 18
67	17 54	17 16	16 38	16 1	15 23	14 46	14 9	13 32	12 55	12 19	11 43
68	18 31	17 52	17 13	16 34	15 55	15 17	14 39	14 1	13 23	12 45	12 8

Ireite	Azimut										
	160°	**161°**	**162°**	**163°**	**164°**	**165°**	**166°**	**167°**	**168°**	**169°**	**170°**
	Längen-Unterschied										
42°	0°20'	0°19'	0°18'	0°17'	0°16'	0°15'	0°14'	0°13'	0°12'	0°11'	0°10'
43	0 49	0 46	0 44	0 41	0 39	0 36	0 34	0 31	0 29	0 26	0 24
44	1 18	1 14	1 10	1 5	1 1	0 57	0 54	0 50	0 46	0 42	0 38
45	1 47	1 41	1 35	1 30	1 24	1 19	1 13	1 8	1 3	0 57	0 52
46	2 16	2 8	2 1	1 54	1 47	1 40	1 33	1 26	1 19	1 13	1 6
47	2 44	2 35	2 27	2 18	2 10	2 1	1 53	1 44	1 36	1 28	1 20
48	3 13	3 2	2 52	2 42	2 32	2 22	2 12	2 3	1 53	1 43	1 34
49	3 41	3 29	3 18	3 6	2 55	2 43	2 32	2 21	2 10	1 59	1 48
50	4 9	3 56	3 43	3 30	3 17	3 4	2 52	2 39	2 27	2 14	2 2
51	4 38	4 23	4 8	3 54	3 39	3 25	3 11	2 57	2 43	2 29	2 16
52	5 6	4 49	4 33	4 17	4 2	3 46	3 31	3 15	3 0	2 44	2 29
53	5 33	5 16	4 58	4 41	4 24	4 7	3 50	3 33	3 16	3 0	2 43
54	6 1	5 42	5 23	5 4	4 46	4 27	4 9	3 51	3 33	3 15	2 57
55	6 29	6 8	5 48	5 28	5 8	4 48	4 28	4 9	3 49	3 30	3 10
56	6 56	6 34	6 12	5 51	5 30	5 8	4 47	4 26	4 5	3 45	3 24
57	7 23	7 0	6 37	6 14	5 51	5 29	5 6	4 44	4 22	3 59	3 37
58	7 50	7 25	7 1	6 37	6 13	5 49	5 25	5 1	4 38	4 14	3 51
59	8 17	7 51	7 25	7 0	6 34	6 9	5 44	5 19	4 54	4 29	4 4
60	8 43	8 16	7 49	7 22	6 55	6 29	6 2	5 36	5 10	4 43	4 17
61	9 10	8 41	8 13	7 44	7 16	6 49	6 21	5 53	5 25	4 58	4 31
62	9 36	9 6	8 36	8 7	7 37	7 8	6 39	6 10	5 41	5 12	4 44
63	10 2	9 31	9 0	8 29	7 58	7 27	6 57	6 27	5 57	5 27	4 57
64	10 27	9 55	9 23	8 51	8 19	7 47	7 15	6 44	6 12	5 41	5 10
65	10 53	10 19	9 46	9 12	8 39	8 6	7 33	7 0	6 27	5 55	5 22
66	11 18	10 43	10 8	9 34	8 59	8 25	7 51	7 17	6 43	6 9	5 35
67	11 43	11 7	10 31	9 55	9 19	8 44	8 8	7 33	6 58	6 23	5 48
68	12 8	11 30	10 53	10 16	9 39	9 3	8 26	7 49	7 13	6 36	6 0

Barcelona. Breite 41° 18' 42" N   Länge 2° 0' 28" O

Breite	Azimut										
	170°	171°	172°	173°	174°	175°	176°	177°	178°	179°	180°
	Längen-Unterschied										
42°	0°10'	0° 9'	0° 8'	0° 7'	0° 6'	0° 5'	0° 4'	0° 3'	0° 2'	0° 1'	0° 0'
43	0 24	0 21	0 19	0 17	0 14	0 12	0 10	0 7	0 5	0 2	0 0
44	0 38	0 34	0 30	0 26	0 23	0 19	0 15	0 11	0 8	0 4	0 0
45	0 52	0 46	0 41	0 36	0 31	0 26	0 21	0 16	0 10	0 5	0 0
46	1 6	0 59	0 53	0 46	0 39	0 33	0 26	0 20	0 13	0 7	0 0
47	1 20	1 12	1 4	0 55	0 48	0 40	0 32	0 24	0 16	0 8	0 0
48	1 34	1 24	1 15	1 5	0 56	0 47	0 37	0 28	0 19	0 9	0 0
49	1 48	1 37	1 26	1 15	1 4	0 54	0 43	0 32	0 21	0 11	0 0
50	2 2	1 49	1 37	1 25	1 13	1 0	0 48	0 36	0 24	0 12	0 0
51	2 16	2 2	1 48	1 35	1 21	1 7	0 54	0 40	0 27	0 13	0 0
52	2 29	2 14	1 59	1 44	1 29	1 14	0 59	0 44	0 30	0 15	0 0
53	2 43	2 27	2 10	1 54	1 37	1 21	1 5	0 49	0 32	0 16	0 0
54	2 57	2 39	2 21	2 3	1 46	1 28	1 10	0 53	0 35	0 18	0 0
55	3 10	2 51	2 32	2 13	1 54	1 35	1 16	0 57	0 38	0 19	0 0
56	3 24	3 3	2 43	2 22	2 2	1 41	1 21	1 1	0 41	0 20	0 0
57	3 37	3 15	2 54	2 32	2 10	1 48	1 27	1 5	0 43	0 22	0 0
58	3 51	3 28	3 4	2 41	2 18	1 55	1 32	1 9	0 46	0 23	0 0
59	4 4	3 40	3 15	2 50	2 26	2 2	1 37	1 13	0 49	0 24	0 0
60	4 17	3 51	3 26	3 0	2 34	2 8	1 42	1 17	0 51	0 26	0 0
61	4 31	4 3	3 36	3 9	2 42	2 15	1 48	1 21	0 54	0 27	0 0
62	4 44	4 15	3 47	3 18	2 50	2 21	1 53	1 25	0 57	0 28	0 0
63	4 57	4 27	3 57	3 27	2 57	2 28	1 58	1 29	0 59	0 30	0 0
64	5 10	4 38	4 7	3 36	3 5	2 34	2 3	1 33	1 2	0 31	0 0
65	5 22	4 50	4 17	3 45	3 13	2 40	2 9	1 36	1 4	0 32	0 0
66	5 35	5 1	4 28	3 54	3 21	2 47	2 14	1 40	1 7	0 33	0 0
67	5 48	5 13	4 38	4 3	3 28	2 53	2 19	1 44	1 9	0 35	0 0
68	6 0	5 24	4 48	4 12	3 36	3 0	2 24	1 48	1 12	0 36	0 0

Breite	Azimut										
	0°	**1°**	**2°**	**3°**	**4°**	**5°**	**6°**	**7°**	**8°**	**9°**	**10°**
	Längen-Unterschied										
30°	0° 0′	0°15′	0°30′	0°45′	1° 0′	1°16′	1°31′	1°46′	2° 1′	2°17′	2°33′
31	0 0	0 14	0 28	0 41	0 55	1 9	1 23	1 37	1 50	2 5	2 19
32	0 0	0 12	0 25	0 37	0 49	1 2	1 14	1 27	1 39	1 52	2 5
33	0 0	0 11	0 22	0 33	0 44	0 55	1 6	1 17	1 28	1 40	1 51
34	0 0	0 10	0 19	0 29	0 38	0 48	0 58	1 7	1 17	1 27	1 37
35	0 0	0 8	0 16	0 25	0 33	0 41	0 49	0 58	1 6	1 15	1 23
36	0 0	0 7	0 14·	0 21	0 27	0 34	0 41	0 48	0 55	1 2	1 9
37	0 0	0 5	0 11	0 16	0 22	0 27	0 33	0 38	0 44	1 50	0 55
38	0 0	0 4	0 8	0 12	0 16	0 20	0 25	0 29	0 33	0 37	0 41
39	0 0	0 3	0 5	0 8	0 11	0 14	0 16	0 19	0 22	0 24	0 27
40	0 0	0 1	0 3	0 4	0 5	0 7	0 8	0 9	0 10	0 12	0 13

Breite	Azimut										
	10°	**11°**	**12°**	**13°**	**14°**	**15°**	**16°**	**17°**	**18°**	**19°**	**20°**
	Längen-Unterschied										
30°	2°33′	2°48′	3° 4′	3°20′	3°36′	3°52′	4° 9′	4°26′	4°43′	5° 0′	5°17′
31	2 19	2 33	2 47	3 2	3 16	3 31	3 46	4 2	4 17	4 32	4 48
32	2 5	2 18	2 31	2 44	2 57	3 10	3 24	3 37	3 51	4 5	4 19
33	1 51	2 2	2 14	2 25	2 37	2 49	3 1	3 13	3 25	3 38	3 50
34	1 37	1 47	1 57	2 7	2 17	2 28	2 38	2 49	2 59	3 10	3 21
35	1 23	1 32	1 40	1 49	1 58	2 6	2 15	2 24	2 34	2 43	2 52
36	1 9	1 16	1 23	1 30	1 38	1 45	1 53	2 0	2 8	2 15	2 23
37	0 55	1 1	1 6	1 12	1 18	1 24	1 30	1 36	1 42	1 48	1 54
38	0 41	0 45	0 50	0 54	0 58	1 2	1 7	1 11	1 16	1 20	1 25
39	0 27	0 30	0 33	0 35	0 38	0 41	0 44	0 47	0 50	0 53	0 56
40	0 13	0 14	0 16	0 17	0 18	0 20	0 21	0 23	0 24	0 25	0 27

Breite	Azimut										
	20°	**21°**	**22°**	**23°**	**24°**	**25°**	**26°**	**27°**	**28°**	**29°**	**30°**
	Längen-Unterschied										
30°	5°17′	5°35′	5°53′	6°11′	6°30′	6°49′	7° 8′	7°28′	7°49′	8°10′	8°31′
31	4 48	5 4	5 21	5 37	5 54	6 12	6 29	6 47	7 5	7 24	7 44
32	4 19	4 34	4 48	5 3	5 18	5 34	5 50	6 6	6 22	6 39	6 57
33	3 50	4 3	4 16	4 29	4 43	4 56	5 10	5 25	5 39	5 54	6 9
34	3 21	3 32	3 44	3 55	4 7	4 19	4 31	4 43	4 56	5 9	5 22
35	2 52	3 2	3 11	3 21	3 31	3 41	3 52	4 2	4 13	4 24	4 35
36	2 23	2 31	2 39	2 47	2 55	3 4	3 12	3 21	3 30	3 39	3 49
37	1 54	2 0	2 7	2 13	2 20	2 26	2 33	2 40	2 47	2 54	3 2
38	1 25	1 30	1 34	1 39	1 44	1 49	1 54	1 59	2 4	2 10	2 15
39	0 56	0 59	1 2	1 5	1 8	1 12	1 15	1 18	1 22	1 25	1 29
40	0 27	0 28	0 30	0 31	0 33	0 34	0 36	0 38	0 39	0 41	0 43

Breite	Azimut										
	30°	**31°**	**32°**	**33°**	**34°**	**35°**	**36°**	**37°**	**38°**	**39°**	**40°**
	Längen-Unterschied										
30°	8°31′	8°53′	9°16′	9°39′	10° 3′	10°28′	10°53′	11°20′	11°47′	12°16′	12°46′
31	7 44	8 4	8 24	8 45	9 7	9 29	9 52	10 16	10 41	11 7	11 33
32	6 57	7 14	7 32	7 51	8 11	8 30	8 51	9 12	9 34	9 57	10 21
33	6 9	6 25	6 41	6 58	7 15	7 32	7 50	8 9	8 28	8 48	9 9
34	5 22	5 36	5 50	6 4	6 19	6 34	6 50	7 6	7 23	7 40	7 58
35	4 35	4 47	4 59	5 11	5 23	5 36	5 50	6 3	6 17	6 32	6 47
36	3 49	3 58	4 8	4 18	4 28	4 39	4 50	5 1	5 12	5 24	5 37
37	3 2	3 9	3 17	3 25	3 33	3 42	3 50	3 59	4 8	4 17	4 27
38	2 15	2 21	2 27	2 32	2 38	2 45	2 51	2 58	3 4	3 11	3 18
39	1 29	1 33	1 36	1 40	1 44	1 48	1 52	1 57	2 1	2 5	2 10
40	0 43	0 44	0 46	0 48	0 50	0 52	0 54	0 56	0 58	1 0	1 2

Coram Hill.　Breite 40° 55' 45" N　Länge 72° 56' 30" W

Längen-Unter-schied	Azimut										
	40°	**41°**	**42°**	**43°**	**44°**	**45°**	**46°**	**47°**	**48°**	**49°**	**50°**
	Breite										
2°	39° 9′	39°13′	39°16′	39°20′	39°23′	39°26′	39°29′	39°32′	39°35′	39°38′	39°41′
4	37 24	37 31	37 38	37 45	37 52	37 58	38 5	38 11	38 17	38 22	38 28
6	35 40	35 51	36 2	36 13	36 23	36 32	36 42	36 51	37 0	37 8	37 16
8	33 58	34 13	34 28	34 42	34 55	35 8	35 21	35 33	35 45	35 56	36 7
10	32 17	32 36	32 55	33 12	33 29	33 46	34 1	34 16	34 31	34 46	34 59
11	31 28	31 49	32 9	32 28	32 47	33 5	33 22	33 39	33 55	34 11	34 26
12	30 39	31 1	31 23	31 44	32 5	32 24	32 43	33 2	33 19	33 37	33 53
13	29 49	30 13	30 37	31 0	31 23	31 44	32 5	32 25	32 44	33 3	33 21
14	28 59	29 26	29 52	30 17	30 41	31 4	31 27	31 48	32 9	32 29	32 49
15					30 0	30 25	30 49	31 12	31 34	31 56	32 17
16					29 19	29 46	30 11	30 36	31 0	31 23	31 46
17							29 34	30 0	30 26	30 51	31 15
18							28 57	29 25	29 52	30 19	30 44
19											30 14
20											29 44

Längen-Unter-schied	Azimut										
	50°	**51°**	**52°**	**53°**	**54°**	**55°**	**56°**	**57°**	**58°**	**59°**	**60°**
	Breite										
2°	39°41′	39°43′	39°46′	39°48′	39°51′	39°53′	39°56′	39°58′	40° 0′	40° 2′	40° 4′
4	38 28	38 33	38 38	38 43	38 48	38 53	38 58	39 2	39 7	39 11	39 15
6	37 16	37 24	37 32	37 40	37 47	37 54	38 1	38 8	38 15	38 21	38 28
8	36 7	36 18	36 28	36 38	36 48	36 58	37 7	37 16	37 25	37 34	37 42
10	34 59	35 13	35 26	35 38	35 51	36 3	36 15	36 26	36 37	36 48	36 59
11	34 26	34 41	34 55	35 9	35 23	35 36	35 59	36 2	36 14	36 26	36 38
12	33 53	34 9	34 25	34 40	34 55	35 10	35 24	35 38	35 51	36 4	36 17
13	33 21	33 38	33 55	34 12	34 28	34 44	34 59	35 14	35 29	35 43	35 57
14	32 49	33 8	33 26	33 44	34 1	34 18	34 35	34 51	35 7	35 22	35 37
15	32 17	32 37	32 57	33 17	33 35	33 53	34 11	34 28	34 46	35 2	35 18
16	31 46	32 8	32 29	32 49	33 9	33 29	33 48	34 6	34 25	34 42	34 59
17	31 15	31 38	32 1	32 22	32 44	33 5	33 25	33 44	34 4	34 4	34 41
18	30 44	31 9	31 33	31 56	32 19	32 41	33 2	33 23	33 44	34 4	34 23
19	30 14	30 40	31 5	31 30	31 54	32 17	32 40	33 2	33 24	33 45	34 6
20	29 44	30 11	30 38	31 4	31 30	31 54	32 18	32 42	33 5	33 27	33 49
21			30 11	30 39	31 6	31 32	31 57	32 22	32 46	33 9	33 32
22			29 45	30 14	30 42	31 10	31 36	32 2	32 28	32 52	33 16
23					30 19	30 48	31 16	31 43	32 10	32 35	33 1
24					29 56	30 26	30 56	31 24	31 52	32 19	32 46
25					29 34	30 5	30 36	31 6	31 35	32 3	32 31
26					29 12	29 45	30 17	30 48	31 18	31 48	32 17
27							29 58	30 30	31 2	31 33	32 3
28							29 39	30 13	30 46	31 18	31 50
29									30 31	31 4	31 37
30									30 16	30 51	31 25
31									30 2	30 38	31 13
32									29 48	30 25	31 2
33											30 51
34											30 41
35											30 31
36											30 21
37											30 13
38											30 5

Coram Hill. Breite 40° 55' 45" N Länge 72° 56' 30" W

Längen-Unter-schied	Azimut										
	60°	61°	62°	63°	64°	65°	66°	67°	68°	69°	70°
	Breite										
2°	40° 4'	40° 7'	40° 9'	40°11'	40°13'	40°15'	40°16'	40°18'	40°20'	40°22'	40°24'
4	39 15	39 19	39 23	39 27	39 31	39 35	39 39	39 43	39 47	39 50	39 54
6	38 28	38 34	38 40	38 46	38 52	38 58	39 4	39 9	39 15	39 21	39 26
8	37 42	37 51	37 59	38 7	38 15	38 23	38 31	38 38	38 46	38 53	39 0
10	36 59	37 9	37 20	37 30	37 40	37 50	37 59	38 9	38 18	38 27	38 36
11	36 38	36 49	37 1	37 12	37 23	37 34	37 44	37 55	38 5	38 15	38 25
12	36 17	36 30	36 42	36 55	37 6	37 18	37 30	37 41	37 52	38 3	38 14
13	35 57	36 11	36 24	36 38	36 50	37 3	37 16	37 28	37 40	37 52	38 4
14	35 37	35 52	36 7	36 21	36 35	36 49	37 2	37 16	37 29	37 42	37 54
15	35 18	35 34	35 50	36 5	36 20	36 35	36 49	37 4	37 18	37 32	37 45
16	34 59	35 16	35 33	35 50	36 6	36 21	36 37	36 52	37 7	37 22	37 36
17	34 41	34 59	35 17	35 35	35 52	36 8	36 25	36 41	36 57	37 13	37 28
18	34 23	34 42	35 1	35 20	35 38	35 56	36 13	36 31	36 47	37 4	37 20
19	34 6	34 26	34 46	35 6	35 25	35 44	36 2	36 20	36 38	36 56	37 13
20	33 49	34 10	34 31	34 52	35 12	35 32	35 52	36 11	36 30	36 48	37 7
21	33 32	33 55	34 17	34 39	35 0	35 21	35 42	36 2	36 22	36 41	37 1
22	33 16	33 40	34 3	34 26	34 48	35 10	35 32	35 53	36 14	36 35	36 55
23	33 1	33 26	33 50	34 14	34 37	35 0	35 23	35 45	36 7	36 29	36 50
24	32 46	33 12	33 37	34 2	34 27	34 51	35 14	35 38	36 1	36 23	36 45
25	32 31	32 58	33 25	33 51	34 17	34 42	35 6	35 31	35 55	36 18	36 41
26	32 17	32 45	33 13	33 40	34 7	34 33	34 59	35 24	35 49	36 14	36 38
27	32 3	32 33	33 2	33 30	33 58	34 25	34 52	35 18	35 44	36 10	36 35
28	31 50	32 21	32 51	33 20	33 49	34 18	34 46	35 13	35 40	36 7	36 33
29	31 37	32 9	32 40	33 11	33 41	34 11	34 40	35 8	35 36	36 4	36 31
30	31 25	31 58	32 30	33 2	33 34	34 4	34 34	35 4	35 33	36 2	36 30
31	31 13	31 47	32 21	32 54	33 27	33 58	34 29	35 0	35 30	36 0	36 29
32	31 2	31 37	32 12	32 46	33 20	33 53	34 25	34 57	35 28	35 59	36 29
33	30 51	31 28	32 4	32 39	33 14	33 48	34 22	34 54	35 27	35 59	36 30
34	30 41	31 19	31 56	32 33	33 9	33 44	34 19	34 52	35 26	35 59	36 31
35	30 31	31 10	31 49	32 27	33 4	33 40	34 16	34 51	35 26	36 0	36 33
36	30 21	31 2	31 42	32 22	33 0	33 37	34 14	34 50	35 26	36 1	36 36
37	30 13	30 55	31 36	32 17	32 56	33 35	34 13	34 50	35 27	36 3	36 39
38	30 5	30 48	31 31	32 12	32 53	33 33	34 12	34 51	35 29	36 6	36 43
39	29 57	30 42	31 26	32 9	32 51	33 32	34 12	34 52	35 31	36 10	36 47
40	29 50	30 36	31 22	32 6	32 49	33 32	34 13	34 54	35 34	36 14	36 53
41	29 44	30 31	31 18	32 4	32 48	33 32	34 15	34 57	35 38	36 19	36 59
42	29 38	30 27	31 15	32 2	32 48	33 33	34 17	35 0	35 43	36 24	37 5
43	29 33	30 23	31 13	32 1	32 48	33 35	34 20	35 4	35 48	36 31	37 13
44	29 28	30 20	31 11	32 1	32 49	33 37	34 23	35 9	35 54	36 38	37 21
45	29 24	30 18	31 10	32 1	32 51	33 40	34 28	35 15	36 1	36 46	37 30
46	29 21	30 16	31 10	32 4	32 54	33 44	34 33	35 21	36 8	36 55	37 40
47	29 19	30 15	31 11	32 5	32 57	33 49	34 39	35 28	36 17	37 4	37 51
48	29 17	30 15	31 12	32 7	33 1	33 54	34 46	35 36	36 26	37 15	38 3
49	29 16	30 16	31 14	32 11	33 6	34 0	34 53	35 45	36 36	37 26	38 15
50	29 16	30 17	31 17	32 15	33 12	34 8	35 2	35 55	36 47	37 38	38 29
51	29 16	30 19	31 21	32 19	33 19	34 16	35 11	36 6	36 59	37 52	38 43
52	29 18	30 22	31 25	32 27	33 26	34 25	35 22	36 18	37 12	38 6	38 59
53	29 20	30 26	31 31	32 34	33 35	34 35	35 33	36 30	37 26	38 21	39 15
54	29 23	30 31	31 37	32 42	33 44	34 46	35 45	36 44	37 41	38 37	39 33
55	29 28	30 37	31 45	32 51	33 55	34 58	35 59	36 59	37 57	38 55	39 51
56	29 33	30 44	31 54	33 1	34 7	35 11	36 13	37 15	38 14	39 13	40 11
57	29 39	30 52	32 3	33 12	34 19	35 25	36 29	37 31	38 33	39 33	40 31
58	29 46	31 1	32 14	33 25	34 33	35 40	36 46	37 49	38 52	39 53	40 53
59	29 54	31 11	32 26	33 38	34 48	35 57	37 3	38 9	39 13	40 15	41 16
60	30 4	31 22	32 38	33 52	35 4	36 14	37 22	38 29	39 34	40 38	41 41

Coram Hill. Breite 40° 55′ 45″ N Länge 72° 56′ 30″ W

Längen-Unter-schied	Azimut										
	70°	71°	72°	73°	74°	75°	76°	77°	78°	79°	80°
	Breite										
2	40°24′	40°26′	40°27′	40°29′	40°31′	40°33′	40°34′	40°36′	40°38′	40°39′	40°41′
4	39 54	39 58	40 1	40 5	40 8	40 11	40 15	40 18	40 21	40 25	40 28
6	39 26	39 31	39 37	39 42	39 47	39 52	39 57	40 2	40 7	40 12	40 17
8	39 0	39 7	39 14	39 21	39 28	39 35	39 42	39 48	39 55	40 1	40 8
10	38 36	38 45	38 54	39 3	39 11	39 20	39 28	39 37	39 45	39 53	40 2
11	38 25	38 35	38 45	38 54	39 4	39 13	39 22	39 32	39 41	39 50	39 59
12	38 14	38 25	38 36	38 46	38 57	39 7	39 17	39 27	39 37	39 47	39 57
13	38 4	38 16	38 27	38 39	38 50	39 1	39 12	39 23	39 34	39 45	39 56
14	37 54	38 7	38 19	38 32	38 44	38 56	39 8	39 20	39 31	39 43	39 55
15	37 45	37 59	38 12	38 25	38 38	38 51	39 4	39 17	39 29	39 42	39 54
16	37 36	37 51	38 5	38 19	38 33	38 47	39 1	39 14	39 28	39 41	39 54
17	37 28	37 44	37 59	38 14	38 29	38 43	38 58	39 12	39 27	39 41	39 55
18	37 20	37 37	37 53	38 9	38 25	38 40	38 56	39 11	39 26	39 41	39 56
19	37 13	37 31	37 48	38 4	38 21	38 37	38 54	39 10	39 26	39 42	39 58
20	37 7	37 25	37 43	38 0	38 18	38 35	38 53	39 10	39 26	39 43	40 0
21	37 1	37 20	37 39	37 57	38 16	38 34	38 52	39 10	39 27	39 45	40 3
22	36 55	37 15	37 35	37 54	38 14	38 33	38 52	39 11	39 29	39 48	40 6
23	36 50	37 11	37 32	37 52	38 12	38 32	38 52	39 12	39 31	39 51	40 10
24	36 45	37 7	37 29	37 50	38 12	38 33	38 53	39 14	39 34	39 55	40 15
25	36 41	37 4	37 27	37 49	38 11	38 33	38 55	39 16	39 38	39 59	40 20
26	36 38	37 2	37 25	37 49	38 12	38 35	38 57	39 19	39 42	40 4	40 25
27	36 35	37 0	37 25	37 49	38 13	38 37	39 0	39 23	39 46	40 9	40 32
28	36 33	36 59	37 24	37 49	38 14	38 39	39 3	39 27	39 51	40 15	40 39
29	36 31	36 58	37 24	37 50	38 16	38 42	39 7	39 32	39 57	40 22	40 46
30	36 30	36 58	37 25	37 52	38 19	38 46	39 12	39 38	40 4	40 29	40 55
31	36 29	36 58	37 27	37 55	38 22	38 50	39 17	39 44	40 11	40 37	41 4
32	36 29	36 59	37 29	37 58	38 26	38 54	39 23	39 51	40 18	40 46	41 13
33	36 30	37 1	37 31	38 1	38 31	39 0	39 29	39 58	40 27	40 55	41 23
34	36 31	37 3	37 34	38 5	38 36	39 6	39 36	40 6	40 36	41 5	41 34
35	36 33	37 6	37 38	38 10	38 42	39 13	39 44	40 15	40 46	41 16	41 46
36	36 36	37 9	37 42	38 16	38 48	39 21	39 53	40 24	40 56	41 27	41 58
37	36 39	37 14	37 48	38 22	38 56	39 29	40 2	40 35	41 7	41 39	42 11
38	36 43	37 19	37 54	38 30	39 4	39 38	40 12	40 46	41 19	41 52	42 25
39	36 47	37 25	38 1	38 38	39 13	39 48	40 23	40 58	41 32	42 6	42 40
40	36 53	37 31	38 9	38 46	39 23	39 59	40 35	41 10	41 46	42 21	42 55
41	36 59	37 38	38 17	38 55	39 33	40 10	40 47	41 24	42 0	42 36	43 11
42	37 5	37 45	38 26	39 5	39 44	40 22	41 0	41 38	42 15	42 52	43 28
43	37 13	37 54	38 35	39 16	39 56	40 35	41 14	41 53	42 31	43 9	43 46
44	37 21	38 4	38 46	39 27	40 8	40 49	41 29	42 8	42 48	43 26	44 5
45	37 30	38 14	38 57	39 40	40 22	41 3	41 44	42 25	43 5	43 44	44 24
46	37 40	38 25	39 10	39 53	40 36	41 19	42 1	42 42	43 24	44 4	44 45
47	37 51	38 37	39 23	40 7	40 51	41 35	42 18	43 1	43 43	44 25	45 6
48	38 3	38 50	39 37	40 22	41 8	41 52	42 36	43 20	44 3	44 46	45 28
49	38 15	39 4	39 51	40 38	41 25	42 10	42 55	43 40	44 24	45 8	45 52
50	38 29	39 18	40 7	40 55	41 43	42 29	43 16	44 1	44 46	45 31	46 16
51	38 43	39 34	40 24	41 13	42 1	42 49	43 37	44 23	45 10	45 55	46 41
52	38 59	39 51	40 42	41 32	42 21	43 10	43 59	44 47	45 34	46 21	47 7
53	39 15	40 8	41 0	41 52	42 42	43 32	44 22	45 11	45 59	46 47	47 34
54	39 33	40 27	41 20	42 13	43 4	43 56	44 46	45 36	46 25	47 14	48 3
55	39 51	40 47	41 41	42 35	43 28	44 20	45 11	46 2	46 53	47 42	48 32
56	40 11	41 7	42 3	42 58	43 52	44 45	45 38	46 30	47 21	48 11	49 2
57	40 31	41 29	42 26	43 22	44 17	45 11	46 5	46 58	47 51	48 42	49 34
58	40 53	41 52	42 50	43 47	44 44	45 39	46 34	47 28	48 21	49 14	50 7
59	41 16	42 17	43 16	44 14	45 12	46 8	47 4	47 59	48 53	49 47	50 40
60	41 41	42 42	43 42	44 42	45 40	46 38	47 35	48 31	49 26	50 21	51 15

Längen-Unter-schied	Azimut										
	80°	**81°**	**82°**	**83°**	**84°**	**85°**	**86°**	**87°**	**88°**	**89°**	**90°**
	Breite										
2°	40°41′	40°43′	40°44′	40°46′	40°47′	40°49′	40°51′	40°52′	40°54′	40°55′	40°57′
4	40 28	40 31	40 34	40 38	40 41	40 44	40 47	40 50	40 54	40 57	41 0
6	40 17	40 22	40 27	40 32	40 37	40 41	40 46	40 51	40 56	41 0	41 5
8	40 8	40 15	40 21	40 28	40 34	40 41	40 47	40 53	41 0	41 6	41 12
10	40 2	40 10	40 18	40 26	40 34	40 42	40 50	40 58	41 6	41 14	41 22
11	39 59	40 8	40 17	40 26	40 35	40 44	40 52	41 1	41 10	41 19	41 27
12	39 57	40 7	40 17	40 26	40 36	40 46	40 55	41 5	41 14	41 24	41 33
13	39 56	40 6	40 17	40 27	40 38	40 48	40 59	41 9	41 19	41 30	41 40
14	39 55	40 6	40 17	40 29	40 40	40 51	41 3	41 14	41 25	41 36	41 47
15	39 54	40 6	40 18	40 31	40 43	40 55	41 7	41 19	41 31	41 43	41 55
16	39 54	40 7	40 20	40 33	40 46	40 59	41 12	41 25	41 38	41 50	42 3
17	39 55	40 9	40 22	40 36	40 50	41 4	41 18	41 31	41 45	41 58	42 12
18	39 56	40 11	40 25	40 40	40 55	41 9	41 24	41 38	41 53	42 7	42 21
19	39 58	40 13	40 29	40 44	41 0	41 15	41 30	41 46	42 1	42 16	42 31
20	40 0	40 16	40 33	40 49	41 5	41 22	41 38	41 54	42 10	42 26	42 42
21	40 3	40 20	40 37	40 54	41 11	41 29	41 46	42 3	42 19	42 36	42 53
22	40 6	40 24	40 42	41 0	41 18	41 36	41 54	42 12	42 30	42 47	43 5
23	40 10	40 29	40 48	41 7	41 26	41 44	42 3	42 22	42 40	42 59	43 17
24	40 15	40 35	40 54	41 14	41 34	41 53	42 13	42 32	42 52	43 11	43 30
25	40 20	40 41	41 1	41 22	41 42	42 3	42 23	42 43	43 4	43 24	43 44
26	40 25	40 47	41 9	41 30	41 51	42 13	42 34	42 55	43 16	43 37	43 58
27	40 32	40 54	41 17	41 39	42 1	42 23	42 46	43 8	43 29	43 51	44 13
28	40 39	41 2	41 26	41 49	42 12	42 35	42 58	43 21	43 43	44 6	44 29
29	40 46	41 11	41 35	41 59	42 23	42 47	43 11	43 34	43 58	44 22	44 45
30	40 55	41 20	41 45	42 10	42 35	42 59	43 24	43 49	44 13	44 38	45 2
31	41 4	41 30	41 56	42 21	42 47	43 13	43 38	44 4	44 29	44 55	45 20
32	41 13	41 40	42 7	42 34	43 0	43 27	43 53	44 19	44 46	45 12	45 38
33	41 23	41 51	42 19	42 47	43 14	43 41	44 9	44 36	45 3	45 30	45 57
34	41 34	42 3	42 32	43 0	43 29	43 57	44 25	44 53	45 21	45 49	46 17
35	41 46	42 16	42 45	43 15	43 44	44 13	44 42	45 11	45 40	46 9	46 38
36	41 58	42 29	42 59	43 30	44 0	44 30	45 0	45 30	46 0	46 29	46 59
37	42 11	42 43	43 14	43 45	44 17	44 48	45 18	45 49	46 20	46 51	47 21
38	42 25	42 57	43 30	44 2	44 34	45 6	45 38	46 9	46 41	47 13	47 44
39	42 40	43 13	43 46	44 19	44 52	45 25	45 58	46 30	47 3	47 36	48 8
40	42 55	43 30	44 4	44 38	45 12	45 45	46 19	46 52	47 26	47 59	48 33
41	43 11	43 47	44 22	44 57	45 32	46 6	46 40	47 15	47 49	48 24	48 58
42	43 28	44 5	44 41	45 17	45 52	46 28	47 3	47 38	48 14	48 49	49 24
43	43 46	44 24	45 1	45 37	46 14	46 51	47 27	48 3	48 39	49 15	49 51
44	44 5	44 43	45 21	45 59	46 36	47 14	47 51	48 28	49 5	49 42	50 19
45	44 24	45 4	45 43	46 21	47 0	47 38	48 16	48 54	49 32	50 10	50 48
46	44 45	45 25	46 5	46 45	47 24	48 3	48 42	49 21	50 0	50 39	51 18
47	45 6	45 47	46 28	47 9	47 49	48 29	49 9	49 49	50 29	51 9	51 49
48	45 28	46 11	46 52	47 34	48 15	48 56	49 37	50 18	50 59	51 40	52 21
49	45 52	46 35	47 17	48 0	48 42	49 24	50 6	50 48	51 30	52 12	52 53
50	46 16	47 0	47 43	48 27	49 10	49 53	50 36	51 19	52 2	52 44	53 27
51	46 41	47 26	48 11	48 55	49 39	50 23	51 7	51 51	52 35	53 18	54 2
52	47 7	47 53	48 39	49 24	50 10	50 55	51 39	52 24	53 9	53 53	54 38
53	47 34	48 21	49 8	49 54	50 41	51 27	52 12	52 58	53 43	54 29	55 14
54	48 3	48 51	49 38	50 26	51 13	52 0	52 46	53 33	54 19	55 6	55 52
55	48 32	49 21	50 10	50 58	51 46	52 34	53 22	54 9	54 56	55 44	56 31
56	49 2	49 52	50 42	51 31	52 20	53 9	53 58	54 46	55 35	56 23	57 11
57	49 34	50 25	51 16	52 6	52 56	53 46	54 35	55 24	56 14	57 3	57 52
58	50 7	50 59	51 50	52 41	53 32	54 23	55 14	56 4	56 54	57 44	58 34
59	50 40	51 33	52 26	53 18	54 10	55 2	55 53	56 44	57 35	58 27	59 18
60	51 15	52 9	53 3	53 56	54 49	55 41	56 34	57 26	58 18	59 10	60 2

Breite	Azimut										
	90°	**91°**	**92°**	**93°**	**94°**	**95°**	**96°**	**97°**	**98°**	**99°**	**100°**
	Längen-Unterschied										
42°	15°38′	14°12′	12°55′	11°46′	10°44′	9°49′	9°0′	8°18′	7°40′	7°7′	6°37′
43	21 35	20 10	18 50	17 36	16 28	15 25	14 27	13 34	12 45	12 0	11 19
44	26 7	24 43	23 23	22 8	20 57	19 50	18 48	17 49	16 55	16 3	15 16
45	29 52	28 29	27 10	25 55	24 43	23 34	22 29	21 28	20 30	19 35	18 43
46	33 8	31 46	30 28	29 12	28 0	26 50	25 44	24 41	23 41	22 43	21 48
47	36 2	34 42	33 24	32 9	30 56	29 46	28 39	27 35	26 33	25 34	24 38
48	38 40	37 21	36 4	34 49	33 37	32 27	31 19	30 14	29 12	28 11	27 13
49	41 5	39 47	38 30	37 16	36 4	34 54	33 47	32 41	31 38	30 37	29 38
50	43 19	42 1	40 46	39 32	38 21	37 11	36 4	34 58	33 54	32 53	31 53
51	45 24	44 8	42 53	41 40	40 29	39 20	38 12	37 6	36 2	35 0	34 0
52	47 21	46 6	44 52	43 40	42 29	41 20	40 13	39 7	38 3	37 1	36 0
53	49 12	47 58	46 45	45 33	44 23	43 15	42 8	41 2	39 58	38 55	37 54
54	50 57	49 43	48 31	47 20	46 11	45 3	43 56	42 51	41 47	40 44	39 43
55	52 37	51 24	50 13	49 3	47 54	46 46	45 41	44 34	43 31	42 28	41 27
56	54 12	53 1	51 50	50 40	49 32	48 25	47 19	46 14	45 10	44 7	43 6
57	55 44	54 33	53 23	52 14	51 6	49 59	48 53	47 49	46 45	45 43	44 41
58	57 12	56 1	54 52	53 44	52 36	51 30	50 24	49 20	48 17	47 14	46 13
59	58 36	57 26	56 18	55 10	54 3	52 57	51 52	50 48	49 45	48 43	47 42
60	59 58	58 49	57 41	56 33	55 27	54 21	53 17	52 13	51 10	50 8	49 7
61	61 16	60 8	59 1	57 54	56 48	55 43	54 39	53 35	52 33	51 31	50 30
62		61 25	60 18	59 12	58 7	57 2	55 58	54 55	53 52	52 51	51 50
63			61 33	60 28	59 23	58 18	57 15	56 12	55 10	54 8	53 7
64				61 41	60 37	59 33	58 29	57 27	56 25	55 24	54 23
65					61 49	60 45	59 42	58 40	57 38	56 37	55 36
66						61 56	60 53	59 51	58 49	57 48	56 48
67							62 2	61 0	59 59	58 58	57 58
68								62 8	61 7	60 6	59 6

Breite	Azimut										
	100°	**101°**	**102°**	**103°**	**104°**	**105°**	**106°**	**107°**	**108°**	**109°**	**110°**
	Längen-Unterschied										
42°	6°37′	6°10′	5°46′	5°25′	5°5′	4°48′	4°32′	4°17′	4°4′	3°52′	3°41′
43	11 19	10 41	10 6	9 34	9 4	8 37	8 12	7 48	7 26	7 6	6 47
44	15 16	14 31	13 49	13 10	12 34	12 0	11 28	10 59	10 31	10 4	9 40
45	18 43	17 54	17 8	16 24	15 43	15 4	14 27	13 53	13 20	12 49	12 19
46	21 48	20 56	20 7	19 20	18 35	17 53	17 12	16 34	15 57	15 22	14 49
47	24 38	23 43	22 51	22 2	21 14	20 29	19 46	19 4	18 24	17 46	17 10
48	27 13	26 17	25 24	24 32	23 42	22 55	22 9	21 25	20 43	20 2	19 23
49	29 38	28 41	27 46	26 52	26 1	25 12	24 24	23 38	22 54	22 11	21 30
50	31 53	30 55	29 59	29 4	28 12	27 21	26 31	25 44	24 58	24 13	23 30
51	34 0	33 1	32 4	31 9	30 15	29 23	28 33	27 44	26 56	26 10	25 25
52	36 0	35 1	34 3	33 7	32 13	31 19	30 28	29 38	28 49	28 1	27 15
53	37 54	36 55	35 57	35 0	34 5	33 11	32 18	31 27	30 37	29 48	29 1
54	39 43	38 43	37 44	36 47	35 51	34 57	34 3	33 11	32 21	31 31	30 43
55	41 27	40 27	39 28	38 30	37 34	36 39	35 45	34 52	34 0	33 10	32 21
56	43 6	42 6	41 7	40 9	39 12	38 16	37 22	36 29	35 36	34 45	33 55
57	44 41	43 41	42 42	41 44	40 47	39 51	38 56	38 2	37 9	36 17	35 26
58	46 13	45 13	44 13	43 15	42 18	41 21	40 26	39 32	38 38	37 46	36 55
59	47 42	46 41	45 42	44 43	43 46	42 49	41 54	40 59	40 5	39 12	38 20
60	49 7	48 7	47 7	46 9	45 11	44 14	43 18	42 23	41 29	40 36	39 43
61	50 30	49 29	48 30	47 31	46 33	45 36	44 40	43 45	42 50	41 57	41 4
62	51 50	50 49	49 50	48 51	47 53	46 56	46 0	45 4	44 10	43 16	42 22
63	53 7	52 7	51 8	50 9	49 11	48 14	47 17	46 22	45 27	44 32	43 38
64	54 23	53 23	52 24	51 25	50 27	49 29	48 33	47 37	46 41	45 47	44 53
65	55 36	54 37	53 37	52 38	51 40	50 43	49 46	48 50	47 54	46 59	46 5
66	56 48	55 48	54 49	53 50	52 52	51 55	50 58	50 1	49 6	48 11	47 16
67	57 58	56 58	55 59	55 0	54 2	53 5	52 8	51 11	50 15	49 20	48 25
68	59 6	58 6	57 7	56 9	55 11	54 13	53 16	52 19	51 23	50 27	49 32

Coram Hill. Breite 40° 55' 45" N   Länge 72° 56' 30" W

Breite	Azimut										
	110°	111°	112°	113°	114°	115°	116°	117°	118°	119°	120°
	Längen-Unterschied										
42°	3°41'	3°31'	3°21'	3°12'	3° 4'	2°56'	2°49'	2°42'	2°36'	2°30'	2°24'
43	6 47	6 30	6 13	5 58	5 44	5 30	5 17	5 5	4 53	4 43	4 32
44	9 40	9 16	8 54	8 34	8 14	7 55	7 38	7 21	7 5	6 50	6 36
45	12 19	11 51	11 25	11 0	10 36	10 13	9 52	9 31	9 11	8 52	8 34
46	14 49	14 17	13 47	13 18	12 51	12 24	11 59	11 35	11 12	10 50	10 29
47	17 10	16 35	16 2	15 30	14 59	14 30	14 1	13 34	13 8	12 43	12 19
48	19 23	18 46	18 10	17 35	17 2	16 29	15 59	15 29	15 0	14 32	14 6
49	21 30	20 50	20 12	19 35	18 59	18 24	17 51	17 19	16 48	16 18	15 49
50	23 30	22 48	22 8	21 29	20 51	20 15	19 39	19 5	18 32	17 59	17 28
51	25 25	24 42	24 0	23 19	22 39	22 1	21 24	20 47	20 12	19 38	19 5
52	27 15	26 31	25 47	25 5	24 23	23 43	23 4	22 26	21 49	21 14	20 39
53	29 1	28 15	27 30	26 46	26 4	25 22	24 42	24 2	23 23	22 46	22 10
54	30 43	29 55	29 9	28 24	27 41	26 58	26 16	25 35	24 55	24 16	23 38
55	32 21	31 32	30 45	29 59	29 14	28 30	27 47	27 5	26 24	25 44	25 4
56	33 55	33 6	32 18	31 31	30 45	30 0	29 16	28 32	27 50	27 8	26 28
57	35 26	34 36	33 48	33 0	32 13	31 27	30 42	29 57	29 14	28 31	27 49
58	36 55	36 4	35 14	34 26	33 38	32 51	32 5	31 20	30 35	29 52	29 9
59	38 20	37 29	36 39	35 49	35 1	34 13	33 26	32 40	31 55	31 10	30 26
60	39 43	38 51	38 1	37 10	36 21	35 33	34 45	33 58	33 12	32 27	31 42
61	41 4	40 12	39 20	38 29	37 40	36 51	36 2	35 14	34 27	33 41	32 55
62	42 22	41 29	40 37	39 46	38 56	38 6	37 17	36 29	35 41	34 54	34 7
63	43 38	42 45	41 53	41 1	40 10	39 20	38 30	37 41	36 53	36 5	35 18
64	44 53	43 59	43 6	42 14	41 23	40 32	39 42	38 52	38 3	37 14	36 26
65	46 5	45 11	44 18	43 25	42 33	41 42	40 51	40 1	39 11	38 22	37 34
66	47 16	46 22	45 28	44 35	43 43	42 51	42 0	41 9	40 19	39 29	38 40
67	48 25	47 30	46 36	45 43	44 50	43 58	43 6	42 15	41 24	40 34	39 44
68	49 32	48 37	47 43	46 50	45 57	45 4	44 12	43 20	42 29	41 38	40 47

Breite	Azimut										
	120°	121°	122°	123°	124°	125°	126°	127°	128°	129°	130°
	Längen-Unterschied										
42°	2°24'	2°18'	2°13'	2° 8'	2° 4'	1°59'	1°55'	1°51'	1°47'	1°44'	1°40'
43	4 32	4 22	4 13	4 5	3 56	3 48	3 40	3 33	3 25	3 18	3 12
44	6 36	6 22	6 9	5 56	5 44	5 33	5 22	5 11	5 1	4 51	4 41
45	8 34	8 17	8 1	7 45	7 29	7 15	7 1	6 47	6 34	6 21	6 9
46	10 29	10 8	9 49	9 30	9 12	8 54	8 37	8 21	8 5	7 50	7 35
47	12 19	11 56	11 33	11 12	10 51	10 31	10 11	9 52	9 34	9 16	8 59
48	14 6	13 40	13 15	12 51	12 27	12 5	11 43	11 21	11 1	10 41	10 21
49	15 49	15 20	14 53	14 27	14 1	13 36	13 12	12 49	12 26	12 4	11 42
50	17 28	16 58	16 29	16 0	15 32	15 5	14 39	14 13	13 49	13 25	13 1
51	19 5	18 33	18 1	17 31	17 1	16 32	16 4	15 37	15 10	14 44	14 18
52	20 39	20 5	19 32	18 59	18 28	17 57	17 27	16 58	16 29	16 1	15 34
53	22 10	21 34	20 59	20 25	19 52	19 20	18 48	18 17	17 47	17 17	16 49
54	23 38	23 1	22 25	21 49	21 14	20 41	20 8	19 35	19 3	18 32	18 2
55	25 4	24 26	23 48	23 11	22 35	21 59	21 25	20 51	20 18	19 45	19 13
56	26 28	25 48	25 9	24 31	23 53	23 17	22 41	22 5	21 30	20 56	20 23
57	27 49	27 8	26 28	25 49	25 10	24 32	23 55	23 18	22 42	22 6	21 32
58	29 9	28 26	27 45	27 5	26 25	25 46	25 7	24 29	23 52	23 15	22 39
59	30 26	29 43	29 1	28 19	27 38	26 58	26 18	25 39	25 0	24 22	23 45
60	31 42	30 57	30 14	29 31	28 49	28 8	27 27	26 47	26 7	25 28	24 50
61	32 55	32 10	31 26	30 42	29 59	29 17	28 35	27 54	27 13	26 33	25 54
62	34 7	33 21	32 36	31 52	31 8	30 24	29 42	28 59	28 18	27 37	26 56
63	35 18	34 31	33 45	33 0	32 15	31 31	30 47	30 4	29 21	28 39	27 57
64	36 26	35 39	34 52	34 6	33 20	32 35	31 51	31 7	30 23	29 40	28 58
65	37 34	36 46	35 58	35 11	34 25	33 39	32 54	32 9	31 24	30 40	29 57
66	38 40	37 51	37 3	36 15	35 28	34 41	33 55	33 9	32 24	31 39	30 55
67	39 44	38 55	38 6	37 18	36 30	35 42	34 55	34 9	33 23	32 37	31 52
68	40 47	39 57	39 8	38 19	37 30	36 42	35 55	35 7	34 20	33 34	32 48

Breite	Azimut										
	130°	131°	132°	133°	134°	135°	136°	137°	138°	139°	140°
	Längen-Unterschied										
42°	1°40′	1°37′	1°34′	1°30′	1°27′	1°24′	1°22′	1°19′	1°16′	1°14′	1°11′
43	3 12	3 5	2 59	2 53	2 48	2 42	2 37	2 31	2 26	2 21	2 17
44	4 41	4 32	4 23	4 15	4 6	3 58	3 50	3 43	3 35	3 28	3 21
45	6 9	5 57	5 46	5 35	5 24	5 13	5 3	4 53	4 44	4 34	4 25
46	7 35	7 21	7 7	6 53	6 40	6 27	6 15	6 3	5 51	5 40	5 29
47	8 59	8 42	8 26	8 10	7 55	7 40	7 26	7 12	6 58	6 44	6 31
48	10 21	10 2	9 44	9 26	9 9	8 52	8 35	8 19	8 3	7 48	7 33
49	11 42	11 21	11 1	10 41	10 21	10 2	9 44	9 26	9 8	8 51	8 34
50	13 1	12 38	12 16	11 54	11 32	11 11	10 51	10 31	10 12	9 53	9 34
51	14 18	13 54	13 29	13 6	12 43	12 20	11 58	11 36	11 15	10 54	10 33
52	15 34	15 8	14 42	14 16	13 51	13 27	13 3	12 39	12 16	11 54	11 32
53	16 49	16 20	15 53	15 26	14 59	14 33	14 7	13 42	13 18	12 54	12 30
54	18 2	17 32	17 2	16 33	16 5	15 38	15 11	14 44	14 18	13 52	13 27
55	19 13	18 42	18 11	17 40	17 11	16 41	16 13	15 45	15 17	14 50	14 23
56	20 23	19 50	19 18	18 46	18 15	17 44	17 14	16 45	16 16	15 47	15 19
57	21 32	20 57	20 24	19 51	19 18	18 46	18 15	17 44	17 13	16 43	16 14
58	22 39	22 4	21 29	20 54	20 20	19 47	19 14	18 42	18 10	17 39	17 8
59	23 45	23 8	22 32	21 57	21 22	20 47	20 13	19 39	19 6	18 33	18 1
60	24 50	24 13	23 35	22 59	22 22	21 46	21 10	20 35	20 1	19 27	18 53
61	25 54	25 15	24 36	23 58	23 21	22 44	22 7	21 31	20 55	20 20	19 45
62	26 56	26 16	25 36	24 57	24 19	23 41	23 3	22 26	21 49	21 12	20 36
63	27 57	27 16	26 36	25 55	25 16	24 37	23 58	23 19	22 41	22 4	21 27
64	28 58	28 16	27 34	26 53	26 12	25 32	24 52	24 12	23 33	22 55	22 16
65	29 57	29 14	28 31	27 49	27 7	26 26	25 45	25 4	24 24	23 45	23 5
66	30 55	30 11	29 27	28 44	28 2	27 19	26 37	25 56	25 15	24 34	23 53
67	31 52	31 7	30 23	29 39	28 55	28 12	27 29	26 46	26 4	25 22	24 41
68	32 48	32 2	31 17	30 32	29 48	29 3	28 19	27 36	26 53	26 10	25 28

Breite	Azimut										
	140°	141°	142°	143°	144°	145°	146°	147°	148°	149°	150°
	Längen-Unterschied										
42°	1°11′	1° 8′	1° 6′	1° 4′	1° 2′	0°59′	0°57′	0°55′	0°53′	0°51′	0°49′
43	2 17	2 12	2 7	2 3	1 58	1 54	1 50	1 46	1 42	1 38	1 34
44	3 21	3 14	3 8	3 1	2 55	2 49	2 43	2 37	2 31	2 25	2 20
45	4 25	4 16	4 8	3 59	3 51	3 43	3 35	3 27	3 19	3 12	3 5
46	5 29	5 18	5 7	4 57	4 46	4 36	4 27	4 17	4 7	3 58	3 49
47	6 31	6 18	6 6	5 53	5 41	5 29	5 18	5 6	4 55	4 44	4 34
48	7 33	7 18	7 4	6 49	6 36	6 22	6 9	5 56	5 43	5 30	5 18
49	8 34	8 17	8 1	7 45	7 29	7 14	6 59	6 44	6 30	6 15	6 1
50	9 34	9 16	8 58	8 40	8 22	8 5	7 49	7 32	7 16	7 0	6 45
51	10 33	10 13	9 54	9 34	9 15	8 56	8 38	8 20	8 2	7 45	7 28
52	11 32	11 10	10 49	10 28	10 7	9 47	9 27	9 7	8 48	8 29	8 10
53	12 30	12 7	11 44	11 21	10 59	10 37	10 16	9 54	9 33	9 13	8 53
54	13 27	13 2	12 38	12 14	11 50	11 26	11 3	10 41	10 18	9 56	9 34
55	14 23	13 57	13 31	13 5	12 40	12 15	11 51	11 27	11 3	10 39	10 16
56	15 19	14 51	14 24	13 56	13 30	13 4	12 38	12 12	11 47	11 22	10 57
57	16 14	15 44	15 16	14 47	14 19	13 51	13 24	12 57	12 30	12 4	11 38
58	17 8	16 37	16 7	15 37	15 8	14 39	14 10	13 41	13 13	12 46	12 18
59	18 1	17 29	16 58	16 26	15 56	15 25	14 55	14 25	13 56	13 27	12 58
60	18 53	18 10	17 47	17 15	16 43	16 11	15 40	15 9	14 38	14 8	13 38
61	19 45	19 11	18 37	18 3	17 30	16 57	16 24	15 52	15 20	14 48	14 17
62	20 36	20 1	19 25	18 50	18 16	17 42	17 8	16 34	16 1	15 28	14 56
63	21 27	20 50	20 13	19 37	19 2	18 26	17 51	17 16	16 42	16 8	15 34
64	22 16	21 38	21 1	20 23	19 46	19 10	18 34	17 58	17 22	16 47	16 12
65	23 5	22 26	21 47	21 9	20 31	19 53	19 16	18 39	18 2	17 25	16 49
66	23 53	23 13	22 33	21 54	21 15	20 36	19 57	19 19	18 41	18 3	17 26
67	24 41	24 0	23 19	22 38	21 58	21 18	20 38	19 59	19 20	18 41	18 3
68	25 28	24 46	24 4	23 22	22 41	22 0	21 19	20 39	19 58	19 18	18 39

Breite	Azimut										
	150°	151°	152°	153°	154°	155°	156°	157°	158°	159°	160°
	Längen-Unterschied										
42°	0°49′	0°47′	0°45′	0°43′	0°41′	0°40′	0°38′	0°36′	0°34′	0°33′	0°31′
43	1 34	1 31	1 27	1 23	1 20	1 16	1 13	1 10	1 6	1 3	1 0
44	2 20	2 14	2 9	2 3	1 58	1 53	1 48	1 43	1 38	1 33	1 28
45	3 5	2 57	2 50	2 43	2 36	2 30	2 23	2 16	2 10	2 3	1 57
46	3 49	3 40	3 32	3 23	3 14	3 6	2 58	2 49	2 41	2 33	2 26
47	4 34	4 23	4 13	4 2	3 52	3 42	3 32	3 22	3 13	3 3	2 54
48	5 18	5 5	4 53	4 41	4 30	4 18	4 7	3 55	3 44	3 33	3 22
49	6 1	5 47	5 34	5 20	5 7	4 54	4 41	4 28	4 15	4 3	3 51
50	6 45	6 29	6 14	5 59	5 44	5 29	5 15	5 1	4 46	4 33	4 19
51	7 28	7 11	6 54	6 37	6 21	6 5	5 49	5 33	5 17	5 2	4 47
52	8 10	7 52	7 33	7 15	6 57	6 40	6 22	6 5	5 48	5 31	5 14
53	8 53	8 33	8 13	7 53	7 34	7 15	6 56	6 37	6 18	6 0	5 42
54	9 34	9 13	8 52	8 31	8 10	7 49	7 29	7 9	6 49	6 29	6 9
55	10 16	9 53	9 30	9 8	8 46	8 24	8 2	7 40	7 19	6 58	6 37
56	10 57	10 33	10 9	9 45	9 21	8 58	8 35	8 12	7 49	7 26	7 4
57	11 38	11 12	10 47	10 21	9 56	9 31	9 7	8 43	8 19	7 55	7 31
58	12 18	11 51	11 24	10 58	10 31	10 5	9 39	9 13	8 48	8 23	7 58
59	12 58	12 30	12 1	11 33	11 6	10 38	10 11	9 44	9 17	8 51	8 24
60	13 38	13 8	12 38	12 9	11 40	11 11	10 43	10 14	9 46	9 18	8 50
61	14 17	13 46	13 15	12 44	12 14	11 44	11 14	10 44	10 15	9 46	9 16
62	14 56	14 23	13 51	13 19	12 48	12 16	11 45	11 14	10 43	10 13	9 42
63	15 34	15 0	14 27	13 54	13 21	12 48	12 16	11 44	11 12	10 40	10 8
64	16 12	15 37	15 2	14 28	13 54	13 20	12 46	12 13	11 40	11 7	10 34
65	16 49	16 13	15 37	15 2	14 26	13 51	13 16	12 42	12 7	11 33	10 59
66	17 26	16 49	16 12	15 35	14 59	14 22	13 46	13 10	12 35	11 59	11 24
67	18 3	17 24	16 46	16 8	15 31	14 53	14 16	13 39	13 2	12 25	11 49
68	18 39	17 59	17 20	16 41	16 2	15 23	14 45	14 7	13 29	12 51	12 13

Breite	Azimut										
	160°	161°	162°	163°	164°	165°	166°	167°	168°	169°	170°
	Längen-Unterschied										
42°	0°31′	0°29′	0°28′	0°26′	0°24′	0°23′	0°21′	0°20′	0°18′	0°17′	0°15′
43	1 0	0 57	0 53	0 50	0 47	0 44	0 41	0 38	0 35	0 32	0 29
44	1 28	1 24	1 19	1 14	1 10	1 5	1 1	0 56	0 52	0 47	0 43
45	1 57	1 51	1 45	1 39	1 32	1 26	1 20	1 14	1 9	1 3	0 57
46	2 26	2 18	2 10	2 3	1 55	1 48	1 40	1 33	1 25	1 18	1 11
47	2 54	2 45	2 36	2 27	2 18	2 9	2 0	1 51	1 42	1 33	1 25
48	3 22	3 12	3 1	2 50	2 40	2 30	2 19	2 9	1 59	1 49	1 39
49	3 51	3 38	3 26	3 14	3 2	2 50	2 39	2 27	2 15	2 4	1 52
50	4 19	4 5	3 51	3 38	3 24	3 11	2 58	2 45	2 32	2 19	2 6
51	4 47	4 31	4 16	4 1	3 47	3 32	3 17	3 3	2 49	2 34	2 20
52	5 14	4 58	4 41	4 25	4 9	3 53	3 37	3 21	3 5	2 49	2 34
53	5 42	5 24	5 6	4 48	4 31	4 13	3 56	3 39	3 21	3 4	2 47
54	6 9	5 50	5 31	5 12	4 53	4 34	4 15	3 56	3 38	3 19	3 1
55	6 37	6 16	5 55	5 35	5 14	4 54	4 34	4 14	3 54	3 34	3 14
56	7 4	6 42	6 20	5 58	5 36	5 14	4 53	4 31	4 10	3 49	3 28
57	7 31	7 7	6 44	6 20	5 57	5 34	5 12	4 49	4 26	4 4	3 41
58	7 58	7 33	7 8	6 43	6 19	5 54	5 30	5 6	4 42	4 18	3 55
59	8 24	7 58	7 32	7 6	6 40	6 14	5 49	5 23	4 58	4 33	4 8
60	8 50	8 23	7 55	7 28	7 1	6 34	6 7	5 40	5 14	4 47	4 21
61	9 16	8 48	8 19	7 50	7 22	6 54	6 25	5 57	5 30	5 2	4 34
62	9 42	9 12	8 42	8 12	7 43	7 13	6 44	6 14	5 45	5 16	4 47
63	10 8	9 37	9 5	8 34	8 3	7 32	7 2	6 31	6 1	5 30	5 0
64	10 34	10 1	9 28	8 56	8 24	7 52	7 20	6 48	6 16	5 44	5 13
65	10 59	10 25	9 51	9 17	8 44	8 10	7 37	7 4	6 31	5 58	5 25
66	11 24	10 49	10 14	9 39	9 4	8 29	7 55	7 20	6 46	6 12	5 38
67	11 49	11 12	10 36	10 0	9 24	8 48	8 12	7 37	7 1	6 26	5 50
68	12 13	11 35	10 58	10 21	9 43	9 6	8 29	7 53	7 16	6 39	6 3

123

Breite	Azimut										
	170°	171°	172°	173°	174°	175°	176°	177°	178°	179°	180°
	Längen-Unterschied										
42°	0°15′	0°13′	0°12′	0°10′	0° 9′	0° 7′	0° 6′	0° 4′	0° 3′	0° 1′	0° 0′
43	0 29	0 26	0 23	0 20	0 17	0 14	0 12	0 9	0 6	0 3	0 0
44	0 43	0 39	0 34	0 30	0 26	0 21	0 17	0 13	0 9	0 4	0 0
45	0 57	0 51	0 45	0 39	0 34	0 28	0 23	0 17	0 11	0 6	0 0
46	1 11	1 4	0 57	0 49	0 42	0 35	0 28	0 21	0 14	0 7	0 0
47	1 25	1 16	1 8	0 59	0 51	0 42	0 34	0 25	0 17	0 8	0 0
48	1 39	1 29	1 19	1 9	0 59	0 49	0 39	0 29	0 20	0 10	0 0
49	1 52	1 41	1 30	1 18	1 7	0 56	0 45	0 34	0 22	0 11	0 0
50	2 6	1 53	1 41	1 28	1 15	1 3	0 50	0 38	0 25	0 13	0 0
51	2 20	2 6	1 52	1 38	1 24	1 10	0 56	0 42	0 28	0 14	0 0
52	2 34	2 18	2 3	1 47	1 32	1 16	1 1	0 46	0 31	0 15	0 0
53	2 47	2 30	2 14	1 57	1 40	1 23	1 7	0 50	0 33	0 17	0 0
54	3 1	2 43	2 24	2 6	1 48	1 30	1 12	0 54	0 36	0 18	0 0
55	3 14	2 55	2 35	2 16	1 56	1 37	1 17	0 58	0 39	0 19	0 0
56	3 28	3 7	2 46	2 25	2 4	1 43	1 23	1 2	0 41	0 21	0 0
57	3 41	3 19	2 57	2 34	2 12	1 40	1 28	1 6	0 44	0 22	0 0
58	3 55	3 31	3 7	2 44	2 20	1 57	1 33	1 10	0 47	0 23	0 0
59	4 8	3 43	3 18	2 53	2 28	2 3	1 39	1 14	0 49	0 25	0 0
60	4 21	3 55	3 28	3 2	2 36	2 10	1 44	1 18	0 52	0 26	0 0
61	4 34	4 6	3 39	3 11	2 44	2 16	1 49	1 22	0 55	0 27	0 0
62	4 47	4 18	3 49	3 20	2 52	2 23	1 54	1 26	0 57	0 29	0 0
63	5 0	4 30	3 59	3 29	2 59	2 29	2 0	1 30	1 0	0 30	0 0
64	5 13	4 41	4 10	3 38	3 7	2 36	2 5	1 33	1 2	0 31	0 0
65	5 25	4 53	4 20	3 47	3 15	2 42	2 10	1 37	1 5	0 32	0 0
66	5 38	5 4	4 30	3 56	3 22	2 48	2 15	1 41	1 7	0 34	0 0
67	5 50	5 15	4 40	4 5	3 30	2 55	2 20	1 45	1 10	0 35	0 0
68	6 3	5 26	4 50	4 13	3 37	3 1	2 25	1 49	1 12	0 36	0 0

Breite	Azimut

Breite	0°	1°	2°	3°	4°	5°	6°	7°	8°	9°	10°
	Längen-Unterschied										
30°	0° 0′	0°14′	0°27′	0°41′	0°55′	1° 8′	1°22′	1°36′	1°50′	2° 4′	2°18′
31	0 0	0 12	0 25	0 37	0 49	1 2	1 14	1 26	1 39	1 52	2 4
32	0 0	0 11	0 22	0 33	0 44	0 55	1 6	1 17	1 28	1 39	1 51
33	0 0	0 10	0 19	0 29	0 38	0 48	0 58	1 7	1 17	1 27	1 37
34	0 0	0 8	0 16	0 25	0 33	0 41	0 50	0 58	1 6	1 15	1 23
35	0 0	0 7	0 14	0 21	0 27	0 34	0 41	0 48	0 55	1 2	1 9
36	0 0	0 5	0 11	0 16	0 22	0 28	0 33	0 39	0 44	0 50	0 56
37	0 0	0 4	0 8	0 12	0 17	0 21	0 25	0 29	0 33	0 37	0 42
38	0 0	0 3	0 6	0 8	0 11	0 14	0 17	0 19	0 22	0 25	0 28

Breite	Azimut

Breite	10°	11°	12°	13°	14°	15°	16°	17°	18°	19°	20°
	Längen-Unterschied										
30°	2°18′	2°32′	2°46′	3° 1′	3°15′	3°30′	3°45′	4° 0′	4°15′	4°31′	4°47′
31	2 4	2 17	2 30	2 43	2 56	0 9	3 23	3 36	4 50	4 4	4 18
32	1 51	2 2	2 13	2 25	2 37	2 48	3 0	3 12	3 24	3 37	3 49
33	1 37	1 47	1 57	2 7	2 17	2 27	2 38	2 48	2 59	3 10	3 21
34	1 23	1 32	1 40	1 49	1 58	2 6	2 15	2 24	2 33	2 43	2 52
35	1 9	1 16	1 23	1 31	1 38	1 45	1 53	2 0	2 8	2 16	2 23
36	0 56	1 1	1 7	1 13	1 19	1 24	1 30	1 36	1 42	1 49	1 55
37	0 42	0 46	0 50	0 55	0 59	1 3	1 8	1 12	1 17	1 22	1 26
38	0 28	0 31	0 34	0 37	0 39	0 42	0 45	0 48	0 51	0 54	0 58

Breite	Azimut

Breite	20°	21°	22°	23°	24°	25°	26°	27°	28°	29°	30°
	Längen-Unterschied										
30°	4°47′	5° 3′	5°19′	5°35′	5°52′	6° 9′	6°27′	6°45′	7° 3′	7°22′	7°41′
31	4 18	4 32	4 47	5 2	5 17	5 32	5 48	6 4	6 20	6 37	6 54
32	3 49	4 2	4 15	4 28	4 42	4 55	5 9	5 24	5 38	5 53	6 8
33	3 21	3 32	3 43	3 55	4 6	4 18	4 30	4 43	4 56	5 8	5 22
34	2 52	3 2	3 11	3 21	3 31	3 41	3 52	4 2	4 13	4 24	4 35
35	2 23	2 31	2 39	2 48	2 56	3 4	3 13	3 22	3 31	3 40	3 49
36	1 55	2 1	2 8	2 14	2 21	2 27	2 34	2 41	2 48	2 56	3 3
37	1 26	1 31	1 36	1 41	1 46	1 51	1 56	2 1	2 6	2 12	2 17
38	0 58	1 1	1 4	1 7	1 10	1 14	1 17	1 21	1 24	1 28	1 31

Breite	Azimut

Breite	30°	31°	32°	33°	34°	35°	36°	37°	38°	39°	40°
	Längen-Unterschied										
30°	7°41′	8° 1′	8°21′	8°42′	9° 3′	9°25′	9°48′	10°12′	10°36′	11° 2′	11°28′
31	6 54	7 12	7 30	7 49	8 8	8 28	8 48	9 9	9 31	9 54	10 17
32	6 8	6 24	6 40	6 56	7 13	7 30	7 48	8 7	8 26	8 46	9 7
33	5 22	5 35	5 49	6 4	6 18	6 33	6 49	7 5	7 22	7 39	7 56
34	4 35	4 47	4 59	5 11	5 23	5 36	5 50	6 3	6 17	6 32	6 47
35	3 49	3 59	4 9	4 19	4 29	4 40	4 51	5 2	5 13	5 25	5 38
36	3 3	3 11	3 19	3 27	3 35	3 43	3 52	4 1	4 10	4 19	4 29
37	2 17	2 23	2 29	2 35	2 41	2 47	2 53	3 0	3 7	3 14	3 21
38	1 31	1 35	1 39	1 43	1 47	1 51	1 55	2 0	2 4	2 9	2 14

Aranjuez. Breite 40° 0' 48" N   Länge 3° 4' 32" W

Längen-Unterschied	Azimut 40°	41°	42°	43°	44°	45°	46°	47°	48°	49°	50°
	Breite										
2°	38°12'	38°16'	38°20'	38°23'	38°27'	38°30'	38°33'	38°36'	38°39'	38°42'	38°45'
4	36 26	36 33	36 41	36 48	36 54	37 1	37 7	37 13	37 19	37 25	37 31
6	34 41	34 52	35 3	35 14	35 24	35 34	35 43	35 52	36 1	36 10	36 18
8	32 57	33 12	33 27	33 41	33 55	34 8	34 21	34 33	34 45	34 57	35 8
10	31 15	31 34	31 53	32 10	32 28	32 44	33 0	33 15	33 30	33 45	33 59
11	30 24	30 45	31 6	31 25	31 44	32 3	32 20	32 37	32 53	33 9	33 25
12	29 33	29 57	30 19	30 41	31 1	31 21	31 41	31 59	32 17	32 35	32 52
13			29 33	29 56	30 19	30 40	31 1	31 22	31 41	32 0	32 19
14			28 47	29 12	29 36	30 0	30 23	30 44	31 5	31 26	31 46
15							29 44	30 7	30 30	30 52	31 13
16							29 6	29 31	29 55	30 19	30 41
17											30 10
18											29 38

Längen-Unterschied	Azimut 50°	51°	52°	53°	54°	55°	56°	57°	58°	59°	60°
	Breite										
2°	38°45'	38°48'	38°51'	38°53'	38°55'	38°57'	39° 0'	39° 2'	39° 4'	39° 7'	39° 9'
4	37 31	37 36	37 41	37 46	37 51	37 56	38 1	38 5	38 10	38 14	38 19
6	36 18	36 26	36 34	36 42	36 49	36 57	37 4	37 11	37 18	37 24	37 31
8	35 8	35 19	35 29	35 39	35 49	35 59	36 9	36 18	36 27	36 35	36 45
10	33 59	34 13	34 26	34 39	34 51	35 3	35 15	35 27	35 38	35 49	36 0
11	33 25	33 40	33 55	34 9	34 23	34 36	34 49	35 2	35 14	35 27	35 39
12	32 52	33 8	33 24	33 39	33 55	34 9	34 23	34 38	34 51	35 5	35 18
13	32 19	32 36	32 54	33 10	33 27	33 43	33 58	34 14	34 28	34 43	34 57
14	31 46	32 5	32 24	32 42	33 0	33 17	33 34	33 50	34 6	34 22	34 37
15	31 13	31 34	31 54	32 14	32 33	32 51	33 9	33 27	33 44	34 1	34 17
16	30 41	31 3	31 25	31 46	32 6	32 26	32 45	33 4	33 23	33 41	33 58
17	30 10	30 33	30 56	31 19	31 40	32 1	32 22	32 42	33 2	33 21	33 39
18	29 38	30 3	30 28	30 52	31 15	31 37	31 59	32 20	32 41	33 1	33 21
19			30 0	30 25	30 49	31 13	31 36	31 59	32 21	32 42	33 3
20			29 32	29 59	30 24	30 49	31 14	31 38	32 1	32 24	32 46
21					29 59	30 26	30 52	31 17	31 41	32 5	32 29
22					29 35	30 3	30 30	30 57	31 22	31 47	32 12
23					29 12	29 41	30 9	30 37	31 4	31 30	31 56
24					28 48	29 19	29 48	30 17	30 46	31 13	31 40
25							29 28	29 58	30 28	30 57	31 25
26							29 8	29 40	30 11	30 41	31 10
27									29 54	30 25	30 56
28									29 37	30 10	30 42
29									29 21	29 55	30 29
30									29 6	29 41	30 16
31											30 3

Längen-Unter-schied	Azimut										
	60°	61°	62°	63°	64°	65°	66°	67°	68°	69°	70°
	Breite										
2°	39° 9'	39°11'	39°13'	39°15'	39°17'	39°19'	39°21'	39°23'	39°25'	39°27'	39°28'
4	38 19	38 23	38 27	38 31	38 35	38 39	38 43	38 47	38 51	38 54	38 58
6	37 31	37 37	37 43	37 49	37 55	38 1	38 7	38 13	38 19	38 24	38 30
8	36 45	36 53	37 1	37 10	37 18	37 26	37 33	37 41	37 49	37 56	38 3
10	36 0	36 11	36 21	36 32	36 42	36 52	37 1	37 11	37 20	37 30	37 39
11	35 39	35 51	36 2	36 13	36 24	36 35	36 46	36 57	37 7	37 17	37 27
12	35 18	35 31	35 43	35 55	36 7	36 19	36 31	36 43	36 54	37 5	37 16
13	34 57	35 11	35 25	35 38	35 51	36 4	36 17	36 29	36 42	36 54	37 6
14	34 37	34 52	35 7	35 21	35 35	35 49	36 3	36 16	36 30	36 43	36 56
15	34 17	34 33	34 49	35 5	35 20	35 35	35 50	36 4	36 19	36 33	36 46
16	33 58	34 15	34 32	34 49	35 5	35 21	35 37	35 52	36 8	36 23	36 37
17	33 39	33 58	34 16	34 33	34 51	35 8	35 24	35 41	35 57	36 13	36 29
18	33 21	33 41	34 0	34 18	34 37	34 55	35 12	35 30	35 47	36 4	36 21
19	32 3	33 24	33 44	34 4	34 23	34 42	35 1	35 20	35 38	35 56	36 13
20	32 46	33 7	33 29	33 50	34 10	34 30	34 50	35 10	35 29	35 48	36 6
21	32 29	32 51	33 14	33 36	33 58	34 19	34 40	35 0	35 20	35 40	36 0
22	32 12	32 36	33 0	33 23	33 46	34 8	34 30	34 51	35 12	35 33	35 54
23	31 56	32 21	32 46	33 10	33 34	33 57	34 20	34 43	35 5	35 27	35 49
24	31 40	32 7	32 33	32 58	33 23	33 47	34 11	34 35	34 58	35 21	35 44
25	31 25	31 53	32 20	32 46	33 12	33 38	34 3	34 28	34 52	35 16	35 39
26	31 10	31 39	32 7	32 35	33 2	33 29	33 55	34 21	34 46	35 11	35 36
27	30 56	31 26	31 55	32 24	32 52	33 20	33 48	34 14	34 41	35 7	35 32
28	30 42	31 13	31 44	32 14	32 43	33 12	33 41	34 8	34 36	35 3	35 29
29	30 29	31 1	31 33	32 4	32 35	33 5	33 34	34 3	34 32	35 0	35 27
30	30 16	30 49	31 23	31 55	32 27	32 58	33 28	33 58	34 28	34 57	35 26
31	30 3	30 38	31 13	31 46	32 19	32 51	33 23	33 54	34 25	34 55	35 25
32	29 51	30 28	31 3	31 38	32 12	32 45	33 18	33 51	34 22	34 54	35 25
33	29 40	30 17	30 54	31 30	32 6	32 40	33 14	33 48	34 20	34 53	35 25
34	29 29	30 8	30 46	31 23	32 0	32 36	33 11	33 45	34 19	34 53	35 26
35	29 18	29 59	30 38	31 17	31 54	32 32	33 8	33 43	34 19	34 53	35 27
36	29 8	29 50	30 31	31 11	31 49	32 28	33 5	33 42	34 18	34 54	35 29
37	28 59	29 42	30 24	31 5	31 45	32 25	33 3	33 42	34 19	34 56	35 32
38	28 50	29 34	30 18	31 0	31 42	32 22	33 2	33 42	34 20	34 58	35 35
39	28 41	29 27	30 12	30 56	31 39	32 21	33 2	33 42	34 22	35 1	35 40
40	28 33	29 21	30 7	30 52	31 36	32 20	33 2	33 44	34 25	35 5	35 45
41	28 26	29 15	30 3	30 49	31 35	32 19	33 3	33 46	34 28	35 9	35 50
42	28 20	29 10	29 59	30 47	31 34	32 20	33 5	33 49	34 32	35 14	35 56
43	28 14	29 6	29 56	30 45	31 33	32 21	33 7	33 52	34 37	35 20	36 3
44	28 8	29 2	29 53	30 44	31 34	32 22	33 10	33 56	34 42	35 27	36 11
45	28 3	28 58	29 52	30 44	31 35	32 25	33 14	34 1	34 48	35 35	36 20
46	27 59	28 56	29 51	30 44	31 37	32 28	33 18	34 7	34 55	35 43	36 29
47	27 56	28 54	29 50	30 45	31 39	32 32	33 23	34 14	35 3	35 52	36 40
48	27 53	28 53	29 51	30 47	31 43	32 37	33 30	34 21	35 12	36 2	36 51
49	27 51	28 52	29 53	30 50	31 47	32 42	33 37	34 30	35 22	36 13	37 3
50	27 50	28 53	29 55	30 54	31 52	32 49	33 45	34 39	35 32	36 25	37 16
51	27 50	28 54	29 57	30 58	31 58	32 56	33 53	34 49	35 44	36 38	37 30
52	27 50	28 56	30 1	31 4	32 5	33 5	34 3	35 0	35 56	36 51	37 45
53	27 51	28 59	30 5	31 10	32 13	33 14	34 14	35 12	36 10	37 6	38 1
54	27 53	29 3	30 11	31 17	32 21	33 24	34 26	35 25	36 24	37 22	38 18
55	27 56	29 8	30 18	31 25	32 31	33 36	34 38	35 40	36 40	37 39	38 36
56	28 0	29 13	30 25	31 35	32 42	33 48	34 52	35 55	36 56	37 57	38 56
57	28 5	29 20	30 34	31 45	32 54	34 1	35 7	36 11	37 14	38 16	39 16
58	28 11	29 29	30 44	31 56	33 7	34 16	35 23	36 29	37 33	38 36	39 37
59	28 18	29 38	30 54	32 9	33 21	34 32	35 40	36 47	37 53	38 57	40 0
60	28 27	29 48	31 6	32 23	33 37	34 49	35 59	37 7	38 14	39 20	40 24

Aranjuez. Breite 40° 0′ 48″ N   Länge 3° 4′ 32″ W

Längen-Unter-schied	Azimut										
	70°	71°	72°	73°	74°	75°	76°	77°	78°	79°	80°
	Breite										
2°	39°28′	39°30′	39°32′	39°34′	39°35′	39°37′	39°39′	39°41′	39°42′	39°44′	39°46′
4	38 58	39 2	39 5	39 9	39 12	39 16	39 19	39 22	39 26	39 29	39 33
6	38 30	38 35	38 40	38 46	38 51	38 56	39 1	39 6	39 11	39 16	39 21
8	38 3	38 10	38 18	38 25	38 32	38 39	38 46	38 52	38 59	39 6	39 12
10	37 39	37 48	37 57	38 6	38 15	38 23	38 32	38 40	38 49	38 57	39 6
11	37 27	37 37	37 47	37 57	38 7	38 16	38 26	38 35	38 44	38 54	39 3
12	37 16	37 27	37 38	37 49	37 59	38 10	38 20	38 30	38 40	38 51	39 1
13	37 6	37 18	37 29	37 41	37 52	38 4	38 15	38 26	38 37	38 48	38 59
14	36 56	37 9	37 21	37 34	37 46	37 58	38 10	38 22	38 34	38 46	38 58
15	36 46	37 0	37 14	37 27	37 40	37 53	38 6	38 19	38 32	38 45	38 57
16	36 37	36 52	37 7	37 21	37 35	37 49	38 3	38 16	38 30	38 44	38 57
17	36 29	36 45	37 0	37 15	37 30	37 45	38 0	38 14	38 29	38 43	38 57
18	36 21	36 38	36 54	37 10	37 26	37 42	37 57	38 13	38 28	38 43	38 58
19	36 13	36 31	36 48	37 5	37 22	37 39	37 55	38 12	38 28	38 44	39 0
20	36 6	36 25	36 43	37 1	37 19	37 36	37 54	38 11	38 28	38 45	39 2
21	36 0	36 19	36 38	36 57	37 16	37 34	37 53	38 11	38 29	38 47	39 5
22	35 54	36 14	36 34	36 54	37 14	37 33	37 53	38 12	38 31	38 49	39 8
23	35 49	36 10	36 31	36 52	37 12	37 33	37 53	38 13	38 33	38 52	39 12
24	35 44	36 6	36 28	36 50	37 11	37 33	37 54	38 15	38 35	38 56	39 16
25	35 39	36 3	36 26	36 48	37 11	37 33	37 55	38 17	38 38	39 0	39 21
26	35 36	36 0	36 24	36 47	37 11	37 34	37 57	38 20	38 42	39 4	39 27
27	35 32	35 58	36 23	36 47	37 11	37 36	37 59	38 23	38 46	39 10	39 33
28	35 29	35 56	36 22	36 47	37 13	37 38	38 2	38 27	38 51	39 16	39 40
29	35 27	35 55	36 22	36 48	37 15	37 41	38 6	38 32	38 57	39 22	39 47
30	35 26	35 54	36 22	36 50	37 17	37 44	38 11	38 37	39 3	39 29	39 55
31	35 25	35 54	36 23	36 52	37 20	37 48	38 16	38 43	39 10	39 37	40 4
32	35 25	35 55	36 25	36 54	37 24	37 53	38 21	38 50	39 18	39 46	40 13
33	35 25	35 56	36 27	36 58	37 28	37 58	38 27	38 57	39 26	39 55	40 23
34	35 26	35 58	36 30	37 2	37 33	38 4	38 34	39 5	39 35	40 5	40 34
35	35 27	36 1	36 34	37 6	37 39	38 10	38 42	39 13	39 44	40 15	40 46
36	35 29	36 4	36 38	37 12	37 45	38 18	38 50	39 23	39 55	40 26	40 58
37	35 32	36 8	36 43	37 18	37 52	38 26	38 59	39 33	40 6	40 38	41 11
38	35 35	36 12	36 48	37 24	38 0	38 34	39 9	39 43	40 17	40 51	41 24
39	35 40	36 17	36 55	37 32	38 8	38 44	39 20	39 55	40 30	41 4	41 39
40	35 45	36 23	37 2	37 40	38 17	38 54	39 31	40 7	40 43	41 19	41 54
41	35 50	36 30	37 10	37 49	38 27	39 5	39 43	40 20	40 57	41 34	42 10
42	35 56	36 38	37 18	37 58	38 38	39 17	39 56	40 34	41 12	41 49	42 27
43	36 3	36 46	37 28	38 9	38 49	39 30	40 9	40 49	41 28	42 6	42 44
44	36 11	36 55	37 38	38 20	39 2	39 43	40 24	41 4	41 44	42 24	43 3
45	36 20	37 5	37 49	38 32	39 15	39 57	40 39	41 20	42 1	42 42	43 22
46	36 29	37 15	38 0	38 45	39 29	40 12	40 55	41 38	42 20	43 1	43 43
47	36 40	37 27	38 13	38 59	39 44	40 28	41 12	41 56	42 39	43 22	44 4
48	36 51	37 39	38 27	39 14	40 0	40 45	41 30	42 15	42 59	43 43	44 26
49	37 3	37 52	38 41	39 29	40 17	41 3	41 49	42 35	43 20	44 5	44 49
50	37 16	38 7	38 57	39 46	40 34	41 22	42 9	42 56	43 42	44 28	45 13
51	37 30	38 22	39 13	40 3	40 53	41 42	42 30	43 18	44 5	44 52	45 38
52	37 45	38 38	39 30	40 22	41 13	42 3	42 52	43 41	44 29	45 17	46 5
53	38 1	38 55	39 49	40 42	41 33	42 25	43 15	44 5	44 54	45 43	46 32
54	38 18	39 14	40 8	41 2	41 55	42 47	43 39	44 30	45 21	46 11	47 0
55	38 36	39 33	40 29	41 24	42 18	43 11	44 4	44 56	45 48	46 39	47 29
56	38 56	39 54	40 51	41 47	42 42	43 37	44 30	45 24	46 16	47 8	48 0
57	39 16	40 15	41 13	42 11	43 7	44 3	44 58	45 52	46 46	47 39	48 32
58	39 37	40 38	41 37	42 36	43 34	44 30	45 27	46 22	47 17	48 11	49 5
59	40 0	41 2	42 3	43 2	44 1	44 59	45 56	46 53	47 49	48 44	49 39
60	40 24	41 27	42 29	43 30	44 30	45 29	46 27	47 25	48 22	49 18	50 14

Längen-Unter-schied	Azimut										
	80°	81°	82°	83°	84°	85°	86°	87°	88°	89°	90°
	Breite										
2°	39°46′	39°47′	39°49′	39°51′	39°52′	39°54′	39°55′	39°57′	39°59′	40° 0′	40° 2′
4	39 33	39 36	39 39	39 42	39 46	39 49	39 52	39 55	39 59	40 2	40 5
6	39 21	39 26	39 31	39 36	39 41	39 46	39 51	39 56	40 1	40 5	40 10
8	39 12	39 19	39 26	39 32	39 39	39 45	39 52	39 58	40 5	40 11	40 17
10	39 6	39 14	39 22	39 30	39 38	39 46	39 55	40 3	40 11	40 19	40 27
11	39 3	39 12	39 21	39 30	39 39	39 48	39 57	40 6	40 15	40 23	40 32
12	39 1	39 11	39 20	39 30	39 40	39 50	40 0	40 9	40 19	40 28	40 38
13	38 59	39 10	39 20	39 31	39 42	39 52	40 3	40 13	40 24	40 34	40 45
14	38 58	39 9	39 21	39 32	39 44	39 55	40 7	40 18	40 29	40 41	40 52
15	38 57	39 9	39 22	39 34	39 47	39 59	40 11	40 23	40 35	40 48	41 0
16	38 57	39 10	39 24	39 37	39 50	40 3	40 16	40 29	40 42	40 55	41 8
17	38 57	39 12	39 26	39 40	39 54	40 8	40 22	40 35	40 49	41 3	41 17
18	38 58	39 13	39 28	39 43	39 58	40 13	40 28	40 42	40 57	41 12	41 26
19	39 0	39 16	39 31	39 47	40 3	40 19	40 34	40 50	41 5	41 21	41 36
20	39 2	39 19	39 35	39 52	40 9	40 25	40 41	40 58	41 14	41 30	41 47
21	39 5	39 22	39 40	39 57	40 15	40 32	40 49	41 6	41 23	41 41	41 58
22	39 8	39 26	39 45	40 3	40 21	40 39	40 58	41 15	41 33	41 52	42 10
23	39 12	39 31	39 50	40 10	40 29	40 47	41 7	41 25	41 44	42 3	42 22
24	39 16	39 36	39 56	40 17	40 37	40 56	41 16	41 36	41 55	42 15	42 35
25	39 21	39 42	40 3	40 24	40 45	41 6	41 26	41 47	42 7	42 28	42 49
26	39 27	39 49	40 10	40 32	40 54	41 16	41 37	41 59	42 20	42 42	43 3
27	39 33	39 56	40 18	40 41	41 4	41 26	41 49	42 11	42 33	42 56	43 18
28	39 40	40 3	40 27	40 51	41 14	41 37	42 1	42 24	42 47	43 10	43 33
29	39 47	40 12	40 36	41 1	41 25	41 49	42 13	42 38	43 2	43 26	43 50
30	39 55	40 21	40 46	41 11	41 37	42 2	42 27	42 52	43 17	43 52	44 7
31	40 4	40 30	40 57	41 23	41 49	42 15	42 41	43 7	43 33	44 8	44 24
32	40 13	40 41	41 8	41 35	42 2	42 29	42 56	43 23	43 49	44 16	44 43
33	40 23	40 52	41 20	41 48	42 16	42 44	43 11	43 39	44 7	44 34	45 2
34	40 34	41 3	41 32	42 1	42 30	42 59	43 28	43 56	44 25	44 53	45 22
35	40 46	41 16	41 46	42 16	42 45	43 15	43 45	44 14	44 44	45 13	45 42
36	40 58	41 29	42 0	42 31	43 1	43 32	44 2	44 33	45 3	45 33	46 4
37	41 11	41 43	42 15	42 46	43 18	43 50	44 21	44 52	45 23	45 55	46 26
38	41 24	41 57	42 30	43 3	43 35	44 8	44 40	45 12	45 45	46 17	46 49
39	41 39	42 13	42 46	43 20	43 54	44 27	45 0	45 33	46 7	46 40	47 13
40	41 54	42 29	43 4	43 38	44 13	44 47	45 21	45 55	46 29	47 3	47 37
41	42 10	42 46	43 22	43 57	44 33	45 8	45 43	46 18	46 53	47 28	48 3
42	42 27	43 4	43 40	44 17	44 53	45 30	46 6	46 42	47 17	47 53	48 29
43	42 44	43 22	44 0	44 38	45 15	45 52	46 29	47 6	47 43	48 20	48 56
44	43 3	43 42	44 21	44 59	45 37	46 15	46 53	47 31	48 9	48 47	49 25
45	43 22	44 2	44 42	45 21	46 1	46 40	47 19	47 58	48 36	49 15	49 54
46	43 43	44 24	45 4	45 45	46 25	47 5	47 45	48 25	49 4	49 44	50 24
47	44 4	44 46	45 27	46 9	46 50	47 31	48 12	48 53	49 33	50 14	50 55
48	44 26	45 9	45 52	46 34	47 16	47 58	48 40	49 22	50 4	50 45	51 27
49	44 49	45 33	46 17	47 0	47 44	48 27	49 9	49 52	50 35	51 17	52 0
50	45 13	45 58	46 43	47 27	48 12	48 56	49 39	50 23	51 7	51 50	52 34
51	45 38	46 24	47 10	47 56	48 41	49 26	50 11	50 55	51 40	52 24	53 9
52	46 5	46 52	47 38	48 25	49 11	49 57	50 43	51 28	52 14	52 59	53 45
53	46 32	47 20	48 8	48 55	49 42	50 29	51 16	52 3	52 49	53 36	54 22
54	47 0	47 49	48 38	49 26	50 15	51 2	51 50	52 38	53 25	54 13	55 0
55	47 29	48 20	49 9	49 59	50 48	51 37	52 26	53 14	54 3	54 51	55 39
56	48 0	48 51	49 42	50 32	51 23	52 13	53 2	53 52	54 41	55 31	56 20
57	48 32	49 24	50 16	51 7	51 58	52 49	53 40	54 30	55 21	56 11	57 2
58	49 5	49 58	50 51	51 43	52 35	53 27	54 19	55 10	56 2	56 53	57 44
59	49 39	50 33	51 27	52 20	53 13	54 6	54 59	55 51	56 44	57 36	58 28
60	50 14	51 9	52 4	52 59	53 53	54 46	55 40	56 34	57 27	58 20	59 13

Breite	Azimut										
	90°	91°	92°	93°	94°	95°	96°	97°	98°	99°	100°
	Längen-Unterschied										
42°	21°12′	19°45′	18°25′	17°10′	16° 1′	14°58′	14° 0′	13° 7′	12°18′	11°33′	10°52′
43	25 49	24 23	23 2	21 46	20 34	19 27	18 24	17 25	16 30	15 39	14 52
44	29 37	28 13	26 52	25 35	24 22	23 13	22 8	21 6	20 8	19 13	18 21
45	32 55	31 32	30 12	28 55	27 42	26 32	25 25	24 21	23 20	22 22	21 27
46	35 50	34 28	33 9	31 53	30 39	29 29	28 21	27 16	26 14	25 14	24 17
47	38 29	37 8	35 50	34 34	33 21	32 10	31 2	29 56	28 53	27 52	26 53
48	40 54	39 34	38 17	37 2	35 49	34 38	33 30	32 24	31 20	30 18	29 18
49	43 8	41 50	40 33	39 19	38 6	36 56	35 47	34 41	33 37	32 34	31 34
50	45 13	43 57	42 41	41 26	40 14	39 4	37 56	36 49	35 45	34 42	33 41
51	47 10	45 54	44 39	43 26	42 15	41 5	39 57	38 50	37 46	36 43	35 41
52	49 1	47 46	46 32	45 19	44 8	42 59	41 51	40 45	39 40	38 37	37 35
53	50 46	49 31	48 18	47 6	45 56	44 47	43 40	42 34	41 29	40 26	39 24
54	52 25	51 11	49 59	48 48	47 38	46 30	45 23	44 17	43 13	42 10	41 8
55	54 0	52 47	51 36	50 25	49 16	48 8	47 1	45 56	44 52	43 48	42 46
56	55 31	54 19	53 8	51 58	50 50	49 42	48 36	47 31	46 27	45 24	44 22
57	56 58	55 47	54 37	53 28	52 20	51 13	50 7	49 2	47 58	46 55	45 53
58	58 22	57 11	56 2	54 53	53 46	52 39	51 34	50 29	49 25	48 23	47 21
59	59 42	58 33	57 24	56 16	55 9	54 3	52 58	51 54	50 50	49 48	48 46
60	61 1	59 52	58 44	57 36	56 30	55 24	54 19	53 15	52 12	51 10	50 8
61		61 8	60 0	58 54	57 48	56 42	55 38	54 34	53 31	52 29	51 28
62			61 15	60 9	59 3	57 58	56 54	55 51	54 48	53 46	52 45
63				61 21	60 16	59 12	58 8	57 5	56 3	55 1	54 0
64					61 28	60 24	59 20	58 17	57 15	56 14	55 13
65						61 33	60 30	59 28	58 26	57 24	56 24
66							61 38	60 36	59 34	58 33	57 33
67								61 43	60 42	59 41	58 40
68									61 47	60 47	59 46

Breite	Azimut										
	100°	101°	102°	103°	104°	105°	106°	107°	108°	109°	110°
	Längen-Unterschied										
42°	10°52′	10°15′	9°41′	9°10′	8°41′	8°14′	7°50′	7°27′	7° 6′	6°46′	6°28′
43	14 52	14 7	13 26	12 47	12 11	11 38	11 7	10 37	10 10	9 44	9 20
44	18 21	17 32	16 45	16 2	15 21	14 42	14 6	13 32	12 59	12 28	11 59
45	21 27	20 35	19 46	18 59	18 14	17 32	16 51	16 13	15 37	15 2	14 29
46	24 17	23 23	22 31	21 41	20 53	20 8	19 25	18 43	18 4	17 26	16 50
47	26 53	25 57	25 3	24 11	23 22	22 34	21 48	21 4	20 22	19 42	19 3
48	29 18	28 21	27 26	26 32	25 41	24 51	24 3	23 17	22 33	21 50	21 9
49	31 34	30 35	29 39	28 44	27 51	27 0	26 11	25 23	24 37	23 53	23 10
50	33 41	32 42	31 45	30 49	29 55	29 3	28 12	27 23	26 35	25 49	25 4
51	35 41	34 42	33 44	32 47	31 52	30 59	30 7	29 17	28 28	27 41	26 54
52	37 35	36 35	35 37	34 40	33 44	32 50	31 57	31 6	30 16	29 27	28 40
53	39 24	38 24	37 25	36 27	35 31	34 36	33 43	32 50	31 59	31 10	30 21
54	41 8	40 7	39 8	38 10	37 13	36 18	35 24	34 31	33 39	32 48	31 59
55	42 46	41 46	40 47	39 48	38 51	37 55	37 1	36 7	35 15	34 23	33 33
56	44 22	43 21	42 21	41 23	40 25	39 29	38 34	37 40	36 47	35 55	35 4
57	45 53	44 52	43 53	42 54	41 56	41 0	40 4	39 10	38 16	37 24	36 32
58	47 21	46 20	45 21	44 22	43 24	42 27	41 31	40 36	39 42	38 49	37 57
59	48 46	47 45	46 46	45 47	44 49	43 52	42 56	42 0	41 6	40 12	39 20
60	50 8	49 8	48 8	47 9	46 11	45 14	44 17	43 22	42 27	41 33	40 40
61	51 28	50 27	49 27	48 29	47 30	46 33	45 36	44 40	43 45	42 51	41 58
62	52 45	51 44	50 45	49 46	48 48	47 50	46 53	45 57	45 2	44 7	43 13
63	54 0	52 59	52 0	51 1	50 2	49 5	48 8	47 12	46 16	45 21	44 27
64	55 13	54 12	53 13	52 14	51 15	50 18	49 21	48 24	47 29	46 34	45 39
65	56 24	55 23	54 24	53 25	52 27	51 29	50 32	49 35	48 39	47 44	46 49
66	57 33	56 33	55 33	54 34	53 36	52 38	51 41	50 44	49 48	48 53	47 58
67	58 40	57 40	56 41	55 42	54 44	53 46	52 49	51 52	50 55	50 0	49 4
68	59 46	58 46	57 47	56 48	55 50	54 52	53 55	52 58	52 1	51 5	50 10

Breite	Azimut										
	110°	111°	112°	113°	114°	115°	116°	117°	118°	119°	120°
	Längen-Unterschied										
42°	6°28′	6°11′	5°55′	5°41′	5°27′	5°14′	5° 1′	4°50′	4°39′	4°28′	4°19′
43	9 20	8 57	8 36	8 15	7 56	7 38	7 21	7 5	6 50	6 35	6 21
44	11 59	11 32	11 6	10 41	10 18	9 56	9 34	9 14	8 55	8 36	8 19
45	14 29	13 58	13 28	12 59	12 32	12 6	11 41	11 18	10 55	10 33	10 12
46	16 50	16 15	15 42	15 10	14 40	14 11	13 43	13 16	12 51	12 26	12 2
47	19 3	18 26	17 50	17 15	16 42	16 10	15 40	15 10	14 42	14 14	13 48
48	21 9	20 29	19 51	19 15	18 39	18 5	17 32	17 0	16 29	15 59	15 31
49	23 10	22 28	21 48	21 9	20 31	19 55	19 20	18 46	18 13	17 41	17 10
50	25 4	24 21	23 39	22 58	22 19	21 41	21 4	20 28	19 53	19 19	18 46
51	26 54	26 10	25 26	24 43	24 2	23 22	22 44	22 6	21 29	20 54	20 19
52	28 40	27 54	27 9	26 25	25 43	25 1	24 21	23 42	23 3	22 26	21 50
53	30 21	29 34	28 48	28 3	27 19	26 36	25 55	25 14	24 34	23 56	23 18
54	31 59	31 11	30 24	29 37	28 53	28 9	27 26	26 44	26 3	25 23	24 43
55	33 33	32 44	31 56	31 9	30 23	29 38	28 54	28 10	27 28	26 47	26 6
56	35 4	34 14	33 25	32 37	31 50	31 4	30 19	29 35	28 52	28 9	27 27
57	36 32	35 41	34 52	34 3	33 15	32 28	31 42	30 57	30 13	29 29	28 46
58	37 57	37 6	36 16	35 26	34 38	33 50	33 3	32 17	31 32	30 47	30 3
59	39 20	38 28	37 37	36 47	35 58	35 9	34 21	33 34	32 48	32 3	31 18
60	40 40	39 48	38 56	38 5	37 15	36 26	35 38	34 50	34 3	33 17	32 32
61	41 58	41 5	40 13	39 22	38 31	37 42	36 53	36 4	35 16	34 29	33 43
62	43 13	42 20	41 28	40 36	39 45	38 55	38 5	37 16	36 28	35 40	34 53
63	44 27	43 34	42 41	41 49	40 57	40 6	39 16	38 26	37 37	36 49	36 1
64	45 39	44 45	43 52	43 0	42 8	41 16	40 25	39 35	38 46	37 57	37 8
65	46 49	45 55	45 1	44 8	43 16	42 24	41 33	40 42	39 52	39 2	38 13
66	47 58	47 3	46 9	45 16	44 23	43 31	42 39	41 48	40 57	40 7	39 17
67	49 4	48 10	47 16	46 22	45 29	44 36	43 44	42 52	42 1	41 10	40 20
68	50 10	49 15	48 20	47 26	46 33	45 40	44 47	43 55	43 3	42 12	41 21

Breite	Azimut										
	120°	121°	122°	123°	124°	125°	126°	127°	128°	129°	130°
	Längen-Unterschied										
42°	4°19′	4° 9′	4° 0′	3°52′	3°44′	3°36′	3°28′	3°21′	3°15′	3° 8′	3° 2′
43	6 21	6 8	5 55	5 43	5 31	5 20	5 9	4 59	4 49	4 40	4 30
44	8 19	8 2	7 46	7 30	7 15	7 1	6 48	6 34	6 21	6 9	5 57
45	10 12	9 52	9 33	9 15	8 57	8 40	8 23	8 7	7 52	7 37	7 22
46	12 2	11 39	11 17	10 56	10 35	10 15	9 56	9 38	9 20	9 2	8 46
47	13 48	13 22	12 58	12 34	12 11	11 49	11 27	11 6	10 46	10 26	10 7
48	15 31	15 3	14 36	14 9	13 44	13 20	12 56	12 33	12 10	11 48	11 27
49	17 10	16 40	16 11	15 42	15 15	14 48	14 22	13 57	13 33	13 9	12 46
50	18 46	18 14	17 43	17 13	16 43	16 15	15 47	15 20	14 53	14 27	14 2
51	20 19	19 45	19 12	18 40	18 9	17 39	17 9	16 40	16 12	15 45	15 18
52	21 50	21 14	20 40	20 6	19 33	19 1	18 30	17 59	17 29	17 0	16 31
53	23 18	22 41	22 5	21 29	20 55	20 21	19 48	19 16	18 45	18 14	17 44
54	24 43	24 5	23 27	22 51	22 15	21 40	21 5	20 32	19 59	19 26	18 55
55	26 6	25 27	24 48	24 10	23 33	22 56	22 20	21 45	21 11	20 37	20 4
56	27 27	26 47	26 7	25 27	24 49	24 11	23 34	22 57	22 22	21 47	21 12
57	28 46	28 4	27 23	26 43	26 3	25 24	24 46	24 8	23 31	22 55	22 19
58	30 3	29 20	28 38	27 57	27 16	26 36	25 56	25 17	24 39	24 2	23 25
59	31 18	30 34	29 51	29 9	28 27	27 46	27 5	26 25	25 46	25 7	24 29
60	32 32	31 47	31 3	30 19	29 36	28 54	28 13	27 32	26 51	26 11	25 32
61	33 43	32 57	32 12	31 28	30 44	30 1	29 19	28 37	27 55	27 14	26 34
62	34 53	34 7	33 21	32 35	31 51	31 7	30 23	29 40	28 58	28 16	27 35
63	36 1	35 14	34 27	33 41	32 56	32 11	31 27	30 43	30 0	29 17	28 35
64	37 8	36 20	35 33	34 46	34 0	33 14	32 29	31 44	31 0	30 16	29 33
65	38 13	37 25	36 37	35 49	35 2	34 16	33 30	32 44	31 59	31 15	30 31
66	39 17	38 28	37 40	36 51	36 4	35 17	34 30	33 43	32 57	32 12	31 27
67	40 20	39 30	38 41	37 52	37 4	36 16	35 28	34 41	33 55	33 9	32 23
68	41 21	40 31	39 41	38 52	38 3	37 14	36 26	35 38	34 51	34 4	33 17

Breite	Azimut										
	130°	131°	132°	133°	134°	135°	136°	137°	138°	139°	140°
	Längen-Unterschied										
42°	3° 2′	2°56′	2°50′	2°44′	2°39′	2°33′	2°28′	2°23′	2°18′	2°14′	2° 9′
43	4 30	4 22	4 13	4 5	3 57	3 49	3 41	3 34	3 27	3 20	3 13
44	5 57	5 46	5 35	5 24	5 13	5 3	4 53	4 44	4 34	4 25	4 17
45	7 22	7 8	6 55	6 42	6 29	6 16	6 4	5 53	5 41	5 30	5 19
46	8 46	8 29	8 13	7 58	7 43	7 28	7 14	7 0	6 47	6 34	6 21
47	10 7	9 49	9 30	9 13	8 56	8 39	8 23	8 7	7 52	7 37	7 22
48	11 27	11 7	10 46	10 27	10 8	9 49	9 31	9 13	8 56	8 39	8 22
49	12 46	12 23	12 1	11 39	11 18	10 58	10 38	10 18	9 59	9 40	9 22
50	14 2	13 38	13 14	12 51	12 28	12 6	11 44	11 22	11 1	10 41	10 21
51	15 18	14 51	14 26	14 1	13 36	13 12	12 48	12 25	12 2	11 40	11 19
52	16 31	16 3	15 36	15 9	14 43	14 17	13 52	13 27	13 3	12 39	12 16
53	17 44	17 14	16 45	16 17	15 49	15 22	14 55	14 29	14 3	13 37	13 12
54	18 55	18 24	17 53	17 23	16 54	16 25	15 57	15 29	15 2	14 35	14 8
55	20 4	19 32	19 0	18 28	17 57	17 27	16 57	16 28	15 59	15 31	15 3
56	21 12	20 38	20 5	19 32	19 0	18 28	17 57	17 27	16 57	16 27	15 57
57	22 19	21 44	21 9	20 35	20 2	19 29	18 56	18 24	17 53	17 22	16 51
58	23 25	22 48	22 12	21 37	21 2	20 28	19 54	19 21	18 48	18 16	17 44
59	24 29	23 51	23 14	22 38	22 2	21 26	20 51	20 17	19 43	19 9	18 36
60	25 32	24 53	24 15	23 37	23 0	22 24	21 48	21 12	20 36	20 1	19 27
61	26 34	25 54	25 15	24 36	23 58	23 20	22 43	22 6	21 29	20 53	20 18
62	27 35	26 54	26 14	25 34	24 54	24 15	23 37	22 59	22 21	21 44	21 7
63	28 35	27 53	27 11	26 30	25 50	25 10	24 31	23 52	23 13	22 35	21 57
64	29 33	28 50	28 8	27 26	26 45	26 4	25 23	24 43	24 3	23 24	22 45
65	30 31	29 47	29 4	28 21	27 39	26 57	26 15	25 34	24 53	24 13	23 33
66	31 27	30 43	29 59	29 15	28 32	27 49	27 6	26 24	25 42	25 1	24 20
67	32 23	31 37	30 52	30 8	29 24	28 40	27 56	27 13	26 31	25 48	25 6
68	33 17	32 31	31 45	31 0	30 15	29 30	28 46	28 2	27 18	26 35	25 52

Breite	Azimut										
	140°	141°	142°	143°	144°	145°	146°	147°	148°	149°	150°
	Längen-Unterschied										
42°	2° 9′	2° 5′	2° 1′	1°56′	1°52′	1°48′	1°44′	1°40′	1°37′	1°33′	1°30′
43	3 13	3 7	3 0	2 54	2 48	2 42	2 36	2 30	2 25	2 20	2 14
44	4 17	4 8	4 0	3 51	3 43	3 35	3 28	3 20	3 13	3 6	2 58
45	5 19	5 8	4 58	4 48	4 38	4 28	4 19	4 9	4 0	3 51	3 42
46	6 21	6 8	5 56	5 44	5 32	5 21	5 9	4 58	4 47	4 37	4 26
47	7 22	7 7	6 53	6 39	6 26	6 13	6 0	5 47	5 34	5 22	5 10
48	8 22	8 6	7 50	7 34	7 19	7 4	6 50	6 35	6 21	6 7	5 53
49	9 22	9 4	8 46	8 29	8 12	7 55	7 39	7 23	7 7	6 51	6 36
50	10 21	10 1	9 42	9 23	9 4	8 46	8 28	8 10	7 52	7 35	7 18
51	11 19	10 57	10 36	10 16	9 55	9 36	9 16	8 57	8 38	8 19	8 0
52	12 16	11 53	11 30	11 8	10 46	10 25	10 4	9 43	9 22	9 2	8 42
53	13 12	12 48	12 24	12 0	11 37	11 14	10 51	10 29	10 7	9 45	9 24
54	14 8	13 42	13 17	12 52	12 27	12 2	11 38	11 14	10 51	10 28	10 5
55	15 3	14 36	14 9	13 42	13 16	12 50	12 24	11 59	11 34	11 10	10 45
56	15 57	15 29	15 0	14 32	14 5	13 37	13 10	12 44	12 17	11 51	11 26
57	16 51	16 21	15 51	15 22	14 53	14 24	13 56	13 28	13 0	12 33	12 6
58	17 44	17 12	16 41	16 10	15 40	15 10	14 40	14 11	13 42	13 14	12 45
59	18 36	18 3	17 31	16 59	16 27	15 56	15 25	14 54	14 24	13 54	13 24
60	19 27	18 53	18 19	17 46	17 13	16 41	16 9	15 37	15 5	14 34	14 3
61	20 18	19 42	19 7	18 33	17 59	17 25	16 52	16 19	15 46	15 13	14 41
62	21 7	20 31	19 55	19 19	18 44	18 9	17 34	17 0	16 26	15 52	15 19
63	21 57	21 19	20 42	20 5	19 29	18 52	18 17	17 41	17 6	16 31	15 56
64	22 45	22 6	21 28	20 50	20 13	19 35	18 58	18 22	17 45	17 9	16 33
65	23 33	22 53	22 14	21 35	20 56	20 17	19 39	19 2	18 24	17 47	17 10
66	24 20	23 39	22 59	22 19	21 39	20 59	20 20	19 41	19 3	18 24	17 46
67	25 6	24 24	23 43	23 2	22 21	21 40	21 0	20 20	19 40	19 1	18 22
68	25 52	25 9	24 27	23 45	23 3	22 21	21 40	20 59	20 18	19 37	18 57

Breite	Azimut										
	150°	151°	152°	153°	154°	155°	156°	157°	158°	159°	160°
	Längen-Unterschied										
42°	1°30′	1°26′	1°22′	1°19′	1°16′	1°12′	1° 9′	1° 6′	1° 3′	1° 0′	0°57′
43	2 14	2 9	2 4	1 58	1 54	1 49	1 44	1 39	1 34	1 29	1 25
44	2 58	2 51	2 45	2 38	2 31	2 25	2 18	2 12	2 5	1 59	1 53
45	3 42	3 34	3 25	3 17	3 9	3 1	2 52	2 44	2 37	2 29	2 21
46	4 26	4 16	4 6	3 56	3 46	3 36	3 27	3 17	3 8	2 59	2 49
47	5 10	4 58	4 46	4 34	4 23	4 12	4 0	3 49	3 39	3 28	3 17
48	5 53	5 39	5 26	5 13	4 59	4 47	4 34	4 22	4 9	3 57	3 45
49	6 36	6 21	6 6	5 51	5 36	5 22	5 8	4 54	4 40	4 26	4 13
50	7 18	7 2	6 45	6 29	6 13	5 57	5 41	5 26	5 11	4 55	4 41
51	8 0	7 42	7 24	7 6	6 48	6 32	6 15	5 58	5 41	5 24	5 8
52	8 42	8 23	8 3	7 44	7 25	7 6	6 48	6 29	6 11	5 53	5 35
53	9 24	9 2	8 42	8 11	8 1	7 40	7 20	7 1	6 41	6 22	6 2
54	10 5	9 42	9 20	8 58	8 36	8 14	7 53	7 32	7 11	6 50	6 29
55	10 45	10 21	9 58	9 34	9 11	8 48	8 25	8 3	7 40	7 18	6 56
56	11 26	11 0	10 35	10 10	9 46	9 21	8 57	8 33	8 10	7 46	7 23
57	12 6	11 39	11 12	10 46	10 20	9 54	9 29	9 4	8 39	8 14	7 49
58	12 45	12 17	11 49	11 22	10 54	10 27	10 0	9 34	9 7	8 41	8 15
59	13 24	12 55	12 26	11 57	11 28	11 0	10 32	10 4	9 36	9 9	8 41
60	14 3	13 32	13 2	12 32	12 2	11 32	11 3	10 33	10 4	9 36	9 7
61	14 41	14 9	13 37	13 6	12 35	12 4	11 33	11 3	10 33	10 3	9 33
62	15 19	14 46	14 13	13 40	13 8	12 36	12 4	11 32	11 1	10 29	9 58
63	15 56	15 22	14 48	14 14	13 40	13 7	12 34	12 1	11 28	10 56	10 23
64	16 33	15 58	15 22	14 47	14 13	13 38	13 4	12 30	11 56	11 22	10 48
65	17 10	16 33	15 57	15 21	14 45	14 9	13 33	12 58	12 23	11 48	11 13
66	17 46	17 8	16 31	15 53	15 16	14 39	14 2	13 26	12 49	12 13	11 37
67	18 22	17 43	17 4	16 26	15 47	15 9	14 31	13 54	13 16	12 39	12 1
68	18 57	18 17	17 37	16 58	16 18	15 39	15 0	14 21	13 42	13 4	12 25

Breite	Azimut										
	160°	161°	162°	163°	164°	165°	166°	167°	168°	169°	170°
	Längen-Unterschied										
42°	0°57′	0°54′	0°51′	0°48′	0°45′	0°42′	0°39′	0°36′	0°33′	0°30′	0°27′
43	1 25	1 20	1 16	1 11	1 7	1 3	0 58	0 54	0 50	0 45	0 41
44	1 53	1 47	1 41	1 35	1 29	1 23	1 18	1 12	1 6	1 1	0 55
45	2 21	2 14	2 6	1 59	1 52	1 44	1 37	1 30	1 23	1 16	1 9
46	2 49	2 40	2 31	2 23	2 14	2 5	1 56	1 48	1 39	1 31	1 22
47	3 17	3 7	2 56	2 46	2 36	2 26	2 16	2 6	1 56	1 46	1 36
48	3 45	3 33	3 21	3 10	2 58	2 46	2 35	2 24	2 12	2 1	1 50
49	4 13	4 0	3 46	3 33	3 20	3 7	2 54	2 41	2 29	2 16	2 3
50	4 41	4 26	4 11	3 56	3 41	3 27	3 13	2 59	2 45	2 31	2 17
51	5 8	4 52	4 36	4 20	4 4	3 48	3 32	3 17	3 1	2 46	2 31
52	5 35	5 18	5 0	4 43	4 25	4 8	3 51	3 34	3 17	3 1	2 44
53	6 2	5 43	5 24	5 6	4 47	4 28	4 10	3 52	3 33	3 15	2 57
54	6 29	6 9	5 49	5 28	5 8	4 48	4 29	4 9	3 49	3 30	3 11
55	6 56	6 34	6 13	5 51	5 30	5 8	4 47	4 26	4 5	3 45	3 24
56	7 23	6 59	6 36	6 14	5 51	5 28	5 6	4 43	4 21	3 59	3 37
57	7 49	7 24	7 0	6 36	6 12	5 48	5 24	5 1	4 37	4 14	3 51
58	8 15	7 49	7 24	6 58	6 33	6 8	5 43	5 18	4 53	4 28	4 3
59	8 41	8 14	7 47	7 20	6 54	6 27	6 1	5 34	5 8	4 42	4 16
60	9 7	8 39	8 10	7 42	7 14	6 47	6 19	5 51	5 24	4 56	4 29
61	9 33	9 3	8 33	8 4	7 35	7 6	6 37	6 8	5 39	5 11	4 42
62	9 58	9 27	8 56	8 26	7 55	7 25	6 55	6 24	5 54	5 25	4 55
63	10 23	9 51	9 19	8 47	8 15	7 44	7 12	6 41	6 10	5 38	5 7
64	10 48	10 15	9 41	9 8	8 35	8 2	7 30	6 57	6 25	5 52	5 20
65	11 13	10 38	10 3	9 29	8 55	8 21	7 47	7 13	6 39	6 6	5 32
66	11 37	11 1	10 25	9 50	9 15	8 39	8 4	7 29	6 54	6 19	5 45
67	12 1	11 24	10 47	10 10	9 34	8 58	8 21	7 45	7 9	6 33	5 57
68	12 25	11 47	11 9	10 31	9 53	9 16	8 38	8 1	7 23	6 46	6 9

Breite	Azimut										
	170°	171°	172°	173°	174°	175°	176°	177°	178°	179°	180°
	Längen-Unterschied										
42°	0°27′	0°25′	0°22′	0°19′	0°16′	0°14′	0°11′	0° 8′	0° 5′	0° 3′	0° 0′
43	0 41	0 37	0 33	0 29	0 25	0 21	0 16	0 12	0 8	0 4	0 0
44	0 55	0 49	0 44	0 38	0 33	0 27	0 22	0 16	0 11	0 5	0 0
45	1 9	1 2	0 55	0 48	0 41	0 34	0 27	0 21	0 14	0 7	0 0
46	1 22	1 14	1 6	0 58	0 49	0 41	0 33	0 25	0 16	0 8	0 0
47	1 36	1 26	1 17	1 7	0 57	0 48	0 38	0 29	0 19	0 10	0 0
48	1 50	1 39	1 28	1 17	1 6	0 55	0 44	0 33	0 22	0 11	0 0
49	2 3	1 51	1 38	1 26	1 14	1 1	0 49	0 37	0 25	0 12	0 0
50	2 17	2 3	1 49	1 36	1 22	1 8	0 54	0 41	0 27	0 14	0 0
51	2 31	2 15	2 0	1 45	1 30	1 15	1 0	0 45	0 30	0 15	0 0
52	2 44	2 27	2 11	1 54	1 38	1 22	1 5	0 49	0 32	0 16	0 0
53	2 57	2 39	2 22	2 4	1 46	1 28	1 11	0 53	0 35	0 18	0 0
54	3 11	2 51	2 32	2 13	1 54	1 35	1 16	0 57	0 38	0 19	0 0
55	3 24	3 3	2 43	2 22	2 2	1 42	1 21	1 1	0 41	0 20	0 0
56	3 37	3 15	2 53	2 32	2 10	1 48	1 26	1 5	0 43	0 22	0 0
57	3 51	3 27	3 4	2 41	2 18	1 55	1 32	1 9	0 46	0 23	0 0
58	4 3	3 39	3 14	2 50	2 25	2 1	1 37	1 13	0 48	0 24	0 0
59	4 16	3 50	3 25	2 59	2 33	2 8	1 42	1 17	0 51	0 26	0 0
60	4 29	4 2	3 35	3 8	2 41	2 14	1 47	1 20	0 54	0 27	0 0
61	4 42	4 14	3 45	3 17	2 49	2 21	1 52	1 24	0 56	0 28	0 0
62	4 55	4 25	3 55	3 26	2 56	2 27	1 57	1 28	0 58	0 29	0 0
63	5 7	4 36	4 5	3 35	3 4	2 33	2 3	1 32	1 1	0 31	0 0
64	5 20	4 48	4 15	3 43	3 11	2 39	2 8	1 36	1 4	0 32	0 0
65	5 32	4 59	4 25	3 52	3 19	2 46	2 13	1 39	1 6	0 33	0 0
66	5 45	5 10	4 35	4 1	3 26	2 52	2 17	1 43	1 9	0 34	0 0
67	5 57	5 21	4 45	4 9	3 34	2 58	2 22	1 47	1 11	0 36	0 0
68	6 9	5 32	4 55	4 18	3 41	3 4	2 27	1 50	1 14	0 37	0 0

Annapolis.　Breite 38° 59′ 25″ N　Länge 76° 27′ 0″ W

Breite	Azimut										
	0°	1°	2°	3°	4°	5°	6°	7°	8°	9°	10°
	Längen-Unterschied										
30°	0° 0′	0°12′	0°24′	0°36′	0°48′	1° 1′	1°13′	1°25′	1°37′	1°50′	2° 2′
31	0 0	0 11	0 22	0 32	0 43	0 54	1 5	1 16	1 27	1 38	1 49
32	0 0	0 9	0 19	0 28	0 38	0 47	0 57	1 6	1 16	1 25	1 35
33	0 0	0 8	0 16	0 24	0 32	0 40	0 49	0 57	1 5	1 13	1 22
34	0 0	0 7	0 13	0 20	0 27	0 34	0 41	0 47	0 54	1 1	1 8
35	0 0	0 5	0 11	0 16	0 22	0 27	0 32	0 38	0 43	0 49	0 54
36	0 0	0 4	0 8	0 12	0 16	0 20	0 24	0 28	0 33	0 37	0 41
37	0 0	0 3	0 5	0 8	0 11	0 14	0 16	0 19	0 22	0 24	0 27
38	0 0	0 1	0 3	0 4	0 5	0 7	0 8	0 9	0 11	0 12	0 14

Breite	Azimut										
	10°	11°	12°	13°	14°	15°	16°	17°	18°	19°	20°
	Längen-Unterschied										
30°	2° 2′	2°15′	2°27′	2°40′	2°53′	3° 6′	3°19′	3°32′	3°46′	4° 0′	4°13′
31	1 49	2 0	2 11	2 22	2 34	2 45	2 57	3 9	3 21	3 33	3 45
32	1 35	1 45	1 55	2 5	2 15	2 25	2 35	2 45	2 56	3 6	3 17
33	1 22	1 30	1 38	1 47	1 55	2 4	2 13	2.22	2 31	2 40	2 49
34	1 8	1 15	1 22	1 29	1 36	1 43	1 51	1 58	2 5	2 13	2 21
35	0 54	1 0	1 6	1 11	1 17	1 23	1 29	1 34	1 40	1 46	1 53
36	0 41	0 45	0 49	0 53	0 58	1 2	1 6	1 10	1 15	1 20	1 24
37	0 27	0 30	0 33	0 36	0 38	0 41	0 44	0 47	0 50	0 53	0 56
38	0 14	0 15	0 16	0 18	0 19	0 21	0 22	0 23	0 25	0 26	0 28

Breite	Azimut										
	20°	21°	22°	23°	24°	25°	26°	27°	28°	29°	30°
	Längen-Unterschied										
30°	4°13′	4°28′	4°42′	4°57′	5°11′	5°26′	5°42′	5°58′	6°14′	6°30′	6°47′
31	3 45	3 58	4 11	4 23	4 37	4 50	5 4	5 18	5 32	5 46	6 1
32	3 17	3 28	3 39	3 50	4 2	4 14	4 26	4 38	4 50	5 3	5 16
33	2 49	2 58	3 8	3 17	3 27	3 37	3 47	3 58	4 8	4 19	4 30
34	2 21	2 28	2 36	2 44	2 53	3 1	3 9	3 18	3 27	3 36	3 45
35	1 53	1 59	2 5	2 11	2 18	2 24	2 31	2 38	2 45	2 52	2 59
36	1 24	1 29	1 34	1 38	1 43	1 48	1 53	1 58	2 3	2 9	2 14
37	0 56	0 59	1 2	1 5	1 9	1 12	1 15	1 19	1 22	1 26	1 29
38	0 28	0 29	0 31	0 33	0 34	0 36	0 38	0 39	0 41	0 43	0 44

Breite	Azimut										
	30°	31°	32°	33°	34°	35°	36°	37°	38°	39°	40°
	Längen-Unterschied										
30°	6°47′	7° 4′	7°22′	7°40′	7°59′	8°18′	8°38′	8°59′	9°20′	9°42′	10° 5′
31	6 1	6 17	6 32	6 48	7 5	7 22	7 40	7 58	8 17	8 36	8 56
32	5 16	5 29	5 43	5 57	6 11	6 26	6 41	6 57	7 13	7 30	7 47
33	4 30	4 42	4 53	5 5	5 17	5 30	5 43	5 56	6 10	6 24	6 39
34	3 45	3 54	4 4	4 14	4 24	4 34	4 45	4 56	5 7	5 19	5 31
35	2 59	3 7	3 14	3 22	3 30	3 38	3 47	3 56	4 5	4 14	4 23
36	2 14	2 20	2 25	2 31	2 37	2 43	2 50	2 56	3 3	3 9	3 16
37	1 29	1 33	1 36	1 40	1 44	1 48	1 53	1 57	2 1	2 5	2 10
38	0 44	0 46	0 48	0 50	0 52	0 54	0 56	0 58	1 0	1 2	1 4

Annapolis.   Breite 38° 59′ 25″ N   Länge 76° 27′ 0″ W

Längen-Unter-schied	Azimut										
	40°	41°	42°	43°	44°	45°	46°	47°	48°	49°	50°
	Breite										
2°	37° 9′	37°13′	37°17′	37°20′	37°24′	37°27′	37°30′	37°33′	37°36′	37°39′	37°42′
4	35 21	35 29	35 36	35 43	35 50	35 57	36 3	36 9	36 15	36 21	36 27
6	33 34	33 46	33 57	34 8	34 18	34 28	34 38	34 47	34 56	35 5	35 13
8	31 49	32 4	32 19	32 34	32 48	33 1	33 14	33 27	33 39	33 50	34 2
10	30 5	30 24	30 43	31 1	31 19	31 36	31 52	32 7	32 23	32 37	32 51
11	29 13	29 35	29 55	30 15	30 35	30 53	31 11	31 28	31 45	32 1	32 17
12	28 21	28 45	29 8	29 30	29 51	30 11	30 31	30 50	31 8	31 26	31 43
13					29 7	29 29	29 51	30 11	30 31	30 50	31 9
14					28 24	28 48	29 11	29 33	29 55	30 15	30 36
15							28 31	28 55	29 19	29 41	30 3
16							27 52	28 18	28 43	29 7	29 30

Längen-Unter-schied	Azimut										
	50°	51°	52°	53°	54°	55°	56°	57°	58°	59°	60°
	Breite										
2°	37°42′	37°45′	37°47′	37°50′	37°52′	37°55′	37°58′	38° 0′	38° 2′	38° 4′	38° 6′
4	36 27	36 32	36 38	36 43	36 48	36 53	36 58	37 2	37 7	37 11	37 16
6	35 13	35 22	35 30	35 37	35 45	35 52	36 0	36 7	36 14	36 20	36 27
8	34 2	34 13	34 23	34 34	34 44	34 54	35 3	35 13	35 22	35 31	35 40
10	32 51	33 5	33 19	33 32	33 44	33 57	34 9	34 21	34 32	34 44	34 55
11	32 17	32 32	32 47	33 1	33 15	33 29	33 42	33 55	34 8	34 21	34 33
12	31 43	31 59	32 16	32 31	32 47	33 2	33 16	33 30	33 44	33 58	34 11
13	31 9	31 27	31 45	32 2	32 19	32 35	32 50	33 6	33 21	33 36	33 50
14	30 36	30 55	31 14	31 33	31 51	32 8	32 25	32 42	32 58	33 14	33 30
15	30 3	30 23	30 44	31 4	31 23	31 42	32 0	32 18	32 36	32 53	33 9
16	29 30	29 52	30 14	30 35	30 56	31 16	31 36	31 55	32 14	32 32	32 50
17			29 45	30 7	30 29	30.51	31 12	31 32	31 52	32 11	32 30
18			29 15	29 39	30 3	30 26	30 48	31 9	31 31	31 51	32 11
19			28 47	29 12	29 37	30 1	30 24	30 47	31 10	31 32	31 53
20			28 18	28 45	29 11	29 37	30 1	30 25	30 49	31 12	31 35
21					28 46	29 13	29 39	30 4	30 29	30 54	31 17
22					28 21	28 49	29 17	29 43	30 10	30 35	31 0
23									29 50	30 17	30 44
24									29 32	30 0	30 27
25									29 13	29 43	30 11
26									28 55	29 26	29 56

Annapolis. Breite 38° 59′ 25″ N   Länge 76° 27′ 0″ W

Längen-Unter-schied	Azimut										
	60°	**61°**	**62°**	**63°**	**64°**	**65°**	**66°**	**67°**	**68°**	**69°**	**70°**
	Breite										
2	38° 6′	38° 9′	38°11′	38°13′	38°15′	38°17′	38°19′	38°21′	38°23′	38°24′	38°26′
4	37 16	37 20	37 24	37 28	37 32	37 36	37 40	37 44	37 48	37 52	37 56
6	36 27	36 33	36 40	36 46	36 52	36 58	37 4	37 10	37 16	37 21	37 27
8	35 40	35 49	35 57	36 5	36 13	36 21	36 29	36 37	36 45	36 52	37 0
10	34 55	35 5	35 16	35 26	35 37	35 47	35 57	36 6	36 16	36 25	36 35
11	34 33	34 45	34 56	35 8	35 19	35 30	35 41	35 52	36 2	36 13	36 23
12	34 11	34 24	34 37	34 50	35 2	35 14	35 26	35 38	35 49	36 1	36 12
13	33 50	34 4	34 18	34 32	34 45	34 58	35 11	35 24	35 36	35 49	36 1
14	33 30	33 45	34 0	34 14	34 29	34 43	34 57	35 11	35 24	35 38	35 51
15	33 9	33 26	33 42	33 57	34 13	34 28	34 43	34 58	35 12	35 27	35 41
16	32 50	33 7	33 24	33 41	33 58	34 14	34 30	34 46	35 1	35 16	35 31
17	32 30	32 49	33 7	33 25	33 43	34 0	34 17	34 34	34 50	35 7	35 23
18	32 11	32 31	32 50	33 10	33 28	33 47	34 5	34 23	34 40	34 57	35 14
19	31 53	32 14	32 34	32 55	33 14	33 34	33 53	34 12	34 30	34 48	35 6
20	31 35	31 57	32 19	32 40	33 1	33 21	33 42	34 1	34 21	34 40	34 59
21	31 17	31 41	32 3	32 25	32 48	33 9	33 31	33 51	34 12	34 32	34 52
22	31 0	31 25	31 48	32 12	32 35	32 58	33 20	33 42	34 4	34 25	34 46
23	30 44	31 9	31 34	31 59	32 23	32 47	33 10	33 33	33 56	34 18	34 40
24	30 27	30 54	31 20	31 46	32 11	32 36	33 1	33 25	33 48	34 12	34 35
25	30 11	30 39	31 7	31 34	32 0	32 26	32 52	33 17	33 42	34 6	34 30
26	29 56	30 25	30 54	31 22	31 50	32 17	32 43	33 10	33 35	34 1	34 26
27	29 41	30 11	30 41	31 11	31 39	32 8	32 35	33 3	33 29	33 56	34 22
28	29 26	29 58	30 29	31 0	31 30	31 59	32 28	32 56	33 24	33 52	34 19
29	29 12	29 45	30 18	30 49	31 21	31 51	32 21	32 50	33 19	33 48	34 16
30	28 58	29 33	30 7	30 39	31 12	31 44	32 15	32 45	33 15	33 45	34 14
31			29 56	30 30	31 4	31 37	32 9	32 40	33 12	33 43	34 13
32			29 46	30 21	30 56	31 30	32 4	32 36	33 9	33 41	34 12
33			29 36	30 13	30 49	31 24	31 59	32 33	33 6	33 39	34 12
34			29 27	30 5	30 42	31 19	31 55	32 30	33 4	33 38	34 12
35			29 18	29 58	30 36	31 14	31 51	32 27	33 3	33 38	34 13
36			29 10	29 51	30 31	31 10	31 48	32 25	33 2	33 39	34 15
37			29 3	29 45	30 26	31 6	31 46	32 24	33 2	33 40	34 17
38			28 56	29 39	30 21	31 3	31 44	32 24	33 3	33 42	34 20
39			28 49	29 34	30 18	31 1	31 42	32 24	33 4	33 44	34 24
40			28 43	29 29	30 15	30 59	31 42	32 25	33 6	33 47	34 28
41			28 38	29 25	30 12	30 58	31 42	32 26	33 9	33 51	34 33
42			28 34	29 22	30 10	30 57	31 43	32 28	33 12	33 56	34 39
43			28 30	29 20	30 9	30 57	31 45	32 31	33 16	34 1	34 45
44			28 26	29 18	30 9	30 58	31 47	32 35	33 21	34 7	34 52
45			28 23	29 17	30 9	31 0	31 50	32 39	33 27	34 14	35 1
46			28 21	29 16	30 10	31 2	31 54	32 44	33 33	34 22	35 10
47			28 20	29 16	30 12	31 6	31 58	32 50	33 41	34 31	35 19
48			28 19	29 17	30 14	31 10	32 4	32 57	33 49	34 40	35 30
49			28 20	29 19	30 17	31 14	32 10	33 4	33 58	34 50	35 42
50			28 21	29 22	30 22	31 20	32 17	33 13	34 8	35 1	35 54
51			28 22	29 25	30 27	31 27	32 25	33 22	34 18	35 13	36 7
52			28 25	29 30	30 33	31 34	32 34	33 33	34 30	35 27	36 22
53			28 29	29 35	30 39	31 42	32 44	33 44	34 43	35 41	36 37
54			28 33	29 41	30 47	31 52	32 55	33 56	34 57	35 56	36 54
55			28 38	29 48	30 56	32 2	33 7	34 10	35 12	36 12	37 12
56			28 45	29 56	31 6	32 14	33 20	34 24	35 28	36 30	37 30
57			28 52	30 6	31 17	32 26	33 34	34 40	35 45	36 48	37 50
58			29 1	30 16	31 29	32 40	33 49	34 57	36 3	37 8	38 11
59			29 11	30 27	31 42	32 55	34 6	35 15	36 23	37 29	38 34
60			29 21	30 40	31 57	33 11	34 24	35 34	36 43	37 51	38 57

Annapolis. Breite 38° 59' 25" N   Länge 76° 27' 0" W

Längen-Unter-schied	Azimut										
	70°	71°	72°	73°	74°	75°	76°	77°	78°	79°	80°
	Breite										
2°	38°26'	38°28'	38°30'	38°32'	38°34'	38°35'	38°37'	38°39'	38°40'	38°42'	38°44'
4	37 56	37 59	38 3	38 7	38 10	38 14	38 17	38 20	38 24	38 27	38 31
6	37 27	37 32	37 38	37 43	37 48	37 54	37 59	38 4	38 9	38 14	38 19
8	37 0	37 7	37 14	37 22	37 29	37 36	37 43	37 50	37 56	38 3	38 10
10	36 35	36 44	36 53	37 2	37 11	37 20	37 28	37 37	37 46	37 54	38 3
11	36 23	36 33	36 43	36 53	37 3	37 13	37 22	37 32	37 41	37 50	38 0
12	36 12	36 23	36 34	36 45	36 55	37 6	37 16	37 27	37 37	37 47	37 57
13	36 1	36 13	36 25	36 37	36 48	37 0	37 11	37 22	37 33	37 44	37 56
14	35 51	36 4	36 16	36 29	36 41	36 54	37 6	37 18	37 30	37 42	37 54
15	35 41	35 55	36 8	36 22	36 35	36 49	37 2	37 15	37 28	37 41	37 53
16	35 31	35 46	36 1	36 15	36 30	36 44	36 58	37 12	37 26	37 40	37 53
17	35 23	35 38	35 54	36 9	36 25	36 40	36 55	37 10	37 24	37 39	37 53
18	35 14	35 31	35 48	36 4	36 20	36 36	36 52	37 8	37 23	37 39	37 54
19	35 6	35 24	35 42	35 59	36 16	36 33	36 50	37 6	37 23	37 39	37 55
20	34 59	35 18	35 36	35 55	36 13	36 30	36 48	37 6	37 23	37 40	37 57
21	34 52	35 12	35 31	35 51	36 10	36 28	36 47	37 5	37 24	37 42	38 0
22	34 46	35 7	35 27	35 47	36 7	36 27	36 46	37 6	37 25	37 44	38 3
23	34 40	35 2	35 23	35 44	36 5	36 26	36 46	37 7	37 27	37 47	38 6
24	34 35	34 57	35 20	35 42	36 4	36 25	36 47	37 8	37 29	37 50	38 10
25	34 30	34 53	35 17	35 40	36 3	36 26	36 48	37 10	37 32	37 54	38 15
26	34 26	34 50	35 15	35 39	36 3	36 26	36 49	37 13	37 35	37 58	38 21
27	34 22	34 48	35 13	35 38	36 3	36 27	36 51	37 16	37 39	38 3	38 27
28	34 19	34 46	35 12	35 38	36 4	36 29	36 54	37 19	37 44	38 9	38 33
29	34 16	34 44	35 11	35 39	36 5	36 32	36 58	37 24	37 50	38 15	38 40
30	34 14	34 43	35 12	35 40	36 7	36 35	37 2	37 29	37 56	38 22	38 48
31	34 13	34 43	35 12	35 41	36 10	36 38	37 7	37 34	38 2	38 30	38 57
32	34 12	34 43	35 13	35 43	36 13	36 43	37 12	37 41	38 9	38 38	39 6
33	34 12	34 44	35 15	35 46	36 17	36 48	37 18	37 48	38 17	38 47	39 16
34	34 12	34 45	35 18	35 50	36 22	36 53	37 24	37 55	38 26	38 56	39 26
35	34 13	34 47	35 21	35 54	36 27	36 59	37 32	38 3	38 35	39 6	39 37
36	34 15	34 50	35 25	35 59	36 33	37 6	37 40	38 12	38 45	39 17	39 49
37	34 17	34 53	35 29	36 5	36 40	37 14	37 48	38 22	38 56	39 29	40 2
38	34 20	34 57	35 34	36 11	36 47	37 23	37 58	38 32	39 7	39 41	40 15
39	34 24	35 2	35 40	36 18	36 55	37 32	38 8	38 43	39 19	39 55	40 30
40	34 28	35 8	35 47	36 25	37 4	37 41	38 19	38 56	39 32	40 9	40 45
41	34 33	35 14	35 54	36 34	37 13	37 52	38 30	39 9	39 46	40 23	41 0
42	34 39	35 21	36 2	36 43	37 24	38 4	38 43	39 22	40 1	40 39	41 17
43	34 45	35 28	36 11	36 53	37 35	38 16	38 56	39 36	40 16	40 55	41 35
44	34 52	35 37	36 21	37 4	37 47	38 29	39 10	39 52	40 32	41 13	41 53
45	35 1	35 46	36 31	37 16	37 59	38 43	39 25	40 8	40 49	41 31	42 12
46	35 10	35 56	36 43	37 28	38 13	38 57	39 41	40 25	41 8	41 50	42 32
47	35 19	36 7	36 55	37 42	38 28	39 13	39 58	40 42	41 27	42 10	42 53
48	35 30	36 19	37 8	37 56	38 43	39 30	40 16	41 1	41 46	42 31	43 15
49	35 42	36 32	37 22	38 11	38 59	39 47	40 34	41 21	42 7	42 53	43 38
50	35 54	36 46	37 37	38 27	39 17	40 6	40 54	41 42	42 29	43 16	44 2
51	36 7	37 1	37 53	38 44	39 35	40 25	41 15	42 4	42 52	43 40	44 28
52	36 22	37 16	38 10	39 3	39 55	40 46	41 36	42 26	43 16	44 5	44 54
53	36 37	37 33	38 28	39 22	40 15	41 8	41 59	42 50	43 41	44 31	45 21
54	36 54	37 51	38 47	39 42	40 37	41 30	42 23	43 15	44 7	44 58	45 49
55	37 12	38 10	39 7	40 4	40 59	41 54	42 48	43 42	44 34	45 27	46 19
56	37 30	38 30	39 28	40 26	41 23	42 19	43 14	44 9	45 3	45 56	46 49
57	37 50	38 51	39 51	40 50	41 48	42 45	43 42	44 37	45 32	46 27	47 21
58	38 11	39 13	40 15	41 15	42 14	43 12	44 10	45 7	46 3	46 59	47 54
59	38 34	39 37	40 40	41 41	42 42	43 41	44 40	45 38	46 35	47 32	48 28
60	38 57	40 2	41 6	42 9	43 10	44 11	45 11	46 10	47 9	48 7	49 4

Annapolis. Breite 38⁰ 59′ 25″ N Länge 76⁰ 27′ 0″ W

Längen-Unter-schied	Azimut										
	80°	**81°**	**82°**	**83°**	**84°**	**85°**	**86°**	**87°**	**88°**	**89°**	**90°**
	Breite										
2⁰	38⁰44′	38⁰46′	38⁰47′	38⁰49′	38⁰50′	38⁰52′	38⁰54′	38⁰55′	38⁰57′	38⁰59′	39⁰ 0′
4	38 31	38 34	38 37	38 41	38 44	38 47	38 50	38 54	38 57	39 0	39 4
6	38 19	38 24	38 29	38 34	38 39	38 44	38 49	38 54	38 59	39 4	39 9
8	38 10	38 17	38 23	38 30	38 37	38 43	38 50	38 56	39 3	39 9	39 16
10	38 3	38 11	38 19	38 28	38 36	38 44	38 53	39 1	39 9	39 17	39 25
11	38 0	38 9	38 18	38 27	38 37	38 46	38 55	39 4	39 13	39 22	39 31
12	37 57	38 8	38 18	38 28	38 38	38 48	38 57	39 7	39 17	39 27	39 37
13	37 56	38 7	38 18	38 28	38 39	38 50	39 0	39 11	39 22	39 33	39 43
14	37 54	38 6	38 18	38 29	38 41	38 53	39 4	39 16	39 27	39 39	39 50
15	37 53	38 6	38 19	38 31	38 44	38 56	39 9	39 21	39 33	39 46	39 58
16	37 53	38 7	38 20	38 33	38 47	39 0	39 13	39 27	39 40	39 53	40 6
17	37 53	38 8	38 22	38 36	38 51	39 5	39 19	39 33	39 47	40 1	40 15
18	37 54	38 9	38 25	38 40	38 55	39 10	39 25	39 40	39 55	40 9	40 24
19	37 55	38 11	38 28	38 44	39 0	39 15	39 31	39 47	40 3	40 18	40 34
20	37 57	38 14	38 31	38 48	39 5	39 22	39 38	39 55	40 12	40 28	40 45
21	38 0	38 18	38 35	38 53	39 11	39 29	39 46	40 4	40 21	40 38	40 56
22	38 3	38 22	38 40	38 59	39 17	39 36	39 54	40 13	40 31	40 49	41 7
23	38 6	38 26	38 46	39 5	39 24	39 44	40 3	40 22	40 42	41 1	41 20
24	38 10	38 31	38 52	39 12	39 32	39 53	40 13	40 33	40 53	41 13	41 33
25	38 15	38 37	38 58	39 19	39 41	40 2	40 23	40 44	41 5	41 25	41 46
26	38 21	38 43	39 5	39 27	39 50	40 12	40 33	40 55	41 17	41 39	42 0
27	38 27	38 50	39 13	39 36	39 59	40 22	40 45	41 7	41 30	41 53	42 15
28	38 33	38 57	39 21	39 45	40 9	40 33	40 57	41 20	41 44	42 8	42 31
29	38 40	39 5	39 30	39 55	40 20	40 45	41 9	41 34	41 58	42 23	42 47
30	38 48	39 14	39 40	40 6	40 32	40 57	41 23	41 48	42 13	42 39	43 4
31	38 57	39 24	39 51	40 17	40 44	41 10	41 37	42 3	42 29	42 56	43 22
32	39 6	39 34	40 2	40 29	40 57	41 24	41 51	42 19	42 46	43 13	43 40
33	39 16	39 45	40 13	40 41	41 10	41 39	42 7	42 35	43 3	43 31	43 58
34	39 26	39 56	40 26	40 55	41 25	41 54	42 23	42 52	43 21	43 50	44 19
35	39 37	40 8	40 39	41 9	41 40	42 10	42 40	43 10	43 40	44 10	44 40
36	39 49	40 21	40 53	41 24	41 55	42 26	42 58	43 29	43 59	44 30	45 1
37	40 2	40 35	41 7	41 40	42 12	42 44	43 16	43 48	44 20	44 51	45 23
38	40 15	40 49	41 23	41 56	42 29	43 2	43 35	44 8	44 41	45 14	45 46
39	40 30	41 4	41 39	42 13	42 47	43 21	43 55	44 29	45 3	45 37	46 10
40	40 45	41 20	41 56	42 31	43 6	43 41	44 16	44 51	45 26	46 0	46 35
41	41 0	41 37	42 14	42 50	43 26	44 2	44 38	45 14	45 49	46 25	47 0
42	41 17	41 55	42 32	43 10	43 47	44 24	45 1	45 37	46 14	46 50	47 27
43	41 35	42 13	42 52	43 30	44 8	44 46	45 24	46 2	46 39	47 17	47 54
44	41 53	42 33	43 12	43 52	44 31	45 10	45 48	46 27	47 6	47 44	48 23
45	42 12	42 53	43 34	44 14	44 54	45 34	46 14	46 53	47 33	48 12	48 52
46	42 32	43 14	43 56	44 37	45 18	45 59	46 40	47 20	48 1	48 42	49 22
47	42 53	43 36	44 19	45 1	45 43	46 25	47 7	47 49	48 30	49 12	49 53
48	43 15	43 59	44 43	45 26	46 10	46 52	47 35	48 18	49 0	49 43	50 25
49	43 38	44 23	45 8	45 53	46 37	47 21	48 4	48 48	49 32	50 15	50 59
50	44 2	44 49	45 34	46 20	47 5	47 50	48 35	49 19	50 4	50 48	51 33
51	44 28	45 15	46 1	46 48	47 34	48 20	49 6	49 52	50 37	51 23	52 8
52	44 54	45 42	46 30	47 17	48 4	48 52	49 38	50 25	51 12	51 58	52 45
53	45 21	46 10	46 59	47 48	48 36	49 24	50 12	51 0	51 47	52 35	53 22
54	45 49	46 39	47 29	48 19	49 8	49 58	50 47	51 35	52 24	53 13	54 1
55	46 19	47 10	48 1	48 52	49 42	50 32	51 22	52 12	53 2	53 51	54 41
56	46 49	47 42	48 34	49 25	50 17	51 8	51 59	52 50	53 41	54 31	55 22
57	47 21	48 15	49 8	50 0	50 53	51 45	52 37	53 29	54 21	55 12	56 4
58	47 54	48 49	49 43	50 37	51 30	52 24	53 17	54 10	55 2	55 55	56 47
59	48 28	49 24	50 19	51 14	52 9	53 3	53 57	54 51	55 45	56 38	57 32
60	49 4	50 1	50 57	52 53	52 49	53 44	54 39	55 34	56 29	57 23	58 18

Breite	Azimut										
	90°	91°	92°	93°	94°	95°	96°	97°	98°	99°	100°
	Längen-Unterschied										
40°	15°16'	13°47'	12°28'	11°17'	10°15'	9°20'	8°31'	7°49'	7°12'	6°39'	6°10'
41	21 22	19 54	18 32	17 16	16 6	15 2	14 3	13 9	12 19	11 34	10 53
42	25 58	24 31	23 8	21 51	20 38	19 30	18 26	17 26	16 31	15 39	14 51
43	29 46	28 20	26 58	25 40	24 26	23 15	22 9	21 6	20 7	19 11	18 19
44	33 3	31 38	30 17	28 59	27 44	26 33	25 25	24 20	23 19	22 21	21 25
45	35 57	34 34	33 13	31 56	30 41	29 30	28 21	27 15	26 12	25 12	24 14
46	38 35	37 13	35 53	34 36	33 22	32 10	31 1	29 54	28 50	27 49	26 50
47	40 59	39 38	38 20	37 3	35 49	34 38	33 29	32 22	31 17	30 14	29 14
48	43 12	41 53	40 35	39 20	38 6	36 55	35 45	34 38	33 33	32 30	31 29
49	45 17	43 58	42 41	41 26	40 14	39 3	37 53	36 46	35 41	34 37	33 36
50	47 13	45 55	44 39	43 25	42 13	41 2	39 53	38 46	37 41	36 37	35 35
51	49 2	47 46	46 31	45 18	44 6	42 56	41 47	40 40	39 35	38 31	37 29
52	50 46	49 31	48 17	47 4	45 53	44 43	43 35	42 28	41 23	40 19	39 17
53	52 25	51 10	49 57	48 45	47 35	46 25	45 17	44 11	43 6	42 2	41 0
54	53 59	52 45	51 33	50 21	49 11	48 3	46 55	45 49	44 44	43 40	42 38
55	55 28	54 16	53 4	51 54	50 44	49 36	48 29	47 23	46 18	45 15	44 12
56	56 54	55 42	54 32	53 22	52 13	51 5	49 59	48 53	47 48	46 45	45 43
57	58 17	57 6	55 56	54 47	53 38	52 31	51 25	50 20	49 15	48 12	47 10
58	59 37	58 27	57 17	56 8	55 1	53 54	52 48	51 43	50 39	49 36	48 34
59	60 54	59 44	58 35	57 27	56 20	55 14	54 9	53 4	52 0	50 57	49 56
60		60 59	59 51	58 44	57 37	56 31	55 26	54 22	53 19	52 16	51 14
61			61 5	59 58	58 52	57 46	56 42	55 37	54 35	53 32	52 30
62				61 9	60 4	58 59	57 55	56 51	55 48	54 46	53 44
63					61 14	60 9	59 5	58 2	57 0	55 58	54 56
64						61 18	60 15	59 12	58 9	57 7	56 6
65							61 22	60 19	59 17	58 16	57 15
66							61 25	60 23	59 22	58 21	

Breite	Azimut										
	100°	101°	102°	103°	104°	105°	106°	107°	108°	109°	110°
	Längen-Unterschied										
40°	6°10'	5°45'	5°22'	5°1'	4°43'	4°27'	4°12'	3°58'	3°45'	3°34'	3°24'
41	10 53	10 16	9 41	9 10	8 41	8 14	7 49	7 26	7 5	6 46	6 28
42	14 51	14 6	13 25	12 46	12 10	11 36	11 5	10 35	10 8	9 42	9 18
43	18 19	17 30	16 43	15 59	15 18	14 39	14 3	13 28	12 56	12 25	11 56
44	21 25	20 32	19 42	18 55	18 10	17 27	16 47	16 8	15 32	14 57	14 24
45	24 14	23 19	22 27	21 37	20 49	20 3	19 19	18 38	17 58	17 20	16 44
46	26 50	25 53	24 59	24 6	23 16	22 28	21 42	20 58	20 16	19 35	18 56
47	29 14	28 16	27 20	26 26	25 34	24 44	23 56	23 10	22 26	21 43	21 2
48	31 29	30 30	29 33	28 38	27 45	26 53	26 3	25 15	24 29	23 44	23 1
49	33 36	32 36	31 38	30 42	29 48	28 55	28 4	27 14	26 26	25 40	24 55
50	35 35	34 35	33 37	32 40	31 44	30 50	29 58	29 8	28 19	27 31	26 45
51	37 29	36 28	35 29	34 32	33 35	32 41	31 48	30 56	30 6	29 17	28 29
52	39 17	38 16	37 16	36 18	35 22	34 26	33 32	32 40	31 49	30 59	30 10
53	41 0	39 59	38 59	38 0	37 3	36 7	35 13	34 19	33 27	32 37	31 47
54	42 38	41 37	40 37	39 38	38 40	37 44	36 49	35 55	35 3	34 11	33 21
55	44 12	43 11	42 11	41 12	40 14	39 17	38 22	37 27	36 34	35 42	34 51
56	45 43	44 42	43 41	42 42	41 44	40 47	39 51	38 56	38 3	37 10	36 18
57	47 10	46 9	45 9	44 9	43 11	42 14	41 18	40 23	39 28	38 35	37 43
58	48 34	47 33	46 33	45 34	44 35	43 38	42 41	41 46	40 51	39 57	39 4
59	49 56	48 54	47 54	46 55	45 56	44 59	44 2	43 6	42 11	41 17	40 24
60	51 14	50 13	49 13	48 14	47 15	46 17	45 21	44 24	43 29	42 35	41 41
61	52 30	51 30	50 29	49 30	48 32	47 34	46 37	45 40	44 45	43 50	42 56
62	53 44	52 44	51 44	50 44	49 46	48 48	47 51	46 54	45 58	45 3	44 9
63	54 56	53 56	52 56	51 56	50 58	50 0	49 3	48 6	47 10	46 15	45 20
64	56 6	55 6	54 6	53 7	52 8	51 10	50 13	49 16	48 20	47 24	46 29
65	57 15	56 14	55 14	54 15	53 17	52 19	51 21	50 24	49 28	48 32	47 37
66	58 21	57 21	56 21	55 22	54 23	53 25	52 28	51 31	50 34	49 38	48 43

Breite	Azimut										
	110°	111°	112°	113°	114°	115°	116°	117°	118°	119°	120°
	Längen-Unterschied										
40°	3°24'	3°14'	3° 5'	2°57'	2°49'	2°42'	2°35'	2°29'	2°23'	2°18'	2°12'
41	6 28	6 11	5 55	5 40	5 26	5 13	5 1	4 49	4 38	4 28	4 18
42	9 18	8 55	8 33	8 13	7 54	7 36	7 19	7 3	6 47	6 33	6 19
43	11 56	11 28	11 2	10 38	10 14	9 52	9 31	9 11	8 51	8 33	8 15
44	14 24	13 53	13 23	12 54	12 27	12 1	11 37	11 13	10 50	10 29	10 8
45	16 44	16 9	15 36	15 4	14 34	14 5	13 37	13 10	12 45	12 20	11 56
46	18 56	18 19	17 43	17 8	16 35	16 3	15 33	15 3	14 35	14 8	13 41
47	21 2	20 22	19 44	19 7	18 31	17 57	17 23	16 52	16 21	15 51	15 23
48	23 1	22 19	21 39	21 0	20 22	19 46	19 11	18 37	18 4	17 32	17 1
49	24 55	24 12	23 30	22 49	22 9	21 31	20 54	20 18	19 43	19 9	18 36
50	26 45	26 0	25 16	24 33	23 52	23 12	22 33	21 56	21 19	20 43	20 9
51	28 29	27 43	26 58	26 14	25 32	24 50	24 10	23 30	22 52	22 15	21 38
52	30 10	29 23	28 36	27 51	27 7	26 24	25 43	25 2	24 22	23 44	23 6
53	31 47	30 59	30 11	29 25	28 40	27 56	27 13	26 31	25 50	25 10	24 31
54	33 21	32 31	31 43	30 56	30 10	29 25	28 40	27 57	27 15	26 34	25 53
55	34 51	34 1	33 12	32 23	31 36	30 50	30 5	29 21	28 38	27 55	27 13
56	36 18	35 27	34 37	33 49	33 1	32 13	31 27	30 42	29 58	29 14	28 32
57	37 43	36 51	36 1	35 11	34 22	33 34	32 47	32 1	31 16	30 31	29 48
58	39 4	38 12	37 21	36 31	35 42	34 53	34 5	33 18	32 32	31 47	31 2
59	40 24	39 31	38 40	37 49	36 59	36 10	35 21	34 33	33 46	33 0	32 15
60	41 41	40 48	39 56	39 5	38 14	37 24	36 35	35 47	34 59	34 12	33 26
61	42 56	42 3	41 10	40 18	39 27	38 37	37 47	36 58	36 10	35 22	34 35
62	44 9	43 15	42 22	41 30	40 38	39 47	38 57	38 7	37 18	36 30	35 42
63	45 20	44 26	43 33	42 40	41 48	40 56	40 5	39 15	38 26	37 37	36 48
64	46 29	45 35	44 41	43 48	42 56	42 4	41 13	40 22	39 32	38 42	37 53
65	47 37	46 42	45 48	44 55	44 2	43 10	42 18	41 27	40 36	39 46	38 56
66	48 43	47 48	46 54	46 0	45 7	44 14	43 22	42 30	41 39	40 48	39 58

Breite	Azimut										
	120°	121°	122°	123°	124°	125°	126°	127°	128°	129°	130°
	Längen-Unterschied										
40°	2°12'	2° 7'	2° 3'	1°58'	1°54'	1°50'	1°46'	1°42'	1°39'	1°35'	1°32'
41	4 18	4 9	4 0	3 51	3 43	3 35	3 28	3 21	3 14	3 8	3 1
42	6 19	6 6	5 53	5 41	5 29	5 18	5 7	4 57	4 47	4 38	4 29
43	8 15	7 58	7 42	7 27	7 12	6 58	6 44	6 31	6 19	6 6	5 54
44	10 8	9 48	9 29	9 10	8 52	8 35	8 19	8 3	7 48	7 33	7 18
45	11 56	11 33	11 11	10 50	10 30	10 10	9 51	9 33	9 15	8 57	8 41
46	13 41	13 16	12 51	12 27	12 5	11 42	11 21	11 0	10 40	10 20	10 1
47	15 23	14 55	14 28	14 2	13 37	13 12	12 49	12 26	12 3	11 41	11 20
48	17 1	16 31	16 2	15 34	15 6	14 40	14 14	13 49	13 25	13 1	12 38
49	18 36	18 4	17 33	17 3	16 34	16 5	15 38	15 11	14 44	14 19	13 54
50	20 9	19 35	19 2	18 30	17 59	17 29	16 59	16 31	16 2	15 35	15 8
51	21 38	21 3	20 29	19 55	19 22	18 50	18 19	17 48	17 19	16 50	16 21
52	23 6	22 29	21 53	21 18	20 43	20 10	19 37	19 5	18 33	18 3	17 33
53	24 31	23 52	23 15	22 38	22 2	21 27	20 53	20 20	19 47	19 14	18 43
54	25 53	25 14	24 35	23 57	23 20	22 43	22 8	21 33	20 58	20 25	19 52
55	27 13	26 33	25 53	25 13	24 35	23 58	23 20	22 44	22 8	21 33	20 59
56	28 32	27 50	27 9	26 28	25 49	25 10	24 32	23 54	23 17	22 41	22 5
57	29 48	29 5	28 23	27 41	27 0	26 20	25 41	25 2	24 24	23 47	23 10
58	31 2	30 18	29 35	28 53	28 11	27 30	26 49	26 10	25 30	24 52	24 14
59	32 15	31 30	30 46	30 3	29 20	28 38	27 56	27 15	26 35	25 55	25 16
60	33 26	32 40	31 55	31 11	30 27	29 44	29 2	28 20	27 38	26 58	26 18
61	34 35	33 48	33 2	32 17	31 33	30 49	30 6	29 23	28 41	27 59	27 18
62	35 42	34 55	34 9	33 23	32 37	31 52	31 8	30 24	29 41	28 59	28 17
63	36 48	36 0	35 13	34 26	33 40	32 55	32 10	31 25	30 41	29 58	29 15
64	37 53	37 5	36 17	35 29	34 42	33 56	33 10	32 25	31 40	30 56	30 12
65	38 56	38 7	37 19	36 31	35 43	34 56	34 9	33 23	32 37	31 52	31 8
66	39 58	39 9	38 20	37 31	36 43	35 55	35 7	34 20	33 34	32 48	32 2

Breite	\multicolumn{Azimut}									
	130°	131°	132°	133°	134°	135°	136°	137°	138°	139°	140°
	\multicolumn{Längen-Unterschied}									
40°	1°32'	1°29'	1°26'	1°23'	1°20'	1°18'	1°15'	1°12'	1°10'	1° 7'	1° 5'
41	3 1	2 55	2 50	2 44	2 38	2 33	2 28	2 23	2 18	2 13	2 9
42	4 29	4 20	4 12	4 3	3 55	3 48	3 40	3 32	3 26	3 19	3 12
43	5 54	5 43	5 32	5 21	5 11	5 1	4 51	4 41	4 32	4 23	4 14
44	7 18	7 4	6 51	6 38	6 25	6 13	6 1	5 49	5 38	5 27	5 16
45	8 41	8 24	8 9	7 53	7 38	7 24	7 10	6 56	6 43	6 30	6 17
46	10 1	9 43	9 25	9 8	8 51	8 34	8 18	8 2	7 47	7 32	7 17
47	11 20	11 0	10 40	10 21	10 2	9 43	9 25	9 7	8 50	8 33	8 17
48	12 38	12 15	11 53	11 32	11 11	10 51	10 31	10 12	9 53	9 34	9 16
49	13 54	13 30	13 6	12 42	12 20	11 58	11 36	11 15	10 54	10 34	10 14
50	15 8	14 42	14 17	13 52	13 27	13 3	12 40	12 17	11 55	11 33	11 10
51	16 21	15 53	15 26	15 0	14 34	14 8	13 43	13 18	12 54	12 31	12 8
52	17 33	17 3	16 34	16 6	15 39	15 12	14 45	14 19	13 53	13 28	13 4
53	18 43	18 12	17 42	17 12	16 43	16 14	15 46	15 18	14 51	14 25	13 59
54	19 52	19 19	18 48	18 17	17 46	17 16	16 46	16 17	15 49	15 21	14 53
55	20 59	20 25	19 52	19 20	18 48	18 16	17 45	17 15	16 45	16 16	15 46
56	22 5	21 30	20 56	20 22	19 49	19 16	18 44	18 12	17 41	17 10	16 39
57	23 10	22 34	21 58	21 23	20 49	20 14	19 41	19 8	18 35	18 3	17 32
58	24 14	23 36	23 0	22 23	21 47	21 12	20 37	20 3	19 29	18 56	18 23
59	25 16	24 38	24 0	23 22	22 45	22 9	21 33	20 57	20 22	19 48	19 14
60	26 18	25 38	24 59	24 20	23 42	23 5	22 28	21 51	21 15	20 39	20 4
61	27 18	26 37	25 57	25 17	24 38	24 0	23 21	22 44	22 6	21 29	20 53
62	28 17	27 35	26 54	26 13	25 33	24 53	24 14	23 35	22 57	22 19	21 41
63	29 15	28 32	27 50	27 8	26 27	25 47	25 6	24 26	23 47	23 8	22 29
64	30 12	29 28	28 45	28 3	27 20	26 39	25 58	25 17	24 36	23 56	23 16
65	31 8	30 23	29 39	28 56	28 13	27 30	26 48	26 6	25 25	24 44	24 3
66	32 2	31 17	30 33	29 48	29 4	28 21	27 37	26 55	26 12	25 30	24 48

Breite	\multicolumn{Azimut}									
	140°	141°	142°	143°	144°	145°	146°	147°	148°	149°	150°
	\multicolumn{Längen-Unterschied}									
40°	1° 5'	1° 3'	1° 1'	0°59'	0°56'	0°54'	0°52'	0°51'	0°49'	0°47'	0°45'
41	2 9	2 4	2 0	1 56	1 52	1 48	1 44	1 40	1 36	1 33	1 29
42	3 12	3 6	2 59	2 53	2 47	2 41	2 35	2 29	2 24	2 19	2 13
43	4 14	4 6	3 58	3 49	3 41	3 34	3 26	3 18	3 11	3 4	2 57
44	5 16	5 6	4 55	4 45	4 35	4 26	4 16	4 7	3 58	3 49	3 40
45	6 17	6 5	5 52	5 41	5 29	5 17	5 6	4 55	4 45	4 34	4 24
46	7 17	7 3	6 49	6 35	6 22	6 9	5 56	5 43	5 31	5 18	5 6
47	8 17	8 1	7 45	7 30	7 14	7 0	6 45	6 31	6 16	6 2	5 49
48	9 16	8 58	8 40	8 23	8 6	7 50	7 34	7 18	7 2	6 46	6 31
49	10 14	9 54	9 35	9 16	8 58	8 40	8 22	8 4	7 47	7 30	7 13
50	11 10	10 50	10 29	10 9	9 49	9 29	9 9	8 50	8 32	8 13	7 55
51	12 8	11 45	11 22	11 0	10 39	10 18	9 57	9 36	9 16	8 56	8 36
52	13 4	12 39	12 15	11 52	11 29	11 6	10 43	10 21	10 0	9 38	9 17
53	13 59	13 33	13 7	12 42	12 18	11 54	11 30	11 6	10 43	10 20	9 57
54	14 53	14 26	13 59	13 33	13 6	12 41	12 16	11 51	11 26	11 2	10 38
55	15 46	15 18	14 50	14 22	13 54	13 27	13 1	12 34	12 8	11 43	11 17
56	16 39	16 9	15 40	15 11	14 42	14 14	13 45	13 18	12 50	12 23	11 57
57	17 32	17 0	16 29	15 59	15 29	14 59	14 30	14 1	13 32	13 4	12 36
58	18 23	17 50	17 18	16 47	16 15	15 45	15 13	14 43	14 13	13 44	13 14
59	19 14	18 40	18 6	17 33	17 1	16 29	15 57	15 25	14 54	14 23	13 52
60	20 4	19 29	18 54	18 20	17 46	17 13	16 39	16 7	15 34	15 2	14 30
61	20 53	20 17	19 41	19 6	18 31	17 56	17 22	16 48	16 13	15 40	15 7
62	21 41	21 4	20 27	19 51	19 15	18 39	18 3	17 28	16 53	16 19	15 44
63	22 29	21 51	21 13	20 35	19 58	19 21	18 44	18 8	17 32	16 56	16 21
64	23 16	22 37	21 58	21 19	20 41	20 3	19 25	18 48	18 10	17 34	16 57
65	24 3	23 22	22 42	22 2	21 23	20 44	20 5	19 27	18 48	18 10	17 33
66	24 48	24 7	23 26	22 45	22 5	21 25	20 45	20 5	19 26	18 47	18 8

Breite	Azimut										
	150⁰	**151⁰**	**152⁰**	**153⁰**	**154⁰**	**155⁰**	**156⁰**	**157⁰**	**158⁰**	**159⁰**	**160⁰**
	Längen-Unterschied										
40⁰	0⁰45′	0⁰43′	0⁰41′	0⁰40′	0⁰38′	0⁰36′	0⁰35′	0⁰33′	0⁰31′	0⁰30′	0⁰28′
41	1 29	1 26	1 22	1 19	1 15	1 12	1 9	1 6	1 3	1 0	0 56
42	2 13	2 8	2 3	1 58	1 53	1 48	1 43	1 38	1 34	1 29	1 24
43	2 57	2 50	2 43	2 37	2 30	2 23	2 17	2 11	2 4	1 58	1 52
44	3 40	3 32	3 23	3 15	3 7	2 59	2 51	2 43	2 35	2 27	2 20
45	4 24	4 13	4 3	3 53	3 44	3 34	3 24	3 15	3 6	2 57	2 48
46	5 6	4 54	4 43	4 31	4 20	4 9	3 58	3 47	3 36	3 26	3 15
47	5 49	5 36	5 22	5 9	4 56	4 44	4 31	4 19	4 7	3 55	3 43
48	6 31	6 16	6 1	5 47	5 33	5 18	5 4	4 50	4 37	4 23	4 10
49	7 13	6 57	6 40	6 24	6 8	5 53	5 37	5 22	5 7	4 52	4 37
50	7 55	7 37	7 19	7 1	6 44	6 27	6 10	5 53	5 37	5 20	5 4
51	8 36	8 17	7 57	7 38	7 19	7 1	6 43	6 24	6 6	5 49	5 31
52	9 17	8 56	8 35	8 15	7 55	7 35	7 15	6 55	6 36	6 17	5 58
53	9 57	9 34	9 12	8 51	8 29	8 8	7 47	7 26	7 5	6 45	6 24
54	10 38	10 14	9 50	9 27	9 4	8 41	8 19	7 56	7 34	7 12	6 51
55	11 17	10 52	10 27	10 3	9 38	9 14	8 50	8 27	8 3	7 40	7 17
56	11 57	11 30	11 4	10 38	10 12	9 47	9 22	8 57	8 32	8 7	7 43
57	12 36	12 8	11 40	11 13	10 46	10 19	9 53	9 26	9 0	8 35	8 9
58	13 14	12 45	12 16	11 48	11 19	10 51	10 24	9 56	9 29	9 1	8 34
59	13 52	13 22	12 52	12 22	11 52	11 23	10 54	10 25	9 57	9 28	9 0
60	14 30	13 58	13 27	12 56	12 25	11 55	11 24	10 54	10 24	9 55	9 25
61	15 7	14 35	14 2	13 30	12 58	12 26	11 54	11 23	10 52	10 21	9 50
62	15 44	15 10	14 37	14 4	13 30	12 57	12 24	11 51	11 19	10 47	10 15
63	16 21	15 46	15 11	14 36	14 2	13 27	12 53	12 20	11 46	11 13	10 40
64	16 57	16 21	15 45	15 9	14 33	13 58	13 22	12 48	12 13	11 38	11 4
65	17 33	16 55	16 18	15 41	15 4	14 28	13 51	13 15	12 39	12 4	11 28
66	18 8	17 29	16 51	16 13	15 35	14 57	14 20	13 42	13 5	12 29	11 52

Breite	Azimut										
	160⁰	**161⁰**	**162⁰**	**163⁰**	**164⁰**	**165⁰**	**166⁰**	**167⁰**	**168⁰**	**169⁰**	**170⁰**
	Längen-Unterschied										
40⁰	0⁰28′	0⁰27′	0⁰25′	0⁰24′	0⁰22′	0⁰21′	0⁰19′	0⁰18′	0⁰17′	0⁰15′	0⁰14′
41	0 56	0 53	0 50	0 47	0 44	0 42	0 39	0 36	0 33	0 30	0 27
42	1 24	1 20	1 15	1 11	1 7	1 2	0 58	0 54	0 49	0 45	0 41
43	1 52	1 46	1 40	1 34	1 29	1 23	1 17	1 11	1 6	1 0	0 55
44	2 20	2 12	2 5	1 58	1 50	1 43	1 36	1 29	1 22	1 15	1 8
45	2 48	2 39	2 30	2 21	2 12	2 4	1 55	1 47	1 38	1 30	1 22
46	3 15	3 5	2 54	2 44	2 34	2 24	2 14	2 4	1 55	1 45	1 35
47	3 43	3 31	3 19	3 7	2 56	2 44	2 33	2 22	2 11	2 0	1 48
48	4 10	3 57	3 44	3 31	3 18	3 5	2 52	2 39	2 27	2 14	2 2
49	4 37	4 22	4 8	3 54	3 39	3 25	3 11	2 57	2 43	2 29	2 15
50	5 4	4 48	4 32	4 16	4 1	3 45	3 30	3 14	2 59	2 44	2 29
51	5 31	5 14	4 56	4 39	4 22	4 5	3 48	3 32	3 15	2 58	2 42
52	5 58	5 39	5 20	5 2	4 43	4 25	4 7	3 49	3 31	3 13	2 55
53	6 24	6 4	5 44	5 24	5 4	4 45	4 25	4 6	3 47	3 27	3 8
54	6 51	6 29	6 8	5 46	5 25	5 4	4 44	4 23	4 2	3 42	3 21
55	7 17	6 54	6 31	6 9	5 46	5 24	5 2	4 40	4 18	3 56	3 34
56	7 43	7 19	6 55	6 31	6 7	5 43	5 20	4 57	4 33	4 10	3 47
57	8 9	7 43	7 18	6 53	6 28	6 3	5 38	5 13	4 49	4 24	4 0
58	8 34	8 7	7 41	7 15	6 48	6 22	5 56	5 30	5 4	4 39	4 13
59	9 0	8 31	8 4	7 36	7 9	6 41	6 14	5 47	5 19	4 53	4 26
60	9 25	8 56	8 27	7 58	7 29	7 0	6 31	6 3	5 35	5 6	4 38
61	9 50	9 19	8 49	8 19	7 49	7 19	6 49	6 19	5 50	5 20	4 51
62	10 15	9 43	9 11	8 40	8 9	7 37	7 6	6 35	6 5	5 34	5 3
63	10 40	10 7	9 34	9 1	8 28	7 56	7 24	6 51	6 19	5 47	5 15
64	11 4	10 30	9 56	9 22	8 48	8 14	7 41	7 7	6 34	6 1	5 28
65	11 28	10 52	10 17	9 42	9 7	8 32	7 58	7 23	6 49	6 14	5 40
66	11 52	11 15	10 39	10 3	9 26	8 50	8 14	7 39	7 3	6 27	5 52

Annapolis.   Breite 38° 59′ 25″ N   Länge 76° 27′ 0″ W

Breite	Azimut										
	170°	171°	172°	173°	174°	175°	176°	177°	178°	179°	1860°
	Längen-Unterschied										
40°	0°14′	0°12′	0°11′	0°10′	0° 8′	0° 7′	0° 5′	0° 4′	0° 3′	0° 1′	0° 0′
41	0 27	0 25	0 22	0 19	0 16	0 14	0 11	0 8	0 6	0 3	0 0
42	0 41	0 37	0 33	0 29	0 24	0 20	0 16	0 12	0 8	0 4	0 0
43	0 55	0 49	0 44	0 38	0 33	0 27	0 22	0 16	0 11	0 5	0 0
44	1 8	1 1	0 54	0 47	0 41	0 34	0 27	0 20	0 14	0 7	0 0
45	1 22	1 13	1 5	0 57	0 49	0 41	0 33	0 24	0 16	0 8	0 0
46	1 35	1 25	1 16	1 6	0 57	0 47	0 38	0 28	0 19	0 10	0 0
47	1 48	1 38	1 27	1 16	1 5	0 54	0 43	0 32	0 22	0 11	0 0
48	2 2	1 50	1 37	1 25	1 13	1 1	0 48	0 36	0 24	0 12	0 0
49	2 15	2 2	1 48	1 34	1 21	1 7	0 54	0 40	0 27	0 13	0 0
50	2 29	2 14	1 59	1 44	1 29	1 14	0 59	0 44	0 30	0 15	0 0
51	2 42	2 25	2 9	1 53	1 37	1 21	1 4	0 48	0 32	0 16	0 0
52	2 55	2 37	2 20	2 2	1 45	1 27	1 10	0 52	0 35	0 17	0 0
53	3 8	2 49	2 30	2 11	1 52	1 34	1 15	0 56	0 37	0 19	0 0
54	3 21	3 1	2 41	2 20	2 0	1 40	1 20	1 0	0 40	0 20	0 0
55	3 34	3 13	2 51	2 30	2 8	1 47	1 25	1 4	0 43	0 21	0 0
56	3 47	3 24	3 1	2 39	2 16	1 53	1 30	1 8	0 45	0 23	0 0
57	4 0	3 36	3 12	2 48	2 24	2 0	1 36	1 12	0 48	0 24	0 0
58	4 13	3 47	3 22	2 57	2 31	2 6	1 41	1 15	0 50	0 25	0 0
59	4 26	3 59	3 32	3 5	2 39	2 12	1 46	1 19	0 53	0 26	0 0
60	4 38	4 10	3 42	3 14	2 46	2 19	1 51	1 23	0 55	0 28	0 0
61	4 51	4 21	3 52	3 23	2 54	2 25	1 56	1 27	0 58	0 29	0 0
62	5 3	4 33	4 2	3 32	3 1	2 31	2 1	1 31	1 0	0 30	0 0
63	5 15	4 44	4 12	3 40	3 9	2 37	2 6	1 34	1 3	0 31	0 0
64	5 28	4 55	4 22	3 49	3 16	2 43	2 11	1 38	1 5	0 33	0 0
65	5 40	5 6	4 32	3 57	3 23	2 50	2 16	1 42	1 8	0 34	0 0
66	5 52	5 17	4 41	4 6	3 31	2 56	2 20	1 45	1 10	0 35	0 0

San Juan de Portorico.   Breite 18° 28' 3" N   Länge 66° 5' 40" W

Breite	Azimut										
	140°	141°	142°	143°	144°	145°	146°	147°	148°	149°	150°
	Längen-Unterschied										
30°	9°50'	9°30'	9°11'	8°53'	8°34'	8°16'	7°59'	7°42'	7°25'	7° 8'	6°52'
31	10 38	10 17	9 57	9 37	9 17	8 58	8 39	8 20	8 2	7 44	7 27
32	11 26	11 3	10 42	10 20	9 59	9 38	9 18	8 58	8 39	8 20	8 1
33	12 13	11 49	11 26	11 3	10 41	10 19	9 57	9 36	9 16	8 55	8 35
34	13 0	12 35	12 10	11 46	11 22	10 59	10 36	10 14	9 52	9 30	9 9
35	13 46	13 20	12 54	12 28	12 3	11 39	11 14	10 51	10 28	10 5	9 42
36	14 31	14 4	13 36	13 10	12 44	12 18	11 52	11 28	11 3	10 39	10 15
37	15 16	14 47	14 19	13 51	13 24	12 57	12 30	12 4	11 38	11 13	10 48
38	16 0	15 30	15 1	14 31	14 3	13 35	13 7	12 40	12 13	11 46	11 20
39	16 44	16 13	15 42	15 12	14 42	14 13	13 44	13 15	12 47	12 20	11 52
40	17 27	16 54	16 23	15 51	15 20	14 50	14 20	13 50	13 21	12 52	12 24
41	18 9	17 35	17 2	16 30	15 58	15 27	14 56	14 25	13 55	13 25	12 56
42	18 51	18 16	17 42	17 8	16 36	16 3	15 31	14 59	14 28	13 57	13 27
43	19 32	18 56	18 21	17 47	17 13	16 39	16 6	15 33	15 1	14 29	13 57
44	20 12	19 36	19 0	18 24	17 49	17 14	16 40	16 6	15 33	15 0	14 27
45	20 52	20 15	19 38	19 1	18 25	17 49	17 14	16 39	16 5	15 31	14 57
46	21 31	20 53	20 15	19 37	19 0	18 23	17 47	17 12	16 36	16 1	15 27
47	22 10	21 30	20 51	20 13	19 35	18 57	18 21	17 44	17 7	16 32	15 56
48	22 48	22 7	21 27	20 48	20 9	19 31	18 53	18 15	17 38	17 1	16 25

Breite	Azimut										
	150°	151°	152°	153°	154°	155°	156°	157°	158°	159°	160°
	Längen-Unterschied										
30°	6°52'	6°36'	6°21'	6° 5'	5°50'	5°35'	5°20'	5° 5'	4°51'	4°36'	4°22'
31	7 27	7 10	6 53	6 36	6 19	6 3	5 47	5 31	5 15	5 0	4 44
32	8 1	7 42	7 24	7 6	6 48	6 31	6 14	5 56	5 40	5 23	5 6
33	8 35	8 15	7 56	7 36	7 18	6 59	6 40	6 22	6 4	5 46	5 28
34	9 9	8 48	8 27	8 6	7 46	7 26	7 7	6 47	6 28	6 9	5 50
35	9 42	9 20	8 58	8 36	8 15	7 54	7 33	7 12	6 52	6 32	6 12
36	10 15	9 52	9 29	9 6	8 43	8 21	7 59	7 37	7 16	6 54	6 33
37	10 48	10 23	9 59	9 35	9 11	8 48	8 25	8 2	7 39	7 17	6 55
38	11 20	10 54	10 29	10 4	9 39	9 14	8 50	8 26	8 3	7 39	7 16
39	11 52	11 25	10 59	10 33	10 7	9 41	9 16	8 51	8 26	8 1	7 37
40	12 24	11 56	11 29	11 1	10 34	10 7	9 41	9 15	8 49	8 23	7 58
41	12 56	12 26	11 58	11 29	11 1	10 33	10 6	9 39	9 12	8 45	8 19
42	13 27	12 56	12 27	11 57	11 28	10 59	10 31	10 2	9 34	9 7	8 39
43	13 57	13 26	12 55	12 25	11 55	11 25	10 55	10 26	9 57	9 28	8 59
44	14 27	13 55	13 23	12 52	12 21	11 50	11 19	10 49	10 19	9 49	9 20
45	14 57	14 24	13 52	13 19	12 47	12 15	11 43	11 12	10 41	10 10	9 39
46	15 27	14 53	14 19	13 45	13 12	12 39	12 7	11 35	11 3	10 31	9 59
47	15 56	15 21	14 46	14 12	13 38	13 4	12 30	11 57	11 24	10 51	10 19
48	16 25	15 49	15 13	14 38	14 3	13 28	12 53	12 19	11 45	11 11	10 38

San Juan de Portorico. Breite 18° 28′ 3″ N Länge 66° 5 40″ W

Breite	Azimut										
	160°	161°	162°	163°	164°	165°	166°	167°	168°	169°	1′ 170°
	Längen-Unterschied										
30	4°22′	4° 8′	3°54′	3°41′	3°27′	3°14′	3° 0′	2°47′	2°34′	2°21′	2′ 2° 8′
31	4 44	4 29	4 14	3 59	3 45	3 30	3 16	3 1	2 47	2 33	2 2 19
32	5 6	4 50	4 34	4 18	4 2	3 46	3 31	3 15	3 0	2 45	2 2 29
33	5 28	5 11	4 54	4 36	4 19	4 3	3 46	3 29	3 13	2 57	2 2 40
34	5 50	5 32	5 13	4 55	4 37	4 19	4 1	3 43	3 26	3 8	2 2 51
35	6 12	5 52	5 33	5 13	4 54	4 35	4 16	3 57	3 39	3 20	3 3 1
36	6 33	6 13	5 52	5 31	5 11	4 51	4 31	4 11	3 51	3 32	3 3 12
37	6 55	6 33	6 11	5 50	5 28	5 7	4 46	4 25	4 4	3 43	3 3 23
38	7 16	6 53	6 30	6 7	5 45	5 23	5 1	4 38	4 17	3 55	3 3 33
39	7 37	7 13	6 49	6 25	6 2	5 39	5 15	4 52	4 29	4 6	3 3 44
40	7 58	7 33	7 8	6 43	6 18	5 54	5 30	5 5	4 42	4 18	3 3 54
41	8 19	7 52	7 26	7 1	6 35	6 10	5 44	5 19	4 54	4 29	4 4 4
42	8 39	8 12	7 45	7 18	6 51	6 25	5 58	5 32	5 6	4 40	4 4 14
43	8 59	8 31	8 3	7 35	7 8	6 40	6 13	5 45	5 18	4 51	4 4 24
44	9 20	8 50	8 21	7 52	7 24	6 55	6 27	5 58	5 30	5 2	4 4 34
45	9 39	9 9	8 39	8 9	7 40	7 10	6 41	6 11	5 42	5 13	4 4 44
46	9 59	9 28	8 57	8 26	7 55	7 25	6 54	6 24	5 54	5 24	4 4 54
47	10 19	9 46	9 14	8 43	8 11	7 39	7 8	6 37	6 6	5 35	5 5 4
48	10 38	10 5	9 32	8 59	8 26	7 54	7 21	6 49	6 17	5 45	5 5 14

Breite	Azimut										
	170°	171°	172°	173°	174°	175°	176°	177°	178°	179°	1⅄ 180°
	Längen-Unterschied										
30	2° 8′	1°55′	1°42′	1°29′	1°16′	1° 3′	0°51′	0°38′	0°25′	0°13′	0′ 0° 0′ 0′
31	2 19	2 5	1 51	1 37	1 23	1 9	0 55	0 41	0 28	0 14	0 0 0
32	2 29	2 14	1 59	1 44	1 29	1 14	0 59	0 44	0 30	0 15	0 0 0
33	2 40	2 24	2 8	1 52	1 36	1 20	1 4	0 48	0 32	0 16	0 0 0
34	2 51	2 33	2 16	1 59	1 42	1 25	1 8	0 51	0 34	0 17	0 0 0
35	3 1	2 43	2 25	2 7	1 48	1 30	1 12	0 54	0 36	0 18	0 0 0
36	3 12	2 53	2 33	2 14	1 55	1 36	1 16	0 57	0 38	0 19	0 0 0
37	3 23	3 2	2 42	2 21	2 1	1 41	1 21	1 0	0 40	0 20	0 0 0
38	3 33	3 11	2 50	2 29	2 7	1 46	1 25	1 4	0 42	0 21	0 0 0
39	3 44	3 21	2 58	2 36	2 14	1 51	1 29	1 7	0 44	0 22	0 0 0
40	3 54	3 30	3 7	2 43	2 20	1 56	1 33	1 10	0 47	0 23	0 0 0
41	4 4	3 39	3 15	2 50	2 26	2 1	1 37	1 13	0 49	0 24	0 0 0
42	4 14	3 49	3 23	2 57	2 32	2 7	1 41	1 16	0 51	0 25	0 0 0
43	4 24	3 58	3 31	3 5	2 38	2 12	1 45	1 19	0 53	0 26	0 0 0
44	4 34	4 7	3 39	3 12	2 44	2 17	1 49	1 22	0 55	0 27	0 0 0
45	4 44	4 16	3 47	3 18	2 50	2 22	1 53	1 25	0 57	0 28	0 0 0
46	4 54	4 24	3 55	3 25	2 56	2 26	1 57	1 28	0 59	0 29	0 0 0
47	5 4	4 33	4 3	3 32	3 2	2 31	2 1	1 31	1 1	0 30	0 0 0
48	5 14	4 42	4 10	3 39	3 8	2 36	2 5	1 34	1 2	0 31	0 0 0